D1694269

Moderne Betriebstechnik

für die Lebensmittel-, Pharma- und Kosmetikindustrie

Thomas Birus

Moderne Betriebstechnik
für die Lebensmittel-, Pharma- und Kosmetikindustrie

Thomas Birus

Verlag:
confructa medien GmbH (Hg.) · Raiffeisenstraße 27
D-56587 Straßenhaus · www.confructa-medien.com

Layout und Design: Karin Roos
karin.roos@confructa-medien.com

Erste Auflage 2005
Alle Rechte, auch die des auszugsweisen Nachdrucks, vorbehalten.
Copyright confructa medien GmbH, D-56587 Straßenhaus
Printed in Germany 2005

Druck:
Druckerei Hachenburg GmbH · D-57627 Hachenburg
www.druckerei-hachenburg.de

Das Werk einschließlich aller seiner Teile ist urheberrechtlich geschützt. Jede Verwertung außerhalb der engen Grenzen des Urhebergesetztes ist ohne schriftliche Zustimmung des Verlages unzulässig und strafbar.

Hinweis zu § 52a UrhG: Weder das Werk noch seine Teile dürfen ohne eine solche Einwilligung überspielt, gespeichert und in ein Netzwerk eingespielt werden. Dies gilt auch für Intranets von Firmen, Schulen und sonstigen Bildungseinrichtungen. Dasselbe ist zutreffend für Vervielfältigungen, Übersetzungen und Mikroverfilmungen.

ISBN 3-9808682-0-6

WIDMUNG

**Meiner lieben Familie
Petra, Carolin und Alexander gewidmet:
Ihr seid echt Klasse!**

DANKE

Ein Buch entsteht nicht allein im Kopf des Autors, sondern mit tatkräftiger Unterstützung von vielen kompetenten Seiten.

Die wichtigste Unterstützung – jeder Autor wird es bestätigen – kommt von der Familie. Petra, Carolin und Alexander mussten einige Unternehmungen während der Entstehung des Buches – z. B. in Sottomarina an der Adria – opfern. Dafür sage ich Euch hier DANKE!

Stellvertretend für alle, die mich bei der Entstehung dieses Fachbuches nachhaltig unterstützt haben und an dieser Stelle nicht einzeln genannt werden können, bedanke ich mich bei den folgenden Personen/Firmen für die konstruktive Zusammenarbeit bei der Realisierung dieses Fachbuches:

Jens Hasselmeyer
(Primas Tiefkühlprodukte)

Ferdinand Ramsauer
(FOS Kulmbach)

Rainer Möbus
(Bad Rodacher Fruchtsäfte) – Studienfreund aus Weihenstephan

Hubert Koch
(Endress+Hauser) – Studienfreund aus Weihenstephan

Wolfgang Käser
(MHG) – Studienfreund aus Weihenstephan

Matthias Bischoff
(Mogema)

Wolfgang Gruner
(Mogema)

Dietmar Liebig
(Kaeser)

Evi Brennich
(confructa medien)

Karin Roos
(confructa medien)

VORWORT DES AUTORS

Wissen ist Macht – mehr denn je gilt diese alte Weisheit. Fachbücher sind unverzichtbare Wegbegleiter in einer Gesellschaft der Wissenschaft. Sie helfen also den Menschen in der Ausbildung, in der Weiterbildung und im Betrieb. Qualifizierte Mitarbeiter sind das wichtigste Kapital der Unternehmen. Es ist unabdingbar, Prozesse kontinuierlich zu verbessern, Fehler aufzudecken und alte Herstellungsgewohnheiten zu hinterfragen. Vor allen Dingen alte Gewohnheiten werden oft zum Hemmschuh so manchen Fortschritts.

Die Praxis mit der Theorie zu verbinden ist für alle Lehrer ein wichtiges Ziel. Lehrer sind ständig auf der Suche nach aussagefähigen Bildern, anschaulichen Erklärungen, verständlichen Prinzipskizzen und guten Fließdiagrammen. Natürlich kann ein Übersichtswerk die speziellen Feinheiten mancher Fachgebiete nicht bis in die kleinsten Details behandeln. Der Satz: „Das müsste man viel ausführlicher beschreiben" war so etwas wie ein ständiger Begleiter. Danach wären 1000 Seiten entstanden.

Schüler und Studenten, Facharbeiter, Meister, Ingenieure und Quereinsteiger können auf dieses Nachschlagewerk zurückgreifen. Es soll die vielen kleinen und großen Fragen „Wie war das noch mal?", „Wie funktioniert das?" und „Wie kann ich etwas in meinem Betrieb verbessern?" beantworten. Das Buch zeigt Prinzipien und Hintergründe der modernen Betriebstechnik, ohne sich in wissenschaftliche Details zu verstricken. Ein Drahtseilakt, der vor allem durch freundschaftlich verbundene und gerne helfende Wegbegleiter positiv gestaltet wurde.

Mein Dank gilt allen hilfreichen Händen und Köpfen, jedoch besonders meiner Familie, die auf so manche gemeinsame Unternehmung in der Entstehungszeit verzichtete und den Mitarbeitern des Verlags, vor allem Frau Brennich und Frau Roos.

Ich wünsche allen Lesern mit diesem Buch interessante Stunden mit nützlichen Informationen für die praktische Umsetzung im Betriebsalltag…

Kulmbach, im August 2005   *Thomas Birus*

GELEITWORT

Papier oder Monitor?

Der italienische Kunstphilosoph und Schriftsteller Umberto Eco hat 1987 in seinem Essay „Die Bibliothek" einen wichtigen Hinweis zur Funktion der Bibliotheken gegeben als er schrieb: „Die Hauptfunktion einer Bibliothek ... ist die Möglichkeit zur Entdeckung von Büchern, deren Existenz wir gar nicht vermutet hatten, aber die sich als überaus wichtig für uns erweisen."

Angesichts der wachsenden Bedeutung digitaler Medien sollte man sich stets fragen, welchen Stellenwert das gedruckte und gebundene Buch in Konkurrenz mit Bits und Bytes in Zukunft haben wird. Immer mehr Bücher stehen nicht nur im Regal, sondern auch im Netz. Wenn selbst Bill Gates alle Dokumente, die länger als zehn Seiten sind, ausdruckt und das Papier dem Lesen am Monitor vorzieht, wenn namhafte Marktforschungsinstitute dem elektronischen Buch keine Chance geben und Wissenschaftler feststellen, dass Studenten, die vom Papier lesen, konzentrierter arbeiten als Studenten vor dem Monitor, dann ist über die Zukunft des gedruckten Buches noch lange nicht entschieden!

Vor diesem Hintergrund haben wir die erfolgreiche Zusammenarbeit mit Thomas Birus gerne fortgesetzt und ein zweites Fachbuch von diesem Autor verlegt. Die Praxis zeigt, dass es oft Unklarheiten bei der Definition grundlegender Begriffe der Betriebstechnik gibt. Das vorliegende Buch aus der Fachbuchserie des Verlages confructa medien will Ihnen wertvolle **praxisnahe Informationen** zu einem effizienten Ablauf im Betrieb geben. Das Buch versteht sich insofern als Anleitung und **Nachschlagewerk für alle,** die in der Getränkeindustrie, in der pharmazeutischen Industrie und in der Kosmetikindustrie im Betrieb tätig sind und als **Leitfaden für die Ausbildung** in den genannten Branchen.

Apropos, ein paar Bytes des gesamten Buches stellt der Verlag zum Neugierig machen selbstverständlich auch ins Netz ...

confructa medien, August 2005 *Evi Brennich*

RULAND
Engineering & Consulting

Unser Maßstab ist Ihre Zufriedenheit.

Leistungsspektrum

Lebensmittelindustrie

- Tanklager
- Ausmisch-/Dosiersysteme
- Pasteuranlagen
- Vakuum-Entgasungsanlagen
- CIP-Anlagen
- Molchtechnik
- Sonderanlagenbau nach Kundenanforderung
- Schaltschrankbau
- Programmierung und Visualisierung
- Service und Wartung

Pharmaindustrie

- Sterile Verfahrenstechnik
- Pharmabehälter
- Wassersysteme zur Erzeugung, Speicherung und Verteilung von Rein- und Reinstwasser
- Reinstdampferzeugung und -verteilung
- Schaltschrankbau
- Programmierung und Visualisierung
- Service und Wartung

Zertifikate gemäß

- DIN EN ISO 9001 : 2000
- Druckgeräterichtlinie 97/23/EG
- § 19/Wasserhaushaltsgesetz

Ruland Engineering & Consulting GmbH
Im Altenschemel 55 · D-67435 Neustadt · Tel.: +49 (0) 6327/382-0 · Fax: +49 (0) 6327/382-499 · E-mail: info@rulandec.de · www.rulandec.de

INHALTSVERZEICHNIS

1. Werkstoffkunde	1
1.1 Metalle	1
1.2 Kunststoffe	11
2. Sterilverfahrenstechnik	21
2.1 Hygienisches Anlagendesign	21
2.2 Rohrleitungen, Schläuche und Schlauchverbindungen	26
2.3 Armaturen	34
2.4 Pumpen	38
2.4.1 Kreiselpumpen	39
2.4.2 Verdrängerpumpen	44
2.4.3 Abdichtsysteme von rotierenden Wellen	48
2.5 Tanks	50
2.6 CIP-Reinigung	54
2.7 Die Molchtechnik	59
2.8 Die zeichnerische Darstellung von Anlagen und Herstellungsprozessen: Fließbilder	60
3. Betriebshygiene	63
3.1 Grundlagen der Reinigung und Desinfektion	63
3.2 Schaum- und Hochdruckreinigung	69
3.3 Personalhygiene	71
3.4 Ungeziefer und deren Bekämpfung	76
4. Energiewirtschaft	81
4.1 Dampferzeuger – Heißwasserbereiter – Thermoölkreisläufe	81
4.2 Kältetechnik	87
4.3 Drucklufttechnik	92
4.4 Klimatechnik	97
4.5 Vakuumtechnik	99
4.6 Kraft-Wärme-Kopplung	101
4.7 Stromvertrag und Energieleitsystem	103
5. Grundlagen der pneumatischen Förderung	105
6. Automatisierung und Qualitätslenkung	109
6.1 Messtechnik	109
6.2 Regelungstechnik	121
6.3 Steuerungstechnik	125
6.4 Chargenrückverfolgung	130
7. Elektrotechnik	133
7.1 Grundlagen der Elektrotechnik	133
7.2 Elektromotoren	140
7.3 Frequenzumrichter	141
8. Explosionsschutz	143
9. Maschinenelemente	147
9.1 Wellen-Naben-Verbindungen	147
9.2 Lager	148
9.3 Getriebe	151
9.4 Grundlagen der Tribologie	154
10. Wasseraufbereitung	157
10.1 Entkeimung von Trinkwasser	157
10.2 Reinstwassergewinnung	158
11. Reinraumtechnik	161
Stichwortverzeichnis	166
Glossar	167
Literaturverzeichnis	168

1. WERKSTOFFKUNDE

Die Werkstoffauswahl, die Anlagenplanung und -konstruktion hat gemäß den Grundsätzen des Hygienic Designs so zu erfolgen, dass keine Ecken und Toträume auftreten. Aus diesen können immer wieder Schmutz und sich vermehrende Keime in den Produktstrom gelangen. Sie führen zu Spontaninfektionen. Solche Toträume sind durch richtige Konzeption vermeidbar.

1.1 METALLE

1.1.1 Allgemeine Eigenschaften von Metallen

Die Dichte von Stahl liegt mit etwa 7,8 kg/dm^3 deutlich höher als die von Wasser (1 kg/dm^3) oder Aluminium (2,7 kg/dm^3). Eine sehr hohe Dichte weist Wolfram mit 19,3 kg/dm^3 auf. Eisen besitzt einen Schmelzpunkt von 1.536 °C. Legierungen (das sind Gemische aus mehreren Metallen) wie Edelstahl oder Messing haben einen Schmelzbereich. Die elektrische Leitfähigkeit von Metallen ist sehr gut. Als elektrische Leiterwerkstoffe verwendet man Kupfer, Silber und Aluminium. Nicht leitende Werkstoffe wie Keramik, Glas oder Kunststoffe nennt man Isolatoren. Metalle besitzen zudem eine gute Wärmeleitfähigkeit. Deswegen werden sie für Wärmetauscher eingesetzt. Kupfer beispielsweise hat einen hohen Wert von 394 W/m °C.

Die mechanischen Eigenschaften kennzeichnen das Verhalten eines Werkstoffes unter Krafteinwirkung und werden u. a. durch die elastische und plastische Verformbarkeit, die Zähigkeit, Sprödigkeit und (Oberflächen-) Härte bestimmt. Für die Belastbarkeit eines Bauteils auf einwirkende Kräfte ist die Streckgrenze und Festigkeit des Werkstoffes von entscheidender Bedeutung. Diese Werte legen fest, welche Spannungen der Werkstoff aushalten kann, ohne sich bleibend zu verformen oder gar zu reißen.

Bis zur Streckgrenze verformt sich ein Stab elastisch, d. h. bei Wegnahme der dehnenden Kraft würde der Stab wieder auf seine ursprüngliche Länge zurückgehen. Steigt die Belastung aber weiter bis zur Zugfestigkeit, also die maximale Spannung, reißt der Werkstoff. Ein zäher Werkstoff wie Edelstahl lässt sich nur unter größerer Krafteinwirkung verformen. Glas und Keramik, die sich praktisch nicht verformen lassen, sind spröde. Sie brechen bei einer zu großen schlagartigen Belastung. Korund oder Spezialstähle wie Bohrer dagegen sind hart, haben also eine sehr feste Oberfläche.

1.1.2 Eisenwerkstoffe

1.1.2.1 Baustähle

Unlegierte Stähle enthalten keine extra hinzugefügten Elemente. Die Festigkeit wird hauptsächlich durch den Kohlenstoffgehalt bestimmt. Mit zunehmendem Kohlenstoffgehalt steigt die Festigkeit, die Dehnbarkeit und die Verformbarkeit verringern sich allerdings. Einen Einfluss haben zudem die Elemente Silizium, Mangan, Phosphor und Schwefel. Die wichtigsten Baustähle sind mit der Werkstoffnummer 1.0037 und 1.0116 gekennzeichnet. Sie besitzen eine Zugfestigkeit von etwa 400 N/mm^2. Für höhere Ansprüche wird der Stahl 1.0570 mit einer Zugfestigkeit von etwa 490 bis 630 N/mm^2 eingesetzt. Durch geringe Zusätze an Chrom, Nickel und Kupfer erhalten wetterfeste Stähle eine passivierte Korrosions-Deckschicht. Sie schützen vor dem Angriff des Luftsauerstoffs.

Im Stahlbau wird in der Regel durch Schweißen die Verbindung zwischen den Werkstücken hergestellt. Dazu muss der Stahl eine Schweißeignung besitzen. Unlegierte Stähle mit einem Kohlenstoffgehalt unter 0,25 % sind uneingeschränkt zum Schweißen geeignet.

1.1.2.2 Vergütungsstähle

Hier handelt es sich um unlegierte oder niedrig legierte Stähle mit 0,2 bis 0,6 % Kohlenstoffanteil. Zudem weisen Vergütungsstähle geringe Anteile an Mangan, Nickel, Molybdän, Chrom oder Vanadium auf. Die hohe Zugfestigkeit und Streckgrenze bei gleichzeitiger Zähigkeit wird durch

Tab. 1.1.1: Größenordnungen von maximalen Zugspannungen	
Werkstoff	Max. Zugspannung in N/mm^2
Stahl	300 – 1000 und mehr
Grauguss	60 – 140
Aluminiumlegierungen	50 – 125
Kunststoffe	15 – 25

Abb. 1.1.1: Blattfeder aus Spezialstahl (Birus)

WERKSTOFFKUNDE

eine Wärmebehandlung aus Härten und Halten einer bestimmten Temperatur („Anlassen") erreicht. Vergütete Stähle benötigt man beispielsweise für Zahnräder, Rührerwellen, Antriebswellen, Zentrifugenwellen, Lagerschalen, Mahleinsätze für Mühlen und Pressstempel für die Tablettenherstellung.

1.1.2.3 Stahlguss

Stahlguss ist in Formen gegossener Stahl. Einfacher Stahlguss wird für wenig belastete Bauteile wie Schutzbleche verwendet. Gusseisen besitzt einen Kohlenstoffanteil von 2,6 bis 4,0 %. Je nach Kohlenstoffkonfiguration unterscheidet man Gusseisen, mit Lamellen- oder Kugelgrafit. Grauguss (Lamellengrafit) wird für dickwandige Gehäuse und Grundgestelle eingesetzt. Sphäroguss (Kugelgrafit) ist hoch belastbar und schlagfest. Man stellt daraus Motorengehäuse und Zahnräder her.

Abb. 1.1.2: Motorengehäuse aus Sphäroguss (Birus)

1.1.3 Edelstähle

Nichtrostende Stähle (Edelstahl rostfrei) sind Eisenwerkstoffe mit mind. 12 % Chrom (Cr). Darüber hinaus können sie weitere Legierungselemente wie Nickel (Ni), Molybdän (Mo) und Titan (Ti) enthalten, welche die Korrosionsbeständigkeit verbessern und die mechanischen Eigenschaften beeinflussen. Schwefel oder Stickstoff werden zur Verbesserung der mechanischen Eigenschaften zugesetzt. Die austenitischen (Austenit = Gefügezustand), nichtrostenden CrNi-Stähle (ca. 18 % Cr und mind. 8 % Ni) bilden die größte Gruppe.

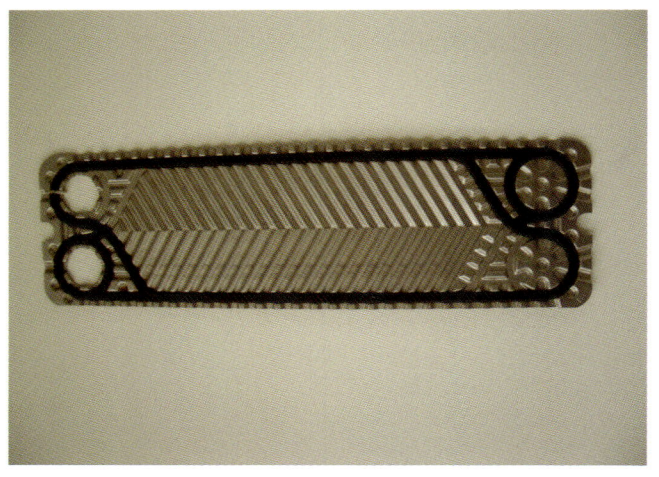

Abb. 1.1.3: Wärmetauscherplatte mit Fischgrätenmuster aus Edelstahl (1.4401) (Birus)

Normaler Stahl rostet ab ca. 52 % Luftfeuchte. Die Korrosionsbeständigkeit austenitischer CrNi-Stähle resultiert auf der Fähigkeit, in vielen Medien eine ein Nanometer dünne, an der Oberfläche entstehende Passivschicht aus Chromoxid zu bilden, die den Stahl vor weiteren Angriffen schützt. Die Passivität ist auf die Oberfläche beschränkt, erneuert sich aber bei Entfernung oder Beschädigung sofort wieder. Folglich ist unter der Schutzschicht die Gefahr der Oxidation gegeben. Normaler – im Fachjargon als V2A bezeichneter – 1.4301-Edelstahl ist anfälliger gegenüber Spannungsrisskorrosion, also der Werkstoffoxidation unter mechanischer Belastung, und Lochfraß („pitting"). Vor allem Chlor, führt bereits bei geringeren Konzentrationen zur Korrosion. Mit Chlor versetztes Leitungswasser beispielsweise bleibt nach der Reinigung und dem abschließenden Nachspülen an der Oberfläche und das Wasser verdunstet. Dabei steigt die Konzentration durch das zurückbleibende Chlor und damit die Korrosionsgefahr. Sehr gut geeignet sind 1.4404 oder 1.4435 (AISI: 316L).

Im weichgeglühten Zustand sind austenitische CrNi-Stähle unmagnetisch, während beispielsweise reine Chromstähle von Magneten angezogen werden.

Tab. 1.1.2: Legierungselemente in austenitischen CrNi-Stählen und ihre Wirkung

Element	Wirkungsweise der Legierungselemente
C	Mit steigendem **Kohlenstoff**-Gehalt erhöht sich die Festigkeit und Härtbarkeit. Schweißbarkeit und Zerspanbarkeit wird mit höherem C-Gehalt verringert.
Cr	**Chrom** ist ein starker Carbidbildner und steigert die Härte und die Festigkeit. Bei mehr als 12 % Chromanteil wird Stahl rostbeständig.
Ni	**Nickel** steigert die Festigkeit. CrNi-Stähle sind rostbeständig.
Mo	**Molybdän** erhöht die Zugfestigkeit. Mo verbessert die Schweißbarkeit und erhöht die Säurebeständigkeit und den Widerstand gegen Lochfraß.
Ti	**Titan** wird zur Stabilisierung interkristalliner Korrosion eingesetzt.
Cu	**Kupfer** erhöht die Festigkeit und setzt die Dehnungseigenschaften herab.
N	Der **Stickstoff**gehalt begünstigt die Festigkeitswerte bei Raumtemperatur.

WERKSTOFFKUNDE

Chemische Zusammensetzung austenitischer Chrom-Nickel-Stähle								
Bezeichnung				Chemische Zusammensetzung (Massenanteil in %)				
Gruppe	Wkst.-Nr.	EN 10088-3	AISI	SIS	C max.	Cr	Ni	Mo	Sonstige
V2A	1.4301	X 5 CrNi 18 10	304	2333	0,07	17,0 - 19,0	8,5- 10,0	-	-
	1.4306	X 2 CrNi 19 11	304 L	2352	0,03	18,0 - 20,0	10,0-12,5	-	-
	1.4307	X 2 CrNi 18 9	304 L	2352	0,03	17,5 - 19,5	8,0 -10,5	-	-
	1.4541	X 6 CrNiTi 18 10	321	2337	0,08	17,0 - 19,0	9,0 - 12,0	-	Ti min. 5x %C
V4A	1.4571	X 6 CrNiMo Ti 17 12 2	316 Ti	2350	0,08	16,5 - 18,5	10,5 - 13,5	2,0 - 2,5	Ti min. 5x%C
	1.4401	X 5 CrNiMo 17 12 2	316	2347	0,07	16,5 - 18,5	10,5 - 13,5	2,0 - 2,5	-
	1.4404	X 2 CrNiMo 17 13 2	316 L	2348	0,03	16,5 - 18,5	11,0 - 14,0	2,0 - 2,5	-
	1.4435	X 2 CrNiMo 18 14 3	316 L	2353	0,03	17,0 - 18,5	12,5 - 15,0	2,5 - 3,0	
V5A	1.4539	X 2 NiCrMoCuN 25 20 5	904 L	2562	0,02	20,0 - 21,0	24,5 - 25,5	4,5 - 5,0	Cu, N
	1.4547	254 SMO	S31254	2378	0,02	20,0	18,0	6,1	Cu, N
Duplex	1.4462	X 2 CrNiMoN 22 5 3	S31803	2377	0,03	21,0 - 23,0	4,5 - 6,5	2,5 - 3,5	N

Austenitische CrNi-Stähle weisen eine etwa doppelt so hohe Wärmeausdehnung und eine nur ca. halb so große Wärmeleitfähigkeit gegenüber unlegierten ferritischen Stählen auf.

Grundsätzlich lassen sich austenitische CrNi-Stähle nach allen Verfahren, die für Metalle üblich sind, bearbeiten. Vor allem wegen obiger Charakteristika erfordern sie teilweise veränderte Behandlungs- und Verarbeitungsmethoden als übliche „schwarze" Stähle.

1.1.3.1 Werkstofffestigkeit

CrNi-Stähle haben eine hohe Zugfestigkeit und eine dazu verhältnismäßig niedrige Dehngrenze (Spannung für den Übergang von elastischer zu plastischer Verformung). Daraus resultiert eine gute Zähigkeit und sehr gute Kaltverformbarkeit. Bei der Kaltverformung kommt es zu einer weiteren Verfestigung. Zur Beseitigung unerwünschter Kaltverfestigungszustände bzw. zum Erzielen gewünschter mechanischer Eigenschaften sind Glühbehandlungen erforderlich.

1.1.3.2 Bedeutung der Werkstoffoberflächen

Je glatter die Werkstoffoberfläche ist, desto höher ist die Beständigkeit. Günstige Eigenschaften hat

Profil einer elektropolierten Oberfläche

Profil einer geschliffenen Oberfläche

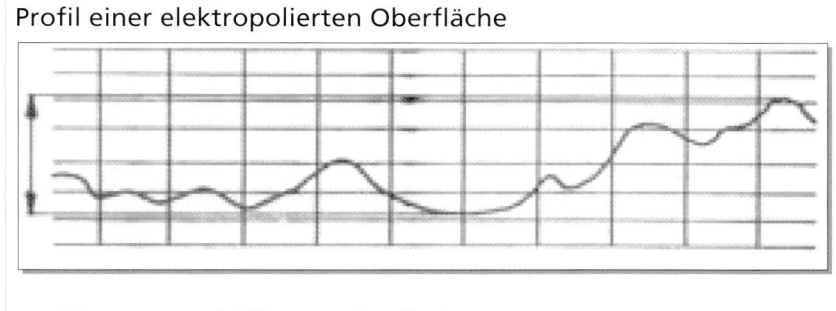

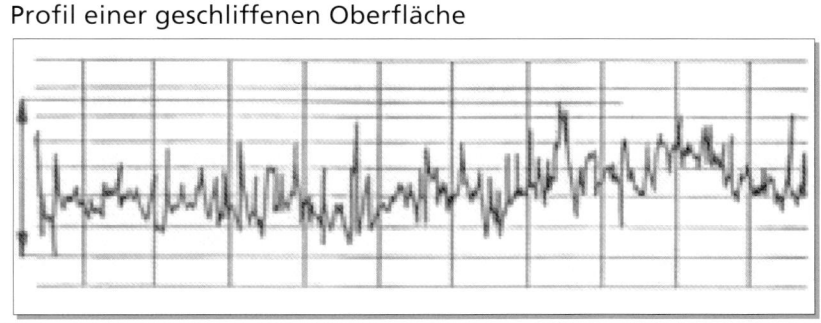

Abb. 1.1.4: Profil einer geschliffenen Oberfläche bzw. Profil einer elektropolierten Oberfläche (Hilge)

kaltgewalztes Material, das mit Korn 240 geschliffen und anschließend elektropoliert wurde. Üblich sind kaltgewalzte Teile mit einer Rauhigkeit von 0,6 bis 0,8 µm. Oberflächen mit einem Wert von etwa 0,3 µm sind in der Regel nicht notwendig. Bei Fermentationsanlagen, in der pharmazeutischen und der Kosmetikindustrie ist elektropolierter Edelstahl jedoch üblich. Die produktberührenden Oberflächen werden nach dem Fertigungsprozess mechanisch geschliffen, poliert und elektrochemisch endbehandelt.

Durch die Spitzen wird die für die Korrosionsbeständigkeit verantwortliche Passivschicht negativ beeinflusst, was die Werkstoffbeständigkeit z. B. gegenüber Reinstwasser beeinträchtigt.

Bleibt nach der Sterilisation noch ein Keim übrig, kann dieser unter geeigneten Vermehrungsbedingungen für den Verderb des Produkts sorgen. Hier bieten Unebenheiten in Oberflächen und Dichtungen genügend Schutz vor der Hitze. Die tatsächliche Temperatur-Einwirkzeit-Kombination auf die Mikroorganismen kann so zu kurz ausfallen. Gleiches gilt für Dichtungen, unter denen die Hitzeeinwirkung durch Wärmeleitung auf MO mangelhaft sein kann.

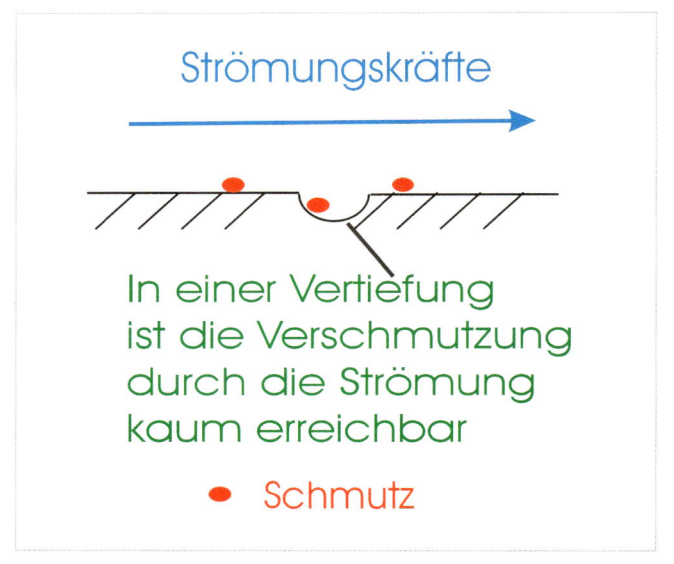

Abb. 1.1.5: Unzureichender Reinigungseffekt auf Grund zu rauer Oberflächen (Birus)

Tab. 1.1.3: Tipps zur richtigen Werkstoffauswahl

Medium/Milieu	Hinweise zur Werkstoffauswahl
Chloridhaltige Angriffsmittel: Unterschiedliche Wässer, Meerwasser, Hypochloridlösungen	Bei Halogenionen (Chloride, Fluoride) empfehlen sich Stähle mit zunehmenden Chrom- und Molybdängehalt. Geeignet sind (Reihenfolge steigender Beständigkeit): 1.4571 – 1.4404 – 1.4435 – 1.4439/1.4462 – 1.4539.
Schwefelsaure Angriffsmittel: Schwefelsäure Sulfat-/Sulfit-Laugen	Neben erhöhten Molybdängehalten bieten kupferlegierte Stähle erhöhte Beständigkeit. Geeignet sind: 1.4571 – 1.4436 – 1.4439 – 1.4539. Bei hohen Temperaturen: Nickellegierungen.
Phosphorsaure Angriffsmittel	Es haben sich auch bei hohen Temperaturen austenitische molybdänlegierte Stähle bewährt. Geeignet sind (Reihenfolge steigender Beständigkeit): 1.4571 – 1.4404 – 1.4435 – 1.4439 – 1.4462 – 1.4539.
Salpetersaure Angriffsmittel	Edelstähle sind gegen Salpetersäure bis zu 50 °C beständig. Bei erhöhten Temperaturen nimmt man Sonderstähle. Geeignet sind (Reihenfolge der Beständigkeit): 1.4306 – 1.4306 – 1.4465 – 1.4361.
Organische Angriffsmittel	Gegen viele organische Lösungsmittel und Chemikalien wie z.B. Fette, Öle, Benzol, Phenole sind Edelstähle beständig. Vorteil: keine Verunreinigungen durch Rostspuren. Bei Aromen und Gewürzextrakten verwendet man 1.4401 (und höher).

Cr-Ni-Mo-Stahlguss vor und führt dann bei hochreinem Wasser, das nur gelöstes CO_2 enthält, zu Rostansatz. Dieser kann die Reinstwasserqualität derart herabsetzen, dass es für die Pharmazie und Biotechnologie unbrauchbar wird.

Das Phänomen „Rouge" überzieht Behälter, Pumpen- oder Anlagenteile, die Ferritanteile von über 5 % aufweisen und nicht der Qualität eines „low carbon" Walzstahles von 316 L entsprechen. Die Anwendung entsprechender Schweiß- und Bearbeitungsverfahren für z. B. Pumpen aus 1.4435 oder AISI 316L (1.4404) senkt den Ferritgehalt unter 1 %.

1.1.3.3 Ferritgehalt/Rouge

Der Ferritgehalt spielt – bedingt durch die hohe Aggressivität des z. B. bei der Arzneimittel- und Kosmetikproduktion eingesetzten hochreinen Wassers – eine entscheidende Rolle. So werden in Reinstwasseranlagen grün-gelbe und rote Färbungen beobachtet und als Eisenoxid (Rost) identifiziert. Sie werden unter dem Begriff „Rouge" zusammengefasst. Das kommt insbesondere bei

1.1.4 Schweißtechnik

Beim Schweißen erfolgt die Verbindung von Teilen durch Stoffschluss. Schweißnähte stellen grund-

WERKSTOFFKUNDE

sätzlich einen mikrobiologischen Schwachpunkt dar. Die wichtigste Regel lautet also: keine Schweißnaht ist die beste Schweißnaht. Das bedeutet, keine Restteile zu einem größeren Stück zusammenzuflicken, sondern passende Halbzeuge zu verwenden. Ecken und Kanten sind zu vermeiden, Rundungen stellen die bessere Lösung dar.

Das WIG-Schweißen (Wolfram-Inertgas-Schweißen) ist bei Edelstählen üblich. Zwischen einer nicht abschmelzbaren Wolfram-Elektrode und dem Werkstück entsteht ein Lichtbogen, der den Werkstoff und den Schweißzusatzstoff zum Schmelzen bringt. Auf diese Weise wird die Verbindung hergestellt. Damit es an der Schweißnaht zu keiner Oxidation kommt, wird der Luftsauerstoff durch Argon ferngehalten. Das Argon tritt aus einer Ringdüse um den Lichtbogen aus. Der Schweißzusatzstoff besteht aus 1.4316 bei 1.4301 und aus 1.4430 bei 1.4401/1.4571.

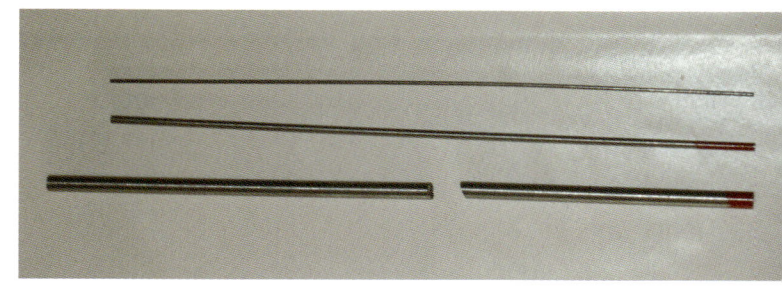

Abb. 1.1.7: Wolframelektroden (Birus)

Bei Rohrleitungen ist das Innere der Schweißstelle durch Formiergas (80 oder 90 % Stickstoff und 20 oder 10 % Wasserstoff) unbedingt von Luftsauerstoff frei zu halten. Das Formiergas wird über einen Schlauch an einem Ende der Rohrleitung mit einer der Nennweite entsprechenden Kappe zugeführt. Bei unzureichender Formierung entstehende Karbide führen zu einer Gefügeveränderung und mittelfristig zu Korrosion. Zu geringer Formiergasdruck führt innen zu Erhöhungen, zu hoher Formiergasdruck zu Vertiefungen.

Insbesondere das Anheften, also die erste provisorische Verbindung zwischen den Teilen mittels Schweißpunkten, wird aus Zeitgründen manchmal nicht gewissenhaft genug ausgeführt. Die Glätte der Nähte ist wichtig. Verschweißte Rohre, die nicht korrekt fluchten, bergen ein Hygienerisiko durch Strömungsschatten.

Abb. 1.1.8: Unzureichendes Formieren während des Anheftens (Birus)

Schweißnähte werden durch Materialunterschiede an den Oberflächen (es kommt durch ungenügende Argonzufuhr zur Karbidbildung) auf Dauer zu einem Korrosionsproblem. Der Schweißhilfsstoff soll mindestens die gleiche Beständigkeit wie der Werkstoff selbst aufweisen. Karbidbildung und interkristalline Korrosion werden dadurch vermieden.

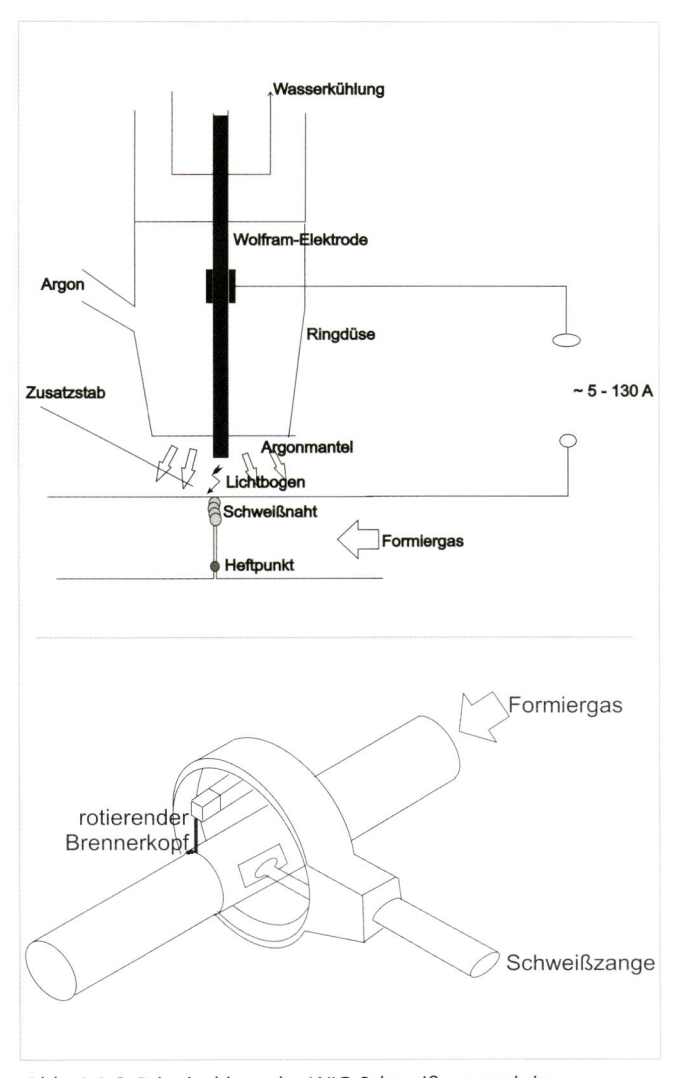

Abb. 1.1.6: Prinzipskizze des WIG-Schweißens und des automatischen Orbitalschweißens (unten) (Hasselmeyer)

Abb. 1.1.9: Nicht formierte Schweißnaht (Birus)

WERKSTOFFKUNDE

Abb. 1.1.10: Orbitalschweißnaht (Birus)

Schweißautomaten (Orbitalschweißen) lohnen sich bei größeren Aufträgen, da sich die Montagezeit verringert. Hier müssen der Durchmesser und die Wandstärke der Rohrleitung identisch sein. Gleichzeitig müssen die Schweißenden planparallel passen („Fluchten").

Edelstahlschweißen wird von speziell geprüften Fachleuten (DIN 8560) durchgeführt. Bei der Auftragsvergabe sollte eine Musterschweißnaht hinterlegt werden. Auf der Rohrleitung wird eine sog. **Schlagzahl** angebracht, die eine Art Firmen- und Personalschlüssel darstellt. Bei einer Reklamation ist der Verursacher dann eindeutig identifizierbar.

Kontrolle der Schweißnaht

Die einfachste Kontrolle erfolgt visuell und durch Abtasten mit dem Finger. Bei langen Rohrleitungen verwendet man kleine ferngesteuerte Videokameras.

Mit der **Ultraschallprüfung** können Bauteile und Schweißnähte auf Fehler und Risse auch bei laufender Produktion geprüft werden. Die Ultraschallwellen werden von einem Winkelschallkopf ausgestrahlt, durchlaufen Festkörper und reflektieren an sauberen Nähten anders als an Schweißfehlern. Ein Sensor registriert die reflektierten Wellen, wandelt sie in elektrische Signale um und macht sie auf einem Bildschirm sichtbar. Aus Form und Lage der Ausschläge lassen sich Rückschlüsse auf die Schweißnaht ziehen. Mit einem Ortungskopf kann man die genaue Position des Schweißfehlers finden.

Die Durchstrahlung mit **Röntgen- und Gammastrahlen** kommt bei Gussstücken bis zu 300 mm Werkstoffdicke zum Einsatz. Für Gammastrahlen benutzt man Kobalt 60. Das durchstrahlte Teil wird auf einer Filmkassette sichtbar gemacht. Nachteilig sind die gesundheitlichen Gefahren durch die Röntgen- und Gammastrahlen während der Messung.

1.1.5 Nichteisenmetalle

Die Dichte von **Aluminium** liegt mit 2,7 kg/dm³ bei etwa einem Drittel des Wertes von Stahl. Die Festigkeit unlegierten Aluminiums ist geringer als die von Stahl. Aluminium bildet eine dünne Oxidschicht und ist deswegen gegen Umwelteinflüsse korrosionsbeständig. Es wird z. B. für Behälter eingesetzt. In Verbundpackmitteln dient es als Gas- und Lichtsperre. Es verhindert so Aromaverluste und Oxidationen durch Sauerstoff und Licht.

Kupfer ist ein Halbedelmetall, das an Luft mit der Zeit einen grünen Belag (Patina) bildet. Kupfer besitzt eine besonders gute Wärmeleitung und eine sehr gute elektrische Leitfähigkeit. Kupfer verwendet man im Trinkwasser-Rohrleitungsbau und für Wärmetauscher ohne direkten Kontakt zu Lebensmittel wie bei Heißwasserkreisläufen in Pasteurisationsanlagen.

Messing entsteht durch die Legierungsbestandteile (5 bis 45 %) von Kupfer und Zink. Es wird für Wasserleitungen und -armaturen verwendet.

Kupfer-Aluminium und Kupfer-Nickel-Legierungen besitzen eine hohe Korrosionsbeständigkeit gegen Salzlösungen. Sie werden in Wärmeaustauschern und Rohren für Meerwasser-Entsalzungsanlagen eingesetzt.

Zink ist ein niedrig schmelzendes Schwermetall mit geringer Festigkeit und besitzt eine gute Widerstandsfähigkeit gegen Luftsauerstoff. Deswegen werden Stahlbauteile, die im Freien aufgestellt sind, häufig mit Zink beschichtet.

Zinn ist ein weiches Metall mit einem Schmelzpunkt von 232 °C. Es ist gegen Wasser, Luft und leicht basische oder saure Stoffe widerstandsfähig. Deswegen wird es bei Konservendosen für Lebensmittel als dünne Beschichtung verwendet und als **Weißblech** bezeichnet. Legierungen aus Zinnbronze (2 bis 15 % Zinn) haben eine glatte Oberfläche mit einem niedrigen Reibungskoeffizienten. Deswegen findet man Zinnbronze in Lagerschalen, die bei mangelnder Schmierung eine Notlaufeigenschaft erfordern.

1.1.6 Korrosion

Definition: Die von der Oberfläche ausgehende unbeabsichtigte chemische bzw. elektrochemische Zerstörung eines Werkstoffs nennt man Korrosion.

1.1.6.1 Elektrolytische Dissoziation

In wässrigen Lösungen von Säuren, Basen und Salzen sind die Moleküle dieser Substanzen teilweise zerfallen in elektrisch geladene frei bewegliche Teilchen, die Ionen (Dissoziation). Derartige Lösungen heißen Elektrolyte. Auf Grund ihres Gehaltes an positiv geladenen Ionen (Kationen) und negativ geladenen Ionen (Anionen) leiten die Lösungen den elektrischen Strom und ermöglichen die elektrochemische Korrosion von „unedlen" Metallen. Die Dissoziation tritt jedoch ebenso in reinem Wasser auf. Auch hier zerfällt ein, wenn auch nur sehr geringer Anteil der Wassermoleküle in Ionen, nämlich Wasserstoffionen (H+) und Hydroxidionen (OH-).

Der pH-Wert

Das konstante Ionenprodukt kennzeichnet die Reaktion einer wässrigen Lösung durch Angabe der [H+]-Konzentration. Mit steigender Temperatur nimmt die Dissoziation zu und die Dissoziationskonstante wird größer. Bei einer Temperatur von 115 °C beispielsweise zerfällt die zehnfache Menge H_2O-Moleküle in Ionen. Die Dissoziationskonstante erhöht sich also auf 10^{-12} und der neutrale pH-Wert sinkt auf pH = 6. Parallel zur pH-Wert-Messung muss deshalb in jedem Fall eine Temperaturkompensation erfolgen.

1.1.6.2 Spannungsreihe der Metalle

Unedle Metalle wie Eisen, Aluminium oder Zinn werden durch edle Metalle wie Silber, Gold oder Platin oxidiert. Wir sagen, dass die unedlen Metalle rosten. Dazu muss ein elektrischer Leiter vorhanden sein, der die Elektronen transportieren kann. Bei vielen Vorgängen übernimmt das Wasser diese Rolle. Je stärker ein elektrischer Leiter ist, desto schneller geht die Oxidation vor sich. Säuren und Laugen verstärken folglich den Oxidationseffekt. Wie leicht ein Metall zu oxidieren ist, wird in der elektrochemischen Spannungsreihe festgehalten:

K Ca Na Mg Al Zn Cr Fe Sn Pb H_2 Cu Ag Hg Pt Au

Wasserstoff ist sozusagen als Nullpunkt eingereiht worden. Beispiele: K –2,9 Volt; Fe –0,44 Volt; ... Ag 0,81 Volt; Au 1,38 Volt.

Merksatz: Durch das Zusammentreffen von zwei verschiedenen Metallen und einem Elektrolyt erfolgt ein Elektronenaustausch. Dieser Elektronenfluss ist als elektrischer Strom messbar.

1.1.6.3 Die Säurekorrosion

Dieser Vorgang läuft zwischen zwei in einen Elektrolyt eingetauchten Metallen ab, die leitend miteinander verbunden sind. An dem unedleren Metall, der Anode, gehen Metallatome unter Zurücklassung von Elektronen als positiv geladene Ionen in Lösung. Gleichzeitig werden an der edleren Elektrode den Wasserstoffionen Elektronen zugeführt. Dies bezeichnet man daher auch als Wasserstoffkorrosion, da sich an der Kathode Wasserstoff bildet.

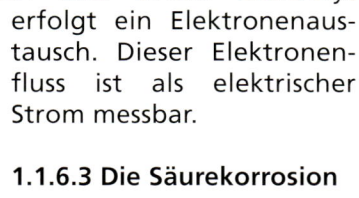

Abb. 1.1.11: Korrosion von Stahl durch den Kontakt mit Edelstahl (Birus)

Die Metallauflösung und damit die Werkstoffzerstörung erfolgt immer an der Anode. Die Kathode bleibt vor Korrosion geschützt. Die Säurekorrosion kann aber auch auftreten, wenn sich nur ein einzelnes Metall in der Lösung befindet. In einem solchen Fall ist die Zerstörung der Wirkung von Lokalelementen zuzuschreiben, die auf Inhomogenitäten der Metalloberfläche zurückzuführen ist.

Fast immer erfolgt ein flächenförmiger Abtrag des Werkstoffes. Bei Werkstoffen mit inhomogenem Gefüge kann eine selektive Korrosion auftreten. Hierunter versteht man eine Korrosion, die nur eine Komponente der Legierung angreift und die andere unverändert lässt. Ein Beispiel dafür ist die Spongiose des Gusseisens. Der im Gefüge eingeschlossene Graphit bleibt erhalten, während sich das Gusseisen auflöst. Das Graphitgerüst wird dabei so weich, dass es sich mit dem Messer abschaben lässt. Grauguss erleidet in Wasser oder Wasserdampf einen Kornzerfall, wobei sich Eisen in FeOH verwandelt.

1.1.6.4 Sauerstoffkorrosion

Eine Flüssigkeit enthält im Allgemeinen Sauerstoff. In solchen Fällen sind nicht die Wasserstoffionen die Elektronenaufnehmer, sondern an ihre Stelle treten Sauerstoffatome. Es bilden sich Sauerstoffionen, die sich mit Wassermolekülen zu Hydroxydionen verbinden. Bei der Sauerstoffkorrosion werden sogar Metalle angegriffen, die von einer Säurekorrosion verschont bleiben.

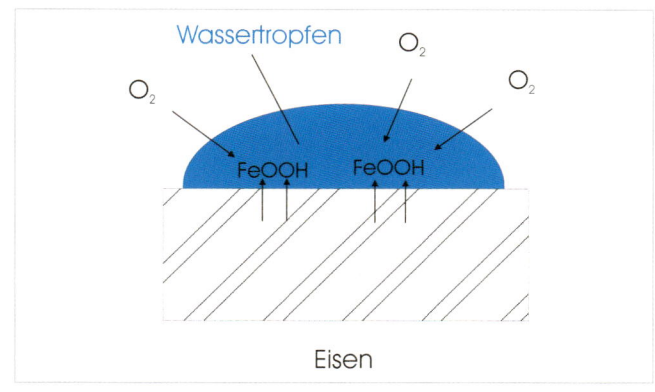

Abb. 1.1.12: Sauerstoffkorrosion auf einer Stahloberfläche im Bereich eines Wassertropfens (Birus)

1.1.6.5 Korrosion durch Kohlensäure

Die Kohlensäure bewirkt eine Erhöhung der [H+]-Ionenkonzentration und führt deshalb zu einer

WERKSTOFFKUNDE

Wasserstoffkorrosion. Alle natürlichen Wässer enthalten Kohlensäure (CO_2) in gebundener oder freier Form. Beim Grundwasser dient freie Kohlensäure dazu, das Calziumbikarbonat ($Ca[HCO_3]_2$) in Lösung zu halten. Wird der Gehalt an freier Kohlensäure z. B. durch Erwärmen so weit vermindert, dass das Gleichgewicht zwischen Karbonathärte und zugehörigem CO_2 nicht mehr besteht, verwandelt sich das Calziumbikarbonat unter Ausscheidung der gebundenen Kohlensäure in Calziumkarbonat, das im Wasser nur wenig löslich ist und deshalb größtenteils ausfällt. Unerwünschte Ablagerungen sind die Folge. Diesen Belag nennt man Kalkstein. Wasser für Dampferzeuger muss deshalb entionisiert sein.

1.1.6.6 Erscheinungsformen der Korrosion

Viele Metalle sind bereits gegenüber Sauerstoff und Wasser unbeständig. Eine chemische Korrosion der Metalle liegt beim Angriff von Medien ohne Ionenleitfähigkeit vor, z. B. bei trockenen Gasen. Die Korrosion von Eisen heißt Rost. Bei einem gleichmäßigen Angriff wird der Werkstoffquerschnitt geschwächt. Die Festigkeitseigenschaften sinken. Dies geschieht bei ungeschützten Bauteilen. Deswegen wird für die ausreichende statische Belastbarkeit ein Wanddickenzuschlag berücksichtigt, also sind die Träger für Hochregallager massiver ausgelegt.

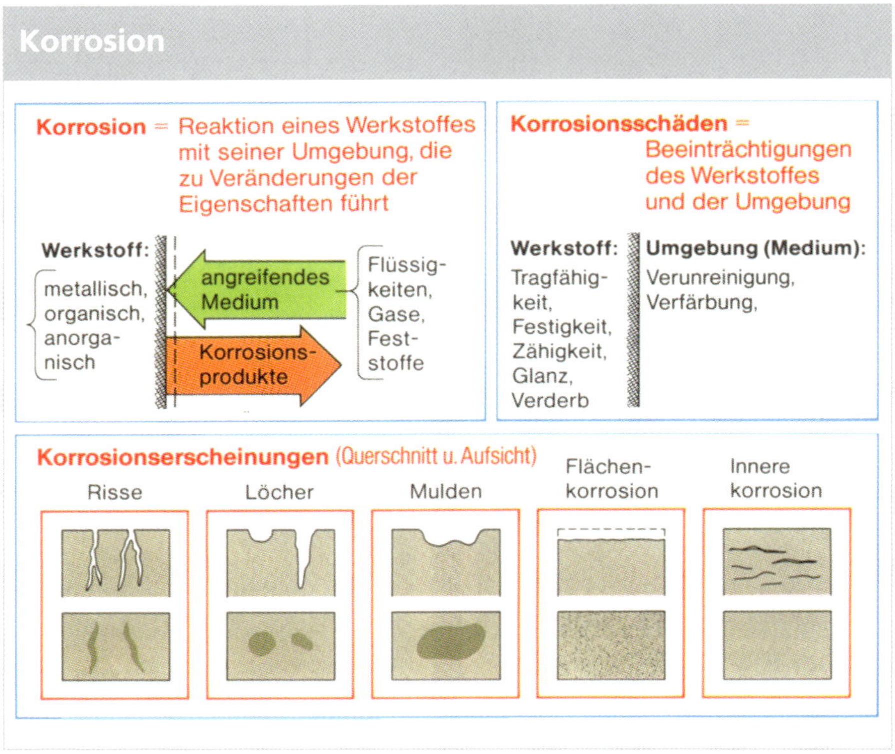

Lochfraß

Bei der Sauerstoffkorrosion im neutralen und besonders im alkalischen Bereich wird vielfach ein Lochfraß beobachtet. Dieser entsteht bei Eisenwerkstoffen, insbesondere Nirostahl, wenn das Förderwasser einen hohen Anteil Chloridionen enthält. Der Lochfraß ist deshalb verhängnisvoll, weil er bei geringem Korrosionsumsatz Gehäuse und Rohrleitungen in verhältnismäßig kurzer Zeit unbrauchbar machen kann. Der Lochfraß führt darüber hinaus zu einer Schwächung des Werkstoffs, die nicht immer erkennbar ist. Dadurch tritt ein plötzlicher Bruch bei statischer Dauerbelastung auf. Normaler 1.4301 wird durch Salzlösungen wie elektrolytische Sportgetränke angegriffen.

Interkristalline Korrosion

Die Korrosion verläuft längs der Korngrenzen. Der Zusammenhalt der Kristallite wird gelockert und die Festigkeit dadurch herabgesetzt. Diese Korrosionsart tritt bei niedriglegiertem Stahl auf, der keinen einheitlichen Gefügeaufbau hat.

Elektrochemische Korrosion

Die Vorgänge sind die gleichen wie in einem galvanischen Element. Dabei werden zwei verschiedene Metalle in einen Elektrolyten getaucht. Durch die Verbindung der beiden Metalle mit einem elektrischen Leiter fließt Strom. Kurzgeschlossene galvanische Elemente entstehen, wenn sich zwei Metalle berühren und ein Elektrolyt hinzutritt. Elektrochemische Korrosion tritt also bei Einwirkung von Ionenleitern auf, z. B. Lösungen von Salzen, Säuren und Alkalien. Sind ein edleres und ein unedleres Metall durch Niet-, Schraub- oder Schweißverbindungen leitend miteinander verbunden, kommt es zur Kontaktkorrosion. Einige unedle Metalle (z. B. Aluminium, Chromstahl) sind durch Passivierung korrosionsbeständig.

Spaltkorrosion

Von der Flüssigkeit umspülte enge Spalte werden infolge Kapillarwirkung benetzt, ohne dass es zu einer Durchströmung kommt. Solche Stellen sind der Spaltkorrosion ausgesetzt. Die eintretende Zerstörung wird hauptsächlich auf die Einwirkung von Sauerstoff zurückgeführt. Nichtrostende Stähle sind

Abb. 1.1.13: Erscheinungsformen der Korrosion (Fonds der chemischen Industrie)

WERKSTOFFKUNDE

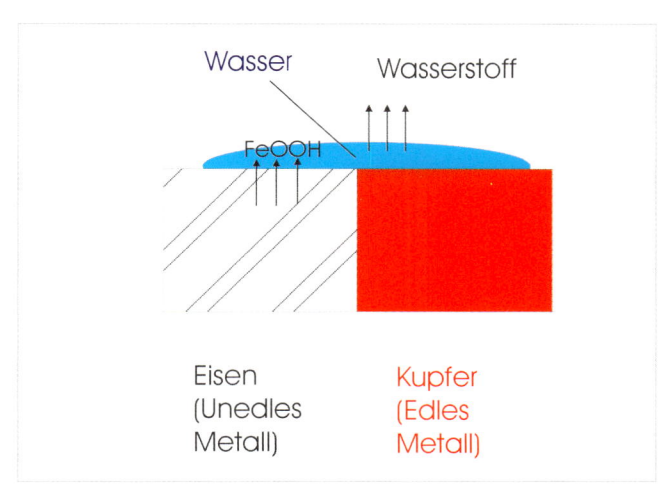

Abb. 1.1.14: Kontaktkorrosion durch Berührung eines Eisen-Bauteils (Fe) mit einem Kupfer-Bauteil (Cu) unter Wasser (Birus)

in dieser Beziehung besonders gefährdet. Beobachten kann man die Spaltkorrosion im Spalt zwischen Durchgangsbohrung und Schraube sowie unter Dichtungen.

Spannungsriss- und Schwingkorrosion

Einige Werkstoffe neigen nach einer gewissen Zeit zu interkristalliner Rissbildung. Diese Korrosionsformen treten beim Zusammenwirken von elektrochemischem Angriff durch chloridhaltige Medien und mechanischer Zug- bzw. Schwingungsbelastung eines Bauteils auf. Der Riss verläuft zwischen den Gefügeräumen.

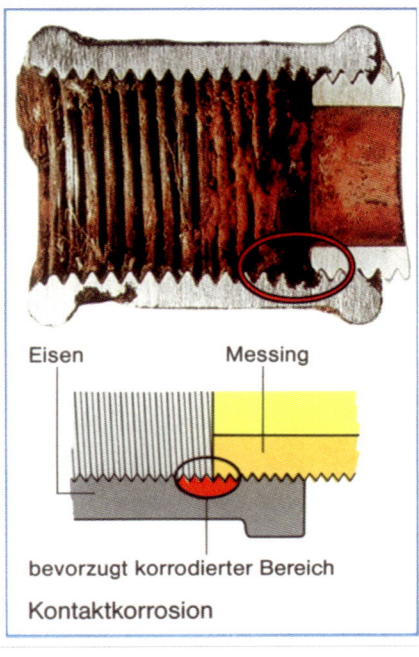

Abb. 1.1.15: Beispiele für Korrosionsschäden (Fonds der chemischen Industrie)

Erosionskorrosion

Enthält das Fördergut schmirgelnde Bestandteile, so wird die Metalloberfläche bei genügend großer Strömungsgeschwindigkeit durch die Feststoffbestandteile mechanisch abgeschliffen. Dieser Vorgang wird als Erosion bezeichnet und überlagert sich in vielen Fällen mit der Korrosion.

Kavitationskorrosion

In diesem Fall ist die Metalloberfläche zernarbt und zerklüftet. Diese Korrosionsform entsteht z. B. an Pumpenlaufrädern in Verdampferanlagen, die heiße Medien im Vakuum fördern. Leider laufen die Erosions- und Kavitationskorrosion hauptsächlich im Inneren von Anlagen oder Maschinen ab. Meist werden dann nur noch die Folgeschäden sichtbar.

1.1.6.7 Korrosionsschutzmaßnahmen

Der wichtigste Faktor für einen dauerhaften Korrosionsschutz ist der geeignete Werkstoff. Das erfordert bei der Auswahl Kenntnisse über den Werkstoff, die Betriebsbedingungen und die Medien, mit denen der Werkstoff Kontakt haben wird. Der Anlagenbauer muss ausreichende Informationen über die Einsatzbedingungen der Anlage haben.

Bei der Konstruktion sind die Apparate so zu gestalten, dass keine Korrosionsgefährdung entsteht. Kontaktkorrosionsstellen sind durch gleiche Werkstoffe der Werkstücke bzw. Schrauben oder Isolierzwischenschichten vermeidbar. Spalten verhindert man durch richtig gestaltete Schweißnähte statt Schraubverbindungen oder Flansche. Schweißnähte sollen zudem keine Spannungsspitzen zulassen, indem scharfkantige Übergänge vermieden werden. Eine hohe Oberflächengüte durch Schleifbehandlungen oder elektrolytische Glättung von Edelstahl verringert die Angriffsfläche von vornherein.

Unter Passivierung versteht man die natürliche Bildung oder künstliche Erzeugung eines elektrochemischen Zustandes von Metalloberflächen, bei dem die Metalle chemische Widerstandsfähigkeit (Passivität) gewinnen und vor Korrosion geschützt sind. Dieser Zustand beruht z. B. auf der Bildung einer porenfreien dünnen Oxiddeckschicht bei Aluminium, Nickel oder Chrom, die das darunter liegende Metall schützt. Passi-

WERKSTOFFKUNDE

Methoden des Korrosionsschutzes

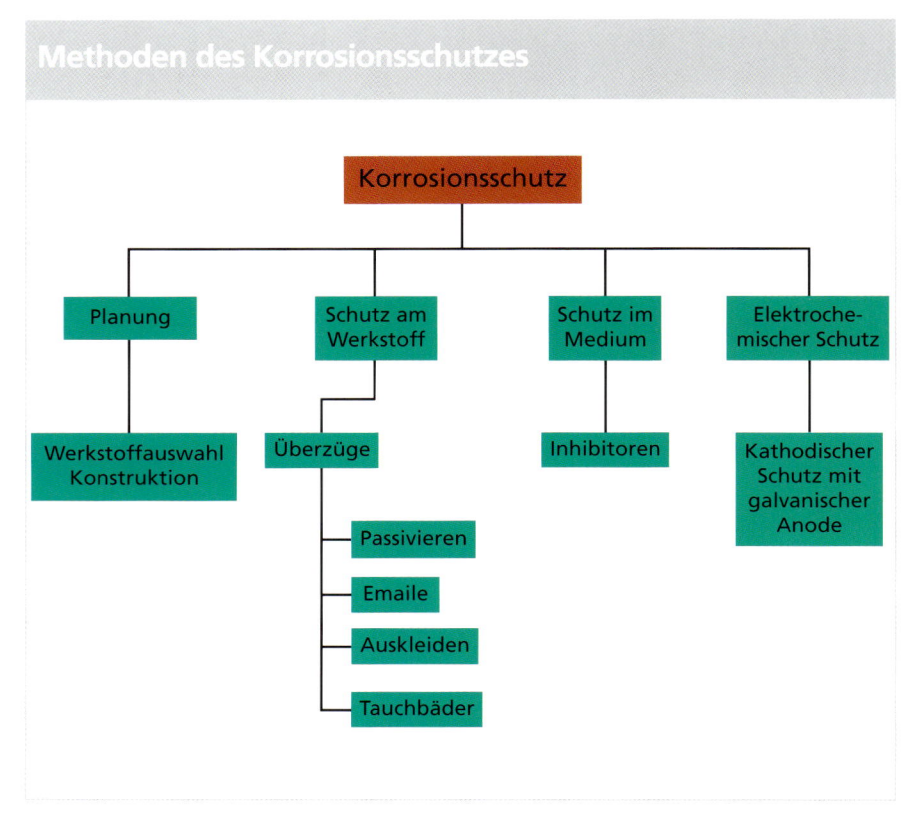

Abb. 1.1.16: Möglichkeiten des Korrosionsschutzes *(confructa medien)*

vierung wird durch anodische Oxidation der Oberfläche (anodischer Korrosionsschutz) oder chemische Stoffe wie Chromate, Nitrite oder Hydrazin (Passivatoren) in Gegenwart von Sauerstoff erreicht.

1.1.6.7.1 Metallische Überzüge

Viele Lagerkonstruktionen werden aus verzinkten Baustählen hergestellt. Allerdings bilden sich aus Zink mit SO_2- und CO_2-Bestandteilen der Luft Zinkate. Optisch ist dies am sog. „Blumenkohleffekt" und am Zinkstaub zu erkennen. Abgesehen von den optischen und lebensmittelgefährdenden Effekten verändern sich durch den Zinkabtrag die Querschnitte, was statische Probleme nach sich ziehen kann.

Die Galvanisierung erfordert glatte, fett- und oxidfreie Grundwerkstoffoberflächen. Elemente wie Zink, Kupfer und Zinn sind wesentlich beständiger und werden zur Verbesserung teilweise noch chromatiert. Überzüge aus Zinn werden angeschmolzen, so dass selbst extrem dünne Niederschläge einen bemerkenswerten Schutzwert aufweisen. (Beispiel: Weißblech für die Dosenherstellung)

Eine Beschichtungsvariante im Lackierbereich ist die kathodische Tauchlackierung (KTL-Verfahren). Durch Galvanisierung oder Epoxydharzsysteme trägt sich die Schicht zwischen Kathode und Anode gleichmäßig auf. Das Epoxydharzsystem enthält ausschließlich lebensmittelfreundliche Substanzen, insbesondere keine Schwermetalle wie Blei, die bei verschiedenen Pulververfahren noch zu finden sind.

1.1.6.7.2 Kunststoffüberzüge

Für die Gummierung kommen Natur- und Synthesekautschuke zum Einsatz. Harte und zähe Vulkanisate bieten als Hartgummi in der Regel eine bessere chemische und thermische Beständigkeit als Weichgummisorten. Die Gummierung geschieht durch Aufkleben noch unvernetzter und somit flexibler Bahnen auf die Metalloberfläche. Die Vulkanisation mit Dampf oder Heißluft bewirkt eine feste Bindung zwischen Trägermetall und Auskleidung bei Temperaturen von 140 °C und einem Druck von drei bis fünf bar. Die Dicke der Schicht liegt zwischen drei und sechs Millimetern.

Zu den üblichen Werkstoffen bei Auskleidungen mit Thermoplasten zählen PP, PVC, PVDF, PTFE sowie fluoriertes Ethylen-Propylencopolymerisat. Zur Verklebung benutzt man unter 80 °C zähe Kontaktklebstoffe, bei Temperaturen bis max. 130 °C Epoxydharze.

1.1.6.7.3 Email-Überzüge

Email ist ein fest haftender, anorganisch-glasiger Überzug auf einem Metall. Im Gegensatz dazu stellt die Glasur einen glasigen Überzug auf einem keramischen Körper dar. Glas wiederum ist ein selbstständiger Werkstoff. Email ist ein leicht schmelzbares, überwiegend oxidisches Glas mit Silikat-Strukturen. Für superglatte Oberflächen in der Biotechnologie muss Email dicht, porenfrei, glatt und fest haftend sein. Die gute Korrosionsbeständigkeit beruht auf der extrem langsamen Auflösungsgeschwindigkeit. Neben rein glasigen Emails gibt es teilweise kristallisierte Emails. Diese weisen gegenüber Gläsern eine höhere mechanische, aber geringere chemische Beständigkeit auf.

1.1.6.7.4 Oberflächenbehandlung

Phosphatierte Stahloberflächen besitzen einen höheren Korrosionsschutz und bieten auf Grund er-

WERKSTOFFKUNDE

Übersicht über wichtige Methoden des Korrosionsschutzes

mit Glasemail

mit teilkristallinem Email

Abb. 1.1.17: Emaillierter Rührwerksbehälter *(Fonds der chemischen Industrie)*

höhter Porosität ein deutlich verbessertes Haftvermögen von Korrosionsschutzölen.

Beim Chromatieren wird das Werkstück durch ein Chromsäure- oder Chromatbad gezogen. Dies geschieht vor allem bei Aluminium, Zink und Stahl. Solche Oberflächenbeschichtungen werden bevorzugt als Anstrichgrundlage verwendet. Bei Beschädigung kommt es durch die Repassivierung der freigelegten Oberflächen zu einer Art Selbstheilung. Anwendungen sind Einkaufskörbe oder Druckminderer.

1.1.6.7.5 Kathodischer Korrosionsschutz (KKS)

Diese Technologie wird bei Rohrleitungen, Lagerbehältern und Kabeln im Erdboden, aber auch bei Stahlkonstruktionen im Meerwasser eingesetzt. Beim KKS mit Opferanoden ist das zu schützende Bauteil leitend mit Platten aus einem unedlen Metall wie Magnesium verbunden. Mit der Bodenfeuchtigkeit als Elektrolyt ergeben das Stahlbauteil und die Opferelektrode ein galvanisches Element. Das Magnesium ist die unedlere Anode und löst sich auf, wird also „geopfert". Der Anlagenwerkstoff selbst bleibt unversehrt. Diese Variante findet man z. B. bei Kälteanlagen, wenn Kälteträger wie aggressive Chloridsolen die Rohrleitungen angreifen würden.

Für nichtrostende Chrom- und Chrom-Nickel-Stähle eignet sich der anodische Korrosionsschutz, besonders bei Schwefel- und Phosphorsäure. Bei Chloriden ist der anodische Schutz wegen der Gefahr von Loch- und Spannungsrisskorrosion nicht anwendbar.

1.1.6.7.6 Korrosionsinhibitoren

Hier verringern oder verhindern dem Medium zugemischte Stoffe am Werkstoff selbst die Korrosion. Als Korrosionsinhibitoren eignen sich Stoffe, die an der Metalloberfläche eine physikalische Adsorptionsschicht (Filmbildung) oder eine chemische Reaktionsschicht erzeugen. Zum Einsatz kommen grenzflächenaktive Stoffe. Bei starken Säuren beispielsweise werden Aldehyde und Amine verwendet.

1.1.6.7.7 Korrosionsüberwachung

Schutzanstriche werden optisch überwacht und bei abgeblätterter Farbe der Anstrich ausgebessert. Eine andere Technik ist die Restwanddickenmessung durch Ultraschall. Damit lässt sich ein Oberflächenabtrag feststellen.

Bei Rissbildungen oder Spannungsrisskorrosion sind die Fehler durch den Met-L-Check oder die Fluoreszenstechnik feststellbar. Dabei wird beispielsweise beim Plattenwärmetauscher eine Plattenseite rot eingestrichen, die andere mit einem weißen Entwickler. Nach einer gewissen Zeit ist auf diesem ein eventueller Riss sichtbar.

1.2 KUNSTSTOFFE

1.2.1 Allgemeines

Kunststoffe teilt man generell in die drei Gruppen Thermoplaste, Duroplaste (Duromere) und Elastomere ein. Kunststoffe mit linearen (oder verzweigten) unvernetzten Makromolekülen sind prinzipiell plastisch verformbar. Das Fließverhalten (Viskosität) von Polymeren hängt in starkem Maße vom Molekulargewicht ab. Polymere mit niedrigem Molekulargewicht sind häufig bei Raumtemperatur honigartig. Kunststoffe höheren Molekulargewichts mit langen Ketten weisen im Allgemeinen eine höhere Festigkeit auf. Ursachen dieser erhöhten Festigkeit sind verstärkte Wechselwirkungen zwischen den Ketten (van der Waals, Dipol-Dipol, H-Brücken-Bindungen), Verhakungen und Verschlaufungen der verschiedenen Polymerketten untereinander. Erst bei höherer Temperatur werden die Bindungen durch die Wärmebewegung geschwächt, die Stoffe sind dann thermoplastisch.

WERKSTOFFKUNDE

Tab.1.2.1: Übersicht der wichtigsten synthetischen Kunststoffe (Bayer AG)

Polykondensate		Polymerisate		Polyaddukte	
Duroplaste	**Thermoplaste**	**Thermoplaste**	**Elastomere**	**Duroplaste**	**Thermoplaste**
Phenolplaste: · Phenolharze · Resorcinharze Aminoplaste: · Melaminharze · Anilinharze Vernetzte Polyester: · Alkydharze · vernetzte ungesättigte Polyester	Lineare gesättigte Polyester: · Polyethylenterephthalat · Polycarbonat Polyamid: · Nylon · Lactam-Polyamid	Polyolefine: · Polyethylen · Polypropylen · Polyvinylchlorid · Polymethylmethacrylate · Polystyrol · Polyoxymethylen · Polyacrylnitril	Polybutadien Polyisopren Butylkautschuk Polychloropren Silikon	Epoxidharze Vernetzte Polyurethane: · Vulkollan · Moltopren	Lineare Polyurethane Urethan-Polyamid

Thermoplaste sind bei normaler Temperatur spröde oder zähelastische Kunststoffe, die sich ohne wesentliche chemische Veränderung durch Erwärmen reversibel in den plastischen Zustand bringen und verformen lassen. Das vielseitige Verhalten der zahlreichen verschiedenen Stoffe bei Raumtemperatur – vom transparenten zum undurchsichtigen, vom spröden zum zähelastischen Material – ermöglicht eine große Auswahl für jeden Zweck. Polymere mit räumlich vernetzten Molekülen sind nicht mehr (oder nur sehr wenig) plastisch verformbar. Einige spezielle Polymere sind gummielastisch.

Durch die Zug- oder Druckbeanspruchung können die verknäuelten Kettenteile zwischen den Netzbrücken aneinander abgleiten und sich strecken. Im Ganzen werden die Ketten aber durch die vernetzenden Primärbindungen festgehalten (Abb. 1.2.2 b). Sie können nicht aneinander vorbeifließen. Beim Nachlassen der äußeren Kraft nehmen die Kettenteile aufgrund von Wärmebewegung wieder die ursprüngliche verknäuelte Lage ein (Abb. 1.2.2 a). Derartige Polymere werden Elastomere genannt. Sie sind bei tiefer Temperatur spröde und hart, bei höherer Temperatur gummielastisch und nicht schmelzbar.

Bei Kunststoffen mit räumlich eng vernetzten Molekülen sind diese durch Primärbindungen allseitig miteinander verankert (theoretisch ein einziges großes Molekül). Solche Kunststoffe sind vernetzt und werden häufig als Duromere oder Duroplaste bezeichnet. Duroplaste sind bei normaler Temperatur sehr hart und spröde. Sie sind temperaturbeständig, nicht plastisch verformbar, nicht schmelzbar, nur schwer quellbar und unlöslich. Sie entstehen durch Vernetzung reaktionsfähiger linearer und verzweigter Makromoleküle. Man nennt einen solchen Prozess „Härtung". Das Harz muss zur Formgebung vor der Härtung plastisch geformt werden. Fußböden oder Behälterauskleidungen sind typische Anwendungsgebiete.

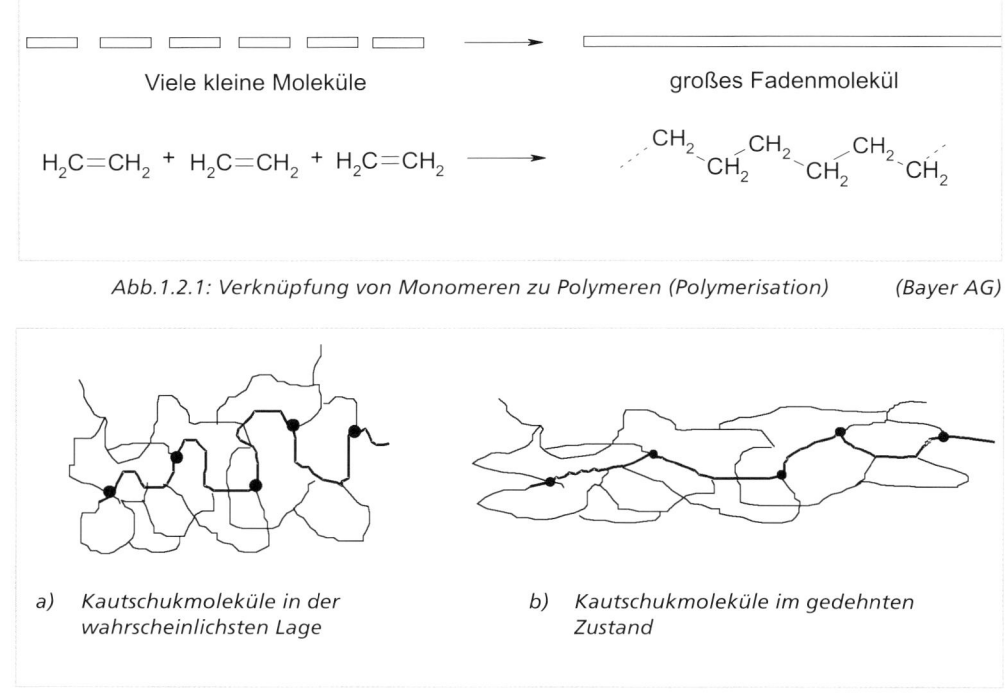

Viele kleine Moleküle → großes Fadenmolekül

$H_2C=CH_2 + H_2C=CH_2 + H_2C=CH_2 \longrightarrow \cdots CH_2\text{-}CH_2\text{-}CH_2\text{-}CH_2\text{-}CH_2\text{-}CH_2 \cdots$

Abb.1.2.1: Verknüpfung von Monomeren zu Polymeren (Polymerisation) (Bayer AG)

a) Kautschukmoleküle in der wahrscheinlichsten Lage

b) Kautschukmoleküle im gedehnten Zustand

Abb. 1.2.2: Elastizität von Kautschuk (Bayer AG)

WERKSTOFFKUNDE

Duroplastische Kunstharze sind nach dem Aushärten immer glasig-starr. Das nicht gerade günstige mechanische Verhalten wird häufig dadurch verbessert, dass die Harze zusammen mit Harzträgern oder Füllstoffen verarbeitet werden (z. B. Talkum, Kieselsäure, organische oder anorganische Fasern, Glasfasern). Diese wirken verstärkend wie Bewehrung im Beton. Ihr Anteil am Endprodukt liegt etwa bei 40 bis 80 %. Man spricht bei diesen „gefüllten" Kunststoffen auch von Composites oder Verbundwerkstoffen.

Tab. 1.2.2: Kunststoffe für Lebensmittelverpackungen

Thermoplaste
- Polyethylen PE
  · Low Density Polyethylen LDPE
  · High Density Polyethylen HDPE
- Polypropylen PP
- Polybuten-1; Polyisobuten
- Polystyrol PS
- Polyvinylchlorid PVC; Polyvinylidenchlorid

Thermoplastische Polyester
- Polycarbonat; Polyamide
- Polymethylmethacrylat; Polyacrylnitril
- Polyoxymethylene oder Acetalharze
- Polysulfone; Fluorhaltige Polymerisate
- Polyvinylether;

Duromere
- Aminoplaste
- Ungesättigte Polyester (z. B. PET)

Elastomere
- Polyurethane
- Natur- und Synthesekautschuk
- Silicone

Bioabbaubare Polymere
- Polysacharide
- Polyester

Im Unterschied zu Metallen, bei denen ein Angriff von Chemikalien zu einer irreversiblen chemischen Veränderung führt, sind es bei den Kunststoffen physikalische Vorgänge wie Quellungs- und Lösungsvorgänge, bei denen sich das Gefüge der Kunststoffe so verändern kann, dass die mechanischen Eigenschaften in Mitleidenschaft gezogen werden.

Die mechanische Festigkeit ist im Vergleich zu Edelstahl wesentlich stärker von der Temperatur abhängig. Deshalb gibt man bei Kunststoffen die obere Dauergebrauchstemperatur (ODGT) an. Diese sagt aus, bis zu welcher Temperatur ein Kunststoff seine mechanische Stabilität behält.

1.2.2 Kunststoffe und ihre Eigenschaften

1.2.2.1 PVC

PVC-U (Polyvinylchlorid weichmacherfrei) ist ein thermoplastischer Werkstoff mit guten mechanischen Eigenschaften (hart, formstabil; Einsatztemperatur: 0 bis 50 °C). Es ist klebbar, schweißbar, schwer entflammbar und selbst verlöschend. Dabei wird jedoch Chlor freigesetzt. PVC-U ist inert gegen Säuren, Laugen, Salzlösungen, Alkohole, Öle, Fette, aliphatische Kohlenwasserstoffe, Benzin, Wasser. Es wird angegriffen von Benzol, aromatischen und chlorierten Kohlenwasserstoffen, Ketonen und Estern.

HI-PVC (high impact Polyvinylchlorid) besitzt Eigenschaften wie PVC-U jedoch, eine höhere Kerbschlagzähigkeit durch Elastomeranteile. Einsatztemperatur: 0 bis 50 °C.

1.2.2.2 Polyethylen (PE)

Polyethylen wird nicht mehr nach der Dichte eingeteilt (PELD, PEHD), sondern nach Festigkeitsklassen gemäß ISO 9080 eingestuft (PE63, PE80, PE 100).

PE 80 (früher PEHD) ist der PE-Standardwerkstoff. PE weist eine ausgezeichnete Diffusionsbeständigkeit und UV-Stabilität auf. Polyethylen entspricht BGA-Richtlinien. PE-Rohre und -Formteile sind auf Trinkwassertauglichkeit geprüft und zugelassen.

PE 100 wird als Polyethylen der dritten Generation bzw. als MRS 10 bezeichnet. PE 100 hat eine höhere Dichte und verbesserte mechanische Eigenschaften. Somit eignet sich dieses Material z. B. für die Herstellung von Druckrohren. (Einsatztemperatur: – 50 bis 60 °C)

Abb. 1.2.3: Eingefärbtes Polyethylengranulat als Rohstoff für Lebensmittelverpackungen (Birus)

WERKSTOFFKUNDE

PE weist eine hohe Beständigkeit gegenüber Säuren und Laugen auf. Bis 60 °C ist PE gegen viele Lösungsmittel beständig, wird jedoch von aromatischen und halogenierten Fetten angequollen. Gegen starke Oxidationsmittel wie Salpetersäure, Ozon, Wasserstoffperoxid oder Halogene ist PE bedingt bis nicht widerstandsfähig. PE ist unempfindlich gegen Frost und besitzt eine sehr gute Abrasionsbeständigkeit, ist also stabil gegen Abrieb. Es ist nagetierbeständig und beständig gegen bakterielle Korrosion. Es eignet sich für Hartfolien zur Becherherstellung durch Tiefziehen und als Siegelschicht für mehrschichtige Weichfolien.

Modifiziertes Polyethylen wie z.B. PE 80-el (elektrisch leitfähig) wird häufig für den Transport von leicht brennbaren Medien (z.B. Treibstoffe) oder zum Transport von Stäuben eingesetzt, da diese Rohrleitungssysteme geerdet werden können.

1.2.2.3 Polypropylen (PP)

Polypropylen ist ein spannungsrissbeständiger Werkstoff mit guter Kerbschlagzähigkeit (Einsatztemperatur: – 10 °C bis 95 °C). Im Vergleich zu anderen Thermoplasten wie PE 100 und PVC besitzt PP eine Temperaturbeständigkeit bis 100 °C bzw. bis 120 °C für drucklose Systeme. Es besitzt eine hohe Wärmeformstabilität, Zugfestigkeit, Steifigkeit und Härte, ist schweißbar, aber nicht klebbar. Rohrleitungen aus grauem Polypropylen sind nicht UV-stabilisiert. Als wirksamer Schutz gegen eine direkte Sonneneinstrahlung gilt ein Schutzanstrich oder eine Isolierung.

PP-R, natur enthält keine Farbadditive und wird vor allem für Reinstwasser-Rohrleitungssysteme verwendet. Jedoch ist dieses Material nicht UV-beständig.

Modifizierte PP-Typen entsprechen auf Grund ihrer Zusammensetzung nicht den lebensmittelrechtlichen Bestimmungen und sind daher für Trinkwasserrohre und den Kontakt mit Lebensmitteln nicht geeignet.

PP-R, schwarz (Polypropylen-Random-Copolymerisat, schwarz eingefärbt) ist UV-beständig.

PP-H-s (Polypropylen-Homopolymerisat, schwer entflammbar) eignet sich besonders für Lüftungsrohre und Abgasleitungen. Für den Einsatz im Freien ist es auf Grund der fehlenden UV-Stabilisierung ohne Schutzmaßnahmen nicht geeignet.

PP-R-el (elektrisch leitfähig) wird bei Erdung eines Rohrleitungssystems eingesetzt. Aufgrund des hohen Rußgehaltes ist PP-R-el UV-beständig.

PP-R-s-el (schwer entflammbar, elektrisch leitfähig) wird aus Sicherheitsgründen vor allem für den Transport von leicht entzündbaren Medien eingesetzt.

1.2.2.4 Polyvinyldifluorid (PVDF)

PVDF quillt nur in geringem Maße, ist physiologisch unbedenklich, schweißbar, aber nicht klebbar. Im Vergleich zu PTFE zeichnet sich PVDF durch seine hohe mechanische Festigkeit und seine gute chemische Beständigkeit bei Temperaturen von – 40 bis 120 °C aus. Es wird angegriffen von rauchender

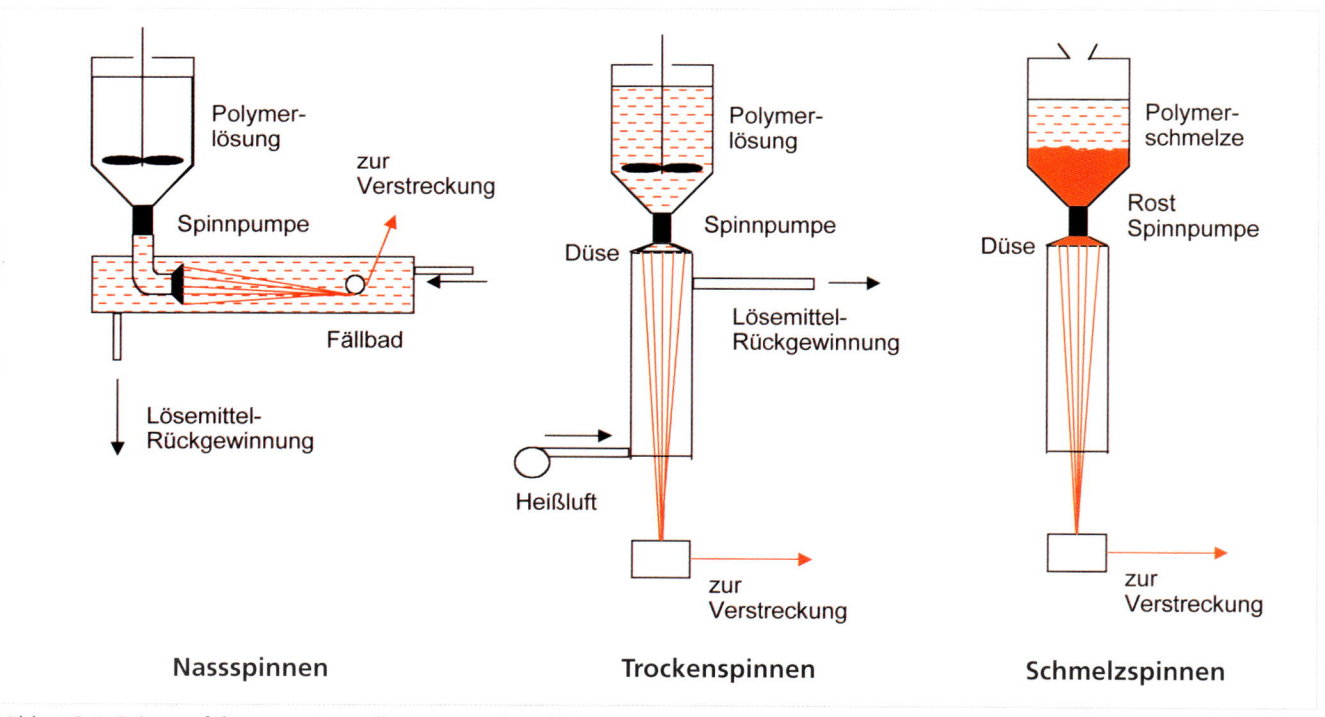

Abb. 1.2.4: Spinnverfahren zur Herstellung von Polyamid (Birus)

WERKSTOFFKUNDE

Schwefelsäure, stark basischen Alkalien (pH-Wert > 11), Fluor und stark polaren Lösemittel wie Aceton. PVDF besitzt eine gute Beständigkeit gegen UV- Strahlung und ist daher alterungsbeständig. Es weist eine gute Abriebfestigkeit und hervorragende Isolationseigenschaften auf. Zudem ist es schwer entflammbar und selbst verlöschend.

PVDF eignet sich für Gegenstände, die für wiederholten Kontakt mit Nahrungsmitteln bestimmt sind. Die Oberfläche aus PVDF bietet für die Vermehrung von Mikroorganismen durch die geringe Rautiefe einen ebenso ungünstigen Nährboden wie Glas. Deswegen wird PVDF in der Lebensmittelindustrie wie auch in der pharmazeutischen Industrie (z. B. für sterilisierbare Präzisionsdosierpipetten) und im Reinstmedienbereich eingesetzt.

PVDF ist zugelassen durch das US-Department of Agriculture (USDA) und entspricht zudem den Kriterien der „3-A Sanitary Standards".

Tab. 1.2.3: Wichtige Kunststoffe für Rohrleitungen

Werkstoff (Kurzzeichen)	Bezeichnung nach DIN 7728	Handelsname (Beispiel)
PVC-U	Polyvinylchlorid weichmacherfrei	Hostalit, Vestolit,
PVC-C	Polyvinylchlorid chloriert	Trovidur, Vinidur, Breon, Plaskon
PFA	Perfluoralkoxycopolymerisat	Teflon-PFA
PP	Polypropylen	Hostalen PP, Novolen, Vestolen, Eltex
ECTFE	Ethylenchlortrifluorethylen	Halar, Tefzel
PVDF	Polyvinylidenfluorid	Dyflor, Solef, Kynar, Floraflon

Tab. 1.2.4: Farbfestlegungen zur Kennzeichnungen von Kunststoffleitungen

Material	Rohrfarbe	Schriftfarbe
PE 80	Schwarz / Schwarz gestreift	Weiß
PE 80	Gelb	Blau
PE 80 el	Schwarz	Weiß [2]
PE 100	Schwarz	Weiß
PE 100	Blau	Gelb
PE 100	Orange	Blau
PP	Grau	Schwarz [1] [2]
PP Natur	Transluzent	Weiß [2]
PP-R-s-el	Schwarz	Weiß [2]
PVDF	Transluzent	Weiß [2]
ECTFE	Transluzent	Weiß [2]

[1] mit Tintenstrahldrucker
[2] in Sonderfällen können auch andere Schriftfarben verwendet werden

1.2.2.5 ECTFE (Ethylenchlortrifluorethylen)

ECTFE ist ein fluor- und chlorhaltiger thermoplastischer Werkstoff mit ausgezeichneten mechanischen, physikalischen und thermischen Eigenschaften (Einsatztemperatur: – 76 bis 130 °C). ECTFE hat eine bemerkenswerte Widerstandsfähigkeit gegen die meisten anorganischen und organischen Chemikalien sowie gegen Lösungsmittel. Bisher ist kein Lösungsmittel bekannt, das ECTFE unter 120 ° C angreift oder zu Rissbildung führt. ECTFE besitzt eine gute Beständigkeit gegen UV-Strahlung und eine hervorragende Alterungsbeständigkeit. Die Oberfläche bildet für die Vermehrung von Mikroorganismen einen ebenso ungünstigen Nährboden wie Glas (Einsatz im Reinstwasserbereich).

1.2.2.6 Polyamid (PA)

PA weist eine sehr gute Festigkeit auf und ist beständig gegen die meisten Lösungsmittel, Fette, Öle, Säuren und Alkalien. Packmittel aus PA besitzen eine geringe Durchlässigkeit für Gase und Aromen sowie eine gute Durchlässigkeit für Wasserdampf. Es hat eine gut Hitze- und Kältebeständigkeit (-70 °C bis + 255 °C) und ist gut schweißbar. Polyamide lassen sich zu wichtigen Fasern wie Nylon und Perlon verarbeiten.

1.2.3 Dichtungs- und Membranwerkstoffe

1.2.3.1 EPDM (Ethylen-Propylen-Dien-Terpolymer)

EPDM wird für Verschraubungsdichtungen im Lebensmittelbereich und bei Trinkwasser verwendet. Für sterile Anlagen wie in der Milch- oder Biotechnologie und zur Abdichtung beim Einbau von Messgeräten ist EPDM ebenso gängig wie Viton. Es weist einen großen Temperaturbereich (-40 bis

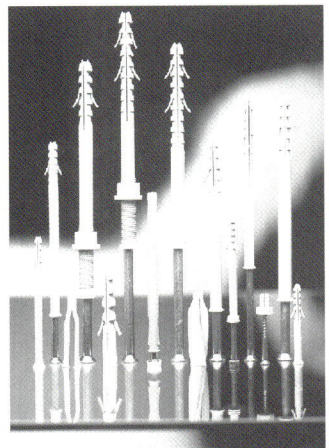

Abb. 1.2.5: Dübel bzw. Stuhl aus Polyamid (Birus)

WERKSTOFFKUNDE

140 °C), eine geringe Gasdurchlässigkeit und eine gute Ozon- bzw. Alterungsbeständigkeit auf. EPDM ist inert gegen Heißwasser, Dampf, Laugen, Säuren, polare organische Medien oder Ketone. EPDM wird angegriffen von aliphatischen, aromatischen und chlorierten Kohlenwasserstoffen, silikonhaltigen Fetten und Ölen.

Abb. 1.2.6: O-Ring aus EPDM (Birus)

1.2.3.2 FPM (Fluor-Kautschuk; „Viton")

FPM ist inert gegen Mineralöle und Fette, Kraftstoffe, aliphatische und aromatische Kohlenwasserstoffe und wird angegriffen von polaren Lösungsmitteln und Ketonen. FPM besitzt eine hohe Temperaturbeständigkeit (– 20 bis 200 °C), eine gute chemische Stabilität und Ozon-, Alterungs- und Lichtrissbeständigkeit. FPM wird im Lebensmittel- und Pharmabereich sowie für Verschraubungsdichtungen verwendet.

Abb. 1.2.7: Dichtungsring aus FPM (Viton) nach Austausch (Birus)

1.2.3.3 NBR (Acrylnitril-Butadien-Kautschuk)

NBR hat eine gute Ozon-, Alterungs- und Lichtrissbeständigkeit. Die Einsatztemperatur liegt bei – 30 bis 100 °C. NBR ist inert gegen aliphatische Kohlenwasserstoffe wie Propan, Butan, Mineralöle und Fette, Kraftstoffe, anorganische Säuren und Basen niedriger Konzentration. Für chlorierte und aromatische Kohlenwasserstoffe, oxydierende Medien, polare Lösungsmittel, Ester und Ketone hingegen kann es allerdings nicht verwendet werden.

1.2.3.4 PTFE (Polytetrafluorethylen)

PTFE („Teflon") wird im Lebensmittel-, Pharma- und Medizinbereich für Verschraubungsdichtungen verwendet. Es besitzt eine hohe Temperaturbelastbarkeit (Einsatztemperatur: – 200 bis 250 °C). Der Kaltfluss, also die plastische Verformung durch mechanische Spannungen oder Druck, führt zu einer bleibenden Formveränderung. Dichtungsringe, die in eine Ringnut durch eine Verschraubung eingepresst wurden, passen sich bleibend dieser Form an. Einsatzgebiet: z.B. Antihaftbeschichtungen; bei Fermentern als Deckeldichtung. PTFE ist nicht diffusionsfest gegenüber leichtflüchtigen Substanzen, nicht schweißbar und nicht klebbar.

Abb. 1.2.8: Dichtungsring eines Fermenters aus PTFE (Birus)

1.2.3.5 CR (Chlorbutadien-Kautschuk)

CR ist inert gegen Mineralöle, Fette, Wasser. Jedoch ist CR unbeständig gegenüber aromatischen und chlorierten Kohlenwasserstoffen (Benzol, Toluol), Ethern und Ketonen. Es hat eine gute Witterungsbeständigkeit und ist flammwidrig (Einsatztemperatur: – 45 bis 100 °C).

1.2.3.6 IIR (Butyl-Kautschuk)

Butyl-Kautschuk widersteht organischen und anorganischen Säuren und Basen, Heißwasser und Dampf bis 120 °C. Es ist ungeeignet für aliphatische, aromatische und chlorierte Kohlenwasserstoffe, Mineralöle und -fette sowie Benzin. Die sehr gute Alterungs- und Witterungsbeständigkeit sowie die geringe Gas- und Wasserdampfdurchlässigkeit lassen einen großen Verwendungsbereich zu. (Einsatztemperatur: – 40 bis 150 °C).

1.2.3.7 CSM (Chlorsulfoniertes Polyethylen)

CSM ist inert gegen oxydierende Medien, organische und anorganische Säuren und Basen, Heißwasser und Dampf, polare organische Medien sowie Ketone. Es ist unbeständig im Kontakt mit aromatischen und chlorierten Kohlenwasserstoffen. Die Alterungs- und Witterungsbeständigkeit ist sehr gut, die Einsatztemperatur liegt bei – 20 bis 120 °C.

1.2.3.8 SBR (Styrol-Butadien-Kautschuk)

SBR ist chemisch stabil gegen organische und anorganische Säuren und Basen, Alkohole und Wasser, Bremsflüssigkeiten auf Glykolbasis. Mineralöle, Schmierfette, Benzin, aliphatische, aromatische und chlorierte Kohlenwasserstoffe greifen es an. SBR weist eine hohe Festigkeit sowie ein gutes Kälteverhalten (Einsatztemperatur: – 40 bis 100 °C) auf.

1.2.4 Schweißen von Kunststoff-Rohrsystemen

Für die Ausführung von Schweißarbeiten sind Personen heranzuziehen, die eine einschlägige Prüfung nachweisen können. Ausschließlich Maschinen gemäß DVS 2208 kommen zum Einsatz. Die Schweißparameter einer Schweißung sind zu dokumentieren.

Der Schweißbereich ist vor ungünstigen Witterungseinflüssen (Wind, starke Sonneneinstrahlung, Temperaturen < 5° C) zu schützen. Wenn durch geeignete Maßnahmen (z. B. Vorwärmen, Einzelten) sichergestellt wird, dass eine ausreichende Rohrwandtemperatur eingehalten werden kann, darf bei beliebigen Außentemperaturen geschweißt werden. Bei allen Verfahren ist der Schweißbereich durch sorgfältige Lagerung von Biegespannungen freizuhalten. Die Verbindungsflächen der zu schweißenden Teile sowie das Heizelement dürfen nicht beschädigt und müssen frei von Verunreinigungen sein.

1.2.4.1 Heizelement-Stumpfschweißung

Heizelement-Stumpfschweißungen müssen mit einer Schweißvorrichtung durchgeführt werden. Die Verbindungsflächen der zu schweißenden Teile (Rohr oder Formteil) werden am Heizelement unter Druck angeglichen (Angleichen). Anschließend werden die Teile mit reduziertem Anpressdruck erwärmt (Anwärmen) und nach dem Entfernen des

Abb. 1.2.9: Schweißvorrichtung für die Heizelement-Stumpfschweißung (Frank)

Tab. 1.2.5: Gängige Dichtungs- und Membranwerkstoffe und deren Einsatzgebiete

Werkstoff (Kurzzeichen)	Bezeichnung nach DIN 7728	Handelsname (Beispiel)	Dichtungen	Membran
CR	Chloropren-Kautschuk	Baypren, Neopren, Butaclor, Chloroprene	+	+
CSM	Chlor-Sulfon-Polyethylen	Hypalon	+	+
EPDM (EPT)	Ethylen-Propylen-Dien-Terpolymer; (Ethylen-Propylen-Terpolymer)	EPDM, Dutral, Keltan, Vistalon, Nordel, Epsyn, Buna AP	+	+
FPM	Vinylidenfluorid-Hexafluor-Propylen-Copolymer; Fluor-Kautschuk	Viton, Fluorel, Kalrez, Tecnoflon, Noxtite, Dai El	+	-
IIR	Isobutylen-Isopren-Kautschuk; Butyl-Kautschuk	Genakor, Esso Butyl, Enjay Butyl, Polysar	+	-
NBR	Acrylnitril-Butadien-Copolymer Nitril-Kautschuk	Perbunan N, Buna, Baypren, Breon, Butakon,	+	+
PTFE	Poly-Tetra-Fluor-Ethylen	Teflon, Halon, Hostaflon	-	+
SBR	Styrol-Butadien-Kautschuk	Buna Hüls, Buna SB, Europrene	+	-

WERKSTOFFKUNDE

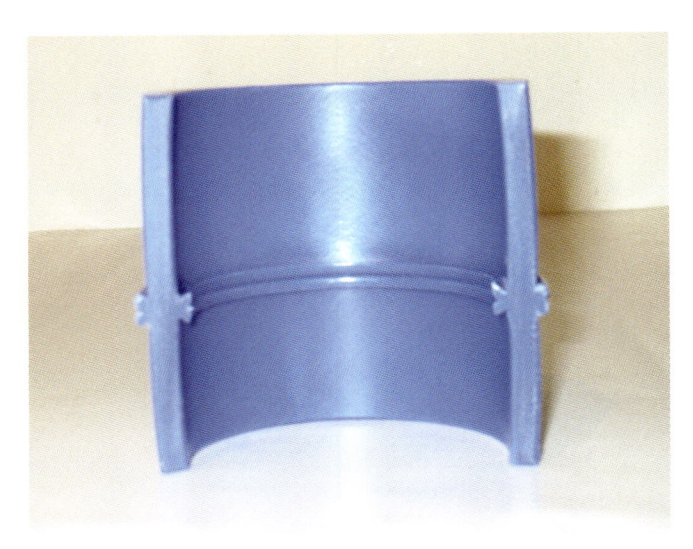

Abb. 1.2.10: Längsschnitt durch eine Rohrleitung, die durch Heizelement-Stumpfschweißung verbunden wurde (Birus)

Abb. 1.2.12: Fehlerhafte Elektroschweißmuffe (Birus)

Heizelements unter Druck zusammengefügt (Fügen). Nach dem Fügen sollen am ganzen Umfang gleiche Wülste mit einer glatten Wulstoberfläche vorhanden sein. Bei der Druckprobe müssen alle Schweißverbindungen vollständig abgekühlt sein.

1.2.4.2 Infrarot-Schweißung

Hier berühren die zu verbindenden Teile das Heizelement nicht. Die Erwärmung erfolgt durch Strahlungswärme. Der wesentliche Vorteil dieser Technik besteht darin, dass nach dem Fügevorgang kleinere Wülste als bei der Heizelement-Stumpfschweißung entstehen.

1.2.4.3 Elektro-Muffenschweißung (Heizwendelschweißung)

Beim Elektroschweißen werden Rohr und das mit Muffen versehene Formteil zusammengesteckt und mit Hilfe von Widerstandsdrähten erwärmt und geschweißt. Die Widerstandsdrähte sind in der Muffe des Formteiles eingelassen. Die Energiezufuhr erfolgt mit Hilfe eines Schweißtransformators. Es können ausschließlich gleichartige Werkstoffe miteinander geschweißt werden. Zum Schweißen dürfen nur auf das System abgestimmte Universalschweißgeräte mit Barcodeleseausrüstung eingesetzt werden. Auf jeder Elektroschweißmuffe befindet sich ein Barcode, der die erforderlichen Schweißparameter enthält. Diese Daten werden mittels Scanner in das Schweißgerät eingelesen. Ein Schweißprotokoll ermöglicht so die Bauteilrückverfolgbarkeit.

1.2.4.4 Warmgas-Ziehschweißung

Beim Warmgasschweißen werden die Fügeflächen und die Außenzonen des Schweißzusatzes mit Warmgas – in der Regel heiße Luft – in einen plastischen Zustand gebracht und unter Druck miteinander verbunden. Anwendungen dieses Schweißverfahrens finden sich im Apparate-, Behälter- und Rohrleitungsbau. Rohrleitungen für die Gas- und Wasserversorgung dürfen nicht warmgasgeschweißt werden.

1.2.4.5 Extrusionsschweißung

Das Extrusionsschweißen wird zum Verbinden dickwandiger Teile (Behälter-, Apparate- und Rohrleitungsbau) und zum Schweißen von Bahnen (Auskleidung von Erdbauwerken) eingesetzt. Der Schweißzusatz liegt in Form von Granulat oder Draht vor und wird als Strang aus einem Extruder vollständig plastifiziert herausgedrückt. Durch das an der Düse des Schweißgerätes austretende Warmgas

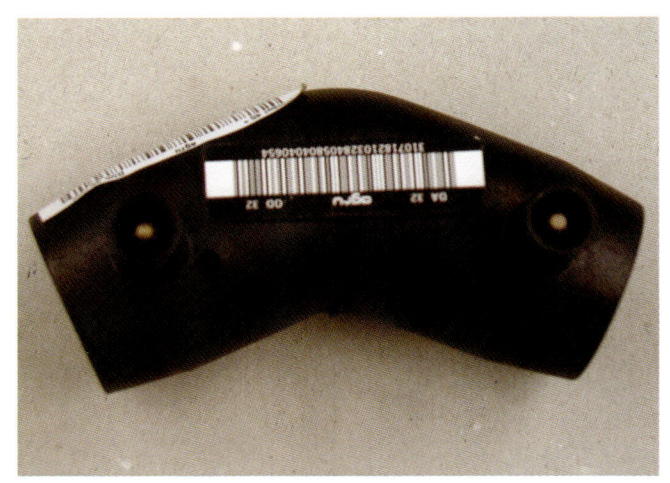

Abb. 1.2.11: Bogenstück einer Elektroschweißmuffe mit Strichcode (Birus)

werden die Fügeflächen auf Schweißtemperatur erwärmt.

1.2.5 Lösbare Verbindungen

1.2.5.1 Flanschverbindungen

Der Aufbau einer Flanschverbindung entspricht dem bei Edelstahlrohrleitungen. Vor dem Aufbringen der Schraubenvorspannung müssen die Dichtflächen planparallel ausgerichtet sein und eng an der Dichtung anliegen. Am Schraubenkopf und auch bei der Mutter sind Scheiben unterzulegen. Die Verbindungsschrauben werden diagonal gleichmäßig mittels Drehmomentschlüssel angezogen. Damit das Gewinde auch bei längerer Betriebszeit leichtgängig bleibt, empfiehlt es sich, das Gewinde z.B. mit Molybdänsulfid zu bestreichen.

1.2.5.2 Schraubverbindungen

Zur Vermeidung unzulässiger Belastungen bei der Montage sollen Verschraubungen mit Runddichtringen verwendet werden. Die Überwurfmutter ist von Hand oder mittels Rohrgurtzange anzuziehen. Bei biegebeanspruchten Stellen in der Rohrleitung ist die Verwendung von Verschraubungen zu vermeiden.

1.2.6 Vergleich von Kunststoffen und Edelstahl

Edelstähle erreichen zwar eine Oberflächengüte von unter 0,8 µm, kritisch kann es jedoch bei den Schweißnähten werden. Selbst beim aufwändigen und teuren Orbitalschweißen verändert sich das Metallgitter. Das führt evtl. zu einer sichtbaren Schuppung. Genau das erhöht die Korrosionsanfälligkeit beträchtlich. Kunststoffrohre besitzen ohne aufwändige Nachbearbeitung eine Oberflächengüte von unter 0,25 µm. Das wulst- und nutfreie Schweißen hinterlässt zudem keine Erhebungen – schlechte Bedingungen für Mikroorganismen also.

Kunststoff ist inert, also ohne nennenswerten Einfluss auf das Produkt bzw. das Wasser. Edelstahl dagegen neigt zum sog. Leachout. Dabei diffundieren Calcium-, Magnesium-, Eisen-, Nickel- oder Chromionen in das Wasser oder Produkt. Dies kann bei der Herstellung von Reinstwasser störend sein. Das beweist der Leitwert, der Indikator für die Reinheit einer Flüssigkeit. Der Leachout von Edelstahl ist etwa zehn Mal höher als der von Kunststoffen.

Kunststoff kennt darüber hinaus kein Rouging. Dabei handelt es sich um die Oxidation von Edel-

Tab. 1.2.6: Einsatzgebiete verschiedener Kunststoffe

Kunststoff	Anwendungsgebiete
Polyvinylidenfluorid High Purity (PVDF-HP)	Reinstwasseranlagen (water for injection)
PP; PE	Wassersysteme; Lagerung von Chemikalien; Abluftrohre; Druckluft- und Kühlwasserverrohrung
PE-el (Elektrisch leitfähiges PE)	Rohrleitungen für aggressive Medien und für feststoffhaltige Flüssigkeiten; Rohrsysteme und Behälter in explosionsgeschützten Räumen
PPs (modifiziertes PP, schwer entflammbar)	An- und Absaugleitungen; Anlagen mit besonderen Brandschutzanforderungen
PPs-el (modifiziertes PP, schwer entflammbar; elektrisch leitfähig)	Rohrleitungen für aggressive Medien und für feststoffhaltige Flüssigkeiten; Rohrsysteme und Behälter in explosionsgeschützten Räumen
Perfluoralkoxypolymer (PFA)	Rohrleitungen für Chemikalien (keine hohe Beständigkeit bei mittlerer Temperatur)
Ethylen-Chlortrifluorethylen-Copolymer (ECTFE) Ethylen-Tetrafluorethylen-Copolymer (ETFE)	Rohrleitungen für Chemikalien (keine hohe Beständigkeit bei mittlerer Temperatur)
Ethylen-Propylen-Dien-Kautschuk (EPDM) Chlorsulfoniertes Polyethylen (CSM) Fluor-Kautschuk (FPM) Epichlorhydrin-Copolymer-Kautschuk (ECO) Acrylnitril-Butadien-Kautschuk (NBR) Polytetrafluorethylen (PTFE) Vinyl-Methyl-Polysiloxylan (MPQ)	Dichtungen

WERKSTOFFKUNDE

stählen durch den Kontakt mit Reinstwasser oder Brüdenkondensat. Zum Validieren müssen passivierte Edelstahlrohrleitungen teilweise Wochen oder gar Monate gespült werden, bis sich ein akzeptables Gleichgewicht einstellt. Erst danach kann mit der eigentlichen Produktion von pharmazeutischen Produkten begonnen werden. Bei Kunststoffen genügen zwei bis drei Reinigungszyklen vor einer Validierung. Alte und lange Rohrleitungen geben mehr Fremdbestandteile an das Produkt ab. Kritische Grenzwerte bei Wasser wie max. 1,3 µS/cm (25 °C) Leitfähigkeit und eine Keimzahl von unter 100 KBE/ml werden dann schnell überschritten.

Bei wechselwarmen Systemen, hohen Drücken und hohen mechanischen Beanspruchungen ist Edelstahl immer noch erste Wahl. Nicht zu vergessen ist die Wärmeausdehnung, die bei Kunststoffen etwa zwölf Mal so hoch ist wie bei Edelstahl. Das erfordert zusätzliche Wärmeausdehnungsbögen ebenso wie Gleitschlitten zur Rohrbefestigung. Dieser erhöhte Installationsaufwand kann damit den Einsatz von Kunststoffen unrentabel machen.

Kunststoffe sind zudem weniger UV-beständig. Eine eingebaute UV-Lampe zur Keimabtötung ist folglich in einem Edelstahlrohr mit Triclamp-Anschluss unterzubringen. Unterschiedliche Edelstähle sollten ebenso wie unterschiedliche Kunststoffe nicht kombiniert werden! Gegen die Kombination von Kunststoff und Edelstahl spricht dagegen meistens nichts.

Ein weiterer Vorteil von Kunststoffen liegt darin, dass die Kontrolle der Schweißnähte mit einer Taschenlampe erfolgen kann, während bei Edelstahl aufwändige Röntgenverfahren, Ferritgehalt- oder Restsauerstoffbestimmungen erforderlich sind.

REINST-MEDIEN-TECHNIK
in Edelstahl und Kunststoff

- Medienversorgung
- Reinstwasser-Systeme
- UV- und Ozon Systeme
- Qualitäts- und Dokumentations-Management

Vertrauen Sie den Spezialisten!

ESAU & HUEBER

Klaus Esau Armaturen Maschinen Anlagen & Hans Hueber GmbH, Kapellenweg 10, 86529 Schrobenhausen
Tel.: 08252-8985-0, Fax: 08252-7060, E-mail: info@esau-hueber.de, Internet: http://www.esau-hueber.de

2. STERILVERFAHRENSTECHNIK

2.1 HYGIENISCHES ANLAGENDESIGN

Die korrekte Gestaltung von Produktionsstätten ist keine einfache Aufgabe. Es ist erforderlich, sich darüber Gedanken zu machen, um Fehler zu vermeiden, die im späteren Alltagsbetrieb nur schwer korrigierbar sind. Zuerst einmal ist die Werkstoffauswahl von großer Bedeutung. Damit sind nicht nur Anlagenteile gemeint, sondern auch Konstruktion und Beschaffenheit von Böden, Decken, Wänden und Fenstern. Ebenso wichtig ist die Aufstellung der Maschinen. Personal- und Warenströme, Maschinenaufstellung und Reinigungsfähigkeit sind weitere wichtige Kriterien für eine sinnvolle Konzeption hinsichtlich des Hygienic Designs.

Letztlich sind alle Bereiche betroffen, von denen eine Kreuzkontamination, also einer Keimübertragung von der unsauberen auf die saubere Produktseite, ausgeht. Dabei spielen Verunreinigungen durch Aerosole und Luftströmungen eine wichtige Rolle. Handelt es sich um geschlossene Systeme wie sterile Tanks für die Fermentation, muss „nur" der Tank beispielsweise durch Sterilfilter vor Kontamination geschützt werden. Verpackungsanlagen dagegen stehen dann in sog. Reinräumen, also Räume, die mit steriler Luft beschickt werden. Das muss in definierter Weise geschehen, um Verwirbelungen zu vermeiden, die Keime, z. B. vom Personal, in den hygienisch sensiblen Füllbereich tragen.

Sämtliche produktberührende Anlagenteile müssen für optimale Reinigungsfähigkeit konstruiert sein. Folgende Grundsätze sind zu beachten:

- Auswahl geeigneter und zugelassener Werkstoffe
- Verwendung glatter Oberflächen
- Vermeidung von Spalten, Rissen und Vertiefungen
- Optimierung und Verringerung von unvermeidbaren sichtbaren Spalten oder Vorsprüngen z. B. an Dichtungen
- Strömungstechnisch günstige Konstruktion von Bauteilen unter Vermeidung von Wirbelbildung
- Vermeidung von Toträumen, die nicht oder unzureichend von Reinigungslösungen gespült werden
- Anlagengestaltung derart, dass Flüssigkeiten ablaufen können

2.1.1 Regelwerke

Es gibt eine Vielzahl von Regelwerken, Leitfäden, Normen, die sich mit reinigungs- und steriltechnischen Vorschriften befassen.

FDA/3A Sanitary Standards aus den USA haben weltweit wohl die größte Bedeutung. Sie gelten für Milch und Milchprodukte, werden jedoch auch bei vielen anderen steriltechnischen Fragestellungen herangezogen. Wesentlicher Bestandteil dieser Richtlinien sind Freigaben von metallischen und nichtmetallischen Werkstoffen wie Kunststoffen. Diese Freigaben beinhalten aber nur die Zusicherung, dass die empfohlenen Werkstoffe keine für das Produkt und für den Menschen schädliche, d. h. giftige oder karzinogene Bestandteile enthalten und abgeben.

EHEDG und QHD

Die EHEDG (European Hygienic Equipment Design Group) entwickelt Richtlinien und Testmethoden, um die sichere und hygienische Konstruktion für Anlagen zur Herstellung von Nahrungsmitteln zu ermöglichen. Dabei werden Forschungsinstitute, die Nahrungsmittelindustrie, Anlagenhersteller sowie staatliche Organisationen mit eingebunden.

Eine EHEDG – Zertifizierung beispielsweise von Anlagenkomponenten stellt ein Gütesiegel dar. Die Untersuchungen als Grundlage dieser Zertifizierung werden in dafür autorisierten Instituten durchgeführt. Dabei werden das Prüfstück, z. B. eine Pumpe mit Gleitringdichtung, und ein standardisiertes Referenzrohr mit Mikroorganismen kontaminiert, dann gereinigt und sterilisiert und anschließend auf die Restverschmutzung untersucht, wobei alle Hohlräume mit einer gallertartigen Nährmasse ausgefüllt werden. Übrig gebliebene lebende Mikroorganismen können sich darin vermehren. Die Messergebnisse des Prüflings werden zu denen des Referenzrohrs ins Verhältnis gesetzt und stellen ein Maß für die Reinigungsfähigkeit des Prüfstücks dar.

Das QHD (Qualified Hygienic Design) des VDMA (Verband der Deutschen Maschinen- und Anlagenhersteller) ist ebenfalls ein Beurteilungs- und Zertifizierungssystem. Mit einer Checkliste kann der Konstrukteur überprüfen, ob alle bekannten Richtlinien wie FDA, 3A-Sanitary Standards, GMP usw. berücksichtigt wurden.

GMP (Good Manufacture Practice) legt den Standard für die industrielle Lebens- und Arzneimittelproduktion fest. Anlagenbauer oder Hersteller von Komponenten zu diesen Anlagen sind von GMP indirekt betroffen, da sie wichtige Voraussetzun-

STERILVERFAHRENSTECHNIK

gen für den GMP-gerechten Ablauf von pharmazeutischen Prozessen liefern. Für Maschinen- oder Komponentenhersteller gelten Qualitätssicherungssysteme wie z. B. DIN ISO 9001.

2.1.2 Hygienic Design verschiedener Anlagenelemente

Die Reinigungsfähigkeit von Rohrleitungssystemen ist hier ein entscheidendes Kriterium. Zu viele Ecken und Kanten, schlecht konstruierte Dichtungen lassen den Keimen bei Produktresten ein wunderbares Nahrungsangebot, das diese gerne annehmen und sich nach Herzenslust vermehren. Diese Ecken führen zu Spontaninfektionen. Immer wieder werden Schmutz und sich vermehrende Keime in den Produktstrom eingebracht.

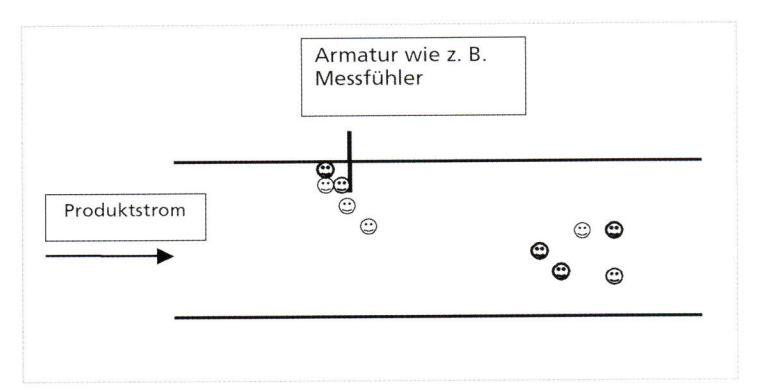

Abb. 2.1.1: Verkeimung eines Produktstroms durch Toträume (Birus)

Toträume sind durch richtige Gestaltung vermeidbar. Statische Dichtungen wie O-Ringe lassen bei kalten Temperaturen Produktreste in den Spalten. Bei heißer Reinigung verformt sich der Kunststoff plastisch und dichtet die Reste ab. Den mechanischen Reinigungskräften entzieht sich dieser Totraum, die thermische Energie reicht in der Regel nicht zum kompletten Abtöten der vorhandenen Keime aus.

Bei dynamischen Dichtungen wird während des Schaltvorgangs – das ist nicht zu verhindern – eine geringe Produktmenge an der Ventilstange mit nach oben genommen und dort bei der Reinigung nicht abgespült. Dies nennt man Fahrstuhleffekt. Es handelt sich um die sehr kleine Menge von ca. einem Mikroliter je Schaltung. Mit dieser Flüssigkeit können durch weitere Schaltvorgänge Keime (nachdem sie sich unbehelligt von der CIP-Reinigung vermehren konnten) aus der Umge-

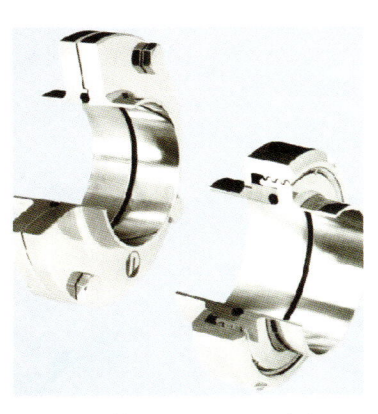

Abb. 2.1.2: Konstruktion einer Dichtung (Hilge)

bung in das Produkt gelangen. Um dies zu verhindern, existieren verschiedene technische Konstruktionen. Eine Bauart weist zwei O-Ringe auf, die sich in zwei hintereinander liegenden Nuten befinden. Zwischen diesen ist ein Spülanschluss angebracht, durch den mit einer extra Leitung Reinigungslösung zum Freispülen des Totraums gelangt.

Tote Enden einer Rohrleitung sollen kurz ausgeführt sein, damit der Reinigungsmittelstrom diese Endstücke ausreichend durchspülen kann. Verschweißte Rohre, die nicht korrekt fluchten, bergen ebenfalls ein Hygienerisiko.

Messsonden wie die Pt 100 sind an Krümmern entgegen der Strömungsrichtung einzusetzen. Tot endende Stutzen für Messfühler verbieten sich, da Strömungsschatten entstehen.

Pumpen sind so einzubauen, dass keine Flüssigkeitsreste zurückbleiben können, die eine Vermehrung von Mikroorganismen zulassen. Der übliche Einbau mit dem Druckstutzen nach oben ist oft ein logischer Fehler. Eine andere Möglichkeit ist die Montage eines Ablaufventils am untersten Teil des Pumpengehäuses.

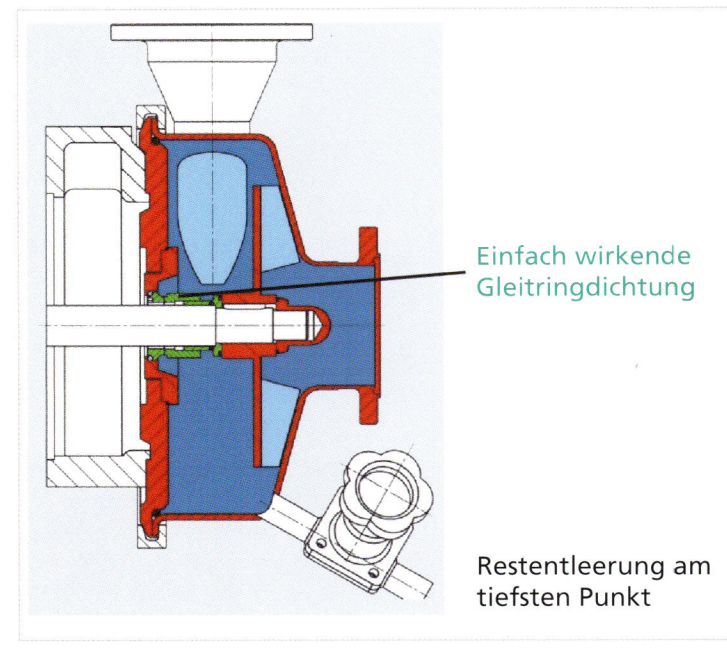

Abb. 2.1.3: Aufbau einer hygienisch konstruierten Kreiselpumpe (Hilge)

Schrauben und Schraubverbindungen im Produktbereich sollten möglichst vermieden werden. Sie besitzen Spalten für die Vermehrung von Mikroorganismen. Eine gute Alternative sehen für Schrauben Hutmuttern vor. Durch eine passende Dichtung, die aus einem Metallkern mit Elastomermantel besteht, ist der Zwischenraum zum Gewinde zu versehen.

ja

Neben aller Maschinentechnik, über deren Qualität und Zuverlässigkeit man eigentlich kein Wort verlieren muss, kommt es mir in besonderem Maße auf die menschliche Komponente an. Von den **KRONES** Mitarbeitern, mit denen wir beim Bau der neuen Linie zu tun hatten, kann ich jedenfalls sagen: Das sind Leute, mit denen wir gerne wieder zusammenarbeiten werden.

Alle Informationen zu KRONES unter www.krones.com

KRONES

STERILVERFAHRENSTECHNIK

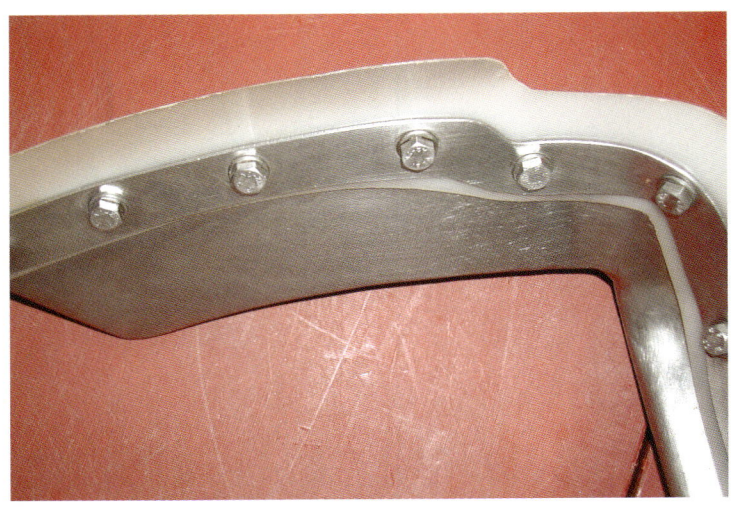

Abb. 2.1.4: Ungünstiges Hygienic Design eines Schabers; die Spalten unter den Schraubenköpfen sind kaum zu reinigen
(Birus)

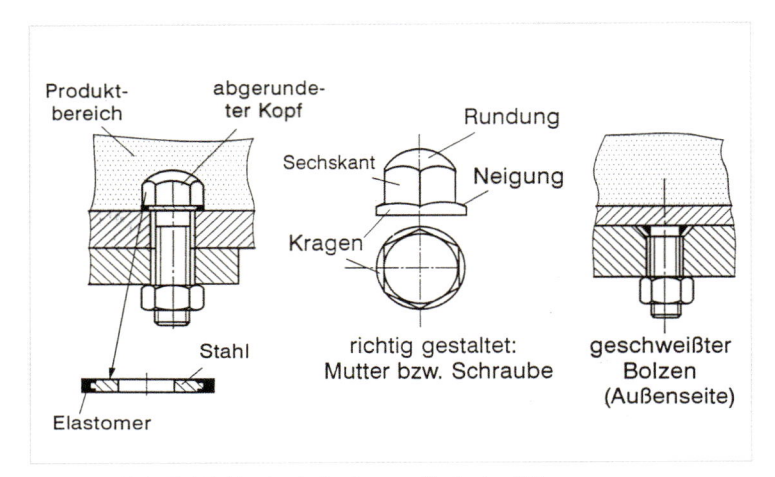

Abb. 2.1.5: Hygienisch einwandfreie Ausführungen von Schraubverbindungen
(Birus)

2.1.3 Medienversorgung

Trinkwasser- und Brauchwassernetze werden im Laufe der Zeit ständig erweitert. So kommt es manchmal vor, dass Endleitungen existieren, die eine ständige mikrobiologische Gefahrenquelle darstellen.

Lüftungs- und Klimaanlagen sind bei einer Neukonzeption reinigbar auszulegen, um eine permanente Raumkontamination auszuschließen.

Die Dampfqualität ist durch den Einsatz passender Filter meist ausreichend. Jedoch soll Kondensat, das als Sperrwasser für Gleitringdichtungen Verwendung findet, dort steril ankommen.

Die Druckluftversorgung muss gewährleistet sein. Bei ungenügend ausgelegten Netzen kann ein endständiges Ventil bei gleichzeitigem Schalten mehrerer Druckluftverbraucher schon mal zu wenig Druck erhalten und folglich nicht bewegt werden. (Die Druckluftqualität im Sterilbereich wird im Kap. Reinräume behandelt)

Ein paar Anmerkungen zur Dokumentation. Die korrekte, lückenlose und umfassende Dokumentation gilt für Daten aus der Qualitätssicherung, die zum einwandfreien Nachweis der ordnungsgemäßen Produktion hinsichtlich der Produkthaftung dienen, genauso wie für die Anlagen- und Rohrleitungszeichnungen, die auf dem neuesten Stand zu halten sind. Nachfolgende Planungen sind somit leichter und zuverlässiger.

2.1.4 Raumeinrichtung und Anlagenaufstellung

Die Planung von Gebäuden und die Aufstellung von Anlagen führt zu einigen Fragestellungen: Wie sehen die Personal- und Warenströme aus? Kommt Halbfabrikat mit noch nicht erhitzter Rohware in Berührung? Es macht wenig Sinn, Hygieneschleusen einzubauen, wenn Mitarbeiter durch die Hintertür gehen müssen, um Abfälle zu entsorgen.

Bei der Raumeinrichtung gibt es viele Faktoren zu berücksichtigen. Bodenbeläge aus Fliesen oder Epoxidharz-Spachtelböden müssen säure- und laugenfest sein. Die ordnungsgemäße Gestaltung der Fugen und der Stoß zur Wand hin tragen wesentlich dazu bei, Schmutzansammlungen zu verhindern. Durch Hohlkehlen wird wegen der Rundung eine Reinigung erleichtert. Türen und Abdeckungen sind so zu konstruieren, dass eine Schmutzansammlung oder Einnistung von Ungeziefer unwahrscheinlich ist. Dichtungen bei Steuerschränken oder Türen sollten ab und zu einmal herausgezogen werden, um einen eventuellen Kakerlakenbefall zu erkennen.

Weitere Fragen, die sich stellen: Ist die Beleuchtung zersplitterungssicher, damit keine Glassplitter in die Produkte gelangen? Sind Kabelschächte offen und aus Edelstahl? Geschlossene Kabelschächte können schlecht gereinigt werden und sind folglich Ungeziefer- und Bakterienherde. Fenster, die geöffnet werden können, müssen Fliegengitter besitzen.

Bei der Raumaufteilung könnte man auf dem Boden weiße, graue und schwarze Bereiche aufmalen. Weiß bedeutet dann, es handelt sich um hundertprozentige Hygienebereiche. Bei schwarzen Zonen können Schlosser und Elektriker ohne Überschuhe arbeiten. Solche Zonen erzwingen die korrekte Aufstellung von Anlagen und Maschinen. Gleichzeitig bleibt die Frage, wie Besuchergruppen geführt werden. Direkt am Füller beispielsweise haben diese nichts zu suchen. Extra angelegte Besuchergänge sind eine gute Lösung.

Die Aufstellung der Maschinen und Anlagen hat eine einwandfreie Zugänglichkeit zu gewährleisten. Montage- und Wartungsarbeiten müssen leicht ausführbar sein, sonst bleibt so manche vorbeugende Instandhaltung auf der Strecke. Ein typischer Fehler ist es, Abfüllanlagen so aufzustellen, dass sich darunter ein Gully befindet. Wer kriecht schon gerne darunter und macht den Gully mühsam sauber? Ein weiterer Punkt sind Kaltwasserleitungen, die oberhalb von Maschinen verlaufen. Das sich bildende Kondenswasser – dann verkeimt – tropft beispielsweise auf den Füller.

Zur Abwasserseite: Schlitzrinnen sollten belastungssicher sein, damit Kanten und Bodenmaterial beim Befahren mit dem Gabelstapler nicht sofort beschädigt werden. Schädlinge und Mikroorganismen freuen sich über diese Nischen.

2.1.5 Personal

Der Schulung von Anlagenbedienern ist große Aufmerksamkeit zu schenken. Zwei oder drei Mitarbeiter müssen sich im Falle der Notwendigkeit gegenseitig ersetzen können. Es macht keinen Sinn, hoch komplizierte und teure Anlagen einzukaufen und den Mann an der Maschine bei der Einweisung im Regen stehen zu lassen. Letztendlich soll der Mitarbeiter den kontinuierlichen Verbesserungsprozess mitgestalten und die Produktivität mit steigern. Verbesserungsvorschläge bitteschön auch belohnen.

Betriebs- und Produktionsanleitungen sollten keine dicken Handbücher werden. Es ist besser, nur wenige Seiten zu verfassen und mit aussagefähigen Bildern zu versehen – im Zeitalter der Digitalkamera ein Kinderspiel.

2.1.6 Sonstiges

Bei der Planung ist auf ausreichende Lager- und Staukapazitäten zu achten, falls sich bei verkaufsfertiger Ware die Freigabe verzögert oder vorerst aus Qualitätsgründen nicht möglich wird. Für den Notfall ist ein Chaosmanager einzuteilen. Im Grunde genommen kann man sich die meisten Szenarien vorher überlegen und in Planspielen durchdenken – und das in ruhigeren Zeiten. Dazu muss auch das Personal der Nachtschicht wissen, wer zu informieren ist, wenn der „worst case" bei der Produktion oder Verpackung eintritt und wie die kriti-

MHG

Maschinen-Handels-Gesellschaft für
M O L K E R E I T E C H N I K mbH

Bruckmühler Str. 23 • 83052 Bruckmühl
Tel. 08061/4975-0 • Fax 08061/4975-100
mhg@mhg-mbh.de • www.mhg-mbh.de

Wir sind ein mittelständisches Unternehmen des Anlagenbaus für die Lebensmittelindustrie. Seit über 27 Jahren planen, projektieren und montieren wir komplette Lebensmittelverarbeitungsanlagen.

Tätigkeitsbereiche:
➢ Rohstoffannahme und -verarbeitung
➢ komplette Produktionslinien
➢ Reinigungssysteme, CIP-Stationen
➢ Energieversorgungssysteme
➢ NH_3-Großkälteanlagen

Leistungsumfang:
➢ Engineering
➢ Lieferung, Montage
➢ Automatisierung
➢ Service

STERILVERFAHRENSTECHNIK

sche Ware gelenkt wird. Falls die Ware zurückgehalten und vernichtet werden muss, ist eine ordnungsgemäße Entsorgung vorzunehmen. Eine Dokumentation darüber versteht sich von selbst.

2.1.7 Qualifizierung

Die Design-Qualifizierung (DQ) sorgt für den dokumentierten Nachweis, dass die erforderliche Qualität beim Design von Gebäuden, der Ausrüstung und der Versorgungssysteme berücksichtigt wurde. Die DQ wird vor der Bestellung, Fertigung oder Installation durchgeführt. Die Prüfung erfolgt mittels Layout-Zeichnungen und Schemata. Während der DQ ist besonders auf folgende Punkte zu achten:

- Dimensionierung bezüglich Volumenströme, Einhaltung der Druckstufen, Leistungsreserve, Temperatur und Feuchte
- Materialien, Oberflächen (z. B. Filterqualität)
- Sicherheitseinrichtungen (Frostschutz, Motorschutz)
- Medienversorgung (Heiz- und Kühlmittel, Dampf für die Befeuchtung)
- Auslegung der Instrumentierung (Druck, Strömungsgeschwindigkeit, Temperatur und Feuchte)
- Messstellen für die Inbetriebnahme und Qualifizierung

Die Installations-Qualifizierung (IQ) ist der dokumentierte Nachweis, dass kritische Ausrüstungsgegenstände und Systeme in Übereinstimmung mit den genehmigten Plänen, Spezifikationen und gesetzlichen Sicherheitsvorschriften installiert wurden. Komponenten wie Motoren, Ventilatoren, Wärmetauscher, Befeuchter, Filter oder Volumenstromregler und Instrumente wie Drucksensoren, Temperatur- und Feuchtesensoren unterliegen entsprechenden Richtlinien. Die Komponenten und Instrumente werden auf die vollständige Installation, die Übereinstimmung mit den Spezifikationen, die Kalibrierung aller kritischen Instrumente und Aufnahme dieser Instrumente in Kalibrierpläne sowie das Vorhandensein einer kompletten Dokumentation geprüft.

Die Funktions-Qualifizierung (OQ = Operational Qualification) ist der dokumentierte Nachweis, dass kritische Ausrüstungsgegenstände und Systeme wie beabsichtigt funktionieren und zwar über den gesamten Arbeitsbereich der Einstellparameter. Die Funktionsqualifizierung erfolgt nach der Inbetriebnahme der Anlage unter „at rest"-Bedingungen. Folgende grundlegende Prüfungen werden während der OQ durchgeführt:

- Funktionsprüfung aller Steuerungs- und Überwachungseinrichtungen
- Bestimmung der Volumenströme oder der Strömungsgeschwindigkeiten
- Berechnung der Luftwechselraten; Ermittlung der Luftgeschwindigkeit unter den Filtern im laminaren Bereich
- Bestimmung der Raumdifferenzdrücke
- Filterlecktest; Test der Reinraumklasse

Optionale Prüfungen können Temperatur und Luftfeuchte, Beleuchtungsstärke, Schallpegel und die Strömungsvisualisierung durch einen Rauchtest beinhalten.

Die Leistungsqualifizierung (PQ = Performance Qualification) ist ein dokumentierter Nachweis, dass kritische Ausrüstungsgegenstände und Systeme bei Einhaltung der produktspezifischen Verfahrensbedingungen zu dem gewünschten Endprodukt führen. Die Leistungsqualifizierung einer Anlage wie z. B. eines Reinraums wird unter Produktionsbedingungen durchgeführt. Während der PQ wird die Einhaltung der Basisparameter Partikelkonzentrationen in der Luft, Luftkeimzahlen und Raumdifferenzdrücke überprüft. Optional testet man besonders das Strömungsprofil in laminaren Bereichen sowie die Temperatur und die Luftfeuchte.

2.1.8 Validierung

Validierung heißt eigentlich „gültig oder rechtsgültig machen". Der EU-Leitfaden für die cGMP for Medical Products definiert die Validierung wie folgt:

„Durch Maßnahmen, die in Übereinstimmung mit den Prinzipien des GMP geeignet sind, ist sicherzustellen, dass alle Verfahren, Prozesse, Ausrüstungen, Werkstoffe oder Systeme tatsächlich zu den erwarteten Ergebnissen führen."

Dazu wird ein Validierungsmasterplan erstellt, der ein Konzept für die gesamte Produktionsanlage unter der Verantwortung des Betreibers umfasst und vor der Beschaffung die Vorgehensweise bei der Validierung festlegt. Damit sind einheitliche Anforderungen beim Einkauf der Anlagenkomponenten gewährleistet.

Ein typisches und in der Praxis wichtiges Beispiel ist die Reinigungsvalidierung. Sie führt zum dokumentierten Nachweis, dass ein getestetes Reinigungsverfahren die Anlage in einen Zustand versetzt, der für die Produktion von z. B. pharmazeutischen Substanzen die notwendige Hygiene garantiert.

2.2. ROHRLEITUNGEN, SCHLÄUCHE UND SCHLAUCHVERBINDUNGEN

Rohrleitungen und Schläuche dienen zum Transport von dünnflüssigen bis hochviskosen Lebensmitteln, aber auch für Reinigungsmedien, z. B. bei der CIP von Tanks, Leitungen und Anlagen. Schläuche müssen gute Temperatureigenschaften besit-

ATM

Unser Maßstab ist Ihre Zufriedenheit.

Leistungsspektrum

Basic-Engineering und Detailplanung

- Erfassung aller Rohrleitungen für Energie und Produkt vom Kesselhaus bis zur Abfüllung
- Gär-, Lager- und Drucktankkellerplanungen
- Auslegung von Komponenten und Steuerungen

Projektabwicklung

- Schnittstellenkoordination
- 3D-Isometrien
- Lieferung der Komponenten und Steuerungen
- Montageleistungen
- Inbetriebnahme
- Dokumentation

Leistungsspektrum

- Internationale Montagetätigkeit
- erfahrenes und qualifiziertes Montagepersonal
- Orbitalschweißtechnik
- Endoskopie

Zertifikate gemäß

- Druckgeräterichtlinie 97/23/EG
- § 19/Wasserhaushaltsgesetz

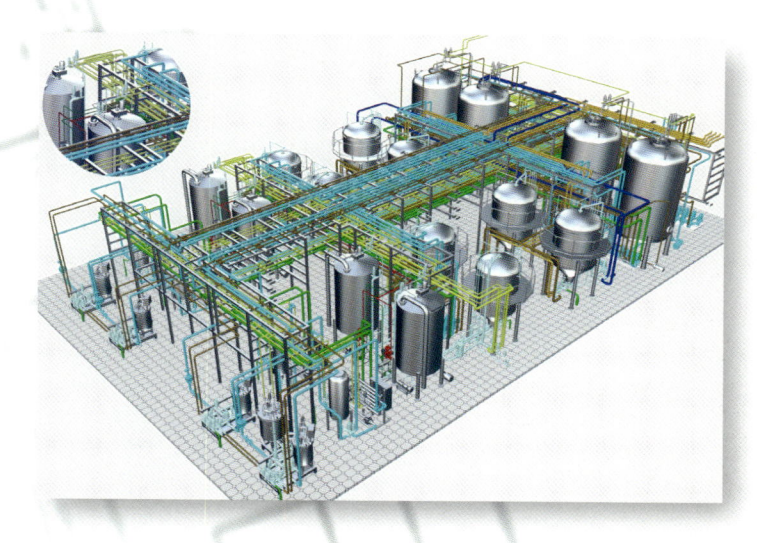

ATM Anlagen-Technik & Montage GmbH
Mindener Straße 118 · D-32602 Vlotho · Tel.: +49 (0) 5733/9905-0 · Fax: +49 (0) 5733/9905-90 · E-mail: info@atmvlotho.de · www.atmvlotho.de

STERILVERFAHRENSTECHNIK

zen und beständig gegen Säuren, Laugen und Desinfektionsmittel sein. Ein wesentlicher Gesichtspunkt ist die Ausführung von den Verbindungsstücken unter Berücksichtigung des „Hygienic Designs".

2.2.1 Rohrleitungen

Der Durchmesser wird als Nennweite (DN bzw. NW) in mm angegeben. Genormte Größen sind 25, 40, 50, 65, 80, 100 mm. (DN 40 bedeutet also Innendurchmesser 4 cm = 0,04 m).

Der max. zulässige Betriebsüberdruck wird als Nenndruck PN in bar bei 20 °C angegeben. (PN 4 bedeutet also 4 bar zulässiger Betriebsüberdruck).

Verbindungsarten

Schweißverbindungen sind am festesten und für nahezu alle Drücke und Temperaturen geeignet. Sie sind jedoch nicht lösbar. Auf die hygienische Gestaltung ist zu achten. Für die gängigen Edelstähle 1.4301 und höher verwendet man das WIG-Schweißen (Wolfram-Inertgas-Schweißen).

Viele Armaturen, Pumpen usw. sind durch Flansche verbunden.

Abb. 2.2.1: Flanschverbindung geöffnet (Birus)

Muffen werden oft für die Warmwasserversorgung oder bei Abwässern eingesetzt und sind dann günstig, wenn keine großen Anforderungen gestellt werden

Die Milchrohrverschraubung nach DIN 11851 ist die am häufigsten verwendete Verbindung im Lebensmittelbereich. So kann z. B. ein Sensor am Tank oder in der Rohrleitung montiert werden. Der Vorteil ist der geringe Preis, der Nachteil die schlechte hygienische, da nicht frontbündige Adaption. Daher wird die Milchrohrverschraubung immer mehr durch die Verbindung nach DIN 11864 abgelöst.

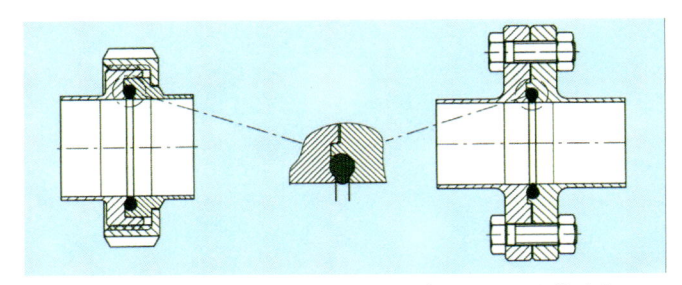

Abb. 2.2.2: Milchrohrverschraubung nach DIN 11851 (links) Flanschverbindung (rechts) (Hilge)

Abb. 2.2.3: Geöffnete Milchrohrverschraubung; links: Nutmutter; Mitte: Kegelstutzen; rechts: Gewindestück mit Nut und Dichtung (Birus)

Die aseptische Verbindung nach DIN 11864 wurde den Richtlinien der EHEDG (European Hygienic Equipment Design Group) geschaffen. Sie bietet eine weitaus bessere hygienische Sicherheit und Dichtungskonzeption. Der Prozessanschluss DIN 11864 kann an Durchflussmessgeräte wie MID und Massedurchflussmesser angebunden werden.

Das Varivent Inline-Gehäuse wird in Verbindung mit einem Varivent-Flansch geliefert. Der Einbau ist frontbündig. Die Anbindung an das Varivent-Gehäuse erfolgt mit Clamps. Die Besonderheit des Inline-Gehäuses ist, dass es einen Prozessanschluss für mehrere DN gibt. Ein Drucktransmitter z. B. kann mit Varivent-Anschluss für Rohre von DN 40 bis DN 162 verwendet werden.

Abb. 2.2.4: Tri-Clamp (Birus)

STERILVERFAHRENSTECHNIK

Der Tri-Clamp-Anschluss ist in der Pharma- und Nahrungsmittelindustrie weit verbreitet. Die Sensoren können an Rohrleitungen oder Tanks angebunden werden. DIN 32676 Clamps sind als Clamp-Verbindungen für DIN Rohre nach DIN 11850 vorgesehen. ISO 2852 Clamps bezeichnen Verbindungen für ISO-Rohre.

Der Prozessadapter Ingoldstutzen DN 25 ist häufig in der Biotechnologie und in der pharmazeutischen Industrie im Einsatz. Der Ingoldstutzen ist der Standardanschluss bei Fermentern.

Sensoren mit DRD-Flansch können nur an Tanks angebunden werden. Eine gute frontbündige Adaption kann damit erreicht werden. Der DRD-Flansch ist weit verbreitet in der Nahrungsmittelindustrie. Der Nachteil eines solchen Systems ist der große Durchmesser des Flansches von 125 mm. Deshalb ist ein Einschweißen des Flansches in den konischen Bereich von Tanks diffizil.

Abb. 2.2.6: Schauglas aus PCTFE (GECI)

Sonstige Elemente für Rohrleitungen

Die Kompensation von Wärmeausdehnungen kann durch Bögen oder Wellrohrkompensatoren geschehen.

Rohrbefestigungen können hängend oder stehend ausgeführt sein. Dabei ist auf eine gleitende Lagerung zu achten. Fest eingespannte Rohrleitungen würden auf Grund der Wärmeausdehnungen enorme Kräfte entwickeln und die Verankerung aus der Wand herausreißen.

Isolierungen dienen zum Schutz vor Wärme- oder Kälteverlust. Üblich sind Hartschaumstoffe aus Polystyrol oder Polyurethan. Damit wird z. B. in Dampfleitungen der Anfall von Kondensat vermieden.

Schaugläser ermöglichen eine optische Kontrolle des Rohrleitungsinhalts. Aus Gründen des Produktschutzes verwendet man heute Kunststoff statt Glas.

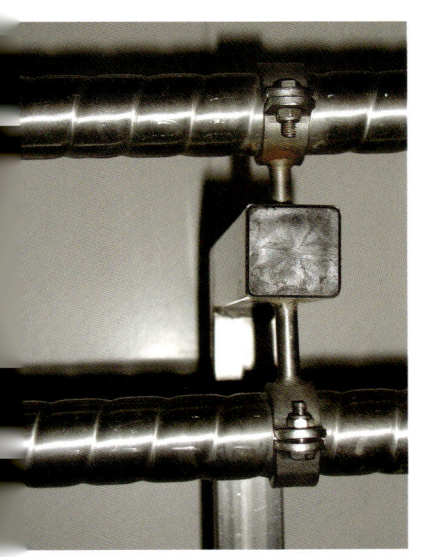

Abb. 2.2.5: Rohrschellenbefestigung für einen Röhrenwärmetauscher (Birus)

In der Praxis ist es zweckmäßig, Rohrleitungen systematisch zu kennzeichnen und die Dokumentation der Anlagen an einem sicheren Ort aufzubewahren. Sinnvoll ist es, eine Kopie anzufertigen. Änderungen sind unverzüglich einzutragen, um Missverständnisse zu vermeiden. Die Kennzeichnung von Rohrleitungen ist deutlich mit dem unten stehenden Farbcode inkl. Fließrichtung vorzunehmen. Bei Schweißarbeiten spielt es aus Arbeitsschutzgründen eine große Rolle, welches Medium sich in der Rohrleitung befand.

Abb. 2.2.7: Kennzeichnung einer Rohrleitung für Sauerstoff (Birus)

Tab. 2.2.1: Kennzeichnung von Rohrleitungen

Stoffgruppe	Farbe
Wasser	grün
Dampf	rot
Luft	blau
Säuren	orange
Laugen	violett
Vakuum	grau
Kohlendioxid	gelb

Berechnung des Volumenstroms

Der Volumenstrom $\dot{V}$ (in m³/h oder l/h) berechnet sich aus dem durchgeflossenen Volumen pro Zeiteinheit

$$\dot{V} = V/t$$

STERILVERFAHRENSTECHNIK

Über die Querschnittsfläche A (die Nennweite DN entspricht dabei dem Durchmesser d) und den Volumenstrom lässt sich die Strömungsgeschwindigkeit v bestimmen:

$$v = \dot{V}/A \quad (A = 0{,}25 d^2 \pi)$$

Aufgabe:
Wie groß ist die Strömungsgeschwindigkeit in einem Rohr mit NW 50 bei einem Durchsatz von 15 000 l/h?

Lösung:

$$A = 0{,}25\, d^2 \pi = 0{,}25\, (0{,}05\ m)^2 \pi = 0{,}00196\ m^2$$

$$v = \frac{15\ m^3/h}{0{,}00196\ m^2 \times 3600\ s/h} = 2{,}12\ m/s$$

Bei Änderungen der Nennweite lässt sich über die Kontinuitätsgleichung eine Beziehung zwischen Strömungsgeschwindigkeit und Querschnitt herstellen:

$$A_1 \times v_1 = A_2 \times v_2$$

Bei einer Halbierung der Nennweite vervierfacht sich die Strömungsgeschwindigkeit!

Eine weitere wichtige Kenngröße ist die Viskosität. Sie ist ein Maß für die inneren Reibungsverluste einer strömenden Flüssigkeit oder eines Gases. Zu beachten ist, dass die Viskosität stark temperaturabhängig ist.

Die Reynoldsche Zahl Re ist eine dimensionslose Strömungszahl. Bei der Umströmung geometrisch ähnlicher Körper oder Durchströmung geometrisch ähnlicher geschlossener Kanäle ergeben sich bei gleicher Re-Zahl ähnliche Strömungsbilder. Die Reynoldsche Zahl vergleicht mechanische Kräfte mit Strömungskräften. Für Rohre mit Kreisquerschnitt ist

$$Re = \frac{v \times d}{\upsilon}$$

v = mittlere Strömungsgeschwindigkeit in m/s,
d = Innendurchmesser des Rohres in m
υ = kinematische Viskosität in m²/s

Die Reynoldsche Zahl wird als Kenngröße für die Strömungsart bei wasserähnlichen Flüssigkeiten verwendet.

Strömungsarten in Rohren

a) Laminare Strömung

Strömt eine Flüssigkeit mit sehr geringer Geschwindigkeit durch eine Rohrleitung, so bewegen sich alle Flüssigkeitsteilchen in geordneten zur Rohrachse parallelen Bahnen. In zur Rohrachse konzentrischen, zylindrischen Schichten herrschen gleiche Geschwindigkeiten, deshalb der Name laminare Strömung = Schichtströmung. Bei dieser Strömungsform entstehende Druckverluste sind nur bedingt durch die innere Reibung, also dem Widerstand, den benachbarte Flüssigkeitsschichten einer gegenseitigen Verschiebung entgegensetzen.

Bei laminarer Strömung wächst der Rohrreibungsverlust linear mit der Strömungsgeschwindigkeit und ist nur abhängig von der Viskosität der Flüssigkeit. Laminare Strömungen sind in der Praxis selten anzutreffen, da sie mit Sicherheit nur bei einer Reynoldschen Zahl unter 2320 auftreten. Bei günstiger Strömung und sehr glatten Rohren kann sich noch bei Re = 50.000 eine laminare Strömung einstellen. Bei Wasserförderung wird beispielsweise in einer DN 100 Leitung nur dann eine laminare Strömung eintreten, wenn die Strömungsgeschwindigkeit weniger als 0,03 m/s beträgt.

Anders verhält es sich dagegen bei viskosen Flüssigkeiten wie Ketschup oder Senf. In engeren Rohren ist schon bei üblichen Strömungsgeschwindigkeiten mit einer laminaren Strömung zu rechnen.

b) Turbulente Strömung

Wird die kritische Re-Zahl von 2320 überschritten, treten aus der geordneten Schichtströmung unregelmäßige Nebenwirbel auf. Es entstehen Geschwindigkeitsschwankungen und Querbewegungen. Flüssigkeitsteilchen aus der Rohrmitte gelangen in die Nähe der Wandung und umgekehrt.

Tab. 2.2.2: Strömungsgeschwindigkeiten in Rohrleitungen

Fluid	Geschwindigkeit in m/s
Dampf	20-30
Kondensat	1-2
Eiswasser	1,1-1,8
Getränke	0,5-1,2
Milch	bis 2
Luft	15-25
CO_2	15-25

Der Rohrreibungsverlust ist bei schwach turbulenten Strömungen sowohl von der Reynoldschen Zahl als auch von der Wandrauhigkeit abhängig. Bei der vollturbulenten Strömung ist der Rohrreibungsverlust nur noch von der Wandrauhigkeit abhängig.

Der Druckverlust Δp

Für den Druckverlust in Rohrleitungen gibt es folgende Einflussfaktoren:

Rohrwiderstandsbeiwert λ	(hängt von der Oberflächenrauhigkeit [Rautiefe] ab)
Rohrlänge l	in m
Durchmesser d	(Nennweite in m einsetzen!)
Strömungsgeschwindigkeit v	in m/s
Dichte ρ	in kg/m³
Formel:	$\Delta p = \lambda \, l/d \, \rho/2 \, v^2$

Der Rohrwiderstandsbeiwert λ kann aus Diagrammen ermittelt werden. Nachdem in der Lebensmittelindustrie aus mikrobiologischen Gründen möglichst elektropoliertes Walzmaterial mit einer Rautiefe von weniger als 0,8 µm eingesetzt wird, liegt der Wert meist zwischen 0,015 und 0,03.

Rohrleitungskennlinie

Die errechneten Werte kann man nun graphisch in der sog. Rohrleitungskennlinie darstellen. Sie hat die Form einer Parabel, da die Strömungsgeschwindigkeit im Quadrat ist. Damit kann für jeden Durchsatz der jeweilige Druckverlust bestimmt werden. Zusammen mit der Pumpenkennlinie kann man nun den Betriebspunkt einer Anlage ermitteln. Der Betriebspunkt ergibt sich aus dem Schnittpunkt der Anlagen- und der Pumpenkennlinie. Dies ist für die Praxis von Bedeutung, wenn durch Änderungen an der Anlage, bei erhöhten Durchsatzmengen oder bei der Verarbeitung eines neuen Produkts eine andere Pumpe erforderlich wird.

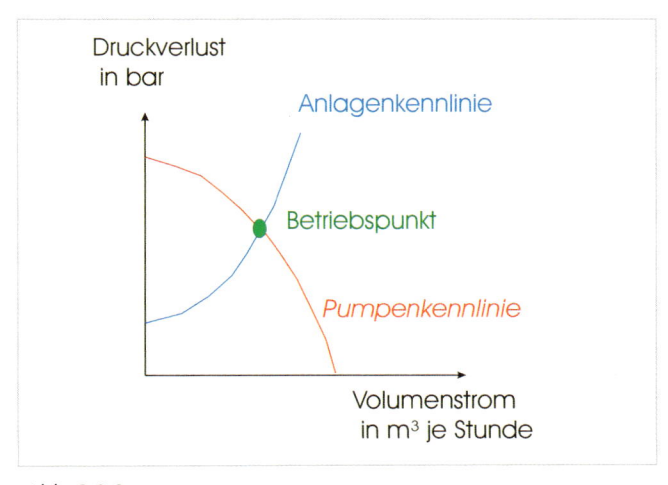

Abb. 2.2.8:
Rohrleitungskennlinie und Betriebspunkt (Birus)

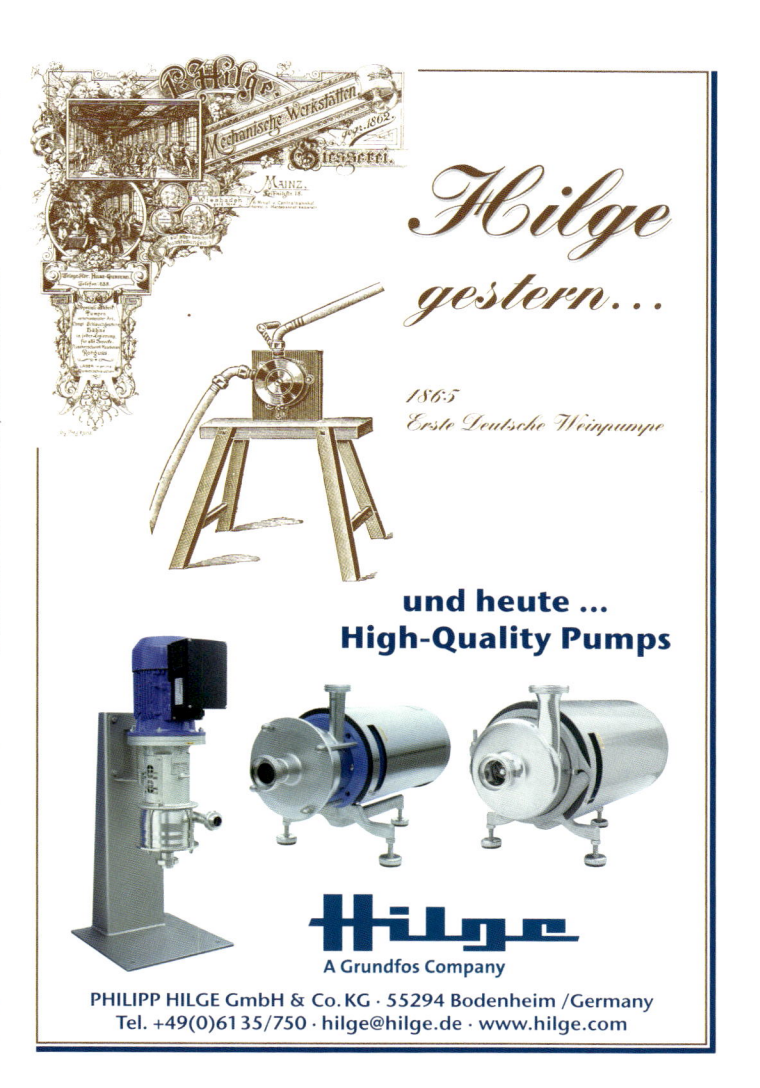

2.2.2 Schläuche und Schlauchverbindungen

Stets ist das Medium dafür ausschlaggebend, welcher Schlauchtyp eingesetzt werden soll. So gibt es Schläuche, die vollständig aus V2A-Stahl gefertigt sind, aber auch die sog. Milchschläuche sind weit verbreitet. Diese Schläuche sind hitzebeständig und können niedrige Temperaturen bis zu −20 °C aushalten. Dennoch sind sie nicht unbedingt druckstabil. Deshalb ist vor der Auswahl zu überlegen, welcher Förder- bzw. Saugdruck wirkt. Ist der Druck zu hoch, platzt der Schlauch, ist er zu niedrig bzw. wird ein Vakuum aufgebaut, so zieht er sich zusammen.

Beim Metallschlauch bedarf es zum Platzen extremer Drücke. Beim Vakuum zieht sich dieser nicht zusammen. Damit der Metallschlauch auch im Bogen angeschlossen werden kann, ist er vielschichtig aufgebaut. Die äußere Hülle besteht aus einer eng anliegenden, flexiblen Spirale. Nach innen besteht der Schlauch aus einem vielschichtig aufgebauten, leicht flexiblen Geflecht aus Drähten. Wenn dieser Schlauch häufig oder extrem verdrillt wird, kann es vorkommen, dass sich einzelne

STERILVERFAHRENSTECHNIK

Drahtbestandteile lösen, durch die flexible Spirale der Außenhaut dringen und diese verletzen.

Kunststoffschläuche bestehen aus einer Innenschicht („Seele") aus Silikonkautschuk, auf die ein Druckträger (Verstärkungseinlagen aus Textilgewebe) aufgebracht ist. Darüber befindet sich die äußere Kunststoffschicht aus EPDM oder anderen Kunststoffen. Die Beschädigung der Innenschicht hat zur Folge, dass diese sich vom Druckträger löst. Zudem gelangt Produkt in die Textilfasern, die sich voll saugen. Diese Schmutznester beseitigt keine noch so gute Reinigung.

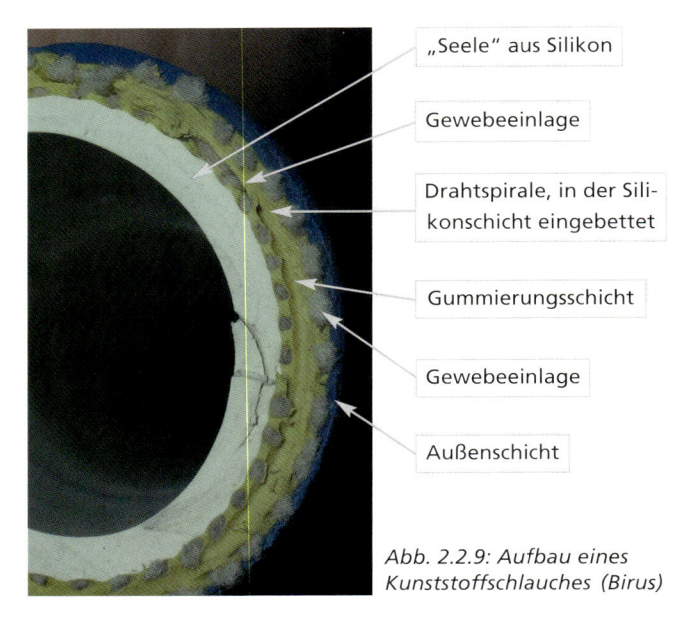

Abb. 2.2.9: Aufbau eines Kunststoffschlauches (Birus)

Aufbau von innen nach außen: „Seele" aus Silikon, Drahtspirale, in der die Silikonschicht eingebettet ist, Gummierungsschicht, Gewebeeinlage, Außenschicht.

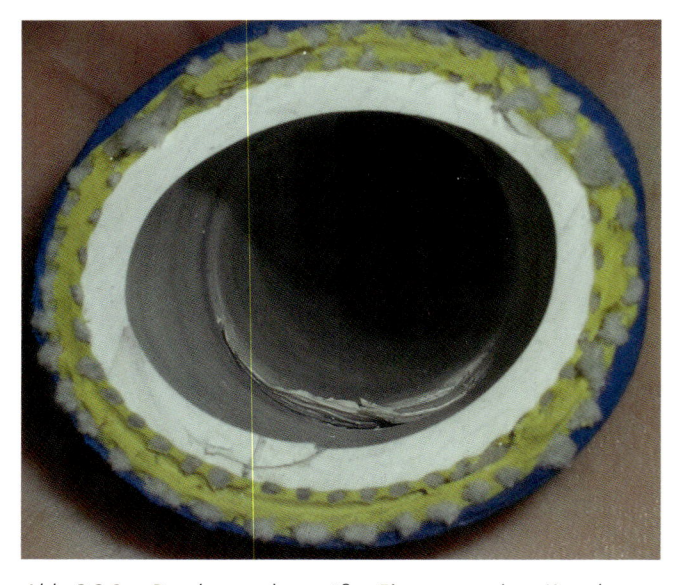

Abb. 2.2.9 a: Durch unsachgemäßes Einpressen eines Kupplungsstücks verletzte Innenschicht eines Schlauches (Birus)

Das sog. „pop corning" entsteht durch thermische Schocks. Bei der Unterbrechung der Dampfzufuhr während einer Sterilisation kommt es zur Bildung von Kondenswasser, der Dampfdruck sinkt ab. Steigt die Temperatur wieder an, verdampft dieses Wasser. Das hat Risse, die wie Maiskörner aussehen, zur Folge. Normale Reinigungsbedingungen einer CIP bzw. SIP machen den Schläuchen nichts aus.

Im Allgemeinen empfiehlt es sich, einen defekten Schlauch nicht zu reparieren, sondern zu ersetzen. Falls nur ein Teil des Schlauches beschädigt ist, kann man dieses Stück abschneiden.

Schlauchanschlüsse und Kupplungen

Für den Anschluss z. B. an ein Koppelpaneel ist ein Kupplungsstück im Inneren des Schlauchanfangs angebracht. Von außen kann es beispielsweise durch ein bis zwei Manschetten oder Schellenbänder mit dem Schlauch fixiert werden. Innen muss die Ausführung soweit abgeflacht konisch zulaufen, dass das Kupplungsstück keine Kante gegenüber der Schlauchoberfläche aufweist. Dies ist erforderlich, damit möglichst wenig Produkt haften bleiben kann und das Reinigungsmedium mit hohem Tempo die anhaftenden Reste abtransportiert. Problematisch ist das, wenn auch geringfügige Weiten der Schläuche durch den Pumpendruck. Dann gelangt Produkt in den Zwischenraum, das durch den Reinigungsmittelfluss nicht erreicht wird und zu spontanen Kontaminationen bei nachfolgenden Chargen führt. Gerade bei der Befestigung durch Schellen kann es dazu kommen.

Abb. 2.2.10: Schlauchanschlussbefestigung mit Doppelschellen (evtl. Hygienerisiko) (Birus)

Kupplungsstücke, die als Schalenarmaturen ausgeführt sind, schaffen hier Abhilfe. Sie verhindern zudem Toträume durch eine Verbiegung des Schlauches.

Eine andere Technik ist das Einpressen von Kupplungsstücken in das Schlauchende. Dabei wird der Kunststoff in den Ringspalt des Kupplungsstückes hineingedrückt. Dadurch wird der Schlauch von

Abb. 2.2.11: Aufgepresste Rohrleitungsverbindung bei einem Schlauch (GECI)

innen und außen gestützt. Eine Ausweitung durch den Pumpendruck ist nicht mehr möglich und somit können sich Produktreste nicht zwischen Kupplung und Schlauch ablagern. Im Kosmetik- und Pharmabereich sowie bei kritischen Lebensmitteln verwendet man heute ausschließlich solche FDA-konformen Schläuche.

Dichtungen

Der Anschluss eines Schlauches an ein Paneel, an einen anderen Schlauch oder an einen Tank erfolgt stets über eine Kupplung oder über ein Verbindungsstück. Damit die Verbindung stets „dichthält", ist eine gute Dichtung von größter Bedeutung. Sie müssen nach außen und innen abdichten, reinigungsbeständig und formstabil sowie leicht zu wechseln sein.

Als Material werden meist EPDM-Dichtungen eingesetzt. In pharmazeutischen oder chemischen Anlagen verwendet man häufig Fluorelastomere, die eine höhere chemische Beständigkeit besitzen. Bei Kontakt mit einem Produkt ist eine FDA-Zulassung erforderlich. Die mechanische Beständigkeit der Dichtungen ist ebenso bedeutend. Die Dichtung wird im gepressten Zustand deformiert und soll trotzdem elastisch auf die Volumenveränderung auf Grund schwankender Temperaturen reagieren. Fluorelastomere wie Teflon brauchen eine größere Dichtkraft, die zum sog. Kaltfluss, also der bleibenden Materialverformung auf Grund mechanischer Kräfte führt.

O-Ringe sind weit verbreitet. Allerdings ist ein solcher O-Ring in einer rechteckigen Dichtungsnut nicht für die CIP geeignet, da sich durch die Ausdehnung des O-Rings während der Reinigung ein Ringspalt ergibt, der nicht ausreichend durchspült

Mœschle Behälterbau GmbH

Kinzigtalstraße 1a
77799 Ortenberg
Tel 07 81 / 93 86-0
Fax 07 81 / 3 16 68
www.moeschle.com

Perfektion in Edelstahl

Fruchtsafttanks · Industrietanks · Brauereitanks · Weintanks

STERILVERFAHRENSTECHNIK

wird. Die Verschmutzung oder Verkeimung bleibt zurück. Nach der Reinigung sinkt die Temperatur, die Rückstände können in den Produktstrom gelangen und diesen kontaminieren.

Die in der Lebensmittelindustrie weit verbreitete Milchrohrverschraubung weist ebenfalls genau dieses Problem auf. Die „Milchdichtungen" sind an einer Seite flach und an der anderen Seite halbrund. Die Flachseite wird in die Ringnut der Kupplung eingesetzt. Die halbrunde Seite zeigt also in die Richtung des Mitarbeiters. Sie sollte aber regelmäßig aus der Führung genommen und manuell gereinigt werden, da es nicht ausbleibt, dass Produkt unter die Dichtung gelangt und sich mit der Zeit „Biofouling" bildet und damit für Keime den idealen Nährboden liefert.

Abb. 2.2.12: O-Ring aus EPDM (Birus)

Eine reinigungsfähig konstruierte Dichtung muss frontbündig abdichten. Dazu ist ein metallischer Anschlag erforderlich, der eine mechanische Zerstörung der Dichtung durch zu große Anpresskräfte vermeidet. Dies ist durch die nach DIN 11864 gestaltete Verschraubung möglich.

2.3 ARMATUREN

Armaturen sind Bauteile, die zum Absperren oder Öffnen von Rohrleitungen, zur Regelung des Volumenstroms und zur Sicherung von Anlagen dienen.

Schieber können Rohrleitungen komplett absperren und öffnen.

Klappenventile (Ventilklappen) sind mit einer drehbaren Scheibe ausgerüstet. Sie können in gewisser Weise auch den Volumenstrom regeln. Die Dichtung ist die mikrobiologische Schwachstelle und im Rahmen der sog. „vorbeugenden Instandhaltung" turnusmäßig auszuwechseln.

Kugelhähne besitzen einen kugelförmigen Absperrkörper mit einer Bohrung in Größe der DN. Sie haben in geöffneter Stellung einen geringen Durchflusswiderstand.

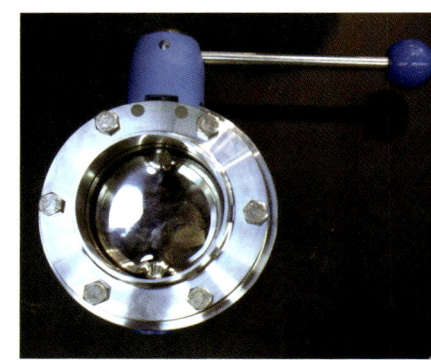

Abb. 2.3.1: Handbetätigtes Klappenventil in geschlossener Position (Birus)

Kegelsitzventile haben ein kugelförmiges Gehäuse mit einem tellerförmigen Kegelsitz. Der Kegel ist

Tab 2.2.3: Kriterien für die Auswahl eines flexiblen Kunststoffschlauches		
Parameter oder Faktor	**Details**	**Sonstiges**
Produktart	Konzentration	Aggressive Bestandteile
Druck	Arbeitsdruck	Druckstöße
Umgebungsbedingungen	Temperatur; Innen- oder Außenbereich	
Mechanische Gegebenheiten	Biegeradius;	Verwindungen, Vibrationen; Hängend oder auf dem Boden liegend eingesetzt
Konstruktion	Anschluss; Innen- und Außendurchmesser	Gewindeart, Flanschart
Lagerung von Reserveschläuchen	Zwischen 0 und 35 °C; relative Luftfeuchtigkeit unter 65 %	Ozonentwicklung durch Quecksilberdampflampen beachten
Umgebungsbedingungen	Kontakt mit Lösemitteln oder Öl verhindern	Gegen Hitze schützen! Vor Nagetieren schützen!
Handhabung	Tragen statt über den Boden ziehen; Knicken verboten	Betreten oder gar Befahren in jedem Fall vermeiden!
Prüfung	Drucktest	
Elektrostatische Auflladung	Herstellerangaben beachten	
Installation	Stabile Befestigung	Eigengewicht auffangen
Wartung	Risse, Deformationen, Blasen	Klebrige Stellen beachten

STERILVERFAHRENSTECHNIK

ebenso wie der Kegelsitz abgeschrägt. Sie werden mit einem Handrad betätigt. Als Absperrarmatur für Dampfleitungen, beispielsweise in der Verteilung, sind sie aus vergütetem Stahl mit dickerer Wand gefertigt.

Schrägsitzventile lassen im geöffneten Zustand die Flüssigkeit ungehindert hindurchfließen. Sie dienen z. B. als Absperrorgane für Trinkwasserzuleitungen in Gebäuden.

Membranventile sind im sterilen Bereich bei der Verarbeitung von Flüssigkeiten bis hin zur Biotechnologie und Pharmatechnik häufig anzutreffen. Im eigentlichen Ventilkörper wird eine fest eingespannte Membran durch einen Verdrängungskörper gegen eine Dichtkante gedrückt. Mit dieser Bauart ist eine hundertprozentige Abdichtung nach außen gewährleistet, es kann somit keine Verkeimung von außen stattfinden. Nachteilig ist, dass die Membran einem stärkeren Verschleiß ausgesetzt ist. Im Rahmen der vorbeugenden Instandhaltung ist die Membran also routinemäßig auszutauschen.

Regelventile

Klappen- oder Doppelsitzventile haben ausschließlich zwei Schaltpositionen (Auf oder Zu). Regelventile können dagegen den Volumenstrom stufenlos variieren. Damit ist beispielsweise ein konstanter Durchsatz für eine Pasteurisation einstellbar, der ja die Einhaltung der Heißhaltezeit bestimmt.

Manuell betätigte Regelventile (Drossel) verengen den Leitungsquerschnitt und in Folge dessen den Durchfluss. Gleichzeitig steigt jedoch der Druckverlust. Solche Regelventile können auch durch einen elektrischen Antrieb betätigt werden.

Pneumatische Regelventile erhalten von der Steuerung ein elektrisches Signal, das durch einen sog. I-P-Wandler (Strom-Druck-Wandler) in Druckluft umgewandelt wird. Die Druckluft gelangt auf eine Membran im Kopf des Regelventils und überwindet dann eine Federkraft, die gegen die Membran wirkt und das Regelventil schließt („federschließend"). Sie werden beispielsweise bei der Regelung der Dampfmenge in Pasteurisationsanlagen eingesetzt. Die Produkttemperatur wird durch einen Pt 100 gemessen, der Istwert an den für das Regelventil zuständigen Regler geleitet und dort mit dem eingestellten Sollwert verglichen. Bei Abweichungen wird ein Stromsignal an den I-P-Wandler gesendet und von diesem in ein Druckluftsignal umgewandelt. Analog dazu werden die Druckluftzuleitungen weiter geschlossen oder geöffnet und somit der Dampfdurchfluss verändert. Dieser Regelkreis vergleicht ständig Ist- und Sollwert, bis eine Übereinstimmung vorliegt.

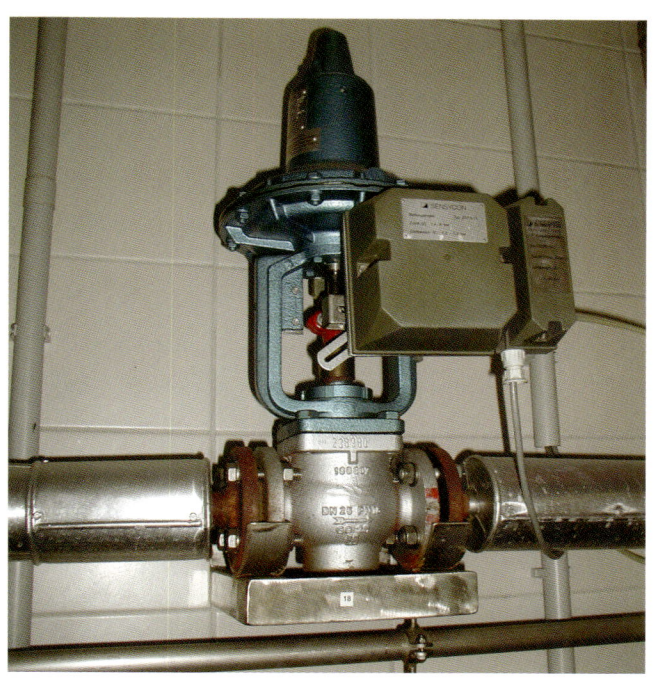

Abb. 2.3.2: Membran-Druckluftventil zur Dampfdurchsatzregelung; im grauen Plastikkästchen befindet sich der I-P-Wandler (Birus)

Das Doppelsitzventil

Für die Verarbeitung großer Mengen bei gleichzeitiger Minimierung der Anzahl an Rohrleitungen kreuzen sich Leitungswege indirekt und müssen trotzdem sicher gegeneinander versperrt werden. Selbst bei unterschiedlichen Produkten wie Milch, Bier, Saft und Reinigungslauge oder Desinfektionsmittel darf keine Vermischung stattfinden. Das macht einen Zwischenraum, den sogenannten Leckageraum, als eine Art Sicherheitszone notwendig. Durch eine Bohrung in der Hauptventilstange ist bei beschädigten Tellerdichtungen ein druckloses Abfließen von Produkt möglich. Eine Vermischung von Lauge bzw. Säure und Produkt wird also zuverlässig verhindert.

Abb. 2.3.3: Blick in ein Doppelsitzventil. Man erkennt den Leckageraum zwischen den beiden Ventiltellern. Die Ventilspindel ist hohl, so dass bei evtl. auftretenden Undichtigkeiten die Flüssigkeit ablaufen kann (Birus)

STERILVERFAHRENSTECHNIK

Beim Doppelsitzventil verschließen zwei Ventilteller, wenn sie sich auf dem jeweiligen Ventilsitz befinden, die Verbindung zwischen den zwei Rohrleitungen. Dazwischen ist der Leckageraum. Beim Schaltvorgang hebt die Hauptventilstange einen Teller vom Ventilsitz ab, bewegt sich zum zweiten Teller und verschließt somit den Leckageraum. Nun fahren beide Teller nach oben, die zwei Rohrleitungen sind verbunden und die Durchflussöffnung ist frei. Beim Schließen erreicht zuerst der obere Teller seinen Sitz im Gehäuse, dann der zweite. (Abb. 2.3.3)

Eine Besonderheit ist das sogenannte Hüpfen während der CIP-Reinigung. Durch kurzes Ansteuern mit Druckluft hebt entweder der obere oder der untere Ventilteller für wenige Sekunden vom Ventilsitz ab. So können Produktreste vom Ventilteller abgespült und gleichzeitig der Leckageraum zuverlässig gereinigt werden. Dieser Vorgang wiederholt sich bei jedem Reinigungsschritt – Lauge, Säure, Desinfektion oder Spülen – mehrmals.

Abb. 2.3.4: Ventilknoten von Doppelsitzventilen (Definox)

Während des Schaltvorgangs wird – das ist nicht zu verhindern – eine geringe Produktmenge an der Ventilstange mit nach oben genommen und dort bei der Reinigung nicht abgespült. Dies nennt man Fahrstuhleffekt. Es handelt sich um die sehr kleine Menge von ca. einem Mikroliter je Schaltung. Mit dieser Flüssigkeit können durch weitere Schaltvorgänge Keime (nachdem sie sich unbehelligt von der CIP-Reinigung vermehren konnten) in das Produkt gelangen.

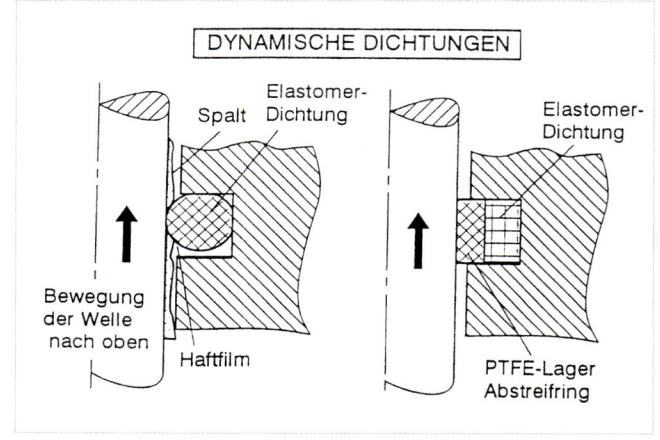

Abb. 2.3.4 a: Haftfilm durch den Ventilstangenhub; rechts: Vermeidung des Haftfilms durch einen PTFE-Abstreifring

(Dr. Hauser)

Um dies zu verhindern, existieren verschiedene technische Konstruktionen. Eine Bauart weist zwei O-Ringe an der Ventilspindel auf, die sich in zwei hintereinander liegenden Nuten befinden. Zwischen diesen ist ein Spülanschluss angebracht, durch den mit einer Extraleitung Reinigungslösung zum Freispülen des Totraums gelangt.

Eine sichere Abdichtung gewährleistet der Faltenbalg, der die Ventilspindel mit dem Gehäuse verbindet. Man nennt sie auch hermetische oder aseptische Dichtung. Eine Kontrollbohrung auf der Gehäuseseite dient der Erkennung von Rissen im Faltenbalg, da in diesem Fall Flüssigkeit austritt. Das Problem ist hier die Qualität des Faltenbalgs, der auf Grund der mechanischen Belastung, der chemischen Einflüsse und der damit verbundenen Korrosion altert. Auch hier ist ein regelmäßiges Austauschen der Dichtungen erforderlich, um eine Infektion von sterilem Produkt zu vermeiden.

Ventilsteuerung

Klappen-, Membran- und Doppelsitzventile werden pneumatisch angesteuert. Dazu kommt von der Steuerung (dem Prozessleitsystem mit der integrierten Speicherprogrammierbaren Steuerung = SPS) ein elektrisches Signal zu einem Pilotventil (dabei handelt es sich um ein kleines Magnetventil). Dieses macht nun den Weg für die Druckluft, die einen Druck von sechs bis acht bar aufweist, frei. Die Druckluft gelangt in den Ventilmotor, also den aufgesetzten Druckluftzylinder mit Rückstellfeder. Sie bewegt einen Teller, der eine Bohrung besitzt, die ein grobes Gewinde aufweist. Über das Gewinde wird die Ventilstange, die das passende Gegengewinde besitzt, gedreht und damit die Ventilklappe um eine Vierteldrehung bewegt. Initiatoren registrieren diese Bewegung und geben ein Signal „Ventil AUF" oder „Ventil ZU" an die Steuerung. (Abb. 2.3.5)

Eine zweite Möglichkeit besteht in einer gemeinsamen Druckluftversorgung der Ventile durch einen einzigen Druckluftschlauch. Das Magnetventil ist dann an dem jeweiligen Doppelsitz- oder Klappenventil montiert.

In modernen Anlagen mit großen Ventilknoten erfolgt die Zuführung der Steuersignale über einen sog. BUS. Das ist eine Anbindungsleitung, die mit der SPS (Speicherprogrammierbare Steuerung) verknüpft ist. Die einzelnen Ventile können so direkt parametriert werden. In einer integrierten Steuer- und Rückmeldeeinheit sind das Magnetventil und der Initiator komplett eingebunden. Damit wird der Installationsaufwand für die Steuerleitung und die Druckluftversorgung vermindert. Gleichzeitig geht der Schaltvorgang schneller vor sich als bei

STERILVERFAHRENSTECHNIK

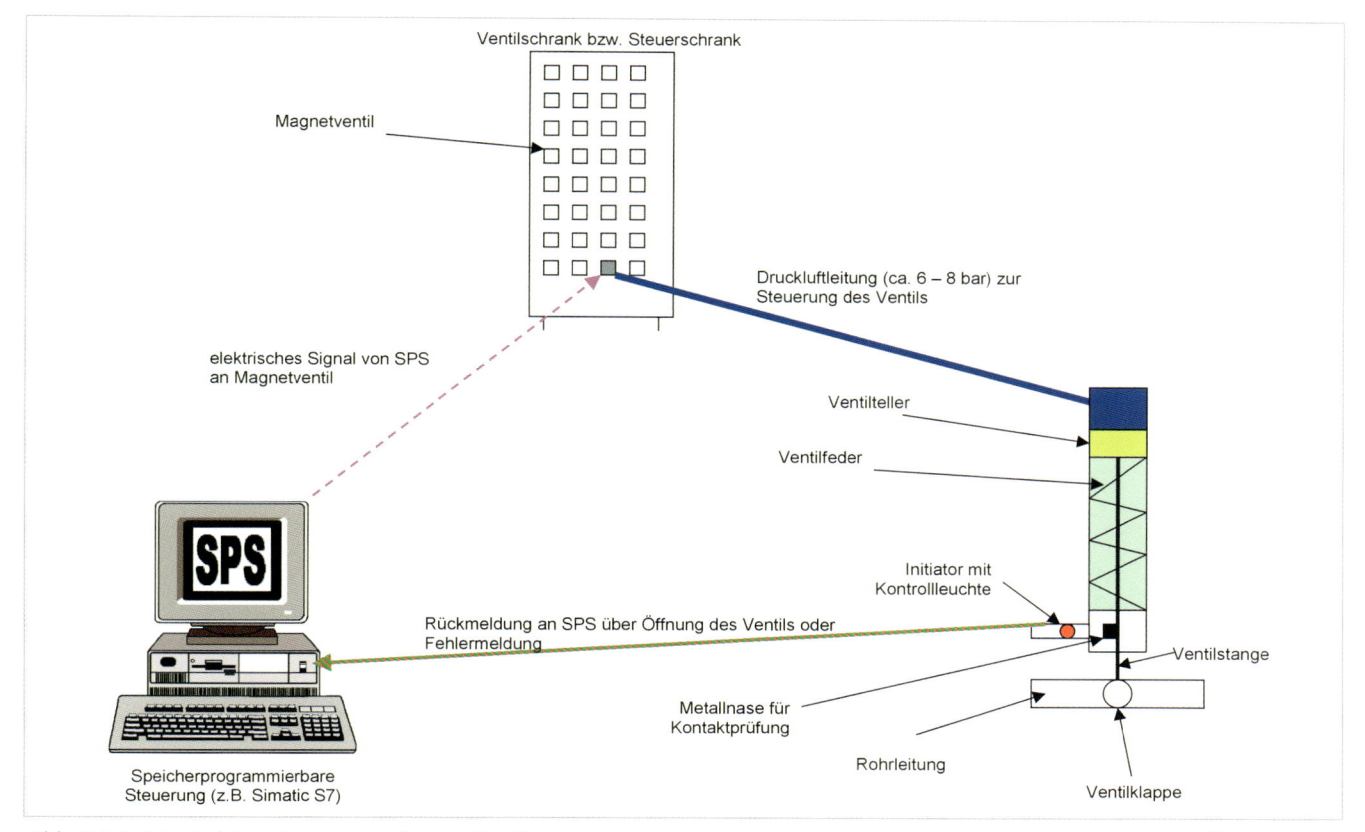

Abb. 2.3.5: Prinzipskizze der pneumatischen Ventilsteuerung *(Hasselmeyer)*

dem klassischen System nach obiger Skizze. Am Ventil selbst wird durch Leuchtdioden der Schaltzustand angezeigt. Darüber hinaus wird aus der Zahl der Ventilschaltungen der Zustand der Ventildichtungen berechnet und am Ventil selbst angezeigt. Die vorbeugende Instandhaltung legt die Wartungsintervalle fest, nach denen der Dichtungswechsel zu erfolgen hat.

Die häufigsten Gründe für eine Fehlermeldung bei der Bildschirmsteuerung sind ein abgerissener bzw. direkt am Ventilmotor abgeknickter Druckluftschlauch, ein durch die Vibrationen der Schaltvorgänge um wenige Millimeter verschobener kontaktloser Näherungsschalter („Initiator" oder „Effektor") oder ein am Initiator abgerissenes Kabel. Diese Möglichkeiten sind vom Anlagenfahrer zu überprüfen, bevor der Elektriker während der Nachtschicht aus seinem Schlaf geklingelt wird und deswegen zu Recht sauer ist.

Vorsicht bei Reparaturarbeiten: Druckluftgesteuerte Ventile sind mit einer speziellen mechanischen Vorrichtung zu öffnen! Die Rückstellfeder übt eine starke Kraft aus, die bei nicht fachgerechtem Öffnen des Ventilmotors zu schweren Verletzungen führen kann.

Weitere Armaturen

a) Rückflussverhinderer lassen das Medium nur in eine Richtung strömen. Bei Umkehrung der Strömungsrichtung schließen sie selbsttätig. Dies schützt Pumpen vor Rückströmungen. Höher liegende Tanks können auf diese Weise nicht leer laufen. Bauarten: Rückschlagklappe, Kugelventil.

b) Sicherheitsventile dienen zum Schutz von Rohrleitungen, Pumpen oder Tanks gegen Schäden durch einen unzulässigen Überdruck. Sie reagieren durch selbsttätiges Öffnen bei Überschreiten eines erlaubten Überdrucks. Anwendungen: Dampferzeuger, Drucktank, Autoklav.

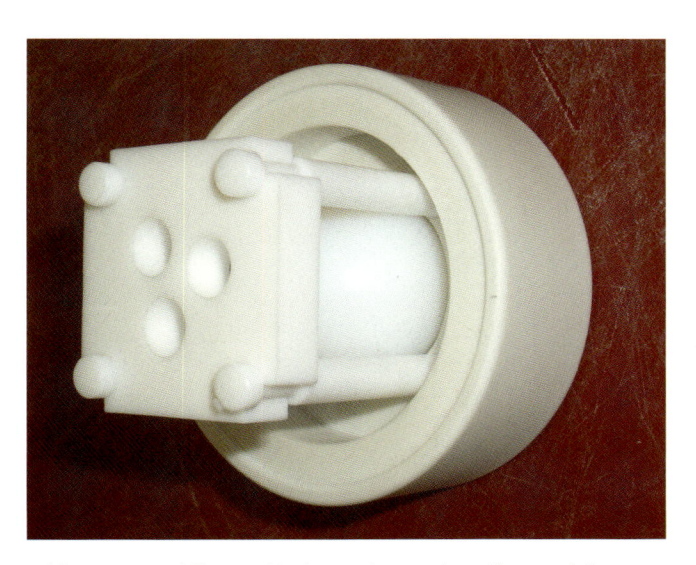

Abb. 2.3.6: Rückflussverhinderer als Kugelventil ausgeführt *(Birus)*

STERILVERFAHRENSTECHNIK

Abb. 2.3.7: Blick in ein federgesteuertes Überdruckventil (Definox)

Federbelastete Überdruckventile werden häufig eingesetzt. Die Anpresskraft des Ventilkegels auf den Ventilsitz wird durch eine Feder erzeugt. Diese Kraft ist durch Drehung an einer Stellschraube einstellbar. Entsteht ein zu hoher Systemdruck, wird die Federkraft überwunden und der Druck abgelassen. Anschließend schließt die Feder das Ventil erneut. Solche Ventile werden z. T. verplombt, damit ein unerlaubtes Verstellen nicht möglich ist.

c) Berstscheiben dienen zur Druckentlastung von Behältern bei Gasexplosionen. Bei Überschreitung des zulässigen Drucks zerreißt die Scheibe und gibt augenblicklich einen große Öffnung zum Druckabbau frei.

d) Druckminderer vermindern den hohen Druck eines Mediums (Gase, Dämpfe) auf einen konstanten, niedrigen Minderdruck. Beispiele – Druck nach dem Dampferzeuger: 10 bar; nach Druckminderung liegt er für Wärmeaustauscher bei 2,5 bar; Druckminderer bei Gasflaschen (Argon; Stickstoff);

e) Kondensatableiter leiten selbsttätig das sich in Dampfleitungen oder Erhitzern bildende Kondensat ab. Sie verhindern zudem das Abströmen von Dampf. Schwimmerkondensatableiter sammeln das Kondensat am Gehäuseboden. Die Schwimmkugel wird mit angehoben und bewegt einen Hebel. Daran befindet sich ein Schieber, der den Auslass frei gibt. Der Dampf drückt das Kondensat in die Kondensatleitung. Gleichzeitig sinkt damit die Schwimmkugel, der Auslass wird verschlossen. Weitere Bauarten: Thermische Kondensatableiter, Faltenbalg-Kondensatableiter; Bimetall-Kondensatableiter.

f) Entlüfter entfernen die in Kreisläufen oder Rohrleitungen befindliche Luft. Vor allem bei der Befüllung soll die Luft aus einem System heraus. Diese stört Bauteile wie Pumpen oder auch das Produkt selbst. Bauart: Kugelventile.

g) Sterilfilter, ausgeführt als Kerzenfilter, unterbinden bei Lebensmitteln die Verkeimung von außen. Bei der Abkühlung eines Tankinhalts lassen Sterilfilter nur keimfreie Luft in den Tank. Sie werden vor der Inbetriebnahme mit Dampf sterilisiert. Die Innenräume von Abfüllanlagen für Sterilprodukte werden durch Sterilfilter vor einer Kontamination geschützt.

h) Probenahmeventile ermöglichen die – bei Bedarf sterile – Entnahme geringer Produktmengen für die chemische oder mikrobiologische Analyse.

i) Ausdehnungsgefäße sorgen für einen Puffer bei der Volumenveränderung von Flüssigkeiten in Kreisläufen. Heizungs- und Heißwasserkreisläufe sind typische Anwendungsbeispiele.

2.4 PUMPEN

Zur Förderung von Flüssigkeiten und hochviskosen Produkten benötigt man Pum-

Abb. 2.3.9: Entlüfter (Birus)

Abb. 2.3.10: Steriles Probenahmeventil (Rieger)

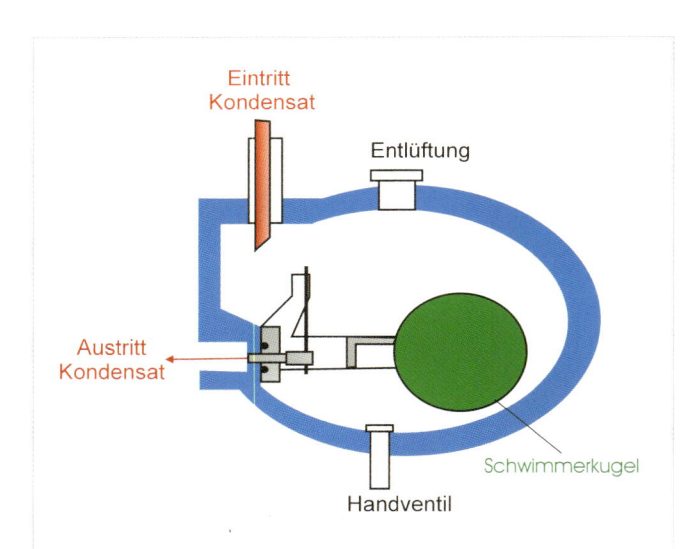

Die Ableitung von Kondensat erfolgt nur, wenn der Schwimmer durch Kondensat angehoben wird und der Auslass geöffnet wird

Abb. 2.3.8: Aufbau und Funktionsweise eines Schwimmerkondensatableiters (Birus)

Abb. 2.3.11: Ausdehnungsgefäß (Birus)

pen, die eine kontinuierliche, bakteriologisch einwandfreie Qualität bei niedrigen Kosten gewährleisten. Letztendlich entscheidet der Anwendungszweck über die Art der auszuwählenden Pumpe. Folgende Kriterien und Kennzahlen sind für die Auswahl einer Pumpe zu berücksichtigen:

- Eigenschaften des Produkts: Viskosität, Vorhandensein von stückigen Bestandteilen, gelöste Gase, Temperaturbereich
- Benötigter Volumenstrom (m³/h) und erforderliche Druckerhöhung (bar)
- Erforderliche Leistung in kW
- Kavitationsneigung (NPSH-Wert)
- Eignung für CIP und SIP

Der richtigen Auswahl ist höchste Aufmerksamkeit zu schenken. Eine ungeeignete Pumpe – ebenso wie ein unpassendes Rührwerk übrigens – kann das Produkt mechanisch schädigen, so dass beim Kunden in der verpackten Ware Fehler in der Struktur wie mangelndes Wasserbindevermögen auftreten können.

2.4.1 Kreiselpumpen

Kreiselpumpen sind in der Regel für dünnflüssige Medien wie Wasser, Milch, Getränke und Reinigungsmedien geeignet. Pastöse Massen und stückige Bestandteile können dagegen mit Kreiselpumpen in der Regel nicht gefördert werden.

Aufbau und Funktionsweise

Bei der Kreiselpumpe wird das Produkt mittig zugeführt und durch das rotierende Laufrad nach außen geschleudert. Die Flüssigkeit verlässt den Pumpenraum tangential. Durch den Anlagenwiderstand wird die Bewegungsenergie in Druckenergie umgewandelt. Durchsatz und Druckverlust sind also von der Anlage bestimmt. Das bedeutet, dass die Kreiselpumpe mit der Anlage harmonieren muss. Einfach eine größere Kreiselpumpe, die seit einigen Jahren im Keller aufbewahrt wurde, einzubauen, kann negative Folgen wie eine unzureichende Reinigung oder einen zu hohen Druckaufbau haben.

Abb. 2.4.1.1 a: Blick in das Schnittmodell einer Kreiselpumpe (Birus)

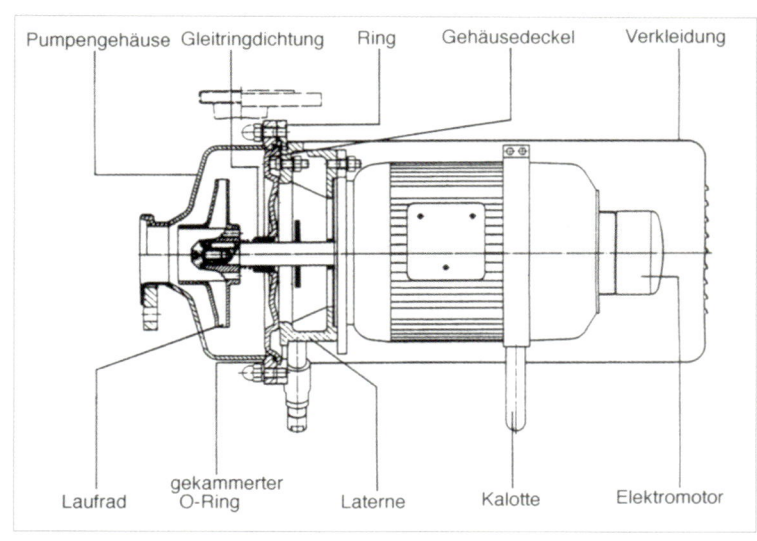

Abb. 2.4.1.1 b: Aufbau einer Kreiselpumpe (Hilge)

Selbstansaugende Pumpen mit Seitenkanal werden z. B. als Reinigungsrücklaufpumpe bei der Tankreinigung eingesetzt. Falls der Tank leer läuft, bleibt in der Pumpe etwas Flüssigkeit zurück. Mit Hilfe dieser Flüssigkeitssäule kann durch den Seitenkanal ein gewisser Unterdruck erzeugt werden, der ausreicht, um den abgerissenen Flüssigkeitsstrom erneut aufzubauen. Die Zuführung erfolgt seitlich tangential. Das Pumpenrad fördert die Flüssigkeit um fast 360 Grad in einen Druckstutzen, der ebenfalls tangential angebracht ist. Um einem Irrtum vorzubeugen: Ist keine Flüssigkeit in der Pumpe, kann die Pumpe nicht ansaugen. Insofern ist die Bezeichnung „selbstansaugend" etwas unglücklich.

Wenn der Produktdurchsatz, der sich aus der täglichen Verarbeitungsmenge ergibt, und der Druckverlust der Anlage bekannt sind, kann die Pumpe mit Hilfe ihrer Kennlinie ausgesucht werden. Wich-

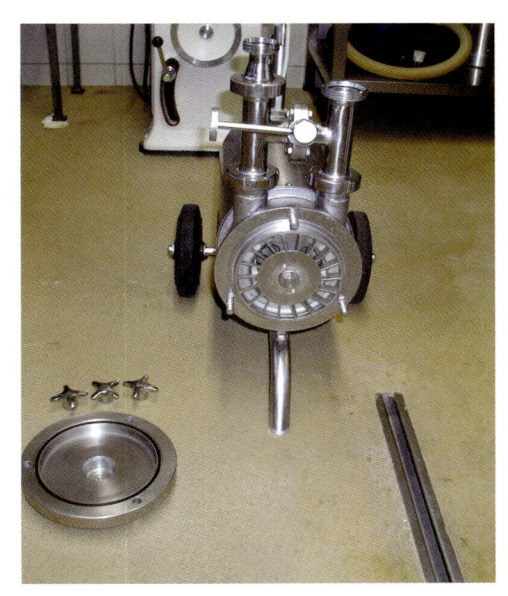

Abb. 2.4.1.2: Selbstansaugende Kreiselpumpe mit Seitenkanal, geöffnet (Birus)

STERILVERFAHRENSTECHNIK

Verdrängerpumpenkennlinie — Rückströmung des Gutes von der Druck- auf die Saugseite (kleiner Teil)

Kreiselpumpenkennlinie — Anlagenkennlinie, Betriebspunkt

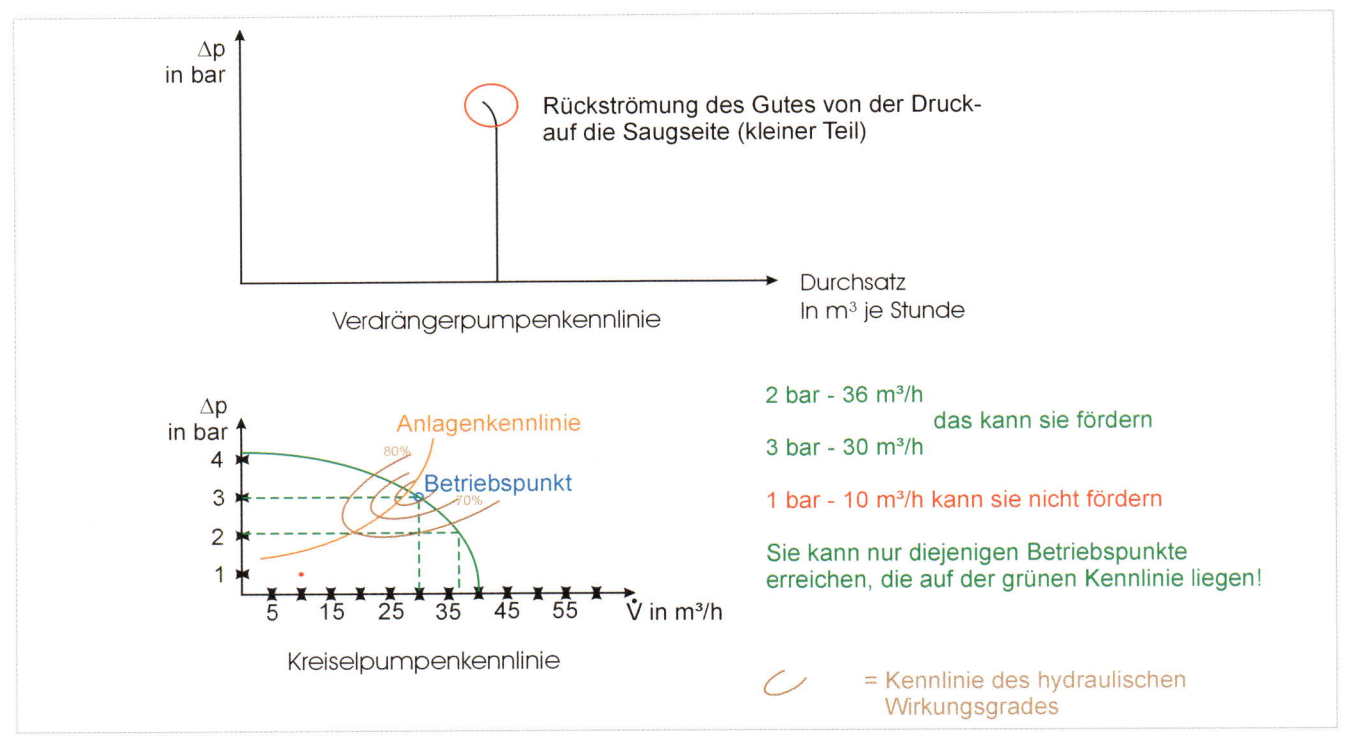

2 bar - 36 m³/h
3 bar - 30 m³/h } das kann sie fördern

1 bar - 10 m³/h kann sie nicht fördern

Sie kann nur diejenigen Betriebspunkte erreichen, die auf der grünen Kennlinie liegen!

= Kennlinie des hydraulischen Wirkungsgrades

Abb. 2.4.1.3 Die Kennlinie einer Kreiselpumpe ergibt in Verbindung mit einer Anlagenkennlinie den Betriebspunkt; oben im Vergleich die Kennlinie einer Verdrängerpumpe (Hasselmeyer)

tig ist die Feststellung, dass eine Pumpe nur Betriebspunkte auf ihrer Kennlinie erfüllt. Das kann man sich wie Schienen einer Eisenbahn vorstellen, an die der Zug gebunden ist. Volumenstrom/Druck-Kombinationen außerhalb der Kennlinie sind also ohne technische Eingriffe nicht erreichbar.

Entsprechend der Bauart sind die Laufräder im Rahmen des gesamten Kennlinienfeldes austauschbar. Es kann also in einen Kreiselpumpentyp das etwas kleinere oder etwas größere Laufrad eingesetzt werden. Die sich daraus ergebenden verschiedenen Fördermengen sind im Kennlinienfeld zusammengefasst, das der Anbieter für den jeweiligen Pumpentyp vorliegen hat.

Regelung des Volumenstroms

Häufig stellt sich das Problem, den Volumenstrom zu verändern. Aus der Kennlinie folgt, dass es gleichzeitig zu einer Veränderung des Pumpendrucks kommt. Möchte man bei einem geringeren Durchsatz einen niedrigeren Druck erzielen, ist die Drehzahl zu verändern. Dies erreicht man durch:

- Einbau eines Frequenzumrichters für die stufenlose Einstellung der Pumpendrehzahl. Ein Frequenzwandler verändert die Netzfrequenz und damit die Motorendrehzahl. Diese Alternative ist die eleganteste, jedoch nicht die in der Anschaffung kostengünstigste Möglichkeit.

Abb. 2.4.1.4: Kreiselpumpenlaufrad (Birus)

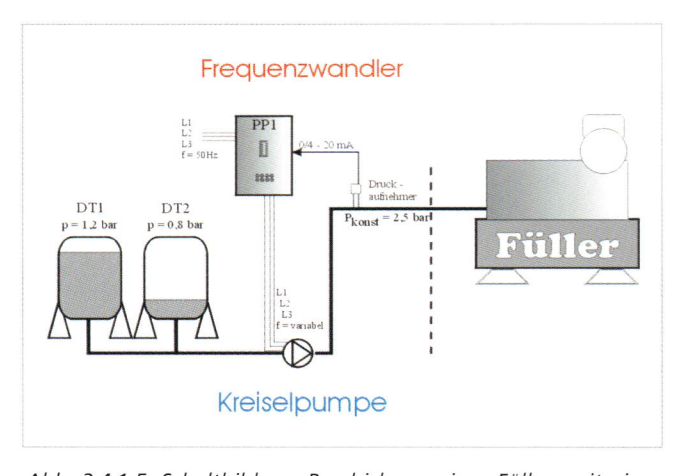

Abb. 2.4.1.5: Schaltbild zur Beschickung eines Füllers mit einer frequenzgesteuerten Kreiselpumpe. Der Füller benötigt im Ringkessel einen gleichmäßigen Flüssigkeitspegel, um das Füllniveau in den Flaschen genau zu dosieren. (Hilge)

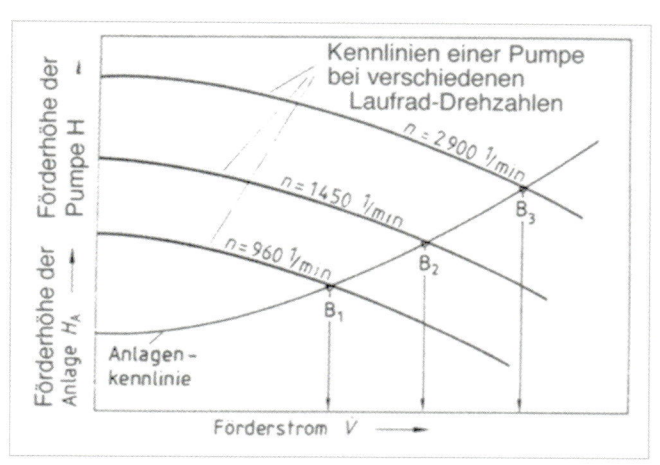

Abb. 2.4.1.6: Kennlinienveränderung durch Drehzahleinstellung (Hilge)

- Verwendung eines Getriebes
- Einbau einer Drossel: die Pumpe wandert gemäß ihrer Kennlinie mit und der Durchsatz sinkt bei allerdings steigendem Druck. Achtung: Bei Filtern z. B. kann es zu einem Durchschlagen kommen, wenn die Drossel zu weit geschlossen ist und der Druck zu hoch wird.

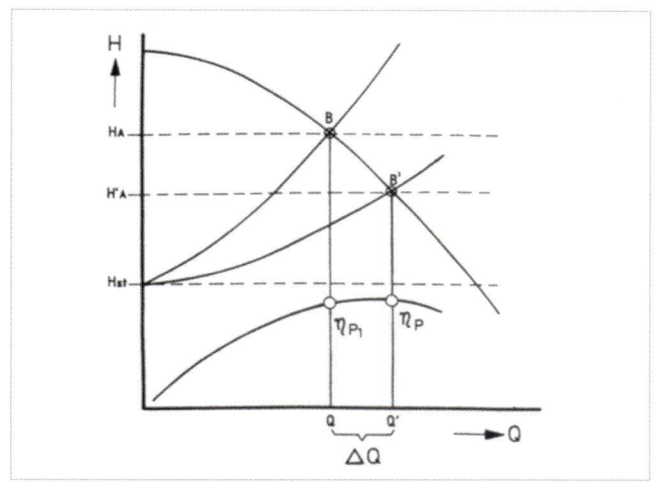

Abb. 2.4.1.7: Durchsatzregelung durch ein Drossel (Hilge)

Kavitation

Die Kavitation tritt in zwei unterschiedlichen Arten auf: Die Gaskavitation und die Dampfkavitation. Bei der Gaskavitation handelt es sich um die Freisetzung gelöster Gase wie Luft oder CO_2. Es kommt zu einem Aufschäumen. Der Werkstoff des Pumpenlaufrades wird erst bei größeren Mengen an gelöstem Gas angegriffen. Üblicherweise ist, wenn man von der Kavitation spricht, die Dampfkavitation gemeint.

Bei der Dampfkavitation spielen sich die folgenden Vorgänge ab. Wenn der Dampfdruck der Flüssigkeit örtlich unterschritten wird, bilden sich Dampfblasen, die beim Druckanstieg ungeheuer schnell in

Wir haben die zentrifugale Trennung nicht erfunden

Aber kaum einer beherrscht sie besser.

Die besten Ideen liefert immer noch die Natur. So auch das Prinzip der zentrifugalen Trennung von Stoffen. Perfektioniert jedoch haben wir es. Das beweisen unsere Separatoren und Dekanter tagtäglich unter harten Betriebsbedingungen im weltweiten Einsatz.

In der Chemie wie in der Pharmazie, in der Biotechnologie wie in der Lebensmittelindustrie, in der Umwelttechnik ebenso wie bei der Mineralölaufbereitung.

Und das nicht erst seit gestern, sondern seit über 110 Jahren so erfolgreich, dass uns heute keiner mehr etwas vormacht.

Take the Best - Separate the Rest

GEA Westfalia Separator

Westfalia Separator AG
Werner-Habig-Straße 1 · D-59302 Oelde
Tel.: +49 25 22/77 - 0 · Fax: +49 25 22/77 - 24 88
www.westfalia-separator.com
E-Mail: info@gea-westfalia.de

STERILVERFAHRENSTECHNIK

sich zusammenfallen. Die Materialoberfläche wird durch die ungemein großen Kräfte auf Dauer förmlich zerfressen, die Pumpe kavitiert. Die Folge ist eine sehr raue, kraterähnliche Oberfläche, die für Produktreste und Mikroorganismen ideale Schlupfwinkel bietet.

Bei Kreiselpumpen ist in der Laufradmitte durch die Ansaugung der statische Druck am geringsten, so dass dort die Dampfblasen entstehen können. An den Laufradspitzen herrschen höhere Drücke, da die Kreiselpumpe ja genau das erreicht. Nun fallen die Blasen auf ihrem Weg an den Laufradschaufeln entlang wieder in sich zusammen. Die Kavitationsfolgen sind demzufolge zuerst an den Laufradspitzen zu sehen.

Kavitation tritt typischerweise bei Kondensatpumpen in Verdampferanlagen auf, bei denen Vakuum herrscht. Sie ist jedoch ebenso an Rührwerken zu beobachten, die in heißen Flüssigkeiten rotieren.

Allgemeine Hinweise zum Einbau einer Pumpe in eine Anlage

Beim Einbau der Pumpe ist darauf zu achten, dass der Druckstutzen das Produkt waagerecht wegführt. Nach Beendigung der Reinigung kann dann nämlich das Nachspülwasser ablaufen und die Pumpe austrocknen. Den Mikroorganismen wird mit dieser Maßnahme der Nährboden entzogen.

Eine zweite Möglichkeit besteht darin, ein Entleerungsventil einzubauen. Am Ende des Nachspülschritts wird dieses betätigt und der Pumpenraum dadurch entleert.

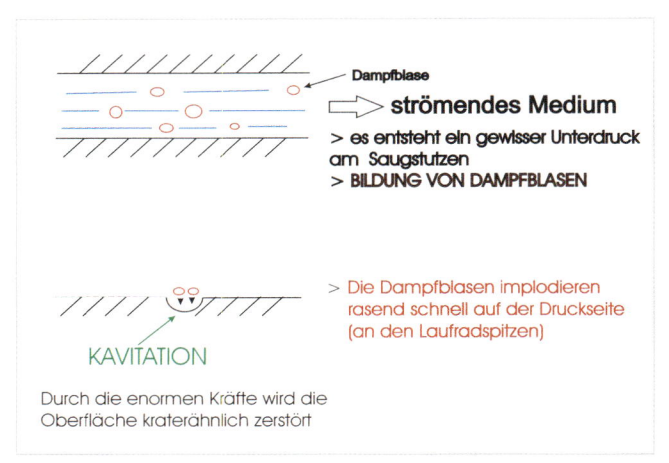

Abb. 2.4.1.8: Vorgänge bei der Kavitation (Hasselmeyer)

Abb. 2.4.1.8 a: Oberflächenbeschädigung am Laufrad einer Kondensatpumpe einer Verdampferanlage, verursacht durch die Kavitation

Maßnahmen zur Vermeidung der Kavitation

- Die Pumpe an der geodätisch niedrigsten Stelle einsetzen. Dadurch ist der statische Druck höher und die Dampfblasenbildung geringer. Heizungsumwälzpumpen beispielsweise werden im Keller eingebaut.

- Die Temperatur des Fördermediums niedrig halten. Dadurch ist der Dampfdruck niedriger und folglich die Entstehung der Dampfblasen verringert.

- Pumpe nicht mit hohem Volumenstrom bei gleichzeitig geringem Druck fahren. In diesem Bereich der Kennlinie steigt die Kavitationsneigung.

- Unterdruck vermeiden

Abb. 2.4.1.9: Entleerungsventil (Gemü)

Tipps zum korrekten Einbau von Pumpen:

- Lufteinzug durch die Trombenbildung in einem Tank vermeiden. Tromben sind die entstehenden Wirbel beim Entleeren eines Behälters.
- Keine Ventile bzw. Rohrbogen vor dem Saugstutzen, damit keine starke Verwirbelungen auftreten. Das verhindert eine Beschädigung des Pumpenlaufrads
- Saug- und Druckrohr sind zu lagern, damit die Pumpe frei von Kräften fördern kann. Es besteht sonst die Gefahr, dass die Gleitringdichtung beschädigt wird.

STERILVERFAHRENSTECHNIK

Einbau der Pumpe in die Anlage

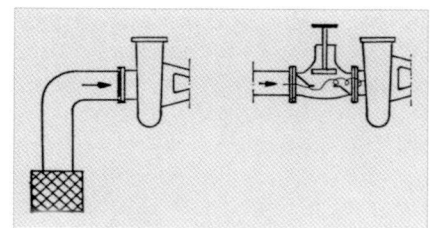

Saugkörbe oder Ventile in der Saugleitung der Pumpe müssen denselben Strömungsquerschnitt wie die Saugleitung haben. Sie dürfen keine Drosselwirkung ergeben. Ein Androsseln des Ventils bedeutet Kavitationsgefahr.

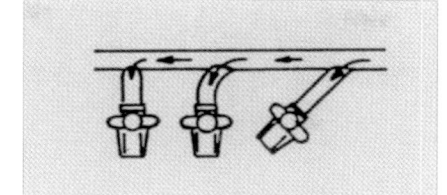

Richtige (mitte und rechts) und falsche Anschlüsse einer gemeinsamen Saugleitung: enge Krümmer oder Kniestücke vermeiden.

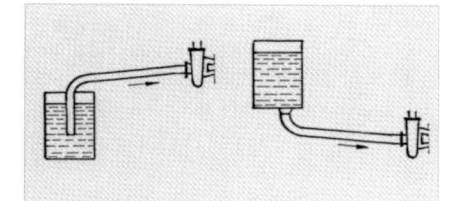

Eine Saugleitung bildet man ständig steigend, eine Zulaufleitung ständig fallend zur Pumpe hin aus.

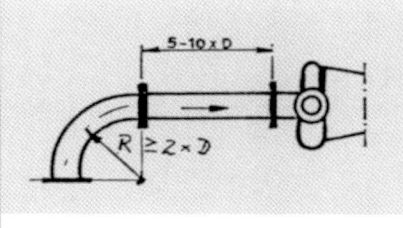

Kein Rohrbogen direkt vor der Pumpe!

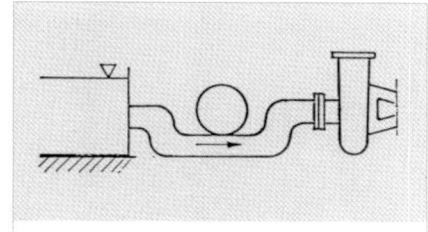

Ablagerungen können so entstehen.

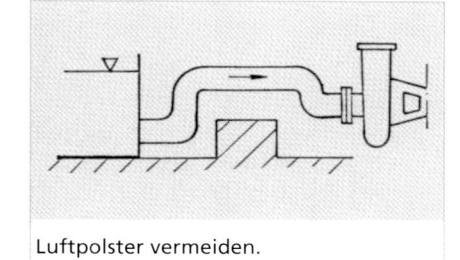

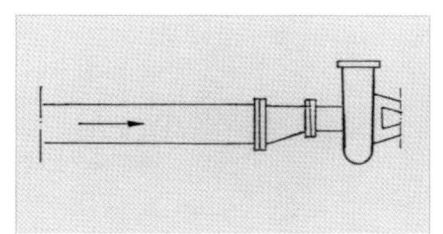

Luftpolster vermeiden.

Eine konische Saugleitung vor der Pumpe muss einen schlanken Konus haben, um Ablagerungen zu vermeiden.

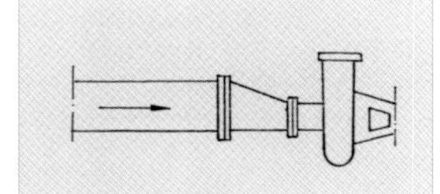

Eine nach oben konische Saugleitung vor der Pumpe vermeidet zwar Verunreinigungen, führt aber zu Luftsackbildung.

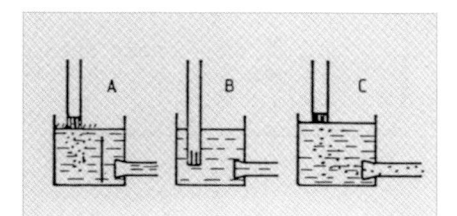

A: Gitter und Abschirmwand vermindern das Risiko von Lufteinsaugung.
B: Ein verschlossenes und geschlitztes Rohr ergibt eine ruhigere Strömung.
C: Risiko der Luftansaugung.

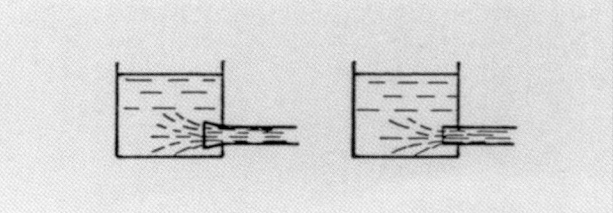

Das Ablaufrohr aus einem Tank soll einen trichterförmigen Ansatz haben. Ein gerader Einlauf ergibt eine Störung der Strömung.

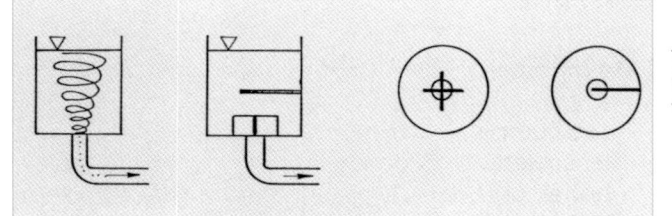

Beim Anschluss der Pumpe an Behälter luftziehende Wirbel vermeiden.

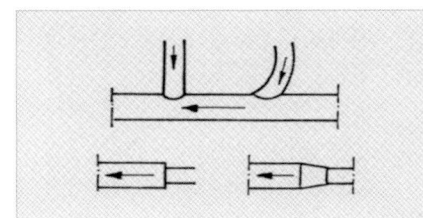

Richtige und falsche Anschlüsse einer gemeinsamen Druckleitung. Der Durchmesser eines Druckrohres sollte sich nicht plötzlich ändern.

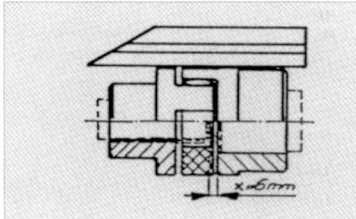

Die Pumpe muss nach Transport, Demontage, Verrohrung neu ausgerichtet werden.

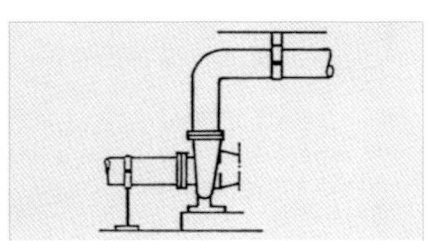

Die Pumpe muss von Rohrkräften auf geeignete Weise entlastet werden.

Abb. 2.4.1.10: Hinweise für den Pumpeneinbau (Hilge)

STERILVERFAHRENSTECHNIK

Bei rotierenden Wellen ist als Abdichtung die sog. Gleitringdichtung üblich. Die Gleitringdichtung darf unter keinen Umständen trocken laufen, da sie sich sonst stark ausdehnt und Risse bekommt. Auf einen Austausch solcher Gleitringdichtungen im regelmäßigen Wartungsplan, man bezeichnet dies auch als vorbeugende Instandhaltung, ist Wert zu legen.

2.4.2 Verdrängerpumpen

Für die Förderung pastöser Produkte wie Konzentrate und zur Dosierung von Reinigungsmitteln benötigt man Pumpen wie Kreiskolben-, Membran-, Maso Sine- und Mohnopumpen, die auch bei höherem Druck für einen gleichmäßigen Volumenstrom sorgen.

Der Durchsatz ist – abhängig von der Bauart – nahezu unabhängig vom Gegendruck der Anlage. Deswegen hat die Kennlinie einen fast senkrechten Verlauf. Die Abflachung im oberen Teil der Kennlinie erklärt sich durch die Rückströmung zwischen Verdränger und Wand, wenn z. B. durch in der Druckleitung geschlossene Ventile ein hoher Druck entsteht.

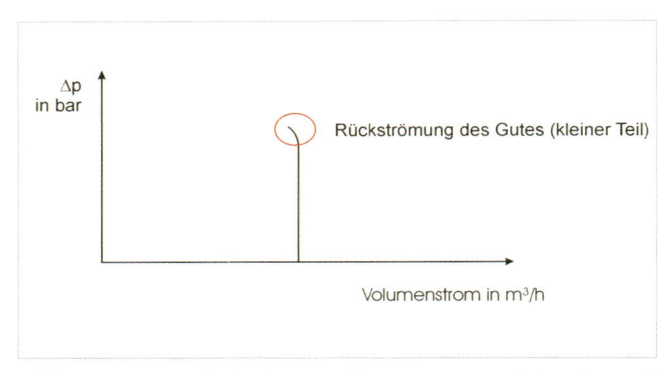

Abb. 2.4.2.1: Kennlinie einer Verdrängerpumpe (Hasselmeyer)

Hygiene-Standards der FDA (U.S. Food & Drug Administration), das GMP oder die 3A-Sanitary Zertifizierung gelten in der Regel für die Pumpen. Das Qualified Hygienic Design (QHD) ist ein Prüfsystem für die hygienische Gestaltung und die Reinigbarkeit von Anlagen für sterile Anwendungen. Die EHEDG-Organisation (European Hygienic Engineering & Design Group) unterstützt Lieferanten in der Zertifizierung von Ausrüstungen, Maschinen und Pumpen nach hygienischen Standards.

Mohnopumpe (Exzenterschneckenpumpe)

Die wichtigsten Bauteile sind der Rotor und als Gegenstück der Stator. Der Rotor ist ein eingängiges Gewinde mit rundem Querschnitt und mit einer großen Steigung. Der Stator ist ein zweigängiges Gewinde mit der doppelten Steigung des Rotors. Durch die Drehbewegung des Rotors wird das Produkt zum Pumpenaustritt gefördert. Dabei entstehen Hohlräume zwischen Stator und Rotor, die sich schraubenförmig zum Ausgang hin bewegen. Diese Hohlräume werden nicht verkleinert oder vergrößert. So wird das Produkt schonend transportiert. Die Exzenterschneckenpumpe ist selbstansaugend und der Förderstrom ist bei konstanter Drehzahl nahezu pulsationsfrei. Der erreichbare Förderdruck liegt bei 6 bar einstufig und 10 bar zweistufig. Eine Biegestabausführung als Verbindung zum Rotor sorgt für eine höhere Lebensdauer. Eine horizontale und vertikale Einbaulage von Mohnopumpen ist möglich.

Der Rotor besteht aus dem Werkstoff 1.4301 (Chrom-Nickel-Edelstahl) oder einem höher legierten Edelstahl, der Stator aus einem Silikongummi oder einem anderen Kunststoff. Wichtig ist nun, dass die Pumpe nicht trocken läuft, um Schäden am nicht ganz billigen Stator zu vermeiden. Im Stillstand sollte die Pumpe mit Wasser (oder Desinfek-

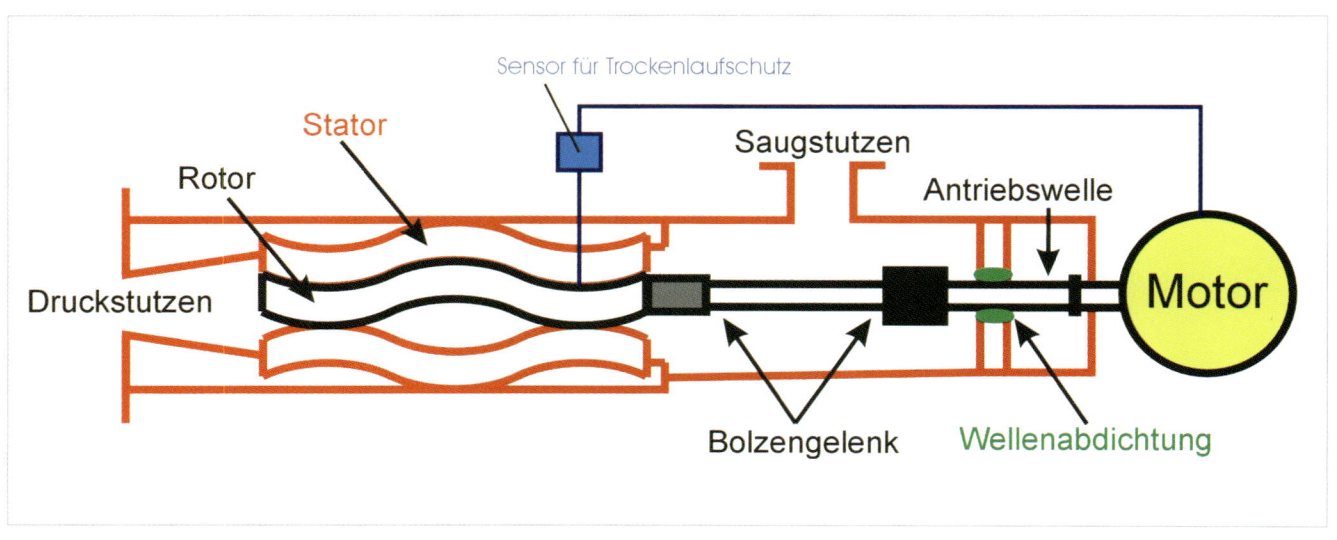

Abb. 2.4.2.2: Aufbau einer Mohnopumpe mit Trockenlaufschutz (Hasselmeyer)

STERILVERFAHRENSTECHNIK

tionslösung) gefüllt sein, um Risse im Stator zu vermeiden. Beim Zusammenbau der Pumpe müssen die Gewindestangen möglichst gleichmäßig angezogen werden, um die Dichtungen gut abschließen zu lassen.

Die Mohnopumpe kann niedrig- und hochviskose, feststoffhaltige und feststofffreie, dilatante, thixotrope, abrasive und adhäsive Produkte fördern.

Abb. 2.4.2.3: Blick in das Schnittmodell einer Mohnopumpe. Zu erkennen sind der Rotor aus Edelstahl und der Stator aus Silikongummi (Birus)

Bei der Reinigung ist der Raum der Gelenkstange mit einem höheren Durchsatz zu spülen, sonst bleiben dort Produktreste hängen. Die CIP-Vorlaufpumpe fördert mehr als die Mohnopumpe, deshalb ist ein Bypass notwendig, da ja die zuführenden und nachfolgenden Rohrleitungen ausreichende Turbulenzen benötigen. Um bei der CIP die notwendige Strömungsgeschwindigkeit von mind. 2,0 m/s im gesamten System zu erreichen, werden Exzenterschneckenpumpen im Gegensatz zu den Drehkolbenpumpen mit zusätzlichen Spülstutzen versehen und mit einer Bypass-Leitung ausgerüstet. Exzenterschneckenpumpen werden sowohl beim CIP- als auch beim SIP-Prozess getaktet betrieben. Durch einen Spülstutzen ist eine komplette Entleerung der Pumpe sichergestellt.

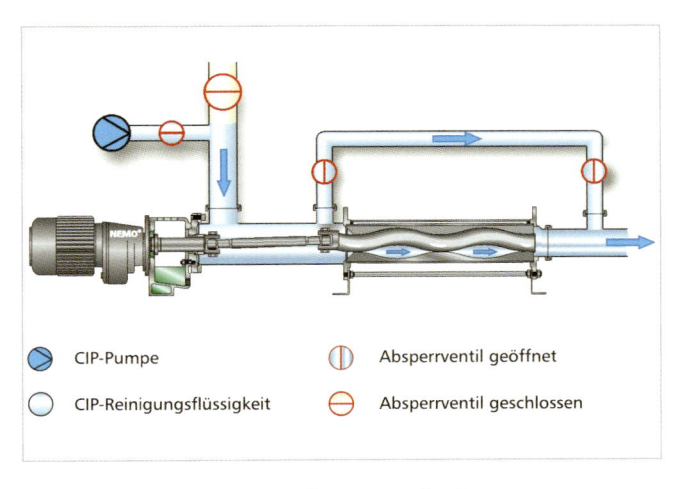

Abb. 2.4.2.4: Exzenterschneckenpumpe im CIP-Prozess (Netzsch)

Den Werkstoffoberflächen bei Pumpen im Hygiene- und Sterileinsatz kommt bei der Förderaufgabe eine wesentliche Bedeutung zu. Produktberührte Oberflächen müssen glatt, vorzugsweise elektropoliert und gut reinigbar sein. Sie sollen eine geringe mechanische Schädigung des Produktes zur Folge haben und einen möglichst geringen Lebensraum für Mikroorganismen bieten.

Die statischen und dynamischen Dichtungen sind neben der Anforderung ihres hygienischen Einbaues auch im Hinblick auf die Beständigkeit, die CIP- und SIP-Fähigkeit sowie auf das Anforderungsprofil der FDA-Konformität auszuwählen.

Ausführungen statischer und dynamischer Dichtungen für Pumpen

- Statische Dichtungen
  · EPDM mit FDA-Konformität als Dichtungswerkstoff
  · Optional PTFE, FEPS und Kalrez
- Dynamische Dichtungen
  · Einfachwirkende zertifizierte Sterilgleitringdichtung
  · Optional doppeltwirkende Dichtungsanordnung mit druckloser Spülung oder verlorener Spülung
  · Als Werkstoffpaarung der Gleitflächen ist Siliziumkarbid gegen Siliziumkarbid mit FDA-Konformität möglich

Bei horizontal angeordneten CIP-Exzenterschneckenpumpen sind Pumpengehäuse und Endstutzen mit CIP-Stutzen an der tiefsten Stelle ausgeführt. Diese Pumpen sind gelenkfrei, da ein Biegestab aus Titan das Drehmoment vom Antrieb auf den Rotor überträgt. Dieser Biegestab ist hochkorrosionsfest, totraum- und wartungsfrei.

Abb. 2.4.2.5: Exzenterschneckenpumpe in Blockausführung (Netzsch)

Kreiskolbenpumpe und Drehkolbenpumpe

Die Verdrängerkörper arbeiten wandgängig, d. h. die Toleranzen sind sehr eng. Am Gehäuseumfang wird die Abdichtung als Arbeitsdichtstelle, beim Verdrängereingriff an der Kolbennabe als Sperrdichtstelle bezeichnet. Die Drehkolben können aus Edelstahl oder aus Kunststoff mit Edelstahlkern sein. Durch die abwechselnd von den beiden Rotoren mitgenommenen Produktmengen entsteht ein relativ gleichmäßiges Strömen von der Saug- in die Druckleitung. In der Regel ist die Förderung schonend, da nur geringe Scherkräfte auftreten. Steril-

STERILVERFAHRENSTECHNIK

Abb. 2.4.2.6: CIP-Exzenterschneckenpumpe vertikal angeordnet (Netzsch)

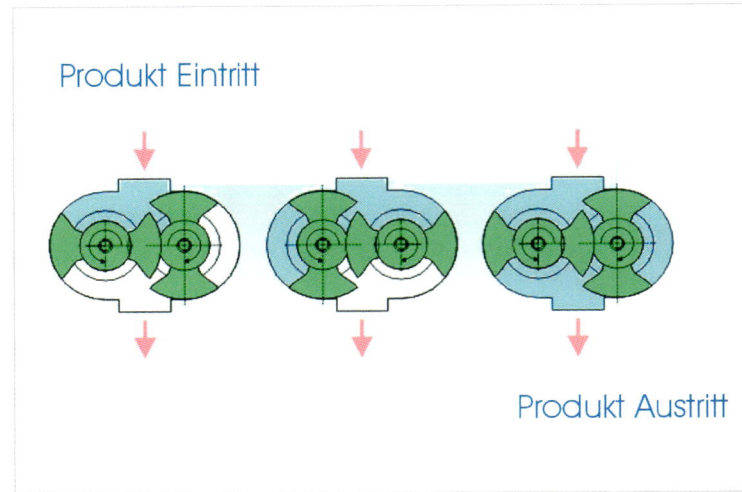

Abb. 2.4.2.8: Förderweg in einer Kreiskolbenpumpe (Netzsch)

drehkolbenpumpen werden für Fördermengen bis 700 m³/h und für Drücke bis 30 bar bei folgenden Medien verwendet:

- Scherempfindlich; Feststoffhaltig und feststofffrei
- Mittel bis hochviskos; (300 bis 100.000 mPas und höher)
- Thixotrop, dilatant
- Schmierend und nichtschmierend; Adhäsiv

Beschreibung der Förderung: Nachdem die Kammer mit Medium gefüllt ist, wird das Medium durch die Drehbewegung der Kolben, entlang der Pumpengehäuseinnenseite, zum Druckstutzen der Pumpe befördert. Durch den geringen Spalt zwischen den Drehkolben und zwischen den Drehkolben und der Gehäusewand, wird ein Druck aufgebaut und das Medium wird aus der Pumpe in die Rohrleitung gepresst.

Die Förderelemente, auch Rotoren genannt, sind die Schlüsselkomponenten der Drehkolbenpumpen. Nach Form der Rotoren unterscheidet man Drehkolben und Kreiskolben. Die Form und die Breite der Rotoren bestimmen die hydraulischen Eigenschaften der Pumpe. Drehkolben werden bei Medien mit Feststoffanteilen und bei großen Fördermengen eingesetzt.

Kreiskolbenpumpen weisen einen guten volumetrischen Wirkungsgrad auf. Auch bei hohen Drehzahlen wird das Produkt schonend gefördert. Die Einsatzgebiete sind niedrig viskose Medien, niedrige Drehzahlen und schwankende Temperaturen während der Produktion.

Auch bei Kreiskolbenpumpen ist ein Bypass notwendig, da die Pumpe gegen einen geschlossenen Widerstand hohe Drücke aufbauen kann. Hier geben Dichtungen nach und Flüssigkeit geht verloren.

Drehkolbenpumpen in Sterilbauweise können in einem weiten Temperaturbereich eingesetzt werden, sind trockenlaufsicher sowie CIP- und SIP-fähig. Die Fördermenge ist proportional zur Drehzahl. Die Dreh- und Förderrichtung ist umkehrbar. Sie werden z. B. für die Förderung eines Grundstoffs zur Herstellung für Tiermedizin eingesetzt. Die Besonderheit ist, dass sich die Temperatur im

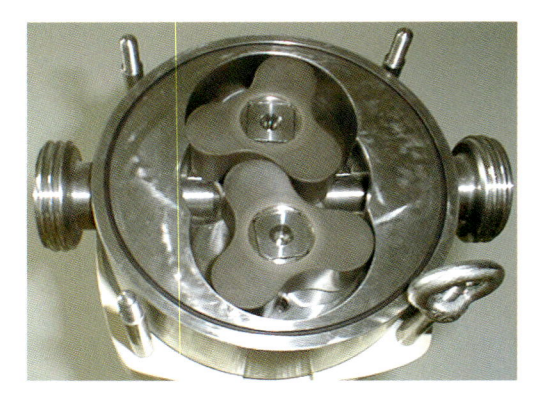

Abb. 2.4.2.7 Blick in eine Dreiflügel-Drehkolbenpumpe. Gut zu sehen sind die Kunststoffrotoren mit Edelstahlkern (Birus)

Abb. 2.4.2.9: Kreiskolbenrotor (links) und Drehkolben (Netzsch)

STERILVERFAHRENSTECHNIK

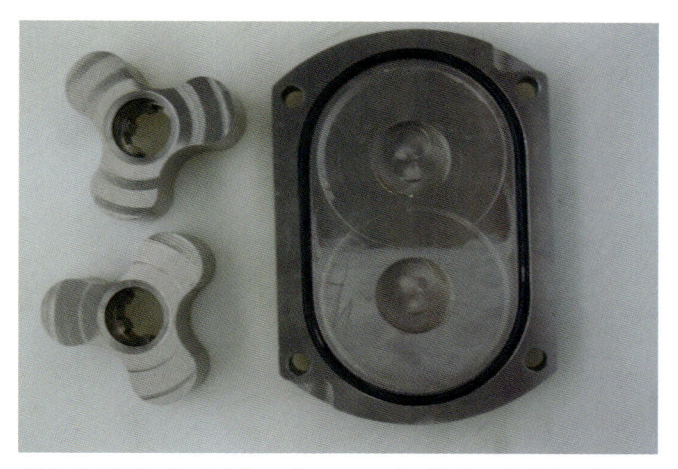

Abb. 2.4.2.10: Beschädigte Rotoren; die Riefen sind deutlich zu erkennen. Die Riefen entstanden durch ein geschlossenes Ventil auf der Druckseite in einer Ultrafiltrationsanlage. Als Folge davon wurden die Lager ebenso in Mitleidenschaft gezogen. (Birus)

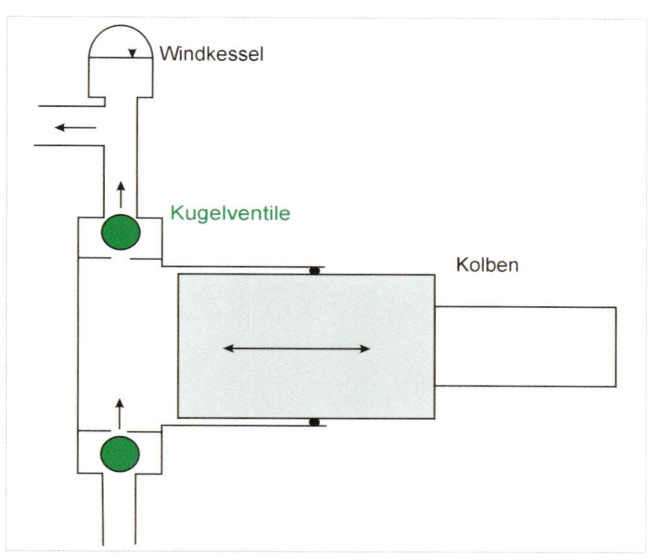

Abb. 2.4.2.11: Kolbenpumpe mit Windkessel (Hasselmeyer)

Laufe der Produktion von 20 °C auf 75 °C erhöht. Die Fördermenge liegt bei 3 m³/h und der Förderdruck bei 5 bar. Damit bei der Förderung von Rahm dieser flüssig bleibt, kommt es auf eine schonende Förderung an. Bei dieser Anwendung dient die Pumpe neben der Mediumförderung als Förderpumpe für die CIP.

Zahnradpumpen

Die ineinander greifenden Zahnflanken (ähnlich wie Zahnräder) fördern das Produkt wie die Kreiskolbenpumpe von der Saug- auf die Druckseite. Sie sind für pastöse und feststofffreie Flüssigkeiten geeignet. Der Volumenstrom ist kaum pulsierend. Da die Passungen und Lager ein enges Spiel haben, sind sie meist für einen bestimmten Temperaturbereich ausgelegt.

Kolbenpumpen

Die Kolbenpumpe fördert durch abwechselnde Volumenverkleinerung und -vergrößerung, der das Produkt nicht entgehen kann. Aufgrund dessen kann der erzeugte Druck relativ hoch sein und der Volumenstrom ist fast unabhängig vom Widerstand. Falls der Produktweg durch ein geschlossenes Ventil versperrt ist, wird der Druck sehr hoch. Als Erstes geben Dichtungen nach und Produkt spritzt aus Verschraubungen oder Ähnlichem. Bei Kolbenpumpen ist also immer ein Überdruckventil vorzusehen, um Schäden innerhalb der Anlage oder bei der Pumpe zu vermeiden.

Zur Erzeugung hoher Drücke ist die Kolbenpumpe erste Wahl. Einstufig ergibt sich ein oszillierender Druck zwischen 0 und 100 %. Um dies zu verhindern, werden mehrstufige Lösungen angeboten oder ein sog. Windkessel mit einem Sterilluftpolster eingebaut. Während dem Druckhub steigt der Flüssigkeitspegel an, die Luft wird komprimiert. Während des Ansaugvorgangs der Kolbenpumpe steht diese Energie zur Verfügung und glättet – unter Hinausfördern der Flüssigkeit in die Druckleitung – die Oszillation. Natürlich müssen auch hier wieder Überdruckventile bzw. ein Bypass vorgesehen werden.

Maso Sine Pumpe

Aufgrund der sinusförmigen Ausführung des Rotors ergibt sich pro Umdrehung viermal eine Kammer, durch die das Produkt hindurchgeschoben wird. Zur Abtrennung zwischen Druck- und Saugseite dient ein wandgängiger, mit der Wellenform des Rotors oszillierender Schieber. Der Produktstrom ist pulsationsarm. Auch Produkte mit sehr hoher Viskosität und stückigen Bestandteilen werden selbstansaugend gepumpt. Sie ist trockenlaufbeständig und selbst mehrere Minuten dauernder Trockenlauf richtet keine Schäden an.

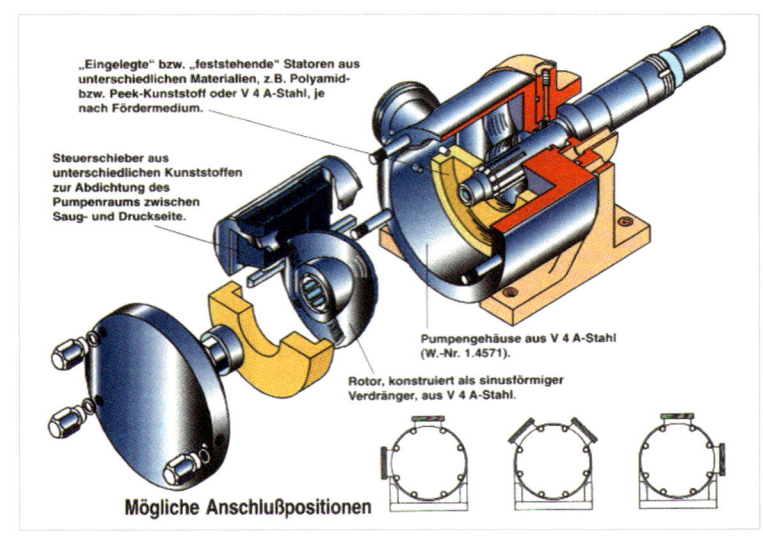

Abb. 2.4.2.12: Aufbau einer Maso Sinus Pumpe (Maso Sine)

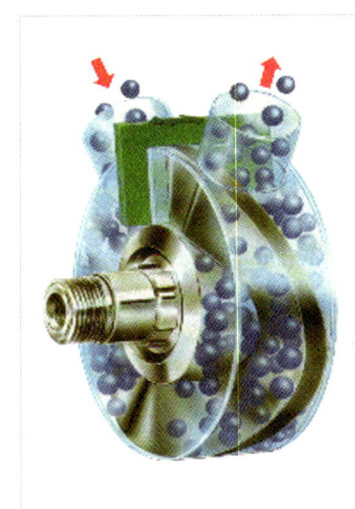

STERILVERFAHRENSTECHNIK

MASO SINUS PUMPE:

Statt Kolben fördert eine Edelstahlscheibe mit zwei sinusähnlichen Kurven. Beweglicher Scraper und fester Stator wirken zusammen: Sanfte, pulsationsarme Förderung fließfähiger Stoffe. Selbst bei einem Gegendruck von 10 bar (Förderung von Wasser) zeigt sich kaum eine Bewegung des Manometers.

Abb. 2.4.2.13: Förderweg in einer Maso Sinus Pumpe (Maso Sine)

Schlauchpumpe

Bei der Schlauchpumpe ist der Produktraum abgeschlossen, denn die Rollen bewegen sich wandgängig und schieben das Produkt durch den Schlauch. Dies bezeichnet man auch als Zwangsförderung. Eingesetzt werden diese Pumpen für dünnflüssige, hochviskose Produkte auch mit stückigen Bestandteilen wie Käsebruch.

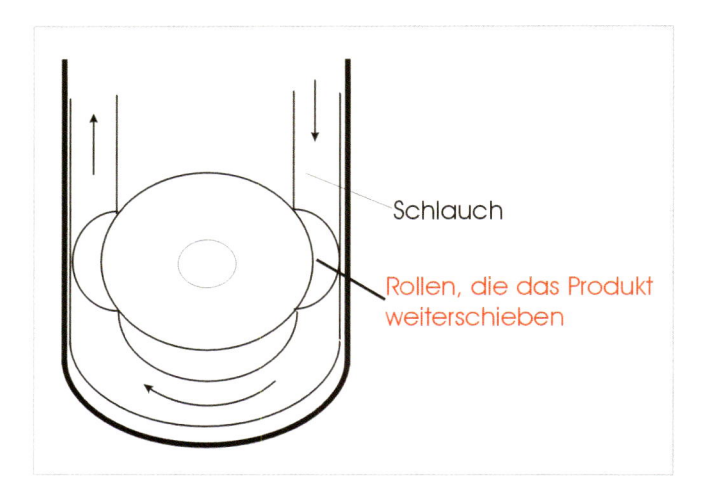

Abb. 2.4.2.14: Aufbau einer Schlauchpumpe (Hasselmeyer)

Durch die Drehzahlveränderung des Rotors kann die leicht pulsierende Fördermenge stufenlos variiert werden. Schlauchpumpen werden häufig als Dosierpumpen eingesetzt. Es sind Drücke bis 15 bar möglich. Als Schlauchmaterialien verwendet man Neopren und Silikongummi. Durch die mechanische Belastung wird der Schlauch mit der Zeit zerstört und ist deshalb im Rahmen der vorbeugenden Instandhaltung turnusmäßig auszutauschen. Für die Erkennung der Undichtigkeit existieren Doppelschlauch-Systeme mit Leckageanzeige.

Da es zu keinem direkten Kontakt des Produkts mit einem Rotor oder Ähnlichem kommt, sind Schlauchpumpen sehr gut zu reinigen und werden in der Fermentationstechnik als Dosierpumpe für sterile Nährlösung eingesetzt.

Membranpumpe

Der Arbeitsraum ist durch zwei Kugelventile abgedichtet. Durch die hin- und hergehende Membran wird der Arbeitsraum abwechselnd verkleinert und vergrößert. Damit wird periodisch ein Über- und ein Unterdruck erzeugt. Die Pumpe ist selbstansaugend, für gering feststoffbeladene Flüssigkeiten geeignet und trockenlaufsicher. Da die Kugelventile gut abheben, ergeben sich bei der Reinigung keine Probleme. Die Membran ist ein Verschleißteil und muss turnusmäßig ausgetauscht werden. Über die Zahl der Membranhübe oder die Größe des Hubvolumens kann die Fördermenge geregelt werden. Somit eignet sie sich zur Dosierung wie z. B. zur Anreicherung der Reinigungslauge mit Konzentrat, um die Leitfähigkeit (diese dient als Messgröße für die Konzentration des Reinigungs- oder Desinfektionsmittels) während der CIP aufrechtzuerhalten.

Abb. 2.4.2.15: Membranpumpenkopf (BIrus)

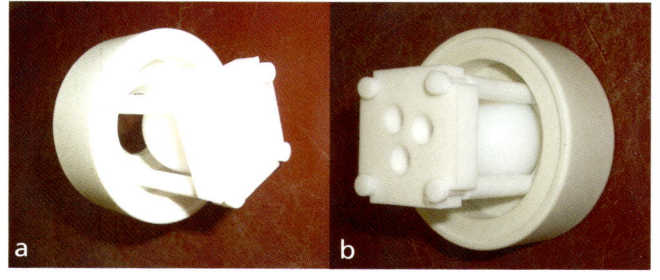

Abb. 2.4.2.16: Kugelventil geöffnet (a) bzw. geschlossen (b) (BIrus)

2.4.3 Abdichtsysteme von rotierenden Wellen

Die Dichtung muss das Produkt am Austritt aus der Maschine hindern und ein Eindringen von Mikroorganismen von außen durch die Dichtung hindurch in das Produkt unterbinden. Der Auswahl und dem

Betrieb des Abdichtsystems muss große Aufmerksamkeit geschenkt werden, da einerseits ein Ausfall der Dichtung eine Anlagenstörung nach sich zieht und andererseits von einer funktionierenden Dichtung Kontaminierungen des Produkts ausgehen können, wenn das Abdichtsystem nicht reinigungsgerecht gestaltet ist. Eine Keimverschleppung durch mangelhafte Wellenabdichtungen zieht den bakteriologischen Verderb ganzer Tanks nach sich und verursacht finanziell schmerzliche Ausfälle – von möglichen Imageschäden ganz zu schweigen.

Abdichtsysteme rotierender Wellen sind meist Gleitringdichtungen (GRD) sowie in geringerem Maß Magnetkupplungen, wenn hermetische Dichtheit gefordert ist. Früher noch übliche Abdichtungen mit Packungen wie z. B. Stopfbuchsen spielen inzwischen eine untergeordnete Rolle und werden in der Steriltechnik nicht mehr eingesetzt.

Die als klassisch zu bezeichnende flüssigkeitsgeschmierte, sog. „nasse" Gleitringdichtung wird in vielen Fällen durch die gasgeschmierte, berührungsfrei laufende Gleitringdichtung verdrängt.

Die GRD ist in der Regel die empfindlichste Komponente einer Pumpe, weil sie zwischen einem rotierenden Teil – Laufrad oder Welle – und einem feststehendem Teil – der Pumpenrückwand – abdichten soll. Den Anwender interessieren Daten wie Leckage, Leistungsaufnahme und erwartete Lebensdauer einer Gleitringdichtung. Selbst bei mittelständischen Betrieben sind mehrere Dutzend GRD im Einsatz. Wichtig für die Ersatzteilhaltung und die Kostenseite ist der Einbau genormter Gleitringdichtungen.

Als Material für den rotierenden Dichtungsring verwendet man beispielsweise Kohle und für die stationäre Dichtung Siliziumkarbid. Kohle ist relativ weich und besitzt gewisse Notlaufeigenschaften bei einem kurzen Trockenlauf der Pumpe. Die Kombination Siliziumkarbid – Siliziumkarbid verwendet man bei abrasiven Produkten (Fruchtkonzentrate). Für aggressive, säurehaltige Flüssigkeiten setzt man vielfach Kohle – Edelstahl ein.

Die Einzel-Gleitringdichtung

Das Hauptmerkmal dieser Dichtungsart besteht darin, dass der für das ordnungsgemäße Arbeiten der Gleitringdichtung notwendige Fluidfilm, der zur Wärmeabfuhr und Schmierung dient, vom abzudichtenden Produkt gebildet wird. Normalerweise steht das abzudichtende und meist auch druckbeaufschlagte Medium am Außendurchmesser der Gleitflächen an, dringt an dieser Stelle in den Gleitflächenspalt ein, durchläuft diesen, wobei ein Druckabbau vom Produkt auf in der Regel atmosphärischen Druck erfolgt, um dann als Leckage auszutreten. Diese Leckage kann in noch flüssiger Form, häufig aber auch in Gasform austreten, so dass der Eindruck einer "Leckagefreiheit" entsteht.

Bei Gleitringdichtungen werden ein am Gehäuse feststehender und ein auf der Welle rotierender Ring durch eine Feder aufeinander gepresst und gleichzeitig vom Produkt umspült, was zur Kühlung beiträgt und dem gefürchteten „trocken laufen" entgegenwirkt. Die beiden Scheiben dichten durch die Flächenpressung ab. Die Scheiben beste-

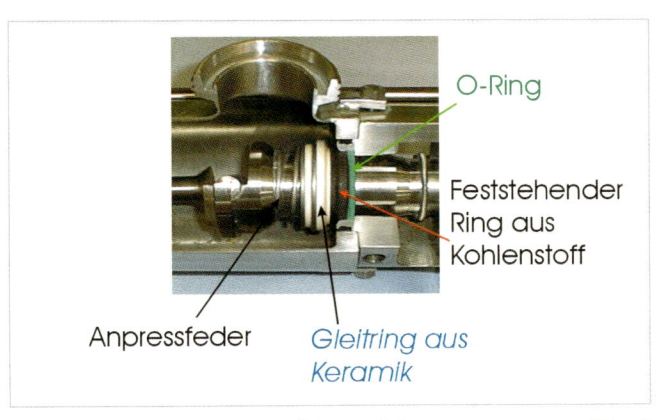

Abb. 2.4.3.1: Aufbau einer Gleitringdichtung (Birus)

STERILVERFAHRENSTECHNIK

hen aus Keramik, Edelstahl oder gesintertem Kohlenstoff und nutzen sich mit der Zeit ab. Deswegen ist ein regelmäßiges Auswechseln im Rahmen einer vorbeugenden Instandhaltung erforderlich.

Einfache Gleitringdichtungen werden beispielsweise zur Abdichtung von Pumpen bei der Förderung von Getränken eingesetzt.

Eine im Hinblick auf eine gute Reinigbarkeit bessere Konstruktion ist eine Steril-GRD mit Flüssigkeitsvorlage. Dabei strömt Spülwasser oder Kondensat innerhalb des Zwischenraumes. Durch die Wasservorlage schließt man Luft im Produkt aus, wie es bei Eindampfanlagen oder Entgasern erforderlich ist. Sie weist eine weitestgehende Spaltfreiheit durch Anordnung der Befederung und der Drehmomentübertragung auf der Atmosphären- bzw. Quenchseite auf.

Abb. 2.4.3.2: Gleitringdichtung für ein Rührwerk in einem Fermenter (Pfaudler)

Mehrfach-Gleitringdichtungen

Doppeltwirkende Gleitringdichtungen mit Sperrflüssigkeit bieten in Sterilanlagen eine weitestgehende Sicherheit. Doppeltwirkend bedeutet, dass zwei Dichtungspackungen hintereinander angebracht sind. Dazu werden Spalten zwischen Welle und Dichtungen ausreichend groß gestaltet, so dass eine gute Durchspülung und Reinigung dieses Ringspalts gewährleistet ist. Der entstehende Zwischenraum wird mit einer sterilen Flüssigkeit, im Fachjargon Sperrwasser genannt, wie beispielsweise Kondensat, beaufschlagt. Des Weiteren wird durch diese Sperrvorlage ein direkter Kontakt vom Medium zur Atmosphäre vermieden. Es erfolgen also kein Austritt von Produktleckage in die Atmosphäre sowie kein Eintritt von z. B. Mikroorganismen aus der Umgebung in das Medium. Ein mengenmäßig unbedeutender Nebenstrom gelangt in den Produktraum.

Anwendungsgebiete: Die Abdichtung eines Rührwerks mit Obenantrieb. Abdichtung bei aggressiven Spülmitteln, die eine Lippendichtungsanordnung beschädigen würden und bei Drücken über 5 bar.

Für Prozesse, die zur Umgebung absolut dicht sein müssen und auch keinen Eintritt von Sperrflüssigkeit erlauben, kommt ein hermetisch dichtes System in Form einer Magnetkupplung zum Einsatz. Im Gegensatz zur Gleitringdichtung ist nun die Welle geteilt und die Kraftübertragung erfolgt über ein Magnetfeld, das zwischen antreibenden und angetriebenen Magneten herrscht, zwischen denen die Trennwand als eigentliche Dichtung angeordnet ist. Mit Hilfe eines Drehzahlsensors kann die Rotation des Rührorgans überwacht werden.

2.5 TANKS

Werkstoffe

In der Lebensmittelindustrie werden heute Edelstahltanks eingesetzt, die aus dem Werkstoff 1.4301 hergestellt werden. Ausnahmen bilden aggressive, salzhaltige oder lösungsmittelhaltige Stoffe, bei denen die Tanks aus den Werkstoffen 1.4401, 1.4404 oder 1.4571 gefertigt werden.

Bei Mineralwasser oder elektrolythaltigen Getränken beispielsweise ist es ratsam, eine Analyse zu erstellen, die Aufschluss über die Aggressivität des Produkts gibt.

Oberflächenbearbeitung

Oberflächen kann man elektrolytisch polieren, Schleifen, Glasperlenstrahlen und Marmorieren. Darüber hinaus poliert man Edelstahlbleche elektrochemisch, um die Rautiefe noch weiter abzusenken. Einsatzbereiche sind Anwendungen,

Abb. 2.4.3.3: Schnittmodell einer doppeltwirkenden Gleitringdichtung (Pfaudler)

STERILVERFAHRENSTECHNIK

> **Oberflächenqualität**
>
> Die Einteilung der Edelstahlbleche erfolgt nach dem Verfahren der Oberflächenbehandlung:
>
> **IIa** Oberfläche warmgewalzt und gebeizt. Sie werden mit einer Wandstärke über 6 mm geliefert und nur für Böden eingesetzt. Diese Bleche sind ohne Nachbehandlung der Oberfläche nicht verwendbar.
>
> **IIIc** Oberfläche kaltgewalzt und gebeizt (Rautiefe ca. 0,6 μm). Sie werden bis 6 mm gewalzt.
>
> **IIId** Oberfläche kaltgewalzt, gebeizt und vakuumgeglüht (Rautiefe ca. 0,3 μm). Diese Bleche werden heute eingesetzt, da sie weniger Schmutzansatzpunkte liefern und leichter gereinigt werden können. Bleche in IIId sind bis 3,5 mm Dicke lieferbar.

die eine hohe Sterilität wie in der Pharmazie oder in der Biotechnologie fordern. Das Marmorieren der äußeren Oberfläche von Edelstahlbehältern bietet eine optische Aufwertung in matter (IIIc) oder polierter (IIId) Ausführung. Das Schleifen der Schweißnähte im Inneren des Behälters ist wichtig, da hier die Schwachstellen in mikrobiologischer Hinsicht liegen.

Beispiel: Bei einem Fermentationstank mit der Oberfläche IIId (Ra = ca. 0,3 μm) wird die Schweißnaht unter hohem Druck geglättet. Die durch das Schweißen entstandene Anlauffarbe wird durch Bürsten oberflächenschonend entfernt.

Tab. 2.5.1: Schleifbearbeitung von Edelstahloberflächen

Bearbeitungsart	Ra in μm
Schleifen mit Korn 120	ca. 0,7
Schleifen mit Korn 240	ca. 0,6
Schleifen mit Korn 320	ca. 0,5

Ausführungen von Edelstahltanks

Rechtecktanks kommen sowohl in einfacher wie auch in gesattelter Ausführung (Sattel- u. Bodentank) zum Einsatz. Sie werden bis 25.000 l freistehend auf Füßen und bis ca. 100.000 l auf Betonsockel gebaut. Stehende zylindrische Behälter können mit flachen Böden, Kegelböden und Klöpperböden oder in deren Kombination gefertigt werden. Bei liegenden Behältern wählt man Kegelböden oder Klöpperböden.

Mischtanks sind hauptsächlich stehende Tanks. Vor allem bei größeren Mischtanks mit dem Rührwerk im oberen Boden sollte man aus Gründen der Tankstabilität Tanks mit Klöpperböden einsetzen. Tanks zur Trubabscheidung sollten ein Verhältnis von Durchmesser zur Höhe 1 : 2 nicht überschreiten, damit sich der Trub schneller absetzen kann. Der

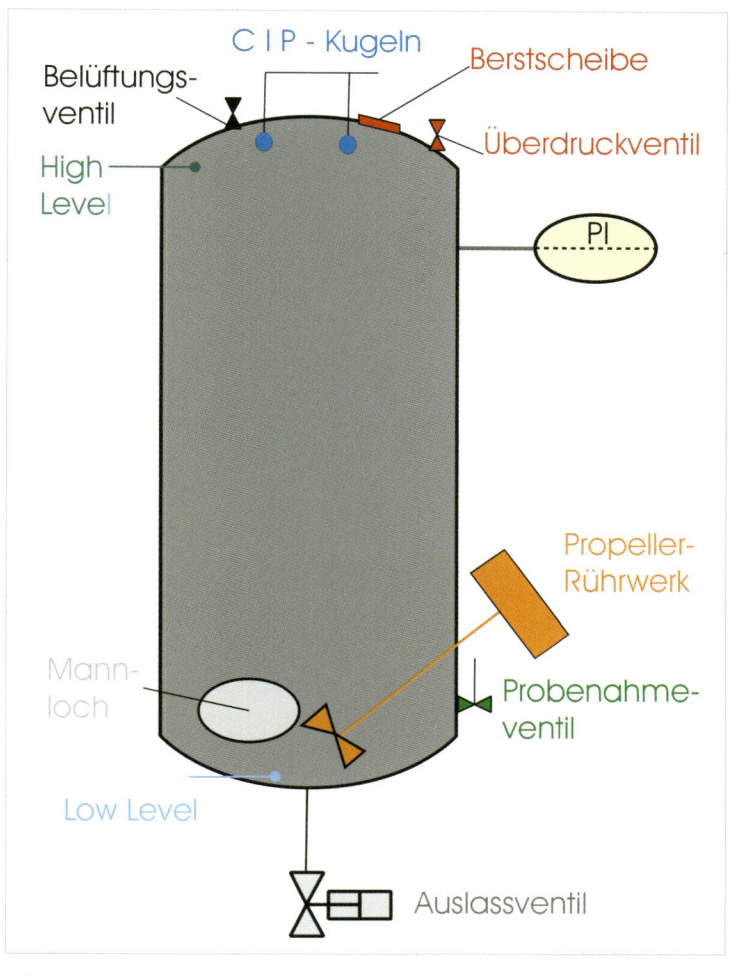

Abb. 2.5.1: Aufbau eines Tanks (Birus)

Klarablauf sitzt über dem Trub. Kann man die Höhe nicht genau festlegen, bringt man mehrere übereinander liegende Stutzen an.

Beschreibung der Bauteile in Abb. 2.5.1:

Das **Mannloch** (abnehmbar oder schwenkbar) muss aus sicherheitstechnischen Gründen stets mit einem Endschalter für das Rührwerk ausgestattet sein. Empfehlenswert ist ein herausgezogener (ausgehalster) Mannlochkragen, der mit einem eingeschweißten Flachstahlring verstärkt ist. Bei hohen Tanks befinden sich unten sowie oben je ein Mannloch. Beim Besteigen eines Tanks zur Besichtigung ist der Mitarbeiter zu sichern. Dieser Einstieg darf zudem nie alleine erfolgen.

Als **Füllstandsanzeige** dient in einfacher Ausführung ein Makrolonrohr mit Skalenleiste. Zur besseren Reinigung verbindet man die Standanzeige mit der Tankreinigung. Alternativen sind elektronische Füllstandsanzeigen wie Druckmessdosen und Ultraschallsensoren.

High-level- und low-level-Sonden (auch Voll- und Leermelder genannt) dienen zur Meldung eines Schaltpunktes, die als Signal an die Steuerung

STERILVERFAHRENSTECHNIK

weitergegeben wird. Pumpen und/oder Ventile werden dann angesteuert.

Die Tankentlüftung wird von NW 50 bis NW 600 ausgelegt. Bei Lagertanks reicht NW 50, wenn er nur als Luftzuführstutzen für das Befüllen und Entleeren dient. Sollten die Tanks gedämpft und kalt nachgespült werden, wird ein Entlüftungstopf bis NW 600 benötigt, damit es nicht zum Vakuumzusammenbruch kommt.

Je nach Tankhöhe und Anzahl der Mischflügel am Rührwerk sind seitlich mehrere Sprühköpfe vorzusehen. Die Nennweite des Reinigungsrohres richtet sich nach der Anzahl der Sprühköpfe im Tank, nach dem Tankdurchmesser und nach der Höhe des Tanks.

Bei den von oben eingesetzten Balkenrührwerken handelt es sich um Langsamläufer mit 2,2 - 2,8 m/s Umlaufgeschwindigkeit (20 bis 40 Upm). Diese Rührwerke werden eingesetzt, um hoch- und niedrigviskose Produkte zu mischen und zu homogenisieren. Häufig findet mittels Frequenzumformer eine Drehzahlregulierung statt. Die seitlich eingebauten Propellerrührwerke weisen beispielsweise eine Drehzahl von max. 960 Upm auf. Bei kleinen Chargen können diese Geräte polumschaltbar, also mit zwei oder drei Drehzahlstufen, geliefert werden.

Mit einem Doppelmantel kann der Tankinhalt gekühlt oder erwärmt werden. Dazu werden Halbrohrschlangen an die Tankwand geschweißt. Die Temperierung unterteilt man in drei Heiz- oder Kühlzonen, die getrennt betrieben und geregelt werden können. In der Regel werden die Tanks inkl. Boden und Deckelteil mit 100 mm Mineralwolle isoliert oder mit Perliten gefüllt. Eine Isolierung vermindert den k-Wert.

Ein Temperaturfühler – in der Regel ein Pt 100 – misst die Temperatur im Tank.

Bei der Befüllung soll die vorhandene Luft entweichen bzw. bei der Entleerung keine unsterile Luft eindringen. Während der Abkühlung verringert sich zudem das Flüssigkeitsvolumen und zieht so Luft in den Tank hinein. Diesen Vorgang bezeichnet man auch als „Atmen des Tanks". Auch Luftdruckschwankungen führen zu solchen Luftströmungen. Als Schleuse verhindern mit Dampf sterilisierbare Filteraufsätze Kontaminationen wirkungsvoll.

Bei Drucktanks (oder Vakuumbehältern) ist eine Berstscheibe vorzusehen, die bei einem gewissen Überdruck als Sollbruchstelle den Druck gezielt ablässt. Die Graphitscheibe berstet bei einem Überdruck von ca. 1 bar und verhindert bei Tanks eine Beschädigung sowie Personenschäden.

Für die biologische Betriebskontrolle ist ein Probenahmeventil angebracht, das eine sterile Probenahme erlaubt.

Tanks für die Sterillagerung

Eine Armatur zur Sterileinlagerung besteht aus einem Schrägsitzventil, an dem seitlich nach links ein Luftfilter und Gärglas und seitlich nach rechts ein Membran-Vakuummeter angebracht sind. Die Nennweite der Armatur richtet sich nach der Nennweite der Luftleitung und der Größe des Tanks. Eine Belüftung des Tanks ist nur über den Luftfilter möglich.

Tanksterilisation

Tanks werden üblicherweise mit Dampf sterilisiert. Dabei hält man stets einen Druck von etwa 0,9 bis 1,3 bar aufrecht, um sicherzustellen, dass an jeder Stelle im Tank eine Dampftemperatur von über 100 °C herrscht. Das Sterilisieren umfasst folgende Schritte:

- Dämpfen der Tanks sowie aller Stutzen und Einbauten;
- Kaltblasen der Tanks mit steriler Luft, um den Dampf auszutreiben;
- Dichtigkeitstest bei Prüfdruck über einige Tage hinweg.

Der gefilterte Dampf wird mit ca. 110 °C eingeblasen. Nach kurzer Zeit werden alle Ventile leicht geöffnet, so dass der Dampf (1,5 bar im Tank) ausströmen und die Armaturen sterilisieren kann. Auch wenn die Tankoberfläche eine hinreichende Temperatur aufweist, können die Bereiche hinter einer Dichtung immer noch zu kalt sein, da die Wärmeleitung durch den Stahl allein noch keine Sterilisation gewährleistet. Als Parameter einer ordnungsgemäßen Tanksterilisation dient eine mittlere Temperatur im Kondensatablauf von mehr als 90 °C für eine Dämpfzeit von mindestens 30 Minuten. Danach wird der Tank mit steriler Luft kaltgeblasen und mit ca. 1,5 bar vorgespannt. Der Tank bleibt nun ca. 2 Tage mit 0,2 - 0,3 bar vorgespannt, um zu sehen, ob er und alle Armaturen dicht sind. Das verhindert eine Reinfektion. Die Dampfmenge und die Aufheizzeit hängen ab von dem Tankvolumen, der Mantelfläche, der Wanddicke sowie der Temperaturdifferenz zwischen der Tankwand und der Umgebung.

Tab. 2.5.2: Dampfverbrauch bei der Tanksterilisation

Volumen in Liter	Durchmesser in mm	Höhe in mm	Dampfmenge in kg/h
25.000	2.200	8.000	400
50.000	2.600	11.000	780
75.000	3.000	13.200	1.100
100.000	3.600	12.500	1.330

STERILVERFAHRENSTECHNIK

Kaltblasen

Mit diesem Arbeitsschritt verhindert man den gefürchteten „Vakuumzusammenbruch". Wasserdampf nimmt bei einer bestimmten Temperatur einen sehr viel größeren Raum ein als die gleiche Menge Wasser. Das spezifische Volumen von Wasserdampf ist bei 100 °C etwa 1700 Mal größer als das von Wasser. Kühlt sich der Tank ab, kondensiert ein Teil des Wasserdampfes und als Folge sinkt der Druck im Tank so schnell, dass ein Unterdruck entsteht, für den der Tank nicht ausgelegt ist. Weil der atmosphärische Umgebungsdruck von außen auf dem Tank lastet und diesen zusammendrückt, kann der Tank dann wie eine zerknüllte Papiertüte aussehen. Teilweise können die Tanks durch Überdruck in die ursprüngliche Form gebracht werden.

Tab. 2.5.3: Rauminhalt von Wasserdampf und Wasser bei 1,013 bar

Temperatur	Rauminhalt von 1 kg Wasserdampf	Rauminhalt von 1 kg Wasser
100 °C	1,674 m³	0,001 m³

Ein steriler Beatmungsfilter ist für eine schnelle Belüftung des Tanks nicht ausreichend. Deswegen wird mit einer sog. Kaltblaseeinheit sterile, ölfreie Luft in den Tank geblasen und der Wasserdampf ausgetrieben. Der Gefahr, dass ein unzulässiger Druckabfall auftritt, ist damit vorgebeugt. Das Kaltblasen kann beendet werden, sobald die am Restablauf gemessene Temperatur nicht mehr als etwa 20 bis 30 °C über der Umgebungstemperatur liegt und kein Kondensat mehr austritt. Die Kaltblaseeinheit selbst besteht aus Kompressor, Sterilfilter, Dampffilter und den Regelarmaturen.

Nach dem Kaltblasen hat der Tank üblicherweise eine um ungefähr 10 bis 20 °C höhere Temperatur als die Umgebung. Beim weiteren Abkühlen wird der ursprüngliche Überdruck von ca. 0,3 bis 0,5 bar – je nach Umgebungstemperatur – um etwa 0,1 bis 0,2 bar absinken. Nach ein bis zwei Tagen sollte der Druck jedoch konstant bleiben. Wenn dies der Fall ist, kann man davon ausgehen, dass der Tank dicht ist und keine Mikroorganismen eindringen können.

Tab. 2.5.4: Druckabsenkung bei Abkühlung in einem mit steriler Luft gefüllten dichten Tank

Temperaturabsenkung in °C		Druckabsenkung in bar	
von	auf	von	auf
100	10	1,5	1,13
50	10	1,5	1,31

Reinigung und Desinfektion von Tanks

Die Tankreinigung nach dem Entleeren vom Produkt richtet sich nach dem „fouling", nach der Art des Sprühkopfes, nach dem Druck am Sprühkopfausgang und nach der Oberfläche des Tanks. Die Tankreinigung erfolgt über Reinigungssprühköpfe, die über eine heruntergezogene Reinigungsleitung angeschlossen werden. Die Reinigungssprühköpfe kann man einschweißen, einschrauben oder mit einem Splint befestigen.

Die Reinigungsleitung von NW 40 oder NW 50 wird mit einem Reinigungssprühkopf von NW 25 bis NW 40, je nach Durchmesser und Größe des Tanks auswechselbar, verbunden. Bei einem Tankdurchmesser von 2000 - 3000 mm und einem Reinigungsflüssigkeitsdruck von 2,5 bar verwendet man z. B. eine Reinigungsleitung NW 40 mit einem Reinigungssprühkopf NW 25. Dieser spritzt 270 Grad nach oben und benötigt eine Flüssigkeitsmenge von ca. 17 m³/h.

Tab 2.5.5: Ablauf einer Tankreinigung

	Arbeitsgang	Schritt
1.	Vorspülen	(Stapel-)Wasser mit ca. 15-60 °C, 5 Minuten
2.	Lauge	1 - 1.5 %ige Natronlauge mit ca. 60-70 °C, 20 Minuten
3.	Zwischenspülen	Wasser mit ca. 40 °C, 5-10 Minuten
4.	Säure	0.5 %ige Salpetersäure mit 15-50 °C, 15 Minuten
5.	Zwischenspülen	Kaltwasser, 5-10 Minuten
6.	Desinfektion	Peressigsäure kalt, 30 Minuten
7.	Nachspülen	Wasser mit ca. 15 °C, 10 Minuten

Bei wenig verschmutzten Tanks können die Arbeitsgänge 3 bis 6 eingespart werden. Das gesonderte Reinigen von Mannlochdichtung und Armaturen versteht sich von selbst.

Silos

Für die Schüttgut-Lagerung gelten gegenüber Flüssigkeiten einige Besonderheiten. So entsteht bei der Befüllung ein Schüttgutkegel, der eine Tankinhaltsmessung schwieriger macht. Ultraschallsonden messen nur punktuell und somit evtl. eine ungenaue Füllhöhe. Der Silo sollte daher auf Kraftmessdosen gelagert sein. Zudem benötigt man Sackfilteranlagen, die den bei der Befüllung entstehenden Staub auffangen.

STERILVERFAHRENSTECHNIK

Milchannahme und Lagerung

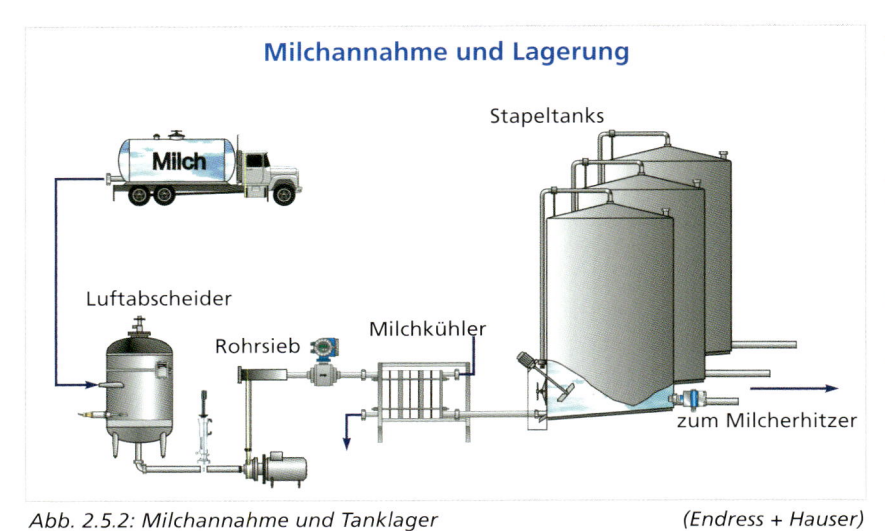

Abb. 2.5.2: Milchannahme und Tanklager (Endress + Hauser)

Pulvrige Lebensmittel und deren Stäube bilden mit Luft explosionsfähige Gemische. Deswegen müssen Zündfunken, wie sie durch eine elektrostatische Aufladung entstehen, vermieden werden. Silos sind daher zu erden. Gleichzeitig ist eine Berstscheibe vorzusehen. Alternativ könnte man eine Inertisierung, also eine Beschichtung des Inhalts mit Stickstoff oder Kohlendioxid, vornehmen. Eine andere Möglichkeit wäre die schlagartige Eindüsung von Stickstoff bei einem Druckanstieg, der von speziellen Sensoren registriert wird und die Trennwand zwischen dem Löschmittelbehälter und der entstehenden Explosion durch eine kleine Treibladung sprengt. Die Explosion wird sozusagen im Keim erstickt.

Ein anderes Problem ist die Entleerung von Silos und Bunkern. Schüttgüter neigen je nach Hygroskopizität (Wasseranziehungsvermögen) zur sog. Brückenbildung. Darunter versteht man die Erscheinung, dass sich am konischen Auslauf ein Hohlraum bildet und das darüber befindliche Schüttgut nicht nachrutscht. Die Entleerung wird also unterbrochen. Abhilfe schaffen Vibrationsböden, die mit einer Druckluftmembran für eine ständige Bewegung des unteren Konusbodens und damit für das kontinuierliche Nachrutschen sorgen. Eine Alternative besteht in dem Einbau eines spitzen konischen Unterteils im Auslauf.

Für stark hygroskopische Produkte wird die Luft im Kopfraum des Tanks durch einen Absorptionstrockner entfeuchtet.

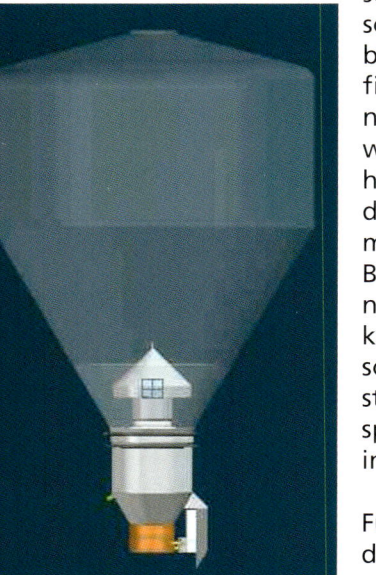

Abb. 2.5.3: Entleerungshilfe bei Silos (ISL)

2.6 CIP-REINIGUNG

Produktionsanlagen werden auf Grund Ihrer Größe heute nicht mehr zerlegt, sondern spezielle Einbauten wie Sprühkugeln oder Zielstrahlreiniger in Tanks sorgen für eine „neue" Mechanik, nämlich die Strömungskräfte. Damit war die Reinigung ohne umständliches Auseinanderschrauben geboren. Die allgemein dafür verwendete Bezeichnung lautet CIP, das bedeutet cleaning - in - place.

Bei der SIP (sterilisation - in - place) wird die Anlage oder der Tank mit Sattdampf z. B. für 30 Minuten sterilisiert und anschließend mit kalter Sterilluft ausgeblasen. Eine SIP setzt immer eine funktionierende CIP voraus. Bei der Abkühlung darf unter keinen Umständen unsterile Raumluft in den Tank eingezogen werden.

Vor der Reinigung soll das Produkt restlos ausgeschoben sein (evtl. mit der Molchtechnik). Die Reinigungslösungen müssen in der erforderlichen Konzentration und Temperatur verfügbar sein. Chemikalienkonzentrate zum Nachschärfen der Lösungen stehen ebenfalls in ausreichender Menge zur Verfügung.

Volumenstrom und Druck der Reinigungsvorlaufpumpe sollen eine genügende Überschwallung der Tankinnenwand und die minimale Strömungsgeschwindigkeit von 2 m/s in den Rohrleitungen erzielen. Der Pumpendruck sollte zwischen 3 und 6 bar liegen.

Elektrische und mechanische Überwachungen, Ventile und Pumpen sollten einer regelmäßigen Wartung unterzogen werden. Sicherheiten in der Steuerung garantieren, dass die gewünschten Reinigungszeiten, Temperaturen und Konzentrationen am zu reinigenden Anlagenteil erreicht werden.

CIP – Reinigungssysteme

Bei der verlorenen Reinigung wird die Reinigungsmittellösung nur einmal verwendet. Die einfachste Möglichkeit ist das Ansetzen der Gebrauchslösung im Vorlaufbehälter. Dann werden die Produktfließwege mit einem passenden, meist selbstgestrickten Programm durchgespült. Für die Sprühkugel im Tank ist ein höherer Volumenstrom notwendig. Deshalb sieht man eine Bypassleitung, die Wärmeaustauscher mit ihren hohen Druckverlusten umgeht, vor. Der Nachteil der verlorenen Reinigung besteht in der Tatsache, dass sämtliche benutzten Flüssigkeiten verloren sind. Diese Variante

STERILVERFAHRENSTECHNIK

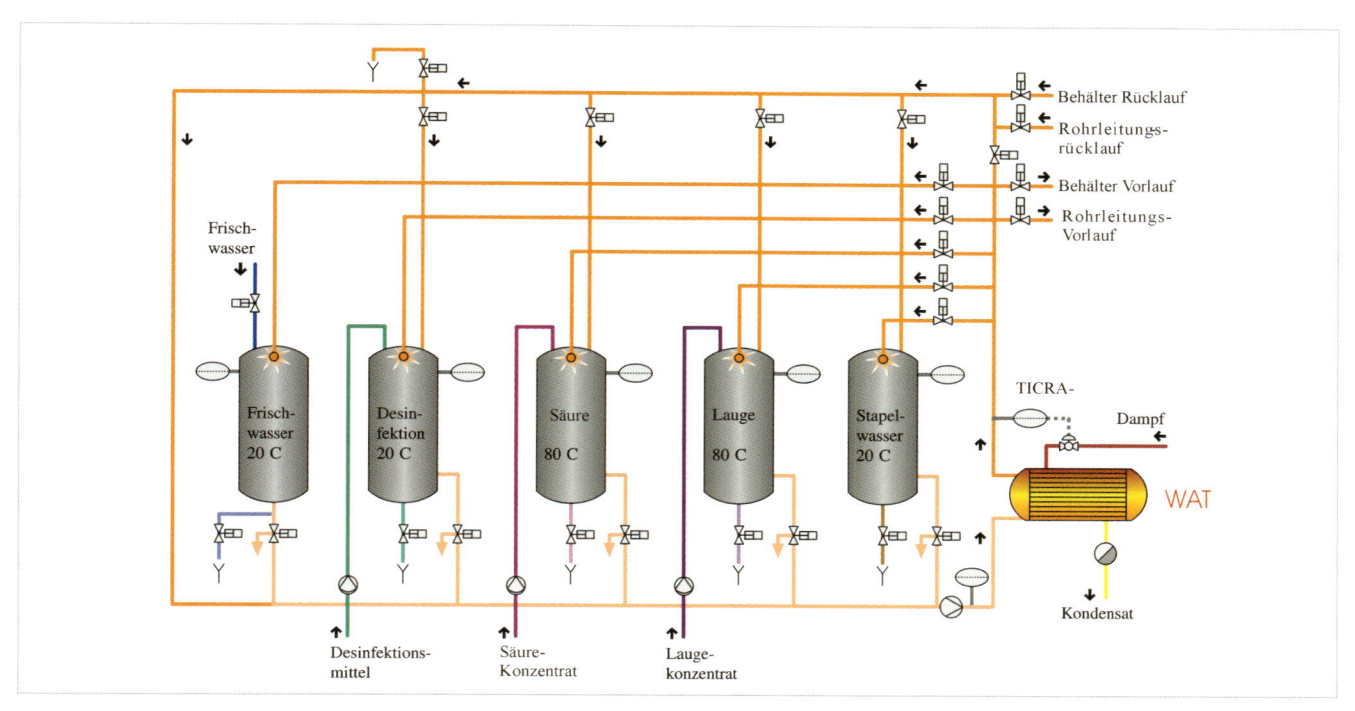

Abb. 2.6.1 a: Prinzipskizze einer Stapelreinigungsanlage (Krones)

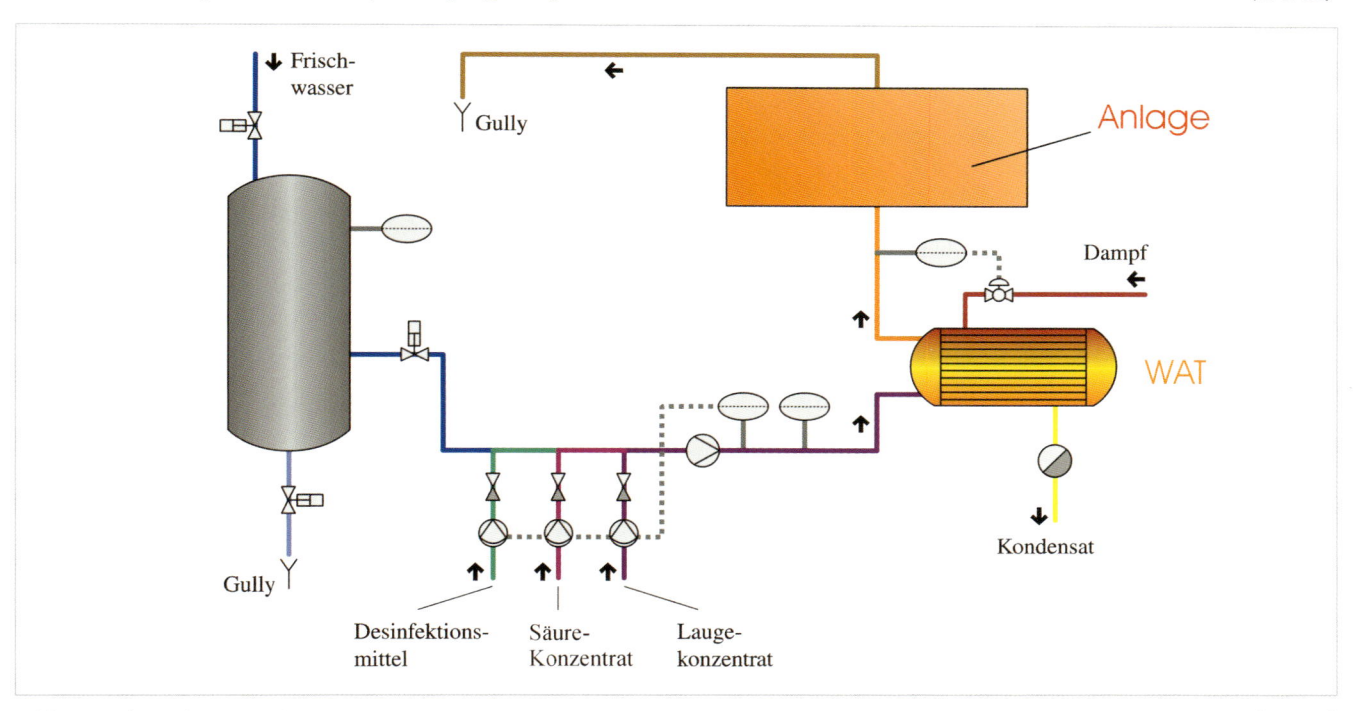

Abb. 2.6.1 b: Verlorene Reinigung (Krones)

bietet sich eher für kleinere Betriebe oder Saisonbetriebe an. Durch eine Leitfähigkeitsprüfung wird die Lösung bei Bedarf nachgeschärft.

Stapelreinigung

Bei dieser Konfiguration werden die Reinigungsmittel mehrmals verwendet. Zwischen- und Nachspülwasser wird gesammelt und in einem Tank gestapelt. Es dient zum Vorspülen bei der nachfolgenden Reinigung. Damit werden die benötigten Frischwassermengen deutlich reduziert.

Bei CIP-Anlagen sieht man die Umgehung der Stapeltanks im Reinigungskreislauf vor. Die Direktdosierung von Reinigungsmitteln passt die Lösung den Erfordernissen an. Für die Praxis heißt das ganz einfach, dass im Stapeltank die Konzentration nach dem niedrigsten erforderlichen Niveau ausgelegt ist. Durch die zusätzliche Frischwasser- und Reinigungsmitteldosierung sowie der regelbaren Dampfzufuhr zum Röhrenwärmetauscher lässt sich jede gewünschte Konzentrations-Temperatur-Kombination erzielen.

STERILVERFAHRENSTECHNIK

Reinigungsprogrammschritte

	Arbeitsgang	Schritt
1.	Vorspülen	(Stapel-)Wasser mit ca. 15-60 °C, 5 Minuten
2.	Lauge	1 - 1,5 %ige Natronlauge mit ca. 60-80 °C, 20 Minuten
3.	Zwischenspülen	Wasser mit ca. 40 °C, 5-10 Minuten
4.	Säure	0,5 %ige Salpetersäure mit 50-80 °C, 15 Minuten
5.	Zwischenspülen	Kaltwasser, 5-10 Minuten
6.	Desinfektion	Peressigsäure kalt, 30 Minuten Chlorhaltige Desinfektionsmittel
7.	Nachspülen	Kaltes Trinkwasser, 10 Minuten

1. Vorspülen mit Stapelwasser

Produktreste und grobe, lockere Verschmutzungen werden ausgetragen. Dies geschieht zumeist kalt oder lauwarm. Am Ende der Vorspülung sollte das Wasser relativ klar sein. Ein geringer Laugeanteil im Stapelwasser (aus der Mischphase des letzten Reinigungszyklus) steigert die Effizienz, da der Schmutzabtrag verbessert wird.

2. Laugereinigung

Die Temperatur im Laugeschritt soll nicht unter 70 °C und nicht über 90 °C liegen. Die Erhitzungstemperatur sollte „aus Sicherheitsgründen" nicht einfach um 2 bis 3 °C höher gedreht werden, um „auf der sicheren Seite" zu sein. So landet man irgendwann gar bei 90 °C. Außer erhöhten Kosten und Werkstoffverschleiß bringt das nichts. Konzentrationen über 1,5 % verbessern das Reinigungsergebnis in aller Regel nicht. Üblich sind 0,8 bis 1,2 %.

3. Zwischenspülen

Das Zwischenspülwasser wird gesammelt und für die nächste Vorspülung verwendet.

4. Säure

Bei der Säurereinigung reicht meist eine Konzentration von etwa 1,0 bis 1,2 %.

5. Desinfektion

Zurückgebliebene Mikroorganismen werden durch Chemikalien und/oder Hitze abgetötet. Für Sporen nimmt man in aller Regel chlorhaltige Mittel. Eine mittlerweile gängige Alternative ist die Kaltdesinfektion mit Peressigsäure.

6. Nachspülen

Das Desinfektionsmittel wird durch hygienisch einwandfreies Trinkwasser oder Kondensat ausgetragen.

Kontrolle der Reinigung

Die wichtigste praktische Feststellung ist vielleicht, dass bei der CIP keine optische Kontrolle vorliegt. Es heißt einfach auf dem Bildschirm und dem Ausdruck: Reinigung von Tank A beendet. Zur Kontrolle sollte ein Tank regelmäßig inspiziert werden.

Der Reinigungserfolg bei der MO-Entfernung wird in mehreren Stufen erzielt (die Zahlen beziehen sich jeweils auf den Anfangskeimgehalt:

- 90 % durch Vorspülung
- 99,5 bis 99,9 % durch die Reinigung
- 99,99 bis 99,999 % durch eine geeignete Desinfektion

Tab 2.6.1: Möglichkeiten zur Kontrolle des Reinigungserfolges

Prinzip	Methode
visuell	Feststellung von Schmutzresten Mangelnde Benetzbarkeit der Oberfläche
mikrobiologisch	Abstrich; Spülen mit Nährlösung Abklatschprobe
indirekt	ATP-Schnellbestimmung
chemisch	Lösen des Restschmutzes und Bestimmung durch Kaliumdichromat (KCr_2O_4)
optisch	Remission bei reflektierenden Flächen
gravimetrisch	Wiegen des Restschmutzes

Der wichtigste online-Parameter ist die elektrische Leitfähigkeit, mit der unzureichende Reinigungsmittelkonzentrationen sowie Mischphasen von Spülwasser und Reinigungsmittel erkannt werden. Die Steuerung signalisiert den Membrandosierpumpen, solange Konzentrate in den Reinigungsmittelstrom zu fördern, bis die vorgegebene Leitfähigkeit erreicht ist.

Konzentrationsfühler für Reinigungsmittel dürfen keinen Schmutzbelag haben, das erhöht den elektrischen Widerstand. Die gemessene Konzentration liegt jetzt scheinbar unter der tatsächlichen und das führt zu einer Überdosierung von Reinigungsmitteln.

STERILVERFAHRENSTECHNIK

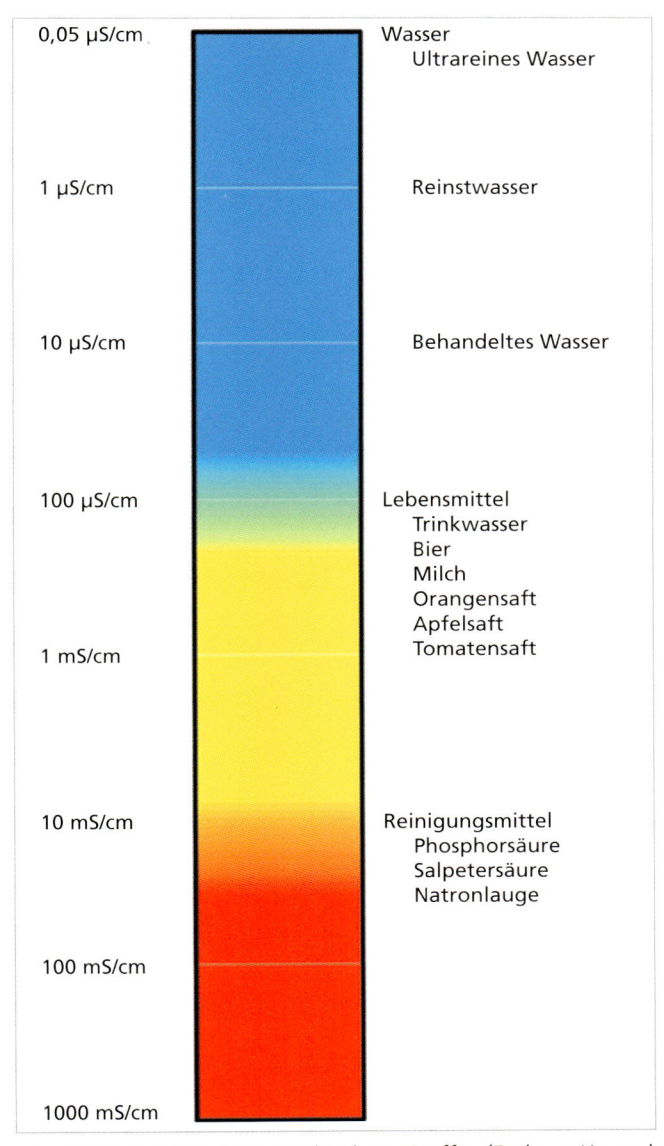

Leitfähigkeit	Stoff
0,05 µS/cm	Wasser / Ultrareines Wasser
1 µS/cm	Reinstwasser
10 µS/cm	Behandeltes Wasser
100 µS/cm	Lebensmittel / Trinkwasser / Bier / Milch / Orangensaft / Apfelsaft / Tomatensaft
1 mS/cm	
10 mS/cm	Reinigungsmittel / Phosphorsäure / Salpetersäure / Natronlauge
100 mS/cm	
1000 mS/cm	

Abb. 2.6.2: Leitfähigkeit verschiedener Stoffe (Endress+Hauser)

Bei der Tankreinigung soll ein Gleichgewicht zwischen zugeführter und abgepumpter Flüssigkeitsmenge herrschen. Dies lässt eine Sumpfbildung mit Rückständen am Tankauslauf nicht zu. Erreichbar ist dies mit einer selbstansaugenden Kreiselpumpe, deren Drehzahl und damit der Volumenstrom stufenlos über einen Frequenzwandler geregelt werden.

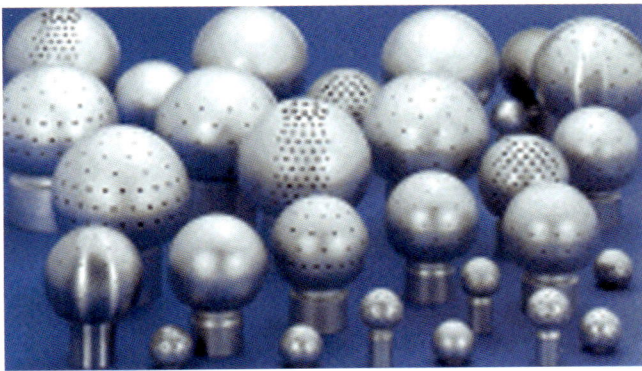

Abb. 2.6.3: Sprühkugeln (GEA)

Die eingebauten Sprühkugeln sorgen in den Tanks für eine ausreichende Überschwallung. Auf gut gebündelte Reinigungsstrahlführung mit großer Reichweite ohne Vernebelung (keine Bohrgrate an den Löchern der Sprühkugeln) und auf die richtige Platzierung (keine Sprühschatten oder tote Winkel) ist zu achten.

Abb. 2.6.4: Sprühkugel in einem Tank (Birus)

Eine Alternative sind Zielstrahlreiniger, die dreidimensional rotierende Düsen aufweisen. Sie können im Tank fest eingebaut oder fahrbar montiert sein, damit sie in liegende Tanks durch das Mannloch eingefahren werden können.

Abb. 2.6.5 Zielstrahlreiniger (Birus)

Abwasser kann man über eine Umkehrosmoseanlage schicken, das Permeat wird zum Brauchwasser. Dadurch sinken die Abwassermenge und die dafür anfallenden Kosten. Eine zweite Möglichkeit zur Entfernung der Schmutzbelastung aus dem Reinigungsmittelkreislauf ist der Einsatz einer Tellerzentrifuge.

Beispiel:

In einer Molkerei mit 400.000 kg Milch täglich fallen täglich etwa 60 Tank- und 20 Anlagenreinigungen an. Bei einer Stapelwassermenge von 6000

STERILVERFAHRENSTECHNIK

Litern und 4,5 € Wasserkosten je m³ ergibt sich eine Kostenersparnis von 6000 l x 4,5 €/m³ = 27 € je Reinigung gegenüber der verlorenen Reinigung.

Fehlerquellen im Reinigungskreislauf

Leider kommt es immer wieder zu einer Belagbildung an kritischen Stellen. Typische Anlagenteile für eine unzureichende Reinigung sind zerschlissene Dichtungen, Rührwerke, Pumpen und Einbauten wie Messfühler.

Abb. 2.6.6: Belagbildung in einem Schabewärmetauscher (Birus)

Die Steuerung führt das Reinigungsprogramm gemäß den in der SPS hinterlegten Bedingungen durch. Fehlermeldungen, die auf dem Überwachungsbildschirm sichtbar sind, führen zu Unterbrechungen im Reinigungsprogramm auf Grund folgender Störungen:

- Ein loser Draht an der Klemmleiste
- Ein nicht präzise eingestellter Rückmeldesensor (Initiator) am Ventil
- Druckluftschlauch am Ventil abgerissen
- Zu geringer Steuerluftdruck
- Schwankende Stromspannung
- Ein mechanisch blockiertes Ventil, dessen Rückmeldung nicht kommt
- Fehlerhafte Elektronikkarten (möglicherweise hervorgerufen durch Feuchtigkeit, die in den Schaltschrank eingedrungen ist

Vor allem die ersten drei Fehlerquellen sind zu kontrollieren, wenn eine Fehlermeldung auftritt.

Tab 2.6.2: Fehlerquellen bei der CIP, deren Folgen und Behebung

Fehler	Folgen	Abhilfe bzw. Erkennung
Sprühkopf teilweise verstopft	Belagaufbau an einzelnen Stellen durch Sprühschatten	Drucküberwachung der Reinigungsvorlaufpumpe
Vorlaufpumpe defekt (Laufrad, Motor, Undichtigkeit)	Fouling im gesamten System wg. unzureichender Strömungsgeschwindigkeit	Volumenstrommessung
Schaumbildung	Tank wird nicht sauber; Konus verschmutzt	Entschäumer im Vorspülwasser
Rücklaufpumpe unpassend gewählt	Belagbildung am Tankboden oder -konus	Leermeldesonde einbauen; Frequenzwandler zur Volumenstromregelung vorsehen; Intervall-Tankreinigung
Wirbelbildung am Tankauslauf	Unterbrechung des Absaugens	Frequenzwandler; Selbstansaugende Kreiselpumpe mit Seitenkanal verwenden
Schmutzverschleppung	Bakteriologische Fehler	Reinigungsmittelmenge und -konzentration überprüfen
Vorlaufpumpe bringt zu wenig Druck	Belagaufbau an einzelnen Stellen	Falsche Drehrichtung; zwei Phasen vertauschen
Rohrverschraubung undicht	Pumpendruck bricht zusammen; Schaumbildung	Druckmessung
Luftansammlung in Rohrleitungen; Unsynchrone Ansteuerung von Ventilen und Pumpe	Flüssigkeitsschläge	Steuerung optimieren; Anlage entlüften
Verschmutzter Vorlaufbehälter	Bakteriologische Schwierigkeiten	Evtl. Reinigungsvorrichtung anbringen
Toträume z.B. durch zusätzlich angebrachte Armaturen; Strömungsgeschwindigkeit zu gering	Bakteriologische Schwierigkeiten	Größere Pumpe einbauen
Bakteriologisch nicht einwandfreies Nachspülwasser	Bakteriologische Schwierigkeiten	Trinkwasserkontrolle

STERILVERFAHRENSTECHNIK

2.7 DIE MOLCHTECHNIK

Beschreibung der Funktionsweise:

Der passgenaue Molch räumt im Rohr und streift die Innenwand ab. Produkte wie Salben, Konfitüre, Sirup, Klebstoffe, Suspensionen, Pflanzenöle, Brotteige oder auch Lacke werden durch diese Technik aus Rohrleitungssystemen ausgeschoben. Duplex-Molche können vor- und rückwärts fahren.

Betrachtet man eine Ausschiebephase am Beispiel von Erdbeermark, so wird man feststellen, dass es lange dauert, bis klares Wasser aus der Leitung kommt. Setzt man nun zwischen Erdbeermark und Wasser einen Molch, so wird eine saubere Phasentrennung (ca. 99,5 %) stattfinden. Das Verfahren spart Rohstoffe (Produktverluste), Reinigungsmittel und verringert die Abwassermenge und -belastung vor allem bei hochviskosen Produkten.

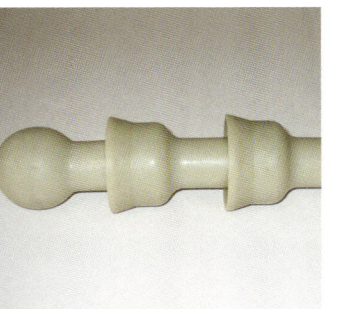

Abb. 2.7.1: Molch (Birus)

Hauptaufgaben der eingesetzten Molche im System sind:

· Produktausschub	Treibmedium: Gas oder Flüssigkeit
· Produkttrennung	Treibmedium: Folgeprodukt
· Gasausschub	Treibmedium: Produkt
· Dosierung	Treibmedium: Flüssigkeit
· Spülen ohne Leitungsfluten	Treibmedium: Gas oder Flüssigkeit

An die Oberflächenrauhigkeit der Rohrleitung werden besondere Anforderungen gestellt damit

a) alle Produktreste erreicht werden können,
b) die Mischphase durch die Rauhigkeit nicht vergrößert wird und
c) der Molch nicht hängen bleibt.

Ein Molch und das dazugehörige System sind nicht gerade billig. Da der Molch auch Bögen überwinden muss, müssen diese besonders gestaltet sein. Der normale 90°-Winkel wäre für einen Molch nicht möglich. Der Molch passiert also einen Rohrbogen mit größer konstruiertem Radius. Die Kosten für einen Molch liegen bei 650 EURO (DN 50) bis hin zu 1300 EURO (DN 80). Die Kosten sind deshalb so hoch, weil der Molch einen Ferritkern (Eisenkern) zur Lokalisierung durch einen Sensor besitzt. Der Rest ist im Regelfall aus hitze- und rei-

NETZSCH The heart of your process

Wir entwickeln, fertigen und vertreiben Verdrängerpumpen für die hygienische und schonende Förderung Ihrer hochwertigen und empfindlichen Medien in allen Produktionsbereichen der Nahrungsmittelindustrie, Pharma, Kosmetik, Biotechnologie und chemischen Industrie.

Unsere Baureihen für Ihre Prozesse:

- NEMO® Hygiene Exzenterschneckenpumpen
- NEMO® Aseptik Exzenterschneckenpumpen
- NETZSCH TORNADO® Hygiene- und Aseptik Drehkolbenpumpen

NETZSCH
NETZSCH Mohnopumpen GmbH
Geretsrieder Straße 1
D-84478 Waldkraiburg
Telefon +49 8638 63-0
Telefax +49 8638 67981
info@nmp.netzsch.com
www.netzsch-pumpen.de

Ihr Vorsprung:
Prozesssicherheit bei höchsten Anforderungen

STERILVERFAHRENSTECHNIK

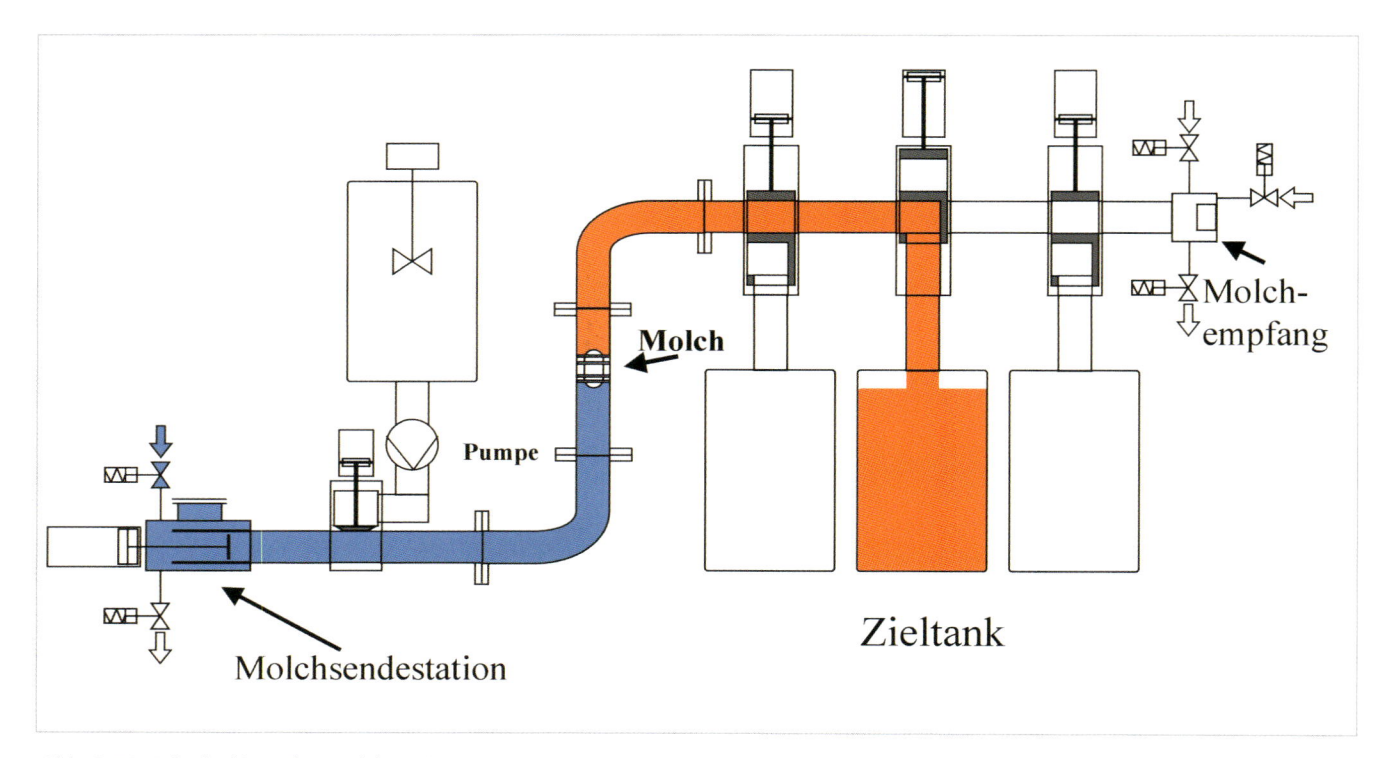

Abb. 2.7.2: Prinzipskizze der Molchreinigung (Birus)

nigungsmittelbeständigem Silikon gefertigt und hält Temperaturen bis zu 140 °C aus. Je nach Rohrleitungsoberflächengüte und der Abriebfestigkeit sind bis 2000 Molcheinsätze oder Fahrleistungen bis 500 km möglich. Diese Fahrleistung ist bei einer Rohrrauhigkeit von 0,4 μm erheblich höher.

Durchführung des Molchens

Man benötigt einen Molch immer dann, wenn eine saubere Phasentrennung zwischen zwei Medien gefordert ist. Neben dem Beispiel Erdbeermark sind es besonders Produkte, die empfindlich auf Wasser reagieren. Hier kann die Kuvertüre genannt werden, die auf Grund ihrer hohen Trockenmasse sofort verklumpen oder sogar verhärten würde, sobald Wasser hinzukommt. Dies geschieht durch die schlagartige Kristallisation der Fett- und Zuckermoleküle.

Bestandteile eines Molch-Systems:

- Sende-, Stapel- und Empfangsgehäuse
- Kugelhähne, Molchweiche, Spezial T-Stück, Schauglas
- Messwertaufnehmer für die Molcherkennung
- Automatisch betätigte Kugelventile mit pneumatischem Antrieb und einer federschließenden Sicherheitsstellung. Im Steuerkopf sind die Pilotventile sowie die Endlagen-Sensoren integriert.

Der Molch wird im Regelfall dort eingesetzt, wo es auf ein steriles Umfeld ankommt. Der Molch wird gereinigt, desinfiziert und in ein geschlossenes Rohrleitungssystem eingesetzt. Meist bedarf es der Freigabe durch einen Code in der Schaltwarte, bevor der Molch „abgeschossen" werden kann. Erst wenn die Rückmeldung an der Sendestation durch den Sensor, der den Ferritkern des Molches registriert, erfolgt, kann der Weg freigegeben werden. Leuchtet der Lampentaster an der Sendestation auf, kann dieser vom Mitarbeiter betätigt werden. Die Wegeventile – es handelt sich um Kugelhähne – werden pneumatisch geöffnet, der Wasserdruck wird aufgebaut und der Molch auf die Reise geschickt. Am Ende gelangt der Molch in die Empfangsstation und wird dort aufgefangen. Hier kann er entnommen und erneut gereinigt werden.

Bei langen Rohrleitungen sollten in regelmäßigen Abständen Ferritmessungen durchgeführt werden, um im Falle einer Störung ermitteln zu können, wo sich der Molch gerade befindet. Sonst beginnt das zeitraubende Spielchen „Such den Molch". Richtig haarig wird es, wenn der Molch vollkommen fest sitzt. Dann muss evtl. sogar die Rohrleitung aufgesägt werden.

2.8. DIE ZEICHNERISCHE DARSTELLUNG VON ANLAGEN UND HERSTELLUNGSPROZESSEN: FLIESSBILDER

Die Beschreibung eines Verfahrens in Wortform ist zu aufwendig und als Überblick wenig geeignet. Fließbilder dienen zum Verständnis des Prozesses, dem eigentlichen Ablauf der Herstellung und der Darstellung der verwendeten Maschinen und

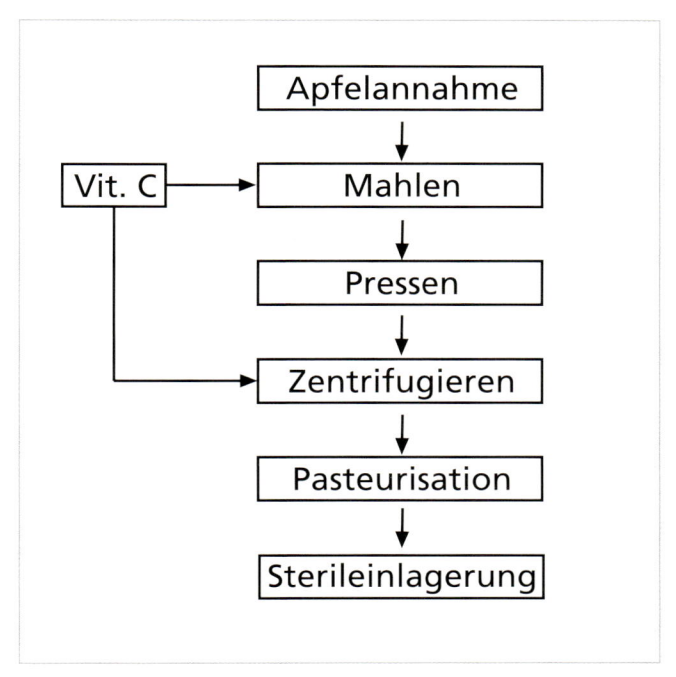

```
┌─────────────────────────┐
│         Apfelannahme    │
│              ↓          │
│  Vit. C →  Mahlen       │
│              ↓          │
│            Pressen      │
│              ↓          │
│         Zentrifugieren  │
│              ↓          │
│         Pasteurisation  │
│              ↓          │
│        Sterileinlagerung│
└─────────────────────────┘
```

Abb. 2.8.1: Einfaches Schema der Trubsaftherstellung   (Birus)

Armaturen. Damit man möglichst viele Informationen erhält, sind oft allerdings mehrere verschiedene Zeichendarstellungen erforderlich.

Man unterscheidet das Grundfließbild, das Verfahrensfließbild und das Rohrleitungs- und Instrumentenfließbild (RI-Schema). In der DIN 29004 sind dafür die grafischen Symbole und Kennbuchstaben festgelegt.

Das Grundfließbild

Das Grundfließbild zeigt in einfacher, schematischer Darstellung in Form von Kästchen die Prozessschritte. Zudem ist der Hauptstofffluss mit Benennung der ab- bzw. zugeführten Stoffe erkennbar.

Das Grundfließbild wird allerdings so aufgebaut, dass die Ausgangsstoffe links stehen und in der Mitte die eigentlichen Verfahrensschritte angeordnet sind. Rechts stehen dann die Endprodukte. Flüssige und feste Abfallstoffe werden nach unten, Abgase nach oben wegführend eingezeichnet.

Das Grundfließbild mit Grundinformationen enthält als Wort in rechteckigen Kästchen die wesentlichen Verfahrensschritte sowie die Stoffströme. Zudem werden die Ein- und Ausgangsstoffe sowie die Fließwege der Hauptstoffe genannt.

Oft wird das Grundfließbild mit Zusatzinformationen ausgestattet. Dazu gehören Prozessbedingungen wie Temperaturen, Drücke und Stoffmengen. Energieträger und Hilfsstoffe ergänzen das Grundfließbild je nach Bedarf.

Das Verfahrensfließbild

Das Verfahrensfließbild ist die Darstellung eines Verfahrens mit den grafischen Symbolen für die eingesetzten Apparate sowie mit den Fließlinien für die Stoff- und Energieströme.

Es enthält als Informationen:

- Die Art der Maschinen bzw. Apparate als grafische Symbole sowie ihre Bezeichnung
- Die Fließwege der Ein- und Ausgangsstoffe sowie die Energieträger innerhalb des Verfahrens
- Charakteristische Betriebsbedingungen

Im Verfahrensfließbild können folgende Zusatzinformationen enthalten sein:

- Die Angabe der Stoffe und deren Mengen sowie die Energiemengen
- Wesentliche Armaturen
- Die Aufgaben von Mess-, Regel- und Steuergeräten
- Daten von Maschinen (ohne deren Antrieb)
- Zusätzliche Betriebsbedingungen (z. B. die Temperatur des Heizdampfs)

STERILVERFAHRENSTECHNIK

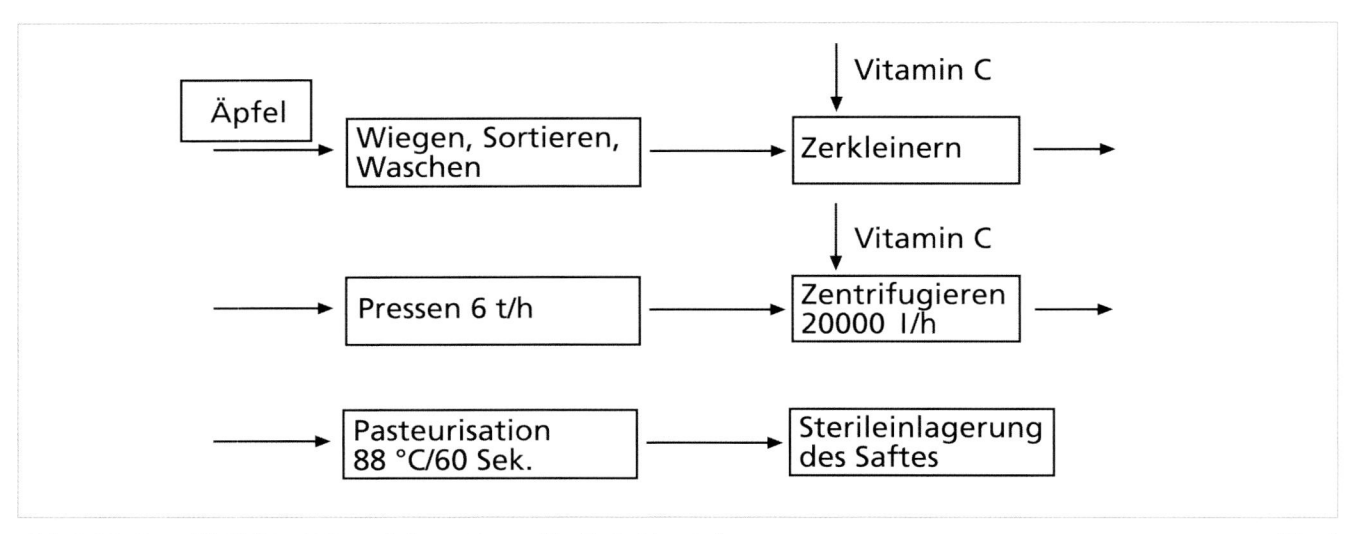

```
                              │ Vitamin C
                              ▼
  ┌───────┐   ┌──────────────────┐   ┌──────────────┐
  │ Äpfel ├──▶│ Wiegen, Sortieren,├──▶│ Zerkleinern  ├──▶
  └───────┘   │ Waschen          │   └──────────────┘
              └──────────────────┘
                                            │ Vitamin C
                                            ▼
              ┌──────────────┐   ┌──────────────────┐
       ──────▶│ Pressen 6 t/h├──▶│ Zentrifugieren   ├──▶
              └──────────────┘   │ 20000 l/h        │
                                 └──────────────────┘

              ┌──────────────────┐   ┌──────────────────┐
       ──────▶│ Pasteurisation   ├──▶│ Sterileinlagerung│
              │ 88 °C/60 Sek.    │   │ des Saftes       │
              └──────────────────┘   └──────────────────┘
```

Abb. 2.8.2: Grundfließbild mit Zusatzinformationen für die Saftherstellung (Birus)

Im Anhang werden oft Details wie die Daten von Antriebsmotoren, Mess- und Regeleinrichtungen oder andere aufgelistet.

Der allgemeine Aufbau des Verfahrensfließbildes ist wie der des Grundfließbildes, also von links nach rechts. Die Rohrleitungen und die Richtung der Stoffströme werden wie im Grundfließbild eingezeichnet. Die Apparate und Maschinen stellt man mit den grafischen Symbolen (siehe DIN 29004) dar und versieht sie mit Kennbuchstaben. Die Endprodukte fließen rechts ab.

■

3. BETRIEBSHYGIENE

3.1 GRUNDLAGEN DER REINIGUNG UND DESINFEKTION

Lebensmittel sind Vielstoffgemische, setzen sich also meist aus mehreren Bestandteilen, Proteine, Kohlenhydrate, Fette und Mineralstoffe, zusammen. Das stellt besondere Anforderungen an die Art der Reinigung und Desinfektion. Sie ist auf die jeweiligen Produkte und Betriebsbedingungen abzustimmen.

Der Belag (engl. fouling) besteht aus den einzelnen Komponenten, die bei unterschiedlichen Temperaturen und pH-Werten an den Werkstoffen haften. Zur Schmutzentfernung müssen die Haftkräfte des Schmutzes an der Oberfläche überwunden werden. Diese Haftkräfte sind um ein Vielfaches höher als die Gewichtskraft des Schmutzes.

Abb. 3.1.2: Fouling in einem ungenügend durchspülten Schlauch (Birus)

Tab. 3.1.1: Arten des fouling	
Organic fouling	Ablagerung organischer Stoffe, z. B. Proteine, Fette
Biofouling	Anheftung und Wachstum von Mikroorganismen
Mineral fouling (Scaling)	Ablagerung anorganischer Stoffe in kristalliner Form (Kalk)
Particle fouling	Ablagerung von Partikeln, z. B. Huminstoffe (= aus Resten abgestorbener Lebewesen sich im Boden bildende Säure); selten

Unterschiedliche Haftung von Schmutz

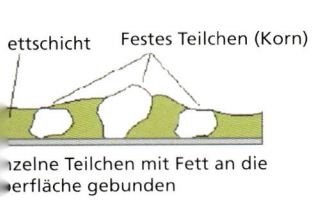

Abb. 3.1.1: Haftmechanismen von Verunreinigungen an Oberflächen (Hilge)

Ziele der Reinigung

- **Physikalische Sauberkeit:** Entfernung der sichtbaren Schmutzreste

- **Chemische Sauberkeit:** Entfernung auch mikroskopisch kleiner Rückstände. Sie machen sich möglicherweise durch einen unangenehmen Geruch oder Geschmack bemerkbar.

- **Bakteriologische Sauberkeit:** Entfernung aller schädlichen Mikroorganismen

- **Sterile Sauberkeit:** Abtötung aller vegetativen (lebenden) Keime und möglichst aller Sporenbildner

Interessanterweise existieren bakteriologisch sterile Oberflächen, die jedoch optisch verschmutzt aussehen. Dieser „sterile Dreck" entsteht beispielsweise durch die Dampfsterilisation unsauberer Werkstoffoberflächen.

Reinigungsparameter

Vier Faktoren bestimmen das Reinigungsergebnis. Der sog. Sinnerkreis verdeutlicht das:

- **Chemie:** Reinigungsmittelzusammensetzung und dessen chemische Aktivität
- **Temperatur** des Reinigungsmittels
- **Mechanik:** Strömungsgeschwindigkeit, Pumpen- und Sprühdruck der Reinigungskugeln, Bürsten
- **Zeitdauer** der Reinigung

BETRIEBSHYGIENE

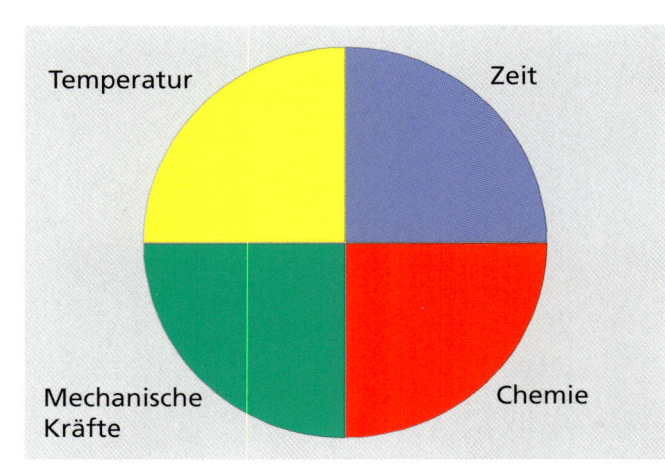

Abb. 3.1.3: Der Sinnerkreis verdeutlicht den Zusammenhang der Reinigungsfaktoren (confructa medien)

Jeder dieser Faktoren genügt für sich alleine noch nicht, um eine ordnungsgemäße Reinigung durchzuführen. Erst das sinnvolle Zusammenspiel sorgt für hygienisch einwandfreie Oberflächen.

Chemie

Der Reinigungserfolg selbst ist natürlich von der Art und der Konzentration des Reinigungsmittels abhängig. Allgemein gilt, dass ab einer gewissen Konzentration die Wirksamkeit nicht in dem Maße gesteigert wird, wie es die höhere Konzentration eigentlich erwarten lässt. Zugleich ist die Abwasserbelastung und -menge ein gewichtiger Kostenfaktor. Darüber hinaus sind gewisse Abwassertemperaturen und pH-Werte einzuhalten.

Eigenschaften von Reinigungsmitteln

- Schnelle und vollständige Löslichkeit in Wasser
- Gutes Benetzungsvermögen von Oberflächen = Herabsetzung der Oberflächenspannung des Wassers
- Gutes Suspendiervermögen gegenüber festen Schmutzbestandteilen wie Proteine
- Gutes Emulgiervermögen gegenüber Fett
- Bindung der Wasserhärte
- Geringe Neigung zur Schaumbildung
- Ökologische Verträglichkeit
- Geringe Toxizität

Bestandteile von Reinigungsmitteln und ihre Wirkungen

Bei der Hauptkomponente Wasser handelt es sich nicht um reines Wasser, sondern darin sind Stoffe gelöst. Das umfasst gelöste Gase, die Karbonathärte (Ca- und Mg-bikarbonat) und die Nicht-Karbonathärte (Salze gebunden an Na oder Cl). Beschrieben wird dieser Sachverhalt durch die sog. Wasserhärte, die vom örtlichen Wasserversorger zu erfahren ist. Ein Grad deutscher Härte (°dH) entspricht 10 mg CaO pro Liter. Die Wasserhärte hemmt die Reinigungswirkung der chemischen Zusätze.

- **Alkalien** wie Natriumhydroxid (Natronlauge), Soda, Natrium-Orthosilikat usw. zur Ablösung organischer Verschmutzungen
- **Komplexbildner** (auch Chelatbildner oder Sequestriermittel genannt) wie z. B. die Alkalisalze von Oligophosphorsäuren (Di- oder Triphosphate), die Alkalisalze von Phosphorsäuren, Ethylendiamintetraessigsäure (EDTA) oder Polycarboxylate. Sie binden die Kalium- und Magnesiumionen des Wassers. Teilweise dienen sie zur Schmutzablösung und Dispergierung.
- **Oberflächenaktive Substanzen (Tenside)** werden – abhängig von der elektrischen Ladung – nach anionenaktiven, kationenaktiven, amphoteren und nichtionischen Tensiden unterschieden. Sie dienen zur Entfernung von nicht wasserlöslichen (hydrophoben) Substanzen sowie zur Verminderung der Oberflächenspannung.
- **Säuren** wie Salpetersäure, Phosphorsäure und organische Säuren wie Essigsäure beseitigen anorganische Ablagerungen wie den sog. Milchstein, also den Milchanbrand an heißen Erhitzerflächen. Säuren entfernen zudem Kalkablagerungen, die im Volksmund Kesselstein genannt werden.
- **Oxidationsmittel** wie Chlor
- **Schauminhibitoren** wie Alkylenoxidderivate
- **Korrosionsinhibitoren**, die meist aus organischen Komplexbildnern bestehen
- **Enzyme**, z. B. Proteasen für spezielle Aufgaben wie die Reinigung von Ultrafiltrationsmembranen

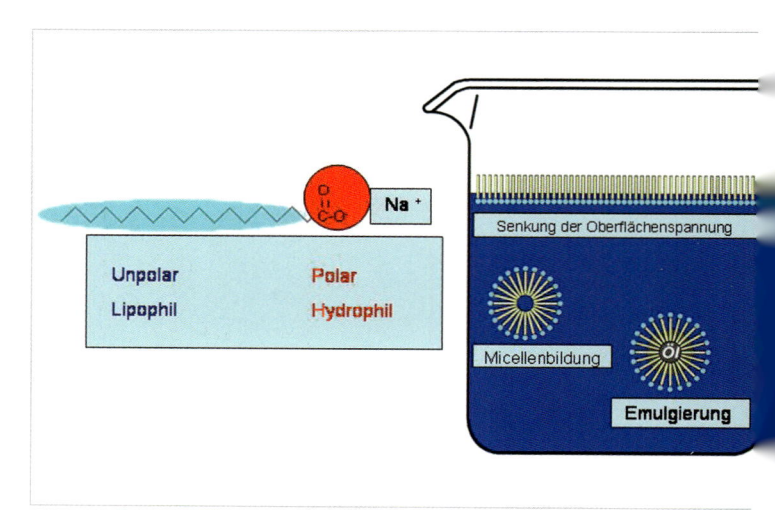

Abb. 3.1.4: Tenside und ihre Wirkung;

Links: Aufbau von Tensiden; sie besitzen einen wasserlöslichen (hydrophilen) und eine fettlöslichen (lipophilen) Teil

Rechts: Schmutz wird scheinbar löslich gemacht; feste Bestandteile werden dispergiert, Fett wird emulgiert

(Birus)

Abb. 3.1.5: Durch Tenside wird die Oberflächenspannung verringert. Das Reinigungsmittel verteilt sich auf die Oberfläche und gelangt besser in Vertiefungen. (Birus)

Tab. 3.1.2: Elektrische Leitfähigkeit verschiedener Flüssigkeiten

Lösung	Leitfähigkeit in mS/cm
Reinstwasser	0,0011
Leitungswasser hart	0,30 bis 0,50
1 % NaOH	47,5
2 % NaOH	90,0

Bei Laugen und Säuren sollte die Konzentration im gebrauchsfertigen Zustand nicht über 1,0 bis 1,5 % liegen. Bei Peressigsäure als Desinfektionsmittel verwendet man zwischen 0,3 und 0,6 %. Die Kontrolle der Reinigungsmittelkonzentration erfolgt indirekt über die Leitfähigkeit, dem Umkehrwert des elektrischen Widerstandes (pro cm). Die Leitfähigkeit wird in mS/cm angegeben. Dieser Wert hängt fast linear von der Konzentration ab. Wird der untere Grenzwert unterschritten, erfolgt eine automatische Nachdosierung des Konzentrats in den Reinigungsmittelkreislauf, beispielsweise durch Membranpumpen.

Ein konfektionierter Reiniger enthält Komponenten, die während der Reinigung unterschiedlich schnell aufgebraucht werden. Die freien Liganden eines Komplexbildners können bereits gebunden sein, bevor die Laugenkapazität nachlässt. Die Effizienz der Reinigungslösung geht folglich teilweise verloren, obwohl deren Leitfähigkeit nur geringfügig sinkt. Bemerkbar macht sich das an unerwünschten Ablagerungen in strömungsarmen Stellen.

Temperatur der Reinigungslösung

Sie liefert die Energie für eine ausreichende Reaktionsgeschwindigkeit. Damit kann beispielsweise Fett geschmolzen werden. Zusammen mit Tensiden ist es dann leichter emulgierbar und kann abgeschwemmt werden. Gleichzeitig laufen alle ande-

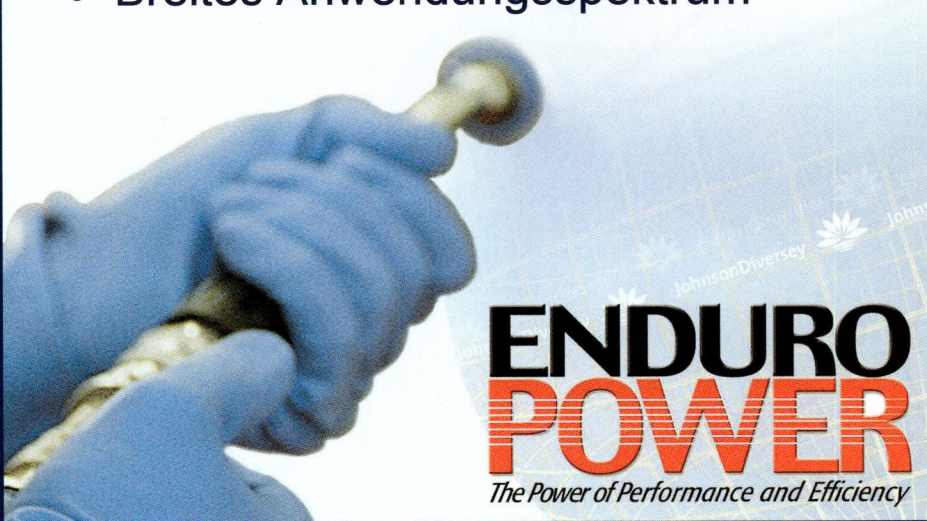

BETRIEBSHYGIENE

ren Prozesse, die mit der Reinigung verbunden sind, schneller ab. Die Temperatur darf jedoch nicht zu hoch sein. Eiweißreste können dadurch denaturieren. Sie haften dann evtl. noch fester, was die Reinigung erschwert, also die Reinigungszeit und den -aufwand erhöht.

Mechanik und Strömungskräfte

Die Kräfte müssen in ausreichendem Maße dafür sorgen, dass die Haftkräfte des Schmutzes an der Werkstoffoberfläche überwunden werden. Mechanische Kräfte werden in erster Linie durch Turbulenzen an allen Stellen der Anlage gewährleistet. Wenn es irgendwo zu Belagbildungen und Rückständen kommt, sollten in der Regel zuerst der Volumenstrom und der Druck überprüft werden.

In Rohrleitungen soll die Strömungsgeschwindigkeit mindestens 2 m/s betragen, um die notwendigen Turbulenzen zur Schmutzentfernung zu erzielen. Als optimal gilt eine Geschwindigkeit von 2,5 m/s.

Oft ist eine mechanische Schmutzentfernung mit Hilfsmitteln von der Oberfläche anzuraten, wenn es sich um Tische, Arbeitsgeräte, Gullys oder Wände handelt. Dazu gibt es verschiedene Möglichkeiten. Im einfachsten Fall sind das Schrubber und Bürsten. Man kann ebenso mit dem Hochdruckreiniger oder dem Dampfstrahler große Kräfte ausüben. Dies führt jedoch oft zu einem erhöhten, unerwünschten Verschleiß der Materialoberflächen. Die zurückbleibenden kleinen, für das menschliche Auge nicht sichtbaren Vertiefungen und Rillen erlauben es den Schmutzresten und nachfolgend den MO, sich besser festzusetzen. Sie entziehen sich dann den Reinigungskräften.

Zeit

Alle Prozesse benötigen eine gewisse Mindestzeit, um wirken zu können. Diffusion, Quellung, Emulgierung, Oxidationsvorgänge und Umnetzung sind zeitabhängig. Die Kontaktzeit der Reinigungslösung mit dem Schmutz muss ausreichend bemessen sein. Sonst können die oben genannten Faktoren ihre Wirkung nicht entfalten. Beispielsweise genügen für einen 5000 Liter fassenden Tank 15 Minuten CIP. Bei einer Schaumreinigung liegt die Einwirkungszeit bei mindestens 20 Minuten.

Grundvorgänge bei der Reinigung

Bei kolloidalen Verschmutzungen handelt es sich in der Regel um Eiweiß. Im Laufe eines Produktionstages lagern sich die Eiweißreste ab und trocknen schnell an. Dieser Trocknungsvorgang sorgt dafür, dass die Haftkräfte stärker werden. Die Ablösung des Schmutzes von der Werkstoffoberfläche beginnt mit der Quellung (= Hydratisierung des Schmutzes mit Wasser), anschließend werden Eiweißreste in kleinere Bestandteile zerteilt.

Beim Ablösen eines Fettfilms ist der Mechanismus etwas anders. Zuerst benetzt Fett die Werkstoffoberfläche. Während der Reinigung findet eine Ablösung des Fettfilms mit der sog. Umnetzung statt. Danach soll das Reinigungsmittel und nach dem Spülvorgang Wasser die Oberfläche benetzen. Die Oberflächenspannung von Fett ist gering, die von Wasser sehr hoch. Das bedeutet vereinfacht ausgedrückt, dass Fett sich gut an den Werkstoff anschmiegen kann. Tenside verringern die Oberflächenspannung.

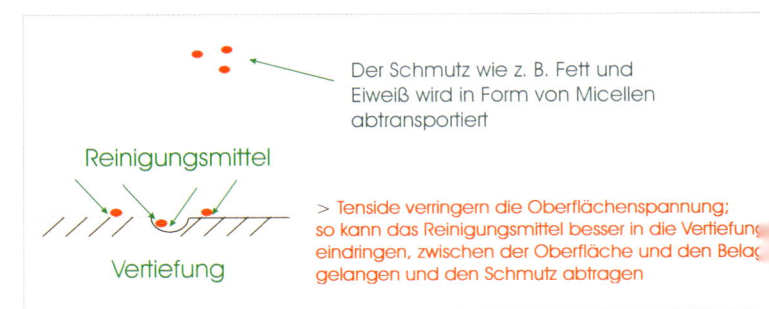

Abb. 3.1.6: Vorgänge bei der Umnetzung; Zuerst haftet der Belag an der Werkstoffoberfläche. Dann sorgen die Reinigungsfaktoren für den Schmutzabtrag sowie die Bildung von Micellen, die den Schmutz im Wasser löslich machen. Am Schluss benetzt das Nachspülwasser die Oberfläche. (Birus)

Schwieriger als bei Edelstahl ist die Umnetzung bei Kunststoffen. Erschwerend kommt die Tatsache hinzu, dass sich Fette und fettähnliche Substanzen in manchen Kunststoffen lösen können. Bei Farbstoffen ist sogar eine Verfärbung des Kunststoffs zu beobachten. Die Reinigungstemperaturen können nicht allzu hoch gewählt werden. Eine Sterilisation mit Dampf ist nur bei speziell dafür geeigneten Kunststoffen (FDA- und AAA-Siegel) möglich.

Überführung in einen löslichen Zustand

Salze, Zucker und Säuren sind direkt in Wasser löslich. Proteine und Fette werden durch Lauge und Tenside abgetragen. Ablagerungen von Mineralsalzen (Stein) müssen durch eine Säurereinigung (mit Tensiden) entfernt werden. In der Praxis haben wir es mit gemischten Verschmutzungen zu tun.

Folgereaktionen

Der Schmutz darf sich nicht wieder an eigentlich gereinigten Oberflächen absetzen. Das Schmutztragevermögen einer Reinigungslösung sollte also ausreichend sein. Falls dies nicht der Fall ist, verbleibt eine Restverschmutzung auf der Oberfläche, die wiederum Nahrung für MO liefert. Als Faustregel gilt: Die Erneuerung eines Reinigungsmittelansatzes ist besser als die Streckung von altem mit frischem Reinigungsmittel.

Reinigungsmittel sollten nie miteinander gemischt werden! Das gilt auch für solche, deren Zusammensetzung bekannt ist. Dem Autor war es eine Lehre, als er für die Reinigung einer Technikumanlage alte Reinigungsmittel aufbrauchte und anschließend die komplette Prozessanlage mehr als fünf Stunden gespült werden musste, um die entstandenen klebrigen Flocken zu entfernen…(Sparsamkeit an der falschen Stelle!)

BEACHTE: Reinigungsmittel nie miteinander mischen!

Desinfektion

Die Desinfektion setzt stets eine gute Reinigung voraus, die eine saubere, mit Wasser benetzte Oberfläche hinterlässt. Der bakteriologische Status lässt sich durch Desinfektionsmaßnahmen verbessern. Dadurch können Werkstoffoberflächen fast frei – Null Keime gibt es bekanntlich nicht – von produktschädlichen Mikroorganismen gemacht werden.

Thermische Desinfektion

Bei der thermischen Desinfektion hängt die Wirksamkeit von den erreichbaren Temperaturen und der sog. Haltezeit, also die Einwirkzeit bei der erreichten Temperatur ab. Deswegen werden die Temperaturen am Ende des Desinfektionsweges bzw. an der Stelle, an der man die niedrigste Temperatur erwartet, gemessen. Rohrleitungen beispielsweise werden für weitere 10 Minuten gedämpft, wenn das ablaufende Kondensat mindestens 85 °C aufweist. Dies tötet vegetative Keime ab.

Wenn alle Keime, also auch Sporen, wirkungsvoll abgetötet werden sollen, muss die Dampftemperatur 120 bis 130 °C betragen. Dazu ist natürlich ein Druck erforderlich, der dem Dampfdruck der dazu gehörigen Temperatur entspricht. Das Kondensat muss frei abfließen, damit es zu keinen Wärmeschatten, also Stellen mit ungenügender Sterilisationstemperatur, kommt. Das Dämpfen erfordert einen hohen Wärmeverbrauch.

Manche Sporen und Bakteriophagen werden erst bei Temperaturen von 130 bis 140 °C, die mindestens 15 Minuten gehalten werden, abgetötet. Nach der Hitzeeinwirkung kommt es zu einer Abkühlphase, während der unbedingt der Einzug kontaminierter Raumluft zu vermeiden ist.

Chemische Desinfektion

Desinfektionsmittel sollten durch die DVG (Deutsche Veterinärmedizinische Gesellschaft) zugelassen werden. Sie sind in einer Liste aufgeführt und besitzen geprüfte Eigenschaften hinsichtlich ihrer Wirksamkeit und der Verträglichkeit gegenüber Werkstoffen und Umwelt.

Bei der CIP-Reinigung kann man nach dem Desinfektionsschritt mit Peressigsäure die Anlage mit Trinkwasser ausspülen oder die Desinfektion über Nacht stehen lassen. Dann ist selbstverständlich vor der nächsten Produktion mit Trinkwasser zu spülen. Im zweiten Fall kommt es natürlich zu einer verstärkten Belastung der Werkstoffe in Form von stärkerer Korrosion. Peressigsäure wird kalt bis 40 °C verwendet. Das Wirkungsspektrum umfasst auch Viren, Phagen und Sporen.

Aktivchlor wird in Form von Hypochlorit verwendet. Es erlangt durch freiwerdenden aktiven Sauerstoff seine bakterizide Wirkung. Die Wirksamkeit nimmt mit fallendem pH-Wert zu. Bei hoher organischer Schmutzfracht und steigenden Temperaturen baut sich Hypochlorit schnell ab. Solche Lösungen werden kalt benutzt und nicht gestapelt. Aktivchlor ist stark korrosiv und sollte als Standdesinfektion, also über eine längere Einwirkzeit, nicht verwendet werden. Eine andere Möglichkeit ist die Verwendung von Chlordioxid.

Tab. 3.1.3: Keimwachstum bei einer Generationszeit von 30 Minuten

Zeit in Stunden	1	2	3	4	5	6	7	8
Keimzahl	4	16	64	256	1024	4096	16.384	65.536
Zeit in Stunden	9	10	11	12				
Keimzahl	262144	1×10^6	4×10^6	3×10^7				

Desinfektionsmethoden

- Thermische Desinfektion (Dampf; Heißwasser; Heißluft)
- Chemische Desinfektion
- Halogene (Chlor, Jod)
- Aldehyd (Formaldehyd)
- Peroxidverbindungen (Wasserstoffperoxid; Peressigsäure)
- Quarternäre Ammoniumverbindungen (QAV)
- Alkohole

BETRIEBSHYGIENE

Abb. 3.1.7: Einsatzmöglichkeiten von Chlordioxid (Löhrke)

Quaternäre Ammoniumverbindungen (QAV) sind kationaktive Tenside, die neutral reagieren. Ihr Vorteil liegt in der Oberflächenaktivität, die eine gute Benetzung mit sich bringt. QAV belasten Werkstoffe korrosionschemisch nur wenig. Hartes Wasser reduziert die keimabtötende Wirkung. QAV weisen ein hohes Haftvermögen auf. Deswegen sind Oberflächen von Anlagenteilen wie Tanks, die anschließend zur Fermentation dienen, mit mindestens 8 Liter Wasser je m² nachzuspülen, damit die Starterkulturen, also die zur Fermentation benutzten Keime, durch Rückstände an QAV nicht gehemmt werden. Sporen werden durch QAV nicht abgetötet.

Wasserstoffperoxid (H_2O_2) wird beispielsweise für die Desinfektion von Verpackungsfolien in Schlauchbeutelfüllern in einer 15 %igen Lösung mit Netzmittelzusatz für drei bis vier Sekunden verwendet. Der frei werdende Sauerstoff reagiert mit oxidierbaren organischen Membranbestandteilen der Mikroorganismen und erzielt so den wirkungsvollen Keimabtötungseffekt. Anschließend wird es mit Sterilluft bei 105 °C abgetrocknet.

Das Wasserstoffperoxid ist ein sehr starkes Desinfektionsmittel mit hohen Anforderungen an den richtigen Umgang bezüglich des Personenschutzes hinsichtlich der Arbeitssicherheit. Dies gilt für alle Reinigungs- und Desinfektionsmittel!

Arbeitssicherheit beim Umgang mit Chemikalien

Lagerräume für Reinigungsmittel müssen als solche gekennzeichnet werden. Bodenabläufe dürfen nur vorhanden sein, wenn die Behälter in Auffangwannen stehen. Große Reinigungsmittelkonzentratmengen werden von Tankwagen angeliefert und über farblich kodierte Schlauchanschlüsse sowie ordnungsgemäß gekennzeichnete Rohrleitungen in die bauartgeprüften, drucklosen Lagerbehälter gefördert. Das Betriebspersonal kommt mit den Chemikalien dann nicht mehr in Berührung. Die Chemikalienschutzausrüstung muss für das Bedienungspersonal griffbereit liegen.

Grundsatz: Beim Arbeiten mit Gefahrstoffen immer Schutzbrille und Handschuhe tragen!

Abb. 3.1.8: Kennzeichnung für den Umgang mit Reinigungsmitteln (BGN)

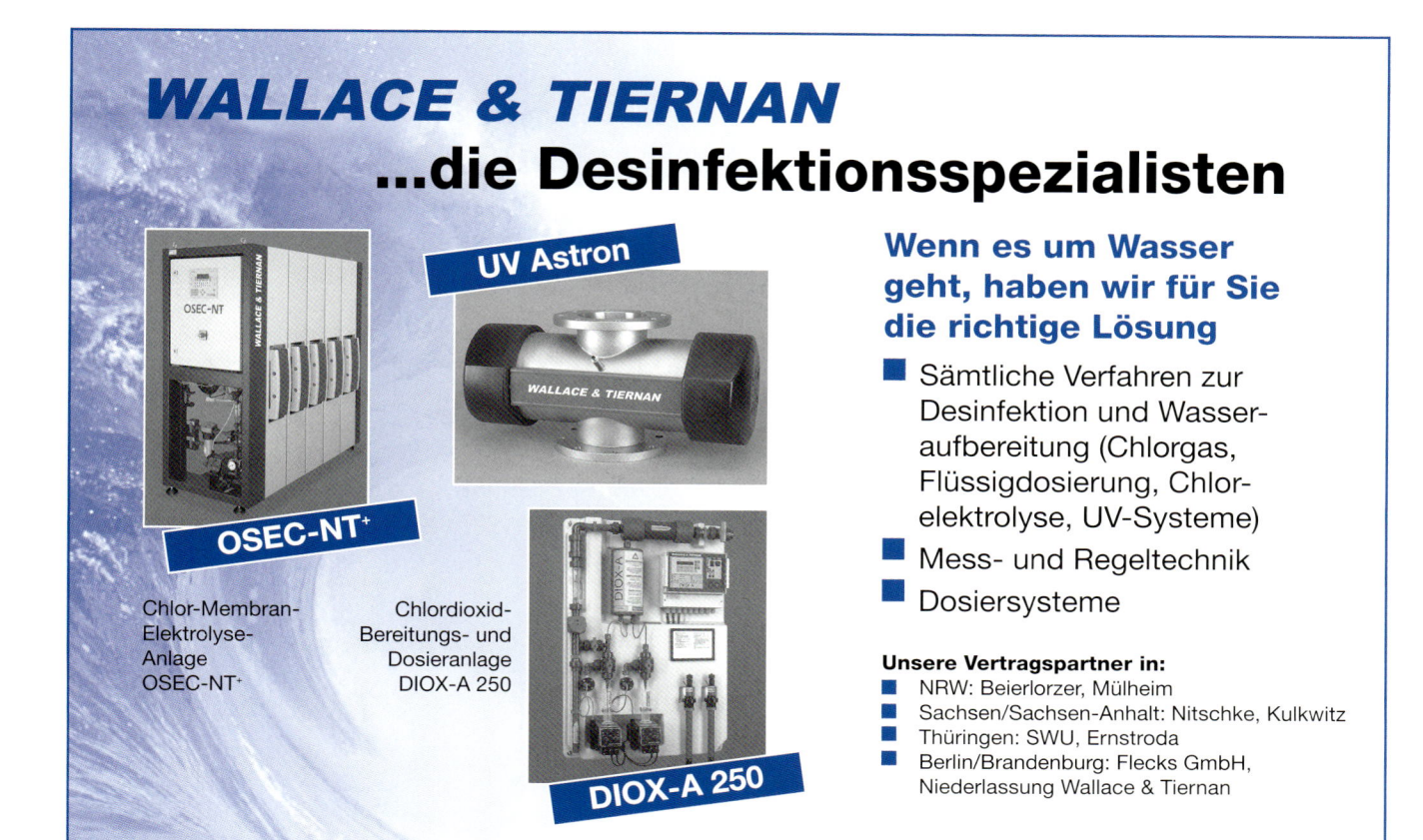

3.2 SCHAUM- UND HOCHDRUCKREINIGUNG

Mechanische Reinigungsgeräte verdienen Beachtung, da die Effektivität erhöht und die Reinigungszeit verkürzt wird. Meistens ist die Wirksamkeit wesentlich höher als bei Handarbeit. Es gibt kein Reinigungsgerät, das für alle Zwecke und universell einsetzbar ist. Jede Technik entwickelt ihren optimalen Wirkungsbereich bei den speziellen betrieblichen Bedingungen.

Leider hat die Reinigungsarbeit ein schlechtes Image. Dies steckt einfach in den Köpfen des Personals. Putzen ist eine lästige Pflicht, die schnellstmöglich irgendwie hinter sich gebracht werden muss. Ein Ausweg aus dem Dilemma wären turnusmäßig eingeteilte Reinigungstrupps oder die Vergabe der Reinigung an externe Unternehmen. Dies hat den Vorteil, dass geschultes Personal für Fehler verantwortlich ist.

Einfache Hilfsmittel wie Schrubber, Bürsten oder Lappen sind immer noch häufig anzutreffen und in vielen Anwendungsfällen sinnvoll. Es gilt jedoch zu bedenken, dass solche Hilfsmittel teilweise über einen zu langen Zeitraum im Einsatz sind und verkeimen. Zudem werden solche Hilfsmittel gerne über mehrere Abteilungen verteilt. Eine Farbkennzeichnung dämmt dies ein. Schrubber und Besen, die ausschließlich für Tische verwendet werden sollen, besitzen am besten einen kurzen Stiel.

Auswahl der Geräte

Es gibt eine Menge Überlegungen, die anzustellen sind, bevor eine endgültige Entscheidung fällt. Zuerst sind betriebliche Gegebenheiten und die Schmutzzusammensetzung zu prüfen. Geeignete Informationsquellen sind Zeitschriften, Messebesuche und Industrieangebote.

Eine große Rolle spielen die räumlichen Bedingungen. Bevor man ein Gerät kauft, lässt man sich die Funktionsweise im Betrieb durch mehrere Anbieter vorführen. Ebenfalls zu berücksichtigen sind die Folgekosten durch den Reinigungsmittelverbrauch und die notwendige Wartung der Anlage.

Der Lieferant soll durch einen Fachmann für die ordnungsgemäße Inbetriebnahme und eine Mitarbeiterschulung sorgen. Regelmäßige Inspektionen und Wartungen gehören zum normalen Service und sollten in Verträgen eingebunden worden sein.

BETRIEBSHYGIENE

Hochdruckreiniger

Auf Grund der einfachen Handhabung und der Wirksamkeit, mit der Verschmutzungen entfernt werden, sind diese Anlagen weit verbreitet. Im Prinzip bestehen Hochdruckreiniger aus einer Druckpumpe, einem Vorratsbehälter für das Reinigungsmittel und einem Druckschlauch mit Düse. Die Pumpe hält den Druck aufrecht und die Düse regelt den Durchsatz. Gleichzeitig wird die vorher eingestellte Reinigungsmittelkonzentration durch Mischung des Konzentrats mit Frischwasser erzeugt.

Die Temperatur soll etwa 55 °C und der Druck etwa 20 bis 85 bar betragen. Der Durchsatz liegt bei 6 bis 16 l/min. Durch die Vernebelung des Reinigungsmittels unter Hochdruck wird die Werkstoffoberfläche mechanisch gereinigt. Der Hauptfaktor für die Wirksamkeit ist die Geschwindigkeit bzw. der Druck, mit der die Reinigungslösung aufgedüst wird.

Der Abstand der Düse zur Werkstoffoberfläche ist entscheidend. Die kleinen Tröpfchen erfahren eine starke Bremswirkung durch den Luftwiderstand, so dass die Wirkung bei über 40 cm Abstand stark abnimmt. Zudem wird durch den großen Sichtabstand beim Einsatz langer Lanzen der Schmutz leicht übersehen.

Durch den hohen Druck erfolgt häufig eine Verteilung des Schmutzes im ganzen Raum. Gleichzeitig ist durch die Funktionsweise eine Aerosolbildung (viele kleine Tröpfchen) bedingt. Auf den Tröpfchen befinden sich Schmutzteilchen und Keime. Die Tröpfchen setzen sich im Laufe der Zeit (über Nacht) ab und schlagen sich auf bereits gereinigten Flächen nieder. Dies führt teilweise zu einer Rekontamination.

Vorsicht bei der Verwendung von Hochdruckreinigern! Es sind keine ungefährlichen Spielzeuge, denn der Druck ist – vor allem aus kurzer Distanz – gewaltig.

Schaumreinigung

Schaumanwendungen sind leicht und schnell durchführbar. Der Schaum selbst ist bereits ein gut sichtbares Anzeichen dafür, wo das Reinigungsmittel aufgebracht worden ist. Vor allem für großflächige Anlagen sowie Fußböden, Wände und Decken bietet sich diese Methode an.

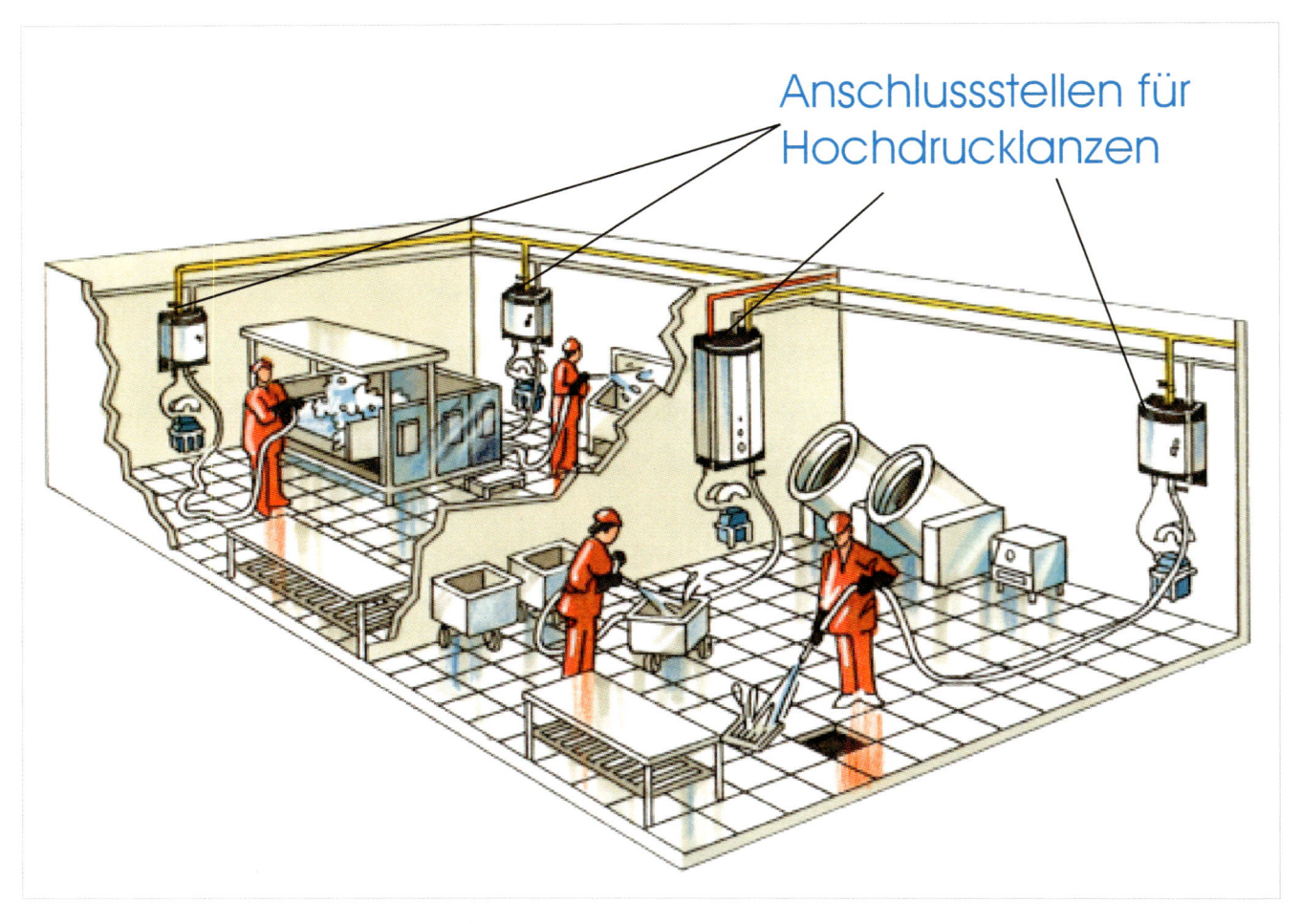

Abb. 3.2.1: Dezentrale Hochdruckreinigungsanlage (Löhrke)

Mit einem geringen Druck von 2 bis 6 bar wird der Schaum durch Einmischen von Luft erzeugt und über eine Düse aufgebracht. Hierbei gilt der Grundsatz „von unten nach oben aufsprühen". Damit soll verhindert werden, dass noch ungeschäumte Flächen durch herablaufenden, bereits weniger wirksamen Schaum geschützt werden. Die Anfangstemperatur soll bei etwa 55 bis 60 °C liegen. Allmählich zerplatzen die Schaumblasen, die Flüssigkeit läuft die Wände hinunter und die Reinigungslösung wird nach und nach freigesetzt. Wichtig ist die Einhaltung der Einwirkungszeit, die etwa eine halbe Stunde betragen soll. Die Konzentration des Reinigungsmittels liegt in der Regel zwischen 2 und 4 %.

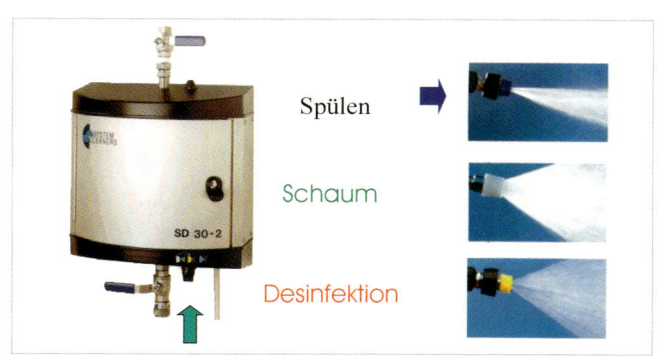

Abb. 3.2.2: Schaumreinigungsgerät, auch zur Desinfektion einsetzbar (Löhrke)

Nach dem Einwirken ist der Schaum großzügig „von oben nach unten" abzuspülen. Idealerweise sind die Oberflächen anschließend mit einem Desinfektionsmittel einzusprühen. Dies kann man über Nacht auf den Flächen lassen und dann abspülen. Oft wählt man ein Desinfektionsmittel, das sich nach einer gewissen Zeit abbaut, so dass am nächsten Produktionstag ohne Verzögerung angefangen werden kann.

Falls ohne Desinfektion gearbeitet wird, ist die Oberfläche auf jeden Fall abzutrocknen. Dazu sind einfache Gummiwischer recht nützlich.

COP - Reinigung (Cleaning out-of-place)

Hier handelt es sich um halbautomatisch arbeitende Anlagen, die Teile oder Behälter reinigen, die aus größeren Maschinen ausgebaut werden müssen. Diese Wascheinrichtungen für Kleinteile enthalten Sprühköpfe und Pumpen, die die Reinigungslösung mit Druck auf die verschmutzten Gegenstände aufbringen. Dabei können die zu reinigenden Teile einfach auf ein Förderband gestellt werden und in die Wascheinrichtung hineintransportiert werden. Am Ende erfolgt ein Abspülen der gereinigten Teile. Eine zweite Möglichkeit wären Wannen, die ebenfalls Zirkulationseinrichtungen und/oder Sprühdüsen enthalten. Die Maschinenteile werden hineingelegt und durch rotierende Bürsten oder starke Strömungskräfte gesäubert.

3.3. PERSONALHYGIENE

Gesetzliche Vorschriften

Zunächst einmal sind die Vorschriften der Lebensmittelhygiene-Verordnung zu beachten. Jeder Betriebsleiter hat Vorkehrungen zu treffen, um eine mögliche Übertragung von Krankheitskeimen auf LM auszuschließen. Bei Durchfall, Erbrechen, Hauterkrankungen, offenen und eitrigen Wunden sowie Erkältungen mit eitrigem Ausfluss der Nase sind die Personen an Plätzen einzusetzen, die keinen direkten Kontakt mit Produkten ermöglichen. Für Personen, die an Shigellenruhr, Hepatitis, TBC usw. leiden, besteht ein Beschäftigungsverbot. Ekelerregende Umstände sind vor Gericht sehr häufige Gründe dafür, dass die Sorgfaltspflicht als verletzt gilt.

Wie vermehren sich Mikroorganismen?

Mikroorganismen vermehren sich durch Teilung, sie verdoppeln sich einfach. Unter günstigen Bedingungen kann sich ein Mikroorganismus in 20 Minuten einmal teilen. Sind also z. B. in einem Gramm Fleisch 100 Krankheitskeime enthalten, so können es nach 20 Minuten bereits 200, nach weiteren 20 Minuten 4000 Keime sein. Aus 100 Keimen können also in 1 Stunde 800 Keime, 2 Stunden 6.400 Keime, 3 Stunden 51.200 Keime, 4 Stunden 409.600 Keime, 5 Stunden 3.276.800 Keime werden. Allerdings nur unter Bedingungen, die für die Mikroorganismen günstig sind.

Ob die Bedingungen für ihre Vermehrung günstig sind, hängt von der Temperatur des Lebensmittels ab, von seinem Wassergehalt, seinem Säuregrad (pH-Wert) und von den Nährstoffen, die das Lebensmittel enthält. Es gibt Mikroorganismen, die sich besonders gut bei Temperaturen über 45 °C vermehren, für andere sind mittlere Temperaturen zwischen 20 und 35 °C am günstigsten, wieder andere vermehren sich am schnellsten bei Temperaturen unter 15 °C. Die meisten Krankheitserreger – aber auch lebensmittelverderbende Mikroorganismen – vermehren sich am besten im mittleren Temperaturbereich.

Wichtig für das Leben von Mikroorganismen ist das Wasser. Sie benötigen es, weil in ihm die Nährstoffe gelöst und transportiert werden. Entscheidend ist aber nicht, wie viel Wasser ein Lebensmittel insgesamt enthält, sondern wie viel von diesem Wasser frei verfügbar – also nicht an andere Stoffe wie Salz oder Zucker gebunden – ist. Im Allgemeinen vermehren sich die Mikroorganismen nur in Lebensmitteln mit mindestens 15 % Wassergehalt.

Auch in säurehaltigen Lebensmitteln können Mikroorganismen wachsen. Von einem bestimmten Säuregrad (pH 4,2) an sind die für uns interessanten lebensmittelvergiftenden Bakterien jedoch nicht mehr lebensfähig.

BETRIEBSHYGIENE

Tab. 3.3.1: Beispiele für leicht verderbliche Lebensmittel und für Ursachen der höheren Keimbelastung

Lebensmittel	Ursachen
Hackfleisch	Hoher Nährstoffgehalt, Verteilung der Mikroorganismen im gesamten Lebensmittel durch die starke Zerkleinerung
Geflügel, Wild	Herkunft und Verarbeitung
Bestimmte Fleischerzeugnisse (Brühwurst, Kochwurst, Aufschnitt)	Zusammensetzung, mangelnde Hygiene bei der Herstellung
Angebratenes oder gegartes Fleisch	Nicht alle Keime werden beim Braten oder Garen abgetötet; mangelnde Hygiene bei der Verarbeitung
Rohe Krusten-, Schalen- und Weichtiere	Herkunft aus verschmutzten Gewässern, mangelnde Hygiene bei der Verarbeitung
Eier- und Milchspeisen, Speiseeis	Evtl. hoher Keimgehalt der Zutaten, zu geringe Erhitzung bei der Herstellung
Majonäsen und Salate	Zusammensetzung, mangelnde Hygiene bei der Herstellung, unzureichende Erhitzung

Besondere Gefahren bei der Verarbeitung von Lebensmitteln

Bei der Lebensmittelherstellung kommt es zu Situationen, die die Ursache für zahlreiche Lebensmittelvergiftungen sind. Auf die folgenden sieben Gefahren sollte ganz besonders geachtet werden.

1. Die Personalhygiene der mit der Verarbeitung von Lebensmitteln Beschäftigten. (Beispiel: schmutzige Hände)
2. „Reine" und „unreine" Arbeitsprozesse werden nicht genügend voneinander getrennt – so werden z. B. keimhaltige Lebensmittel wie Kartoffeln oder andere Erdgemüse zusammen mit bereits gegarten Speisen bearbeitet.
3. Rohe und bereits erhitzte Lebensmittel werden zusammen gelagert – wodurch Mikroorganismen von den rohen, keimhaltigen auf die erhitzten Lebensmittel übertragen werden.
4. Lebensmittel werden nicht genügend gekühlt oder nicht genügend erhitzt – das gilt besonders für Lebensmittel, bei denen die Kühl- oder Erhitzungstemperatur nur langsam das Innerste erreicht. Das ist oft bei Suppen oder Soßen in großen Behältern und bei großen Fleischstücken der Fall.
5. Gegarte Lebensmittel werden zu lange ohne Kühlschrank aufbewahrt.
6. Kühleinrichtungen werden überlastet, wodurch über längere Zeit zu hohe Temperaturen auftreten.
7. Mit der Auftauflüssigkeit von gefrorenem Geflügel und Fleisch wird unvorsichtig umgegangen. Hände, Küchentisch oder Schneidbretter können mit Auftauflüssigkeit verunreinigt werden, die möglicherweise Salmonellen enthält. Lebensmittelinfektionen auslösende Keime werden dadurch auf andere Lebensmittel verschleppt.

Tab. 3.3.2: Keimbelastung von Gegenständen

Gegenstand	Keimbelastung in KBE/cm²
Kopfsalat ungewaschen	10.000 bis 1.000.000
Wagschale (Metzgerei)	750 bis 4000
Küchentisch	300
Kückenbesteck (sauber)	10 bis 250
Handunterseite (sauber)	10 bis 250

Körperhygiene

Im Grunde genommen geht es hier um das gepflegte Äußere. Nachdem es ein heikles Thema ist, das gern einfach ausgeklammert wird, muss mit einem hohen Maß an Fingerspitzengefühl vorgegangen werden.

Folgende Faktoren sollten beachtet werden:
- Körperreinigung; Zahnpflege
- Saubere Hände; Fingernägel kurz und ohne Trauerränder
- Kopf- und Barthaar gepflegt und kurz halten
- Ablegen von Uhren, Schmuck usw.

Tab. 3.3.3: Keimabgabemengen durch den Menschen

Keimabgabe durch	Anzahl abgegebener Keime
Fingerkuppe	20 - 100 pro cm²
Hand	einige Tausend
Ein Mal Niesen	10.000 - 1.000.000
Speichel	1.000.000 - 100.000.000 je ml
Nasensekret	1.000.000 - 10.000.000 je ml

BETRIEBSHYGIENE

Die Hände

Hände übertragen 80 % aller Mikroorganismen. Diese Zahl zeigt uns die Wichtigkeit sauberer Hände. Ein weit verbreiteter Irrtum ist, dass die Händehygiene durch die Verwendung von Handschuhen perfekt wird. Tatsächlich aber übertragen verkeimte Handschuhe ebenso Mikroorganismen wie es ungeschützte Hände tun. Im Inneren der Handschuhe kommt es bei der Arbeit zur Schweißbildung und der Vermehrung von Mikroorganismen. Bei einem abrupten Abziehen der Handschuhe wird dann ein feiner Nebel erzeugt. Nicht gerade günstig für den Hygienestatus eines unverpackten Lebensmittels, wenn es davon betroffen ist!

Bei Verletzungen wie kleinen Schnittwunden sind wasserdichte Verbände oder Fingerlinge zu verwenden. Damit kann die Übertragung von Eitererregern (*Staphylococcus aureus*), die sich in Verletzungen befinden, vermieden werden.

Mitarbeiter kommen häufig mit Packmaterial in Berührung. Hier werden unter Umständen bis 6000 Keime/cm^2 übertragen. Händewaschen hat vor jedem Arbeitsbeginn, nach dem Toilettengang und nach Anfassen verschmutzter Gegenstände zu erfolgen.

Waschbecken sollten mit berührungslosen Hähnen, die über Lichtschranken betätigt werden, ausgestattet sein. Händewaschen umfasst Hände und Unterarme bei fließendem Wasser.

Für die Wasch- und Desinfektionsmittel sind Spender bereitzustellen. Wichtig ist hier der Hinweis, dass erst eine ordnungsgemäße Desinfektion die Keimzahl auf den Händen entscheidend reduziert. Das hängt damit zusammen, dass durch Waschen die natürliche Fettschicht der Haut entfernt wird. Die Keime, die sich in den Rillen der Haut befinden, sind dem Desinfektionsmittel nun frei zugänglich.

Zum Abtrocknen der Hände bieten sich Einweg-Papierhandtücher oder wiederverwendbare Handtuchrollen an. Heißlufttrockner blasen die Mikroorganismen durch die Luft und sind deshalb abzulehnen.

Eine interessante Technik des Händewaschens besteht aus einer Art Röhre mit Sprühdüsen. Wenn man nun die Hände hineinsteckt, werden diese eingeseift, abgebraust und wie von alleine gewaschen.

Kleidung

Die komplette Kleidung sollte nur im Betrieb getragen werden. Die saubere betriebseigene Kleidung ist in ausreichender Menge zur Verfügung zu stellen. Kitteltaschen sollten innen angebracht sein, damit Kugelschreiber nicht herausfallen können. Das Schuhwerk (Sicherheitsschuhe) ist ausschließlich in den Produktionsräumen zu tragen und nicht zur Gartenarbeit Zweck zu entfremden.

Die Kopfbedeckung hat die Haare komplett zu überdecken. Häufig sieht man neckisch zur Verzierung aufgesetzte Käppchen. Diese bringen nichts. Die Forderungen nach einem kompletten Schutz erfüllen nur Haarnetze. Für Bartträger existieren Bartbinden.

- → **Hände mit flüssiger Seife gründlich waschen**
- → **Hände mit einem Papierhandtuch abtrocknen**
- → **3 ml Händedesinfektionsmittel 30 Sekunden lang gründlich in die Hände einreiben, Nagelfalze nicht vergessen**
- → **NICHT MEHR ABTROCKNEN!**

Abb. 3.3.1: Regeln für das korrekte Händewaschen
(confructa medien)

Richtiges Verhalten am Arbeitsplatz:

Gebote:

- → Schmuck – Ringe, Uhren, Armbänder – ablegen
- → Nur direkt benötigte Materialien im Bereich des Arbeitsplatzes lagern
- → Arbeitskleidung korrekt tragen und regelmäßig wechseln
- → Händewaschen vor Arbeitsbeginn, nach den Pausen, nach Toilettenbenutzung, Nase putzen (evtl. Handschuhe tragen)

Abb. 3.3.2: Einige Regeln hinsichtlich der Kleidung und des Verhaltens
(confructa medien)

BETRIEBSHYGIENE

Verhalten am Arbeitsplatz

Fremdkörper haben in der Ware nichts zu suchen. Deswegen ist auf Schmuck, Piercings, Uhren etc. zu verzichten. Rauchen, Essen und Trinken ist am Arbeitsplatz untersagt. Dies kann zu Fremdkörpern im Produkt führen. Flaschen gehen evtl. zu Bruch und auf diesem Weg gelangen Glassplitter in die Ware. Verhaltensweisen wie Nase bohren, spucken oder auf Tische steigen und sich auf Produktionsanlagen setzen verstehen sich als nicht erlaubt. 40 % der Erwachsenen haben in der Nase und im Mund den Eitererreger *Staphylococcus aureus*.

Richtiges Verhalten am Arbeitsplatz:

Verbote:

- → Essen, Trinken, Kauen oder Rauchen in Produktions-, und Lagerräumen. Aufbewahren von Nahrungsmitteln
- → Einbringen von Gegenständen des persönlichen Gebrauchs
- → Direkter Kontakt zwischen Händen eines Beschäftigten und dem offenen Produkt oder einem Ausrüstungsteil, das mit dem Produkt in Berührung kommt
- → Husten und Niesen in Richtung des Produkts

Abb. 3.3.3: Verbote in der Produktion   (confructa medien)

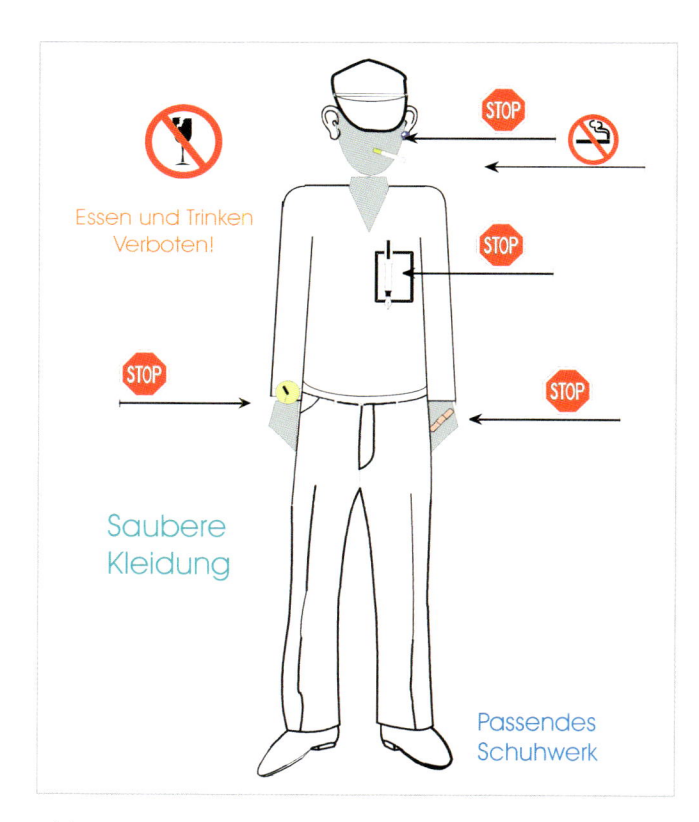

Abb. 3.3.4: Beispiel für einen Aushang vor dem Produktionszugang   (Hofmann)

Schulungen

Mitarbeiter müssen auf den eingeschlagenen Weg zur guten Betriebshygiene eingeschworen werden. Durch praktische Demonstrationen und anschauliches Material ist in aller Regel ein wirksamer Lerneffekt erreichbar. Hygieneschulungen sind regelmäßig durchzuführen und die Teilnahme durch Unterschrift zu bestätigen. Diese Liste kommt in die Personalakte. Wenn es hart auf hart kommt, ist der Arbeitgeber juristisch abgesichert. In einigen Betrieben werden zudem Mitarbeiter zur Teilnahme an Tests verpflichtet.

Kontrolle der Hygiene

Für die Hygienekontrolle gibt es mehrere Alternativen:

a) Eine gute Möglichkeit sind Kontrollen und Hygienepläne, die von externen Leuten durchgeführt werden. Auf diese nur unregelmäßig anwesenden Personen kann jeder Mitarbeiter schimpfen. Gleichzeitig ist ein Druck von außen da, der den Mitarbeitern leicht plausibel gemacht werden kann. (Tab. 3.3.4)
b) Abklatschproben von den Händen: Diese sollte bei allen Mitarbeitern, einschließlich dem Meister gemacht werden. Nach der Auswertung kann man den Unterschied zwischen ungewaschenen, gewaschenen und desinfizierten Händen zeigen. Solche Demonstrationen sind sehr eindrucksvoll.
c) Röhrchen mit Agarstreifen, die nach der Abklatschprobe bebrütet und am Ende ausgewertet werden. Gut geeignet auch für kleinere Betriebe ohne große Laborausstattung.

Durchsetzung der Hygieneregeln

Denkbar sind Zulagen, die bei einem konstant guten Hygieneverhalten gezahlt werden. Dieses ist an sich schwer messbar, aber eine Möglichkeit wäre die Einbeziehung mehrerer Faktoren wie die Produktqualität nach betriebsinternen Maßstäben, die Reklamationshäufigkeit und die schon angesprochenen bakteriologischen Ergebnisse.

Der Aushang von Hinweisen für die Mitarbeiter, an häufig passierten Stellen, wie der Personal- oder Umkleideraum, macht den Mitarbeitern das Firmenziel klar sichtbar.

Bei Neueinstellung eines Mitarbeiters ist eine Festlegung der Konditionen möglich. Hier darf der Hinweis nicht fehlen, dass das Personal den Hygieneanweisungen unbedingt Folge zu leisten hat, andernfalls würde dies ein Grund für die fristlose Kündigung des Arbeitsverhältnisses sein. Die firmenspezifischen Hygieneregeln können als Merkblatt ausgeteilt werden.

BETRIEBSHYGIENE

Tab. 3.3.4: Aushang der Hygieneregeln

Personalhygiene	Seite 1 von 1
Hygieneanweisungen	

HYGIENEREGELN

- Betreten der Produktionsräume nur in Arbeitskleidung.

- Reinigung der Stiefel durch Abspritzen mit Desinfektionsmittel vor dem Betreten der Produktionsräume.

- Tägliches Wechseln der Arbeitskleidung. Bei starken Verschmutzungen ggf. Tragen von Kunststoffschürzen.

- Vollständiges Abdecken der Haare (Mütze, Haarnetz).

- Kein Tragen von Schmuck, Uhren, o. Ä.

- Sorgfältiges Waschen, ggf. Bürsten, und Desinfizieren der Hände
    → vor jedem Arbeitsbeginn
    → sofort nach jedem Toilettenbesuch
    → nach jeder Tätigkeit, bei der die Hände schmutzig geworden sind.

- Ggf. Tragen von Handschuhen.

- Einhalten der persönlichen Hygiene, z. B. saubere, unlackierte und kurze Fingernägel.

- Einhalten von Hygieneregeln im Produktionsbereich:
    → Sauberkeit
    → kein Essen, Trinken oder Rauchen, Schnupfen oder Tabak kauen
    → keine Einnahme von Medikamenten und Wechseln von Verbänden
    → sofortiges Behandeln von Wunden, Behandlung außerhalb der Produktionsräume, außer bei Notfällen
    → Haare kämmen, Ausspucken, Nase bohren, Ohren pulen, in den Zähnen stochern, Niesen und Husten ohne Benutzung von Taschentüchern usw. sind verboten
    → Vermeidung von Kontaminationen durch Reparaturen oder Überschneidungen unreiner und reiner Bereiche, Abdecken der Produkte.

- Melden von Hautausschlägen, offenen Wunden, Durchfall, o. Ä.

- Ordnungsgemäßes Beseitigen der Abfälle.

Verantwortlich für die Durchführung	Firmenstempel/Datum/Unterschrift

BETRIEBSHYGIENE

3.4 UNGEZIEFER UND DEREN BEKÄMPFUNG

Das Auftreten von Ungeziefer in einem Betrieb wird oft unter den Tisch gekehrt, obwohl bei Lebensmitteln naturgemäß nicht nur die Menschen gerne zugreifen. Die Schädlingsbekämpfung ist ein wesentlicher Bestandteil des Hygiene-Audits. Nach § 13 des Bundesseuchengesetzes kann die zuständige Behörde Maßnahmen bei Ungezieferbefall veranlassen. Die gewerbliche Ungezieferbekämpfung darf gemäß § 15 GefahrstoffVO nur von ausgebildeten Fachleuten ausgeführt werden. Das ist sinnvoll, um die störenden Kleintiere mit den richtigen Mitteln zu vertreiben. Die Maßnahmen sind innerhalb von zwei Wochen der zuständigen Behörde zu melden. Eine ordentliche Dokumentation versteht sich von selbst.

Die Folgen des Schädlingsbefalls sind Fraßschäden, teils übel riechende Ausscheidungen in der Verkaufsware, Übertragung von Mikroorganismen und Krankheiten. Vermilbte Lebensmittel beispielsweise gelten als Hygienerisiko ersten Ranges. Sie verursachen teilweise schwere Hautreizungen und Atemwegsallergien. Durch Mäuse verursachter Kabelfraß, beschädigte Dichtungen oder Isolierungen führen teilweise zu teuren Produktionsstillständen.

3.4.1 Einteilung der Schädlinge

- **Hygieneschädlinge** fügen Mensch und Tier gesundheitlichen Schaden zu; Beispiele: Schadnager: Hausmaus, Wanderratte, Hausratte, Deutsche, orientalische, amerikanische Schabe, Stubenfliegen, Schmeißfliegen usw.; Pharaoameise
- **Vorratsschädlinge** schädigen und zerstören Lebens- und Futtermittel (Kornkäfer; Dörrobstmotte)
- **Materialschädlinge** schädigen Textilien, Papier (Motten)
- **Objektschädlinge** beeinträchtigen Bauten und Fassaden (Tauben)
- **Lästlinge** werden überwiegend als lästig oder ekelerregend empfunden (Kellerassel; Silberfischchen)
- **Parasiten** ernähren sich vom Wirt; sie nisten sich ein, schädigen ihn, töten ihn aber meist nicht (Rinderbandwurm).

3.4.2 Schadnager

Schadnager erkennt man durch Fund lebender und toter Tiere, Fraß-, Tritt- und Wetzspuren, Haare, Kot und bei Mäusen am typischen Geruch. Die Maus als Pflanzenfresser mit Naschverhalten nagen viele Lebensmittel an. Dabei wird ständig Kot und Urin abgegeben, Kartons und Umverpackungen werden beschädigt. In sechs Wochen frisst die Hausmaus zwei Kilogramm an Nahrung und sondert dabei 10.000 Kotbällchen und 1/4 l Urin ab. Die Hausmaus hat ein Gewicht von max. 30 g bei einer Körperlänge von bis zu 12 cm. Die Feldmaus hat bis zu 500 Nachkommen in 18 Monaten. Hausmäuse verursachen schwere gesundheitliche Erkrankungen (Salmonellen, Typhus).

Die Ratte (Hausratte und Wanderratte) frisst praktisch alles, auch Abfälle und Unrat. Ratten legen Vorratskammern an und verbreiten Seuchen, obwohl sie selbst gesund sind. Beispielsweise übertragen Ratten als Dauerausscheider gefährliche Keime wie Salmonellen.

Die Wanderratte hat ein Gewicht von oft über 250 g bei einer Körperlänge von mehr als 20 cm. Die Wanderrate ist an der stumpfen Schnauze, am unten hell gefärbten Schwanz und an den kleinen Ohren und Augen zu erkennen. Die Zahl der Nachkommen liegt bis etwa 1.000 Individuen/Jahr. Die Wanderratte tritt im Rudel auf, ist dämmerungsaktiv und dringt über Türen oder Abwasserrohre in die Gebäude ein und nutzt als Nahrungsquelle häufig Abfall.

Die Hausratte besitzt ein Gewicht unter 200 g bei einer Körperlänge von weniger als 20 cm. Sie erkennt man an der spitzen Schnauze, am dunklen Schwanz und an den großen Ohren und Augen. Sie benötigt Wärme und ist daher nicht im Freien sondern in den oberen Etagen von Gebäuden zu finden. Die Hausratte liebt pflanzliche Nahrung und ist ein guter Kletterer. Deswegen erfolgt die Zuwanderung in die Gebäude beispielsweise über Kabel.

Die Nagerbekämpfung geschieht durch Köderboxen (Maus: viele Stellen, Ratte: angehäuft an Fraßstellen), die Gifte wie z. B. Antikoagulantien (Gift kennzeichnen!) enthalten. Die Köder sind zugriffgeschützt, häufig zu kontrollieren und zu erneuern. Nager werden durch das Gift nicht sofort getötet, da sie sonst Artgenossen vom „Genuss" abhal-

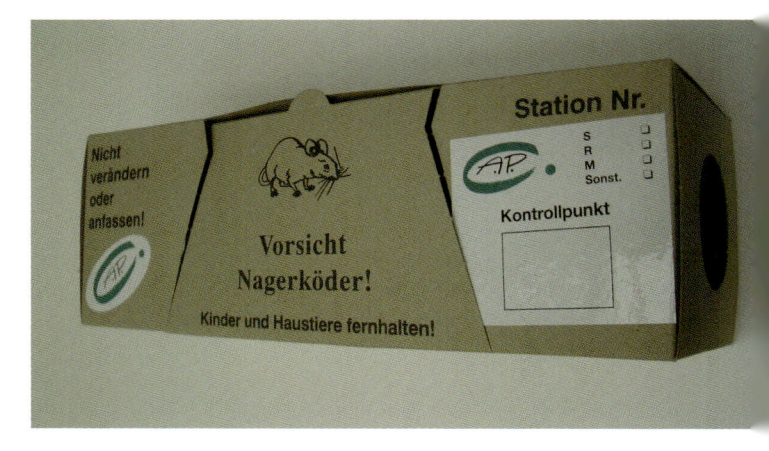

Abb. 3.4.1: Köderbox zur Nagerbekämpfung (Birus)

ten. Die Ausbringung ist möglich als Pulver, in Pellets, Blöcken, als Konzentrat oder Gel.

Fallen werden zur Bekämpfung und zum Monitoring, also zur Überwachung eingesetzt. Zur Vorbeugung muss man die Zuwanderungsmöglichkeiten eingrenzen, in dem man z. B. Kanäle verschließt.

3.4.3 Schaben

Schaben treten in Gruppen auf, sind Allesfresser und Kannibalen. Sie erbrechen sich, wenn der Magen voll ist und legen auf diese Weise Vorräte an. Schaben vermehren sich schnell (Generationsdauer: 2 bis 27 Tage). Ihre Ausscheidungen wie Exkremente, Kropfinhalt, Eipakete (Ootheken), Häutungsreste usw. gelangen möglicherweise ins Produkt. Lebensmittelrechtlich gelten Schaben zudem als ekelerregend. Über 50 verschiedene Krankheitserreger (Salmonellen; Staphylokokken usw.) werden durch Schaben übertragen.

Schaben sind nachtaktiv, ruhen in Fugen und Ritzen und bevorzugen Temperaturen um 25 °C sowie eine relative Luftfeuchte von 65 % und höher. Sie verbergen sich in der Nähe von Warmwasserleitungen, hinter Verkleidungen und Regalen, in Kabelhülsen, abgehängten Decken und Gullys.

Die deutsche Schabe ist 12-15 mm groß und besitzt zwei dunkle Streifen auf der Vorderbrust. Die Flügel sind nur zum Segeln. Haftorgane an den Füßen ermöglichen das Klettern auf glatten Flächen. Die Eier befinden sich in braunen Kapseln am Weibchenhintern. Bei starkem Befall ist ein übler Geruch wahrnehmbar.

**Orientalische Schabe
Blatta orientalis**

Abb. 3.4.2: Orientalische Schabe (Küchenschabe) (Birus)

Die orientalische Schabe (Küchenschabe) ist bis 30 mm lang und einheitlich dunkelbraun. Die Ootheken werden an dunklen Stellen wie im Keller abgelegt. Sie klettern nur auf rauen Oberflächen.

Die amerikanische Schabe erreicht eine Größe bis 44 mm, die Flügel sind länger als der Körper und sie ist ein aktiver Flieger. Die Farbe ist rotbraun, mit rost-gelber Binde an Vorderbrust und Rücken. Die amerikanische Schabe bevorzugt Temperaturen über 30 °C und eine hohe Luftfeuchte. Man findet sie deshalb eher in Gewächshäusern und Zoos.

Die Braunbandschabe (Möbelschabe) ist ein neuer Schädling aus Nordamerika und ähnelt der deutschen Schabe. Die Grundfarbe ist jedoch rötlichbraun mit dunklem Trapez auf dem Vorderbrustrücken. Die Braunbandschabe hält sich auch an trockenen Orten auf.

Man erkennt einen Schabenbefall an den Häutungsresten der Nymphen, an den Ootheken, an Exkrementen, am schwarzen Kot (1-2 mm) und an erbrochenem Vormageninhalt („Schabenstraßen").

Abb. 3.4.3: Köderbox für Schaben (Birus)

Die Bekämpfung geschieht durch Insektizide mit Fraß-, Kontakt- oder Atemgift. Die Eipakete (Ootheken) sind extrem widerstandsfähig gegen Insektizide. Vorher ist eine mechanische Reinigung und erst dann die längere Anwendung der Insektizide ratsam. Man verwendet eine Köderdose, ein Gel oder versprüht das Gift. Das Schabenmonitoring erfolgt durch Fallen mit Klebeflächen und Lockstoff (Pheromon).

BETRIEBSHYGIENE

3.4.4 Fliegen

Starker Fliegenbefall deutet generell auf unsauberes Arbeiten hin. Einzelne Stubenfliegen können bis zu 2 Millionen Keime übertragen. Deshalb ist das Vorkommen von Fliegen in der Produktion nicht zu verharmlosen, sondern dem sollte auf jeden Fall Einhalt geboten werden. Die Entwicklung verläuft über Ei, Made (Larve) und Puppe. Schmeißfliegen legen Eier in tote Tiere und die Larven bohren sich ein. Die große Stubenfliege liebt menschliche und tierische Ausscheidungen und gilt als Überträger von Ruhr, Typhus, Salmonellen und Kinderlähmung. Für die kleine Stubenfliege (ca. 6 mm lang) sind ruckartige Flugbewegungen typisch. Die Eier werden in feuchte, faulende Stoffe wie z. B. Küchenabfälle abgelegt. Entwicklung und Infektionsgefahr entsprechen der großen Stubenfliege.

Die gelbliche Tau-, Frucht- oder Essigfliege ist in unsauberen Lebensmittelbetrieben, Gaststätten, Obst- und Gemüseregalen zu Hause. Die Größe beträgt zwei bis vier mm. Die Eier werden in gärende pflanzliche Nahrung gelegt. Die Fruchtfliegen übertragen Hefen und Essigbakterien.

Abwehr und Bekämpfung der Fliegen

Vorbeugend ist Abfall sorgfältig zu bedecken und zu entsorgen. Fenster, die nach außen zu öffnen sind, werden mit Gaze mit Maschenweiten unter 2,5 mm bestückt. Wirksam ist UV-Licht, das Fliegen magisch anzieht, in einer Lockfalle mit einem Hochspannungslichtbogen, der sie tötet. Nebelpräparate setzt man bei starkem Befall ein. Klebefolien, UV-Lockfallen mit Klebefolien, UV-Insektenvernichter und Fruchtfliegenfalle ohne Gift, aber mit Lockstoff sind weitere Alternativen.

Abb. 3.4.4: UV-Falle zur Fliegenbekämpfung (Birus)

3.4.5 Ameisen

Die Pharaoameise weist eine Größe von ein bis 2,5 mm auf und ist bernsteingelb mit dunkler Hinterleibsspitze. Sie ist nachtaktiv, bevorzugt ein feuchtwarmes Klima (z. B. Bäckereien) und legt ihre verzweigten Nester mit mehreren Königinnen im Gebäude an. Die Pharaoameise ist ein Allesfresser, bevorzugt aber tierisches Eiweiß und Kot. Sie ist ein häufig unterschätzter, jedoch gefährlicher Hygieneschädling, befrisst Wunden und Schleimhäute und überträgt Infektionskrankheiten. Bei der Bekämpfung aller Ameisenarten gilt es, die Königinnen zu finden und zu beseitigen.

3.4.6 Vorratsschädlinge

Darunter fallen Käfer wie der Mehl- oder der Kornkäfer und vorratsschädigende Motten wie die Mehlmotte.

Beim Brotkäfer sitzt der Kopf unter dem Halsschild, die Fühler verzweigen sich in drei Gliedern. Er ist rotbraun, flugfähig, nachtaktiv und etwa 3-6 mm groß. Man findet ihn in Bäckereien und Gewürzlagern.

Der Getreideplattkäfer weist seitlich ein gezähntes Halsschild auf und kommt in Getreidesilos und Bäckereien vor. Unter 18 °C findet keine Vermehrung statt. Die Entfernung erfolgt durch Begasung mit Kontaktinsektiziden durch einen Fachmann unter Vernichtung des befallenen Gutes.

Der Erdnussplattkäfer ist dem Getreideplattkäfer sehr ähnlich und bevorzugt ebenfalls höhere Temperaturen. Er befällt Nüsse und Kakaoprodukte.

Der Kornkäfer ist 3 bis 5 mm lang und nicht flugfähig. Er ist der häufigste Getreideschädling. Bekämpft wird er durch Begasen mit Phosphorwasserstoff durch einen Fachmann. Einwandfreie Ware wird zur Vorbeugung kühl gelagert.

Der Reiskäfer ist kleiner, flugfähig und wärmebedürftiger als der Kornkäfer. Das Weibchen legt Eier in Reiskörner; dort entwickeln sich Larven in einem Monat. Betroffen sind Reis, Getreide, Erbsen, Mehl, Brot. Zur Bekämpfung begast man die Vorräte.

Der Schinkenkäfer ist ein auffällig bunt gefärbter, ca. 5 mm großer Käfer. Unter 18 °C ist keine Entwicklung möglich. Er befällt fettige Lebensmittel und Häute, Därme, Knochen, Kokos, Erdnuss oder Dörrobst.

Der Kräuterdieb ist weltweit verbreitet und bevorzugt an getrockneten Pflanzenteilen wie Tee oder

BETRIEBSHYGIENE

Abb. 3.4.5: Mehlmotte (Birus)

Gewürze (auch gemahlen) zu finden. Die Käfer durchnagen Verpackungen.

Vorratschädigende Motten gehören zu den Kleinschmetterlingen und sind Schädlinge in Mühlen, Silos oder Bäckereien. Dazu zählen die Mehlmotte, die Kakao- oder Speichermotte, die Dörrobstmotte und seltener die Getreidemotte.

Die Mehlmotte ist bis 14 mm groß und überall, wo Mehl und Getreide verarbeitet oder gelagert wird, zu Hause – auch in Nudeln, getrockneten Früchten, Kakao oder Nüssen. Raupen spinnen Fäden, als Puppe entwickelt sie sich in einem Seidenkokon.

Die Kakaomotte gilt als gefährlicher Schädling in der Süßwarenindustrie, besonders bei Kakao und Schokolade (sog. „Würmer in Schokolade"). Sie befällt auch Nüsse, Mandeln, Rosinen, Getreideprodukte und Tabakwaren.

Die auffällige Dörrobstmotte ist weltweit verbreitet, bis 15 mm lang und an einem weißen Kokon zu erkennen.

Beim Mottenmonitoring und bei der Mottenbekämpfung werden die Tiere über Pheromone (Duftlockstoffe) angelockt und in Trichtern oder Leimfallen festgehalten.

3.4.7 Lästlinge

Die Staublaus kann eine Größe von 1 bis 2 mm erreichen und benötigt ein feuchtes Klima, kommt aber ebenfalls in kühlen Räumen vor. Sie ist vor allem auf Packmaterialien wie z. B. Karton zu finden.

Die Keller- oder Mauerasseln sind eigentlich Krebstiere, die außerhalb von Wasser leben können und dunkle, feuchte Räume wie z. B. Keller lieben. Sie besitzen Kiemen, die einen Feuchtfilm benötigen.

Das Silberfischchen ist ein Urinsekt ohne Flügel. Das Silberfischchen benötigt ein feuchtes, warmes Klima wie es z. B. im Keller oder im Bad herrscht. Als Nahrung dienen Papier, Bücher, Textilien.

3.4.8 Objektschädlinge

Die verwilderten Tauben stammen von der südeuropäischen Felsentaube ab und schädigen Fassaden massiv. Sie übertragen Infektionskrankheiten und schleppen Schädlinge ein (z. B. Speckkäfer). Tauben dürfen nur vertrieben, nicht bekämpft werden. Zur Abwehr werden Vögeln und Tauben Landungen und Sitzmöglichkeiten entzogen. Im Handel sind Drähte, Spikes, Netze und eine harmlose Elektro-Taubenabwehr erhältlich.

3.4.9 Allgemeine Grundsätze des Schädlingsmonitorings

Professionelle Firmen nehmen zuerst eine eingehende Objektbesichtigung und Analyse vor. Die Schädlinge werden identifiziert und es werden Schädlingsbekämpfungsprogramme ausgearbeitet. Aufenthaltsplätze und Brutnischen werden durch Demontage von Anlagen oder Verkleidungen oder Isolierungen systematisch freigelegt. Dies geschieht im Rahmen von regelmäßigen Hygiene-Audits. Die Behandlung von Schädlingsverstecken erfolgt unter Beachtung der Raumnutzung. Zudem werden geeignete Indikatorsysteme zum Nachweis der Tilgung bzw. zum Erkennen des Neubefalls installiert. Wichtig ist die Einleitung von Maßnahmen zur Beseitigung ungezieferfördernder Faktoren.

Abb. 3.4.6: Pheromonfalle für Motten (Birus)

BETRIEBSHYGIENE

Maßnahmen zur Verhinderung von Schädlingsbefall

- Lebensmittelreste nicht länger als unbedingt nötig liegen lassen, sondern regelmäßig wegräumen. Biotonne beachten!
- Befallene Ware sofort beseitigen!
- Kontrolle der Rohware und Verpackungsmaterialien
- Raumtemperatur senken
- Regelmäßige Inspektionen des gesamten Betriebs, um Befall festzustellen. Achten Sie auf Kot- und Nagespuren, Eipakete und befallene Ware
- Übersichtliche Lagerhaltung mit MHD führen. (Regale aus Metall)
- Produktions- und Lagerräume regelmäßig reinigen. Das gilt insbesondere für dunkle und schwer zugängige Winkel!
- Feuchtigkeitsansammlungen vermeiden
- Blenden, Abdeckungen und Verkleidungen entfernen
- Möglichst auf Hohlräume (Kabelschächte) und abgehängte Decken verzichten
- Bauliche Instandhaltung des Betriebs

Vor dem Einsatz chemischer Mittel sind Lebensmittel- und Bedarfsgegenstände aus dem Raum zu entfernen und die Produktion einzuschränken. Nach der Behandlung werden Räume und Gegenstände dekontaminiert. Regelmäßige Rückstandsuntersuchungen weisen die ordnungsgemäße Durchführung nach. Die Vergiftungsgefahr der Mitarbeiter ist nicht zu unterschätzen, da es sich um Fraß-, Atem- oder Kontaktgifte handelt. Pheromonfallen – Pheromone sind Lockstoffe – minimieren als geeignete Alternative den Gifteinsatz.

WITT

"Flexibilität bedeutet für uns – keine Standardanlagen aus dem Katalog. Wir entwickeln individuelle, wirtschaftliche, ökologische und langlebige Lösungen unter Berücksichtigung geringer Investitions- und Betriebskosten.
Unseren Konzepten können Sie vertrauen!"
Michael Elsen
Vertrieb Westdeutschland

TH. WITT Kältemaschinenfabrik GmbH

Lukasstraße 32 · 52070 Aachen, Germany · Tel. 0241-182 08-0 · Fax 0241-182 08-19 · info@th-witt.com · www.th-witt.com

Fordern Sie noch heute Prospektmaterial an und unsere Fachleute heraus!

4. ENERGIEWIRTSCHAFT

4.1 DAMPFERZEUGER – HEISSWASSERBEREITER – THERMOÖLKREISLÄUFE

Brennstoffe

Heutzutage verwendet man in der Regel Gas und Heizöl EL (Extra Leicht). Gas ist jederzeit verfügbar und benötigt keine aufwendige Lagerung bei Direktbezug. Erdöl dagegen muss in doppelwandigen Spezialtanks sicher aufbewahrt werden. Verschmutzungen des Erdreiches oder gar des Wassers mit Öl können äußerst kostspielig sein. Immer häufiger wird Biogas, das durch die anaerobe Klärschlammbehandlung entsteht, verwendet. Die aufgewendete Energie errechnet sich aus der verbrauchten Brennstoffmenge in kg bzw. m³ multipliziert mit dem Brennwert in kJ/kg bzw. kJ/m³.

Tab 4.1.1: Brennwerte verschiedener Brennstoffe

Brennstoff	Brennwert in kWh/kg bzw. kWh/m³	Brennwert in kJ/kg bzw. kJ/m³
Heizöl	11,72	42.400
Erdgas	11,46	41.200
Stadtgas		16.800
Steinkohle		29.400

Darüber hinaus sind die Abgaswerte der TA Luft einzuhalten. Nachdem damit zu rechnen ist, dass die Grenzwerte noch abgesenkt werden, ist es sinnvoll, die Anlage zukunftsweisend auszurüsten.

Tab 4.1.2: Abgaswerte der beiden Brennstoffe Heizöl EL und Erdgas

Stoff	Heizöl extra leicht mg/m³	Erdgas mg/m³
Staub	50	5
CO	170	100
NOx	250	200
SO2	340	35

Brenner

Gasbrenner bestehen z. B. aus Lochplatten mit schrägen Bohrungen, die einen Drall und somit eine gute Vermischung mit der Verbrennungsluft mit folglich geringerer Rußbildung erzeugen. Die Verbrennungsluft wird bei größeren Anlagen durch einen Ventilator zugeführt, dessen Drehzahl mit einem Initiator überwacht wird. Sinkt die Drehzahl unter einen gewissen Schwellenwert, schaltet die Anlage wegen Luftmangel ab. Bei Wiederinbetriebnahme muss der Verbrennungsraum zuerst mit Luft gespült werden, um eine Verpuffung zu verhindern.

Ölbrenner haben die Aufgabe, das Öl zu zerstäuben und es mit der Verbrennungsluft zu vermischen. Dabei muss der Ölbrenner das richtige Mischungsverhältnis Öl/Luft und über Drallschaufeln die richtige Flammenform herstellen sowie das Ölnebel-Luft-Gemisch zünden. In der Regel geschieht das durch einen Hochspannungsfunken.

Wärmeträger

Der Wärmeträger transportiert die Energie vom Dampf- oder Heißwasserkessel zum Medium, das erhitzt werden soll. Man hat die Wahl zwischen Dampf, Heißwasser und Thermoöl. Der häufigste Wärmeträger für Erhitzungsprozesse ist Dampf, der einen hohen Enthalpiegehalt aufweist.

Beim Aufheizen von Wasser steigt zuerst die Temperatur bis zum Siedepunkt. Führen wir dem Wasser weiter Energie zu, so wird die Temperatur vorerst nicht weiter steigen, sondern es fängt an zu sieden, wobei Wasserdampf gleicher Temperatur entsteht. Die Energie wird also komplett in die Änderung des Aggregatzustandes von flüssig nach gasförmig investiert. Die Energiemenge, die man benötigt um 1 kg Wasser in 1 kg Wasserdampf zu verwandeln nennt man spezifische Verdampfungs-

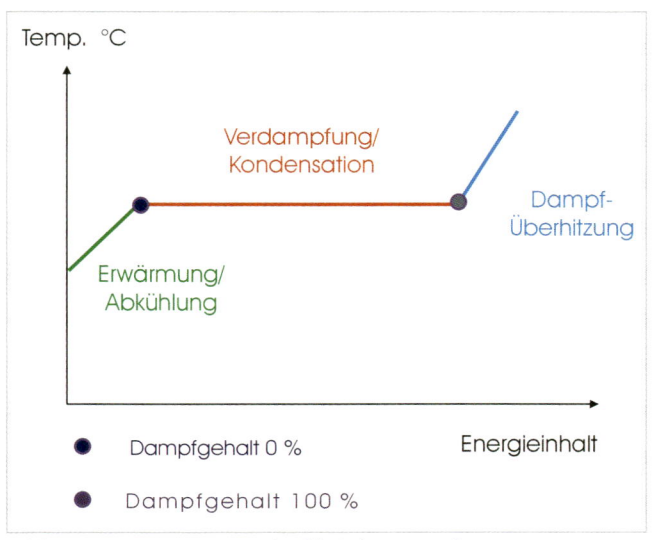

Abb. 4.1.1: Temperaturverlauf bei der Dampferzeugung

(Birus)

ENERGIEWIRTSCHAFT

enthalpie (= Verdampfungswärme). Sie ist druckabhängig und beträgt bei 1 bar etwa 2257 KJ/kg.

Von Nassdampf spricht man, wenn eine Mischung von Dampf mit Wassertröpfchen vorliegt Der schnell strömende Nassdampf mit den darin schwebenden Flüssigkeitströpfchen kann in Rohrleitungen die gefürchteten Dampfschläge erzeugen, die als knallende, knackende Geräusche bekannt sind. Ist das Wasser komplett verdampft (Dampfanteil = 100 %), entsteht Sattdampf.

Wird der Sattdampf (der Siedetemperatur aufweist) weiter erhitzt, so steigt seine Temperatur an und er wird zum Heißdampf (überhitzter oder hochgespannter Dampf).

Die Sattdampftemperatur und die Nassdampftemperatur stehen immer mit dem Druck in direktem Zusammenhang, nicht aber die Heißdampftemperatur. Dies wird in der Dampfdrucktabelle festgehalten.

Die Leistung von Dampferzeugern wird in kg Dampf je Stunde oder t Dampf je Stunde angegeben. Mit einem kg Sattdampf kann man z. B. etwa 8,2 kg Wasser von 10 °C auf 75 °C erhitzen.

Eigenschaften von Dampf

Die Temperatur und der Druck von Dampf und siedendem Wasser stehen in direktem Zusammenhang. Die Sättigungstemperatur ist also vom Druck abhängig. Die Werte sind aus einer Tabelle ablesbar. Beispiel: Bei 130 °C beträgt der Druck des siedenden Wassers 2,7 bar absolut. Während des Siedens oder Kondensierens bleibt die Temperatur konstant.

Tab. 4.1.3: Siededruck und spezifisches Volumen von Wasserdampf in Abhängigkeit von der Temperatur

T in °C	Dampfdruck in bar	Spezif. Dampf-Volumen in m³ / kg	T in °C	Dampfdruck in bar	Spezif. Dampf-Volumen in m³ / kg
-50	0,00004	25.880	75	0,3856	4,10
-45	0,00007	14.571	80	0,4736	3,40
-40	0,00012	8764	85	0,5782	2,80
-35	0,00022	4865	90	0,7011	2,40
-30	0,00038	2944	95	0,8455	2,00
-25	0,00063	1804	100	1,0133	1,70
-20	0,001	1138	104	1,1672	1,40
-15	0,0016	721	110	1,4327	1,21
-10	0,0026	467	114	1,6367	1,05
-5	0,004	309	120	1,9854	0,89
0	0,0061	206	124	2,2491	0,79
5	0,0088	145	130	2,7013	0,67
10	0,0123	106,4	135	3,1310	0,58
14	0,0160	82,8	140	3,6140	0,50
18	0,0206	65,1	145	4,1550	0,44
20	0,0234	57,8	150	4,7600	0,39
22	0,0264	51,5	155	5,4330	0,35
24	0,0298	45,9	160	6,1810	0,31
26	0,0336	41,0	165	7,0080	0,27
28	0,0378	36,7	170	7,9200	0,24
30	0,0424	32,9	175	8,9240	0,20
35	0,0562	24,5	180	10,0270	0,17
40	0,0738	19,5	185	11,2330	
45	0,0958	15,2	190	12,5510	
50	0,1234	12,0	195	13,9870	
55	0,1575	9,6	200	15,5490	
60	0,1992	7,7	210	19,0770	
65	0,2502	6,2	215	21,0690	
70	0,3116	5,0	220	23,1980	

Beachte:
- Jeder Stoff hat eine eigene Dampfdruckkurve. Das Kältemittel Ammoniak beispielsweise hat bei einem bar eine Verdampfungstemperatur von −33,4 °C und eine spezifische Verdampfungswärme von 1370 KJ/kg

ENERGIEWIRTSCHAFT

Tab. 4.1.4: Vergleich von Dampf und Heißwasser

Warm- und Heißwasser	Wasserdampf
Zur indirekten Beheizung mit Temperaturen bis 100 °C	Zur indirekten und direkten Beheizung mit Temperaturen über 100 °C
Einsetzbar bis ca. 220 °C	Sattdampf bis ca. 220 °C Heißdampf möglich
Verdampfung unzulässig	Verdampfung gewollt, zur Aufnahme der Verdampfungswärme
1 t Heißwasser nimmt durch Erwärmung von 120 auf 160 °C 48 kWh auf	1 t Heißwasser nimmt bei 6 bar durch Verdampfung 574 kWh auf
Volumenveränderung 1,02-fach	Volumenveränderung 252-fach
Mediumtransport durch Umwälzpumpe	Mediumtransport durch Eigendruck
Ausdehnungsgefäß und meist Fremddruckhaltung	Kondensat-/Speisewassergefäß, Entspannung oder Eigendruck
Geeignet für lange Transportwege	Transportwege möglichst kurz
Große Leitungsquerschnitte erforderlich	Geringe Leitungsquerschnitte möglich
Geschlossene verlustarme Systeme	Offene verlustreiche Systeme. Geschlossene verlustarme Systeme möglich

Die 100 %-Last heißt maximale Dauerleistung; die 80 % -Last ist die Nennleistung.

Die Entscheidung, welcher Wärmeträger eingesetzt wird, ist nach den betrieblichen Bedingungen zu fällen. Folgende Faktoren spielen eine Rolle:

- benötigte Wärmemenge
- Für die Produkterhitzung erforderliche Temperatur und Druck
- Nutzungsdauer und Lastschwankungen durch evtl. Chargenbetrieb
- notwendige Sicherheitseinrichtungen/TÜV-Überwachung

Die Druckgeräterichtlinie (DGRL)

Sie ersetzt die nationalen Normen innerhalb der EU. Die Kessel nach der DGRL erhalten alle das CE-Zeichen. In der DGRL sind die Anforderungen an Druckgeräte und Baugruppen über 0,5 bar Überdruck geregelt bezüglich: Werkstoffe, Konstruktion, Bemessung, Herstellung, Prüfung und Konformitätsbewertung, Überwachung von Herstellerbetrieben sowie Kennzeichnung und Dokumentation.

Die Art und Durchführung der wiederkehrenden Prüfungen sind in der Betriebssicherheits-Verordnung (BetrSichV) festgelegt, die sich auf die TRD (Technischen Regeln für Dampfkessel) beziehen. Kessel sind ab Kategorie 3 und einem Produkt p*V (Druck * Volumen) größer als 1000 bar*l durch eine zugelassene Prüfstelle, beispielsweise dem TÜV, zu überprüfen. Der TÜV verlangt (ca. 10.000 EUR teure) Ultraschallprüfungen bei Dampfkesseln mangels Besichtigungsfähigkeit. Hinzu kommen Kosten für Druckprüfungen und innere Kontrollen in Folge kürzerer Prüfintervalle.

Einteilung der Dampfkessel

Die Druckgeräterichtlinie regelt unter anderem die Beaufsichtigung und die wiederkehrenden Prüfungen der Dampfkessel. Dazu werden die Dampfkessel in 4 Gruppen eingeteilt, für die auch unterschiedliche Regelungen gelten.

Tab. 4.1.5: Regelungen bezüglich der Prüfung eines Druckbehälters gemäß DGRL

Kategorie nach DGRL	Volumen V in Liter	Druck p in bar	p x V in bar * l	Prüfung vor Inbetriebnahme	Wiederkehrende Prüfung		
					Äußere Prüfung < 1 Jahr	Innere Prüfung < 3 Jahre	Festigkeitsprüfung < 9 Jahre
Art. 3 Abs. 3 DGRL	< 2	beliebig	beliebig	Keine überwachungsbedürftige Anlage; Prüfung nach Montage und ggf. wiederkehrend durch bP nach § 10 BetrSichV			
I	> 2	beliebig	< 50	bP	bP	bP	bP
II	> 2	< 32	50 < pV < 200	bP	bP	bP	bP
III	< 1000	< 32	200 < pV < 1000	ZÜS	bP	bP	bP
III	< 1000	< 32	1000 < pV < 3000	ZÜS	ZÜS	ZÜS	ZÜS
IV	V > 1000 oder p > 32 oder pV > 3000			ZÜS	ZÜS	ZÜS	ZÜS

bP = befähigte Person; ZÜS = zugelassene Überwachungsstelle

ENERGIEWIRTSCHAFT

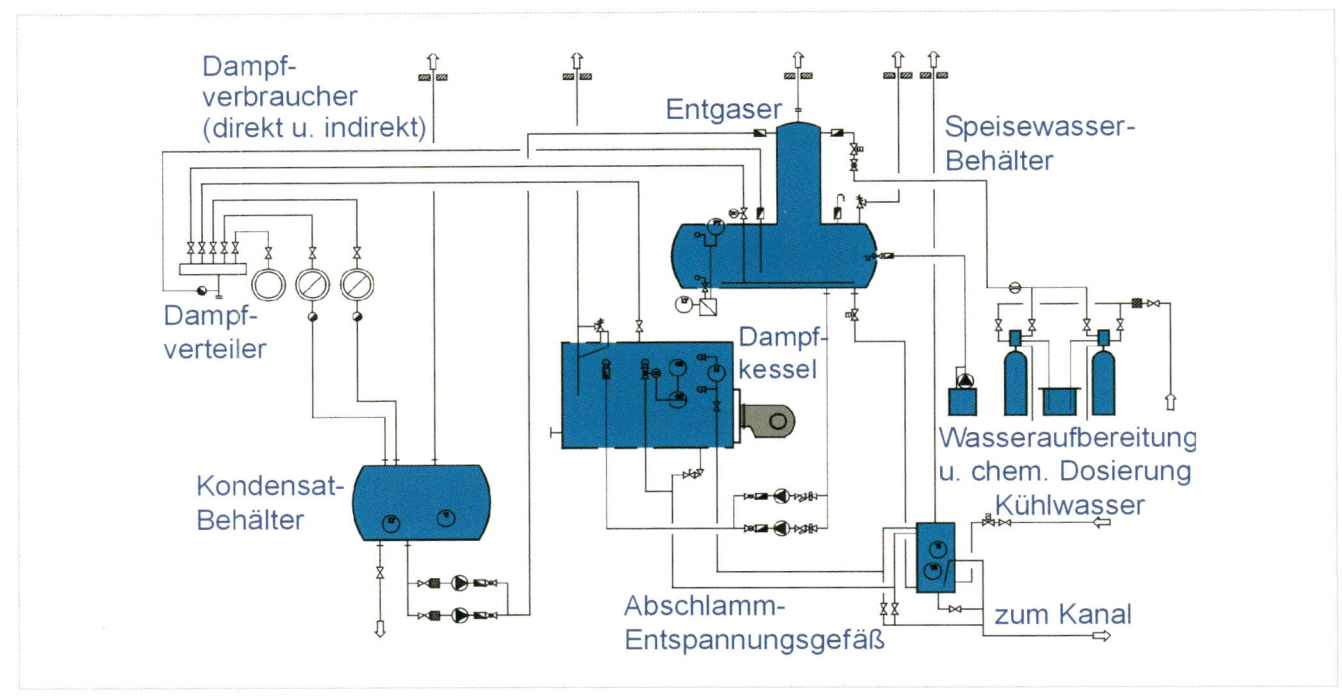

Abb. 4.1.2: Kesselanlage mit Kondensatrückführung, Wasseraufbereitung und Abschlammvorrichtung (Loos)

Die Prüfung erfolgt durch eine zugelassene Überwachungsstelle oder durch eine befähigte Person, also einen Kesselwärter, der einen entsprechenden Lehrgang mit bestandener Prüfung nachweisen kann.

Aufbau eines Dampf- und Kondensatkreislaufs

Der im Dampferzeuger bereitgestellte Dampf gelangt in einen Verteiler. Anschließend wird der Druck durch einen Druckminderer verringert. Dann strömt der Dampf in die Verbraucher und kondensiert dort. Hinter den Verbrauchern sind Kondensatabscheider eingebaut, die ausschließlich Kondensat und keinen Dampf durchlassen.

Das anfallende Kondensat – meist unter Druck stehend und heiß – soll im Kreislauf bleiben und erneut in das Speisewasser gelangen. Da im Speisewasserbehälter ein deutlich niedrigerer Druck herrscht, ist das Kondensat nach dem Kondensatableiter einer Druckabsenkung unterworfen. Das Kondensat kann offen oder in einem unter Druck stehenden System zurückgeführt werden. Bei der offenen Variante kommt es bei der Entspannung zur Nachverdampfung. Das hat einen Energieverlust zur Folge. (Abb. 4.1.2)

Niederdruck-Dampfkessel

Es handelt sich um Kessel der Gruppe II bis 1 bar Betriebsüberdruck. Zur sicherheitstechnischen Überwachung gehören u. a. eine Überdrucksicherung, ein Druckwächter, zwei Druckregler, ein Manometer und ein Wassermangelschalter. Die Elektroden geben ihr Signal auf ein Stellorgan (Speisewasserpumpe, Brenner) weiter. Der Wassermangelschalter setzt bei zu geringer Füllhöhe die Anlage außer Betrieb. Die Mangelsicherung ist nur von Hand zu entriegeln.

Hochdruckdampfkessel

Flammrohr-Rauchrohr-Dreizugkessel

Diese häufig anzutreffende Bauart umfasst Kessel mit einem Betriebsüberdruck von ein bis 32 bar und zählt zur Gruppe der sog. Großwasserraumkessel, also Kessel mit einem großen Wasserinhalt. Der Brenner wirft seine Flamme in das gewellte Flammrohr, das am anderen Ende die heißen Rauchgase in die Rauchrohre weiterleitet. In der hinteren Wendekammer erfolgt die erste Umlenkung, in der vorderen die zweite. Dabei geht die Wärme der heißen Abgase auf das Wasser über. Die Hitze führenden Bauteile sind vollständig mit Wasser umspült, das auf diese Weise zu Dampf wird. Die Brennstoffzufuhr und die Wasserspeisung sollten für die Erzielung einer konstanten Dampfqualität gleichmäßig sein. Dazu verwendet man Pumpen mit Frequenzumrichter-Motoren. (Abb. 4.1.3)

Die Vorteile liegen in der großen Wärmespeicherfähigkeit, dem recht konstanten Dampfdruck, dem trockenen Dampf und in der leichten Zugänglichkeit für Reinigungszwecke.

Ein Flammenwächter, der den Infrarot-Anteil der Brennerflamme überwacht, schaltet bei Unterschreitung des Grenzwerts die Gaszufuhr ab. Für den Mindestwasserstand sind zwei, für den Höchststand eine Elektrode vorgesehen. Die Wasser-

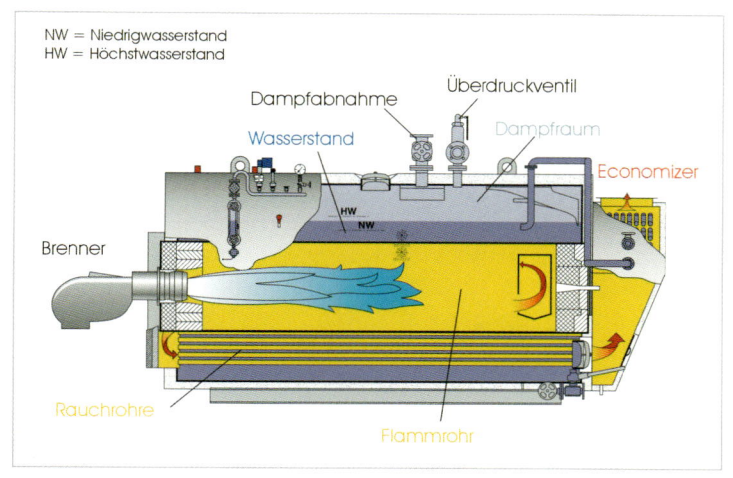

Abb. 4.1.3: Flammrohr-Rauchrohr-Kessel; Dreizugkessel
(Loos)

standsregelung übernehmen zwei weitere Elektroden. Optional kann ein Leitwertmesser die Salzkonzentration an der Wasseroberfläche messen und eine mangelnde Aufbereitung erkennen.

Schnelldampferzeuger

Diese Bauart soll innerhalb von 10 min Dampf liefern. Die Heizflächen sind im Vergleich zum Wasserinhalt sehr groß, um diese Forderung erfüllen zu können. Im Prinzip wird das mit einer Kolbenpumpe zugeführte Speisewasser in einem Durchlauf erhitzt und verdampft. Das Wasser strömt also in die Rohrleitungen.

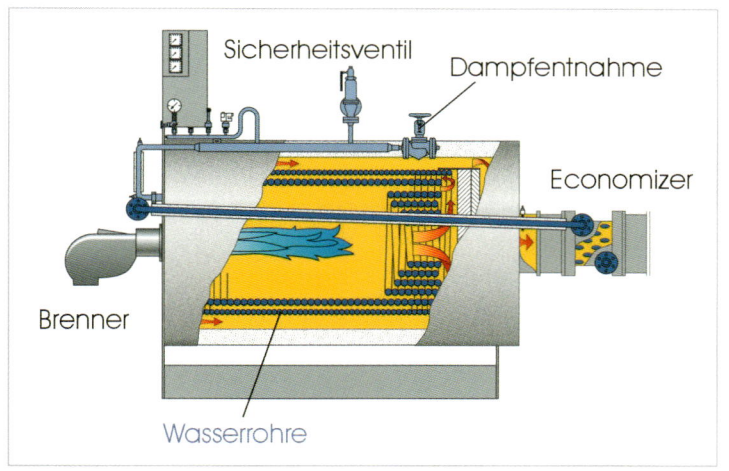

Abb. 4.1.4: Aufbau eines Schnelldampferzeugers (Loos)

Beim sog. Zwangsumlaufkessel wird das Speisewasser mit einer Kolbenpumpe durch die spiralförmigen Wasserrohre gepumpt. Die Rohre sind so angeordnet, dass die Heizgase des Brenners die Rohre nach dem 3-Zug-Prinzip umspülen bevor sie in den Kamin bzw. in eine Abgaswärmerückgewinnungsvorrichtung strömen.

Es bietet sich an, Schnelldampferzeuger zur Deckung von Spitzen einzusetzen, da Flammrohr-Rauchrohr-Dreizugkessel unnötig lange auf Temperatur gehalten werden müssten. Kessel, die nicht täglich betrieben werden, haben steigende Verluste, je größer der Wasserinhalt ist. Als Faustregel gilt: bei regelmäßigen Stillstandsphasen, die länger als 36 Stunden dauern, sind Schnelldampferzeuger von Vorteil.

Heißwassererzeuger

Der Einsatz solcher Wärmeerzeuger macht in der Lebensmittelindustrie für kleinere und mittlere Betriebe durchaus einen Sinn. Wenn man bedenkt, dass die Temperaturen für verschiedene Pasteurisationsverfahren unter 100 °C liegen, ist die Verwendung von Heißwasser statt Dampf eine echte Alternative. Somit entfällt die Kondensatwirtschaft mit ihren Verlusten. Der Nachteil liegt in den wegen des geringeren Energieinhaltes größeren Leitungsquerschnitten, die für den Heißwasserkreislauf nötig sind. Dies verursacht höhere Investitionskosten.

Die Temperatur muss unterhalb der Sattdampftemperatur bleiben. Somit entsteht kein kompressibler Dampf im System.

Speisewasseraufbereitung

Schwebeteile und organische Verunreinigungen wie mineralische Verunreinigungen oder Öle und Fette lassen sich durch geeignete mechanische Filter (z. B. Aktivkohle) entfernen. Es ist günstig, den pH-Wert des Speisewassers auf 9,6 einzustellen (z. B. mit Ätznatron oder Trinatriumphosphat), da hier der Kesselsteinansatz und die Korrosion am geringsten sind.

Aus Sicherheitsgründen ist pures Leitungswasser nicht einsetzbar. Die im Wasser gelösten Magnesium- und Calciumcarbonate fallen bei Temperaturen ab etwa 65 °C als sog. Kesselstein aus. Dies würde die Heizflächen zusetzen, der Belag würde schnell eine beachtliche Stärke erreichen. Nun ist ein Abplatzen großer Flächen des Kesselsteins möglich. Wasser würde mit den sehr heißen Heizflächen in Berührung kommen. Eine Spontanverdampfung führt zu einem plötzlichen Druckanstieg, der sogar das Zerreißen des Kessels nach sich ziehen kann. Zudem wirkt Kesselstein als Isolierschicht, damit steigen die Brennstoffkosten.

Die Hydrogencarbonate zerfallen bei der Erhitzung und es lagert sich unlösliches Kalzium- bzw. Magnesiumkarbonat als Schlamm ab. Aus diesem Grund besitzt jeder Kessel ein Abschlammventil, über das der mit Schlamm angereicherte Bodensatz abgelassen wird (Energie- und Wasserverlust).

Zur Enthärtung wird im einfachsten Fall ein mit Spezialharzgel gefüllter Ionenaustauscher verwen-

ENERGIEWIRTSCHAFT

det. Die Magnesium- und Calciumionen werden durch Natriumionen ersetzt, die bei den üblichen Temperaturen nicht ausfallen. Das entstandene Kesselspeisewasser hat einen Härtegrad von 0 °dH. (1 °d = 10 mg CaO/l Wasser bzw. 7,14 mg MgO/l Wasser). Dies wird mit Hilfe eines Leitfähigkeitsdetektors überwacht.

Ist die Kapazität des Austauschers erschöpft, wird die Säule mit Kochsalz regeneriert. Aus diesem Grunde sind zwei Austauschersäulen im Einsatz, von denen eine zur Speisewasseraufbereitung dient und die andere mit Kochsalztabletten regeneriert wird. Die Austauschersäule dürfen nicht ohne Wasser betrieben werden, denn die Gele trocknen sonst aus und verlieren ihre Wirksamkeit. Neue Säulen sind frostfrei zu lagern.

Alternativ setzt man die Umkehrosmose ein. Diese Membranfilteranlagen haben eine so geringe Porengröße, dass fast ausschließlich Wasser die Filter passieren kann.

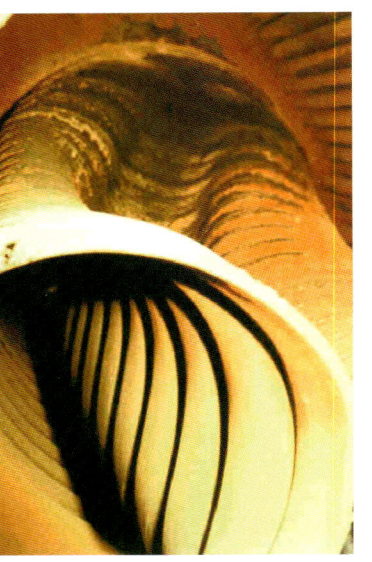

Abb. 4.1.5: Schäden durch Kesselsteinbildung am Flammrohr (Loos)

Dem Speisewasser wird Trinatriumphosphat zugegeben, das die restlichen Karbonate bindet. Durch einen genügend großen Phosphatüberschuss bildet sich also kein Steinbelag. Die Phosphatzugabe erhöht zudem den pH-Wert.

Thermische Entgasung

Im Wasser ist Luft und damit Kohlensäure und Sauerstoff gelöst. Sauerstoff würde bei den sehr hohen Temperaturen im Kesselinnenraum stark korrosiv wirken.

Abb. 4.1.6: Rostbildung an Rauchrohren durch eine unzureichende Entgasung (Loos)

Wenn das Kesselspeisewasser im Tank bereits höhere Temperaturen aufweist (ab etwa 80 °C), lässt man einen Teil des entstehenden Dampfes durch eine dünne Rohrleitung nach außen ab. Damit entfernt man auch den größten Teil des gelösten Sauerstoffs. Trotzdem gibt man noch Natriumsulfit (etwa 10-30 mg/l) hinzu, um den restlichen Sauerstoff zu binden und damit eine Korrosion sicher zu verhindern. Bei 90 °C führt man die Teilentgasung, bei 103 °C die Vollentgasung durch. Gleichzeitig wird gelöste Kohlensäure entfernt, die ebenfalls eine Korrosionsgefahr mit sich bringt. Bei einem offenen Kondensatsystem ist ein erneutes Entgasen Pflicht, da ja durch die Entspannung auf Atmosphärendruck wieder Luft gelöst wird.

Abgase und Taupunkt

Bei der Verbrennung von schwefelhaltigen Brennstoffen wie Gas und Heizöl EL entsteht neben Kohlendioxid und Wasser auch Schwefeldioxid. Dieses geht in Anwesenheit von Wasserdampf in schweflige Säure über. Falls die Abgastemperatur zu niedrig liegt, kondensiert diese schweflige Säure. Diesen Vorgang nennt man – zusammen mit der dazu gehörigen Temperatur – Taupunkt. Bei kleinen Schwefelmengen im Brennstoff (weniger als 1 %) liegt der Säuretaupunkt deutlich unter 100 °C. Es ist darauf zu achten, dass an der Kaminspitze die Abgastemperatur über dem Säuretaupunkt liegt. Durch Auskleidung des Kamins mit Edelstahl- oder Glasrohren kann die Abgastemperatur weiter gesenkt werden.

Möglichkeiten der Wärmerückgewinnung

Der Wirkungsgrad von Dampferzeugern liegt zwischen 80 und 95 %. Die größten Verluste entstehen durch unverbrannte Gase (Kohlenmonoxid) und Ruß (Kohlenstoff), Verluste durch Wärmeabstrahlung und -leitung, Anheiz- und Stillstandsverluste, Abschlammverluste sowie Schornsteinverluste.

Economizer (Speisewasservorwärmer)

Die Abgastemperatur bei Dampferzeugern mit 15 bis 20 bar Dampfdruck liegt bei 280 bis 300 °C. Wenn man einen Economizer – ausgeführt als Kreuzstromwärmetauscher – zur Speisewasservorwärmung (z. B. Aufheizen von 100 °C auf 140 °C) vorsieht, lässt sich die Abgaswärme nutzen.

Wird das Speisewasser bereits durch andere Abwärmequellen vorgewärmt, so kann es wirtschaftlich sein, die Verbrennungsluft der Feuerung über die heißen Abgase in einem Luftvorwärmer („Luvo") vorzuwärmen.

Eine andere Möglichkeit ist die Ermittlung des Sauerstoffanteils im Abgas durch eine spezielle Sonde. Luft wird im Überschuss zugeführt, um kein unver-

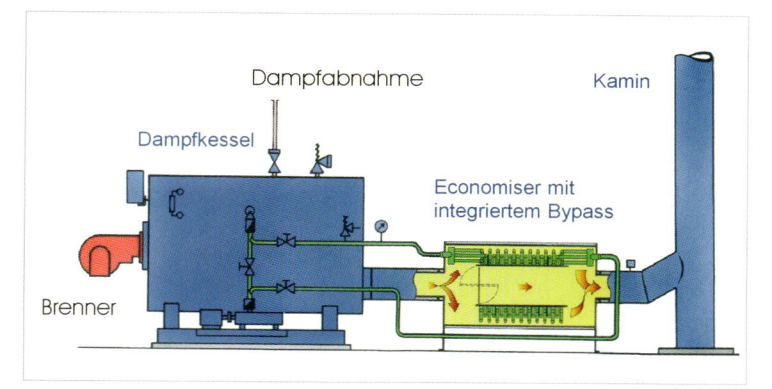

Abb. 4.1.7: Einsatz eines Economisers zur Speisewasservorwärmung (Loos)

branntes Erdgas durch den Kamin zu lassen. Dieser Luftüberschuss kann durch einen Frequenzwandler am Ventilatormotor minimiert werden.

Betrieb ohne Beaufsichtigung (BoB)

Wenn die entsprechenden Sicherheitseinrichtungen vorhanden sind, fallen nur wenige Minuten pro Tag für die Funktions- und die Speisewasserkontrolle an. Alle 24 Stunden signalisiert eine Hupe in der Schaltzentrale, dass diese Kontrollen durchzuführen sind. Wenn dieses Signal nicht innerhalb von 15 Minuten quittiert wird, schaltet der Kessel ab. In Zeiten mit vermindertem Wärmebedarf (zum Beispiel am Wochenende) wird der Kessel heruntergefahren. Hier sind dann 72 Stunden BoB gestattet.

Thermoölerhitzer

Sie bieten eine Alternative mit Öl als Wärmeträger, das wie Heißwasser im Kreislauf gefahren wird. Ein Vorteil ist, dass recht hohe Temperaturen erreichbar sind, ohne die hohen Drücke wie bei Heißwasser oder Dampf zu haben. Darüber hinaus spielt Korrosion keine Rolle. Allerdings sind Undichtigkeiten weitaus unangenehmer als bei Wassersystemen.

4.2 KÄLTETECHNIK

Schüttet man flüssigen Äther auf die Hand, so verdampft dieser und entzieht die benötigte Verdampfungswärme der Handfläche und ruft eine Kühlwirkung hervor. Diesem Vorgang liegt ein physikalisches Gesetz zugrunde: Zum Verdampfen einer Flüssigkeit ist Wärme nötig. In der Kältetechnik wird also einem wärmeren Produkt durch das Verdampfen einer Flüssigkeit (das Kältemittel) die Wärme entzogen und abtransportiert. Früher waren Eis oder Schnee das häufigste Kühlmedium.

Im Zustand des Verdampfens eines flüssigen Kältemittels hängen Druck und Temperatur zusammen. Dies ist in einer Dampfdrucktabelle für jeden Stoff festgehalten. Mit sinkendem Druck über der Flüssigkeit sinkt die Verdampfungstemperatur und umgekehrt. Somit ist durch den Druck die Kühltemperatur einstellbar. Der Wechsel des Aggregatzustands ist für den Kälteprozess aus zwei Gründen wichtig. Erstens nimmt der Wechsel von flüssig zu gasförmig eine relativ große Wärmemenge pro Kilogramm auf. Zweitens geht der Wechsel bei konstanter Temperatur vor sich.

Funktion einer Kompressionskälteanlage

Der Kompressor (angetrieben von einem Elektromotor) saugt Kältemitteldampf mit etwa minus zehn °C aus dem Verdampfer an. Nach der Verdichtung ist das Kältemittel überhitzt (60 – 120 °C heiß) und gelangt in den Kondensator, wo das Kältemittel durch ein Kühlmittel (Wasser und/oder Luft) abgekühlt und verflüssigt wird. Jetzt folgt zur Lagerung des flüssigen Kältemittels ein Druckbehälter, die sog. Sammelflasche. Anschließend wird durch das Drosselventil der Druck abgesenkt (= Entspannung). Dabei verdampft ein Teil des Kältemittels und die Temperatur sinkt auf den im Verdampfer benötigten

Abb. 4.1.8: Kesselanlage mit Speisewasserbehälter (Loos)

> Das Kältemittel ist das Transportmittel für die Kälte zu dem zu kühlenden Kälteträger. Die dort abzuführende Wärme wird dann im Kondensator an das Kühlmittel abgegeben.
>
> Der Kälteträger zirkuliert zwischen Verdampfer und Produkt und transportiert die Kälte zum Produkt.
>
> Das Kühlmittel entzieht dem Kältemittel im Kondensator die Energie.

ENERGIEWIRTSCHAFT

Wert. Im Verdampfer selbst wird dem Kältemittel die Energie zugeführt, die meist durch einen Kälteträger (Wasser, Luft oder Sole) dem Produkt entzogen wurde. Durch die Energieaufnahme verdampft das Kältemittel und wird durch den Verdichter angesaugt. Dann beginnt der Kreislauf von vorne.

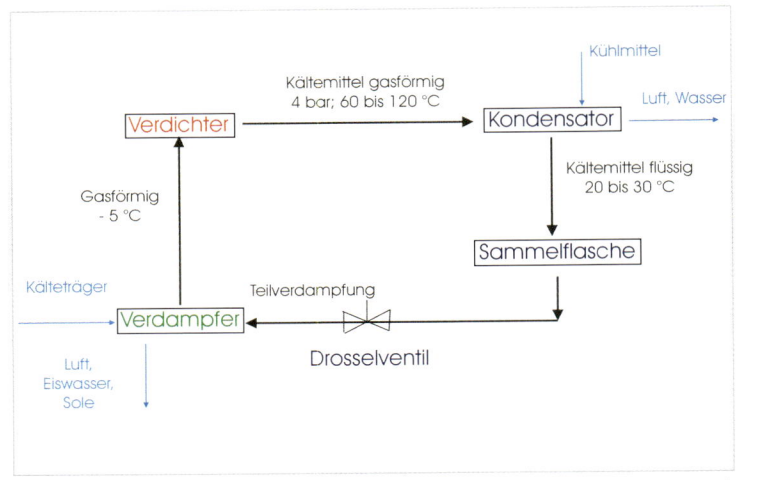

Abb. 4.2.1: Prinzipskizze einer Kälteanlage (Birus)

Kälteanlagen sind auf den Sommerbetrieb ausgelegt und haben damit eine große Kapazität. Allerdings ist diese dringend erforderlich, um für die Zeit mit dem größten Kältebedarf ausreichend gerüstet zu sein.

Kältemittel

Sie sollten chemisch neutral sein und das Energieaufnahmevermögen soll hoch sein, um das Kältemittelvolumen gering halten zu können.

Ammoniak ist für Großkälteanlagen das Kältemittel der Wahl. Es ist preiswert und relativ inert gegen Werkstoffe. Der scharfe, stechende Dampf ätzt Schleimhäute; jedoch ist die Wahrnehmungsschwelle so niedrig, dass austretendes Gas sofort registriert wird.

Ammoniak ist für gewerbliche Kälteanlagen ab ca. sieben Kilowatt Kälteleistung geeignet. Ab 5 t Kältemittelinhalt unterliegt die Anlage der StörfallVO. Die Explosionsgefahr von Ammoniak-Luftgemischen wird bei Einhaltung der Sicherheitsvorschriften vermieden.

Fluor-Chlor-Kohlenwasserstoffe (FCKW) sind aus Umweltschutzgründen in Verruf geraten. Freigesetzte FCKW gelangen in die Stratosphäre und zerstören das für die Abschirmung der gefährlichen UV-Strahlung so wichtige Ozon. Jedoch sind FCKW immer noch in vielen Anlagen anzutreffen. Sie sind ungiftig und wurden vor allem in Kühlschränken eingesetzt. Seit dem 1.1.95 werden keine neuen Kältemaschinen mit vollhalogenierten FCKW-Kältemittel (R 11, R12, R113, R 502) zugelassen. Vorhandene Anlagen dürfen bis auf weiteres fortbetrieben werden. In der EU ist die Produktion von FCKW seit dem 01.01.1995 verboten. Damit dürfte die Ersatzbeschaffung („FCKW-Altware") nur zu stetig wachsenden Preisen möglich sein. Eine Alternative ist z. B. R134a, das kein Ozonabbau-Potenzial besitzt. Die Umstellung erfordert die Auswechslung der Expansionsventile und den Austausch des Mineralöls gegen Esteröl.

Butan und Propan sowie deren Gemische eignen sich für Haushalts-/Getränke-Kühlschränke und Kleinkühlräume über 0 °C und geringerem Kältemittelinhalt. Als reine Kohlenwasserstoffverbindungen sind sie umweltneutral, führen zu keiner Säurebildung und sind nicht wassergefährdend.

Kälteträger

Sie transportieren die Kälte vom Verdampfer zum eigentlichen Produkt. Dort wird die Wärmeenergie aufgenommen und wieder zum Verdampfer gebracht, wo der Wärmeaustausch vom Kältemittel zum Kälteträger erfolgt. Typische Kälteträger sind Eiswasser, Luft und Kühlsolen.

Wasser ist für Temperaturen oberhalb von 0 °C gut geeignet. Sog. Eiswasseranlagen können durch den Eisansatz an den Verdampferschlangen große Kältemengen speichern. Außerdem kann die Eisbildung mit billigem Nachtstrom und ohne kostspielige Überschreitungen der mit dem EVU vereinbarten Leistungsspitzen, also dem kW-Maximum, erzeugt werden.

Kühlsolen (Salzlösungen) nutzen den Effekt, dass mit steigendem Salzgehalt der Gefrierpunkt sinkt. Verwendet wird Kochsalz, Chlorcalcium oder -magnesium und chloridfreie Karbonatsole. Bei gebrauchsfertigen Solen sind korrosionsverhindernde Mittel zugesetzt. Durch NaOH wird der pH-Wert auf 8,5 eingestellt, der durch den Kontakt mit Luft und der damit verbundenen Lösung von Kohlendioxid mit der Zeit sinkt. Damit der Werkstoff der Kühlanlage chemisch nicht angegriffen wird, baut man eine sog. Opferelektrode aus unedlem Metall (Eisen) ein. Sie korrodiert dann, während der Werkstoff des Kühlmittelkreislaufs selbst von der Korrosion verschont bleibt.

Bauteile der Kälteanlage

Kompressoren

Verdichter dienen als Druckerzeuger und als Umwälzpumpe für den Kältemittelkreislauf.

Hubkolbenverdichter arbeiten nach dem Kolben-Zylinder-Prinzip. Es ist eine ständige Ölschmierung des Kolbens notwendig, weswegen Ölabscheider vorhanden sein müssen.

ENERGIEWIRTSCHAFT

Kältemittel

Austritt Eintritt
7 bar 2 bar

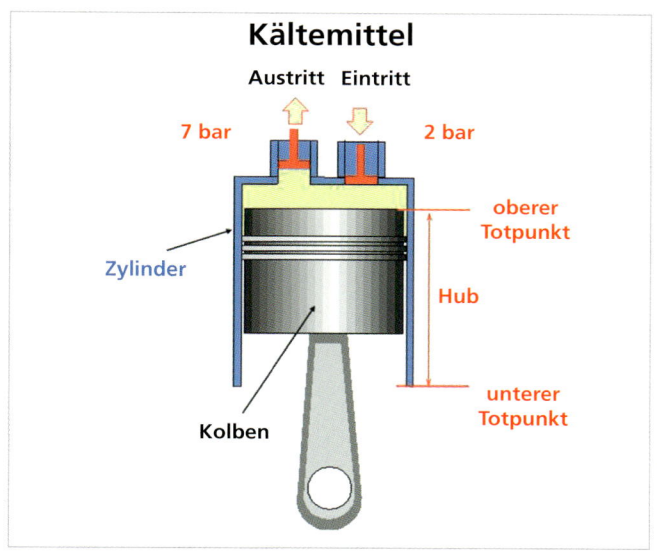

Zylinder
oberer Totpunkt
Hub
unterer Totpunkt
Kolben

Abb. 4.2.2: Prinzip eines Hubkolbenverdichters (Kaeser)

Tab. 4.2.1: Unterscheidung verschiedener Verdichterbauarten	
Offene Verdichter	Der Antriebsmotor wird nicht vom Kältemittel berührt; Die Antriebswelle wird über eine Gleitringdichtung in das Verdichtergehäuse geführt
Halbhermetische Verdichter	Antriebsmotor und Verdichter befinden sich im gleichen, verschraubten Gehäuse (demontierbar)
Hermetische Verdichter	Antriebsmotor und Verdichter befinden sich im gleichen, verschweißten Gehäuse; nicht demontierbar; Der Verschleiß ist auf die gesamte Lebensdauer ausgelegt

Verdichter gibt es in der offenen, halbhermetischen und hermetischen Bauweise. (Unterschiede siehe Tab. 4.2.1)

Schraubenkompressoren besitzen zwei schräg verzahnte, schraubenförmige Rotoren, die ineinander greifen und wandgängig miteinander rotieren. Der angetriebene Hauptläufer hat z. B. 5 Zähne, der über ein Getriebe oder durch den Zahneingriff mitlaufende Nebenläufer 7 Zahnlücken. Diese saugen Kältemittelgas in den Zwischenräumen am Saugstutzen an, komprimieren das dort eingeschlossene Gas und transportieren es auf die Druckseite.

Die Leistungsregelung wird mit einem Steuerschieber durchgeführt. Durch diese Regelung können

Automation genießen ...

Spitzenleistung braucht Spitzenkräfte – Ihre Chance bei uns erfahren Sie über www.loos.de

Die neue LOOS-Regel- und Sicherheitstechnik schafft Freiräume für Wesentliches. Kessel- und Anlagenmanagementsysteme auf SPS-Basis stellen einen höchst möglichen Automationsgrad sicher. Die schier unglaubliche Betriebsdatentransparenz, integrierte Schutzfunktionen gegen Fehlbedienung und die Vorbereitung für Teleservice garantieren einen sicheren und kinderleichten Kesselbetrieb.

LOOS – die erste Adresse für anwenderfreundliche Kesseltechnik.

Heizkessel • Heißwasserkessel • Dampfkessel
Loos Deutschland GmbH • D-91710 Gunzenhausen
Tel. 09831/56-253 • Fax 56-92253 • www.loos.de • vertrieb@loos.de

LOOS INTERNATIONAL
Das Kesselsystem
...und die Zukunft hat Qualität

ENERGIEWIRTSCHAFT

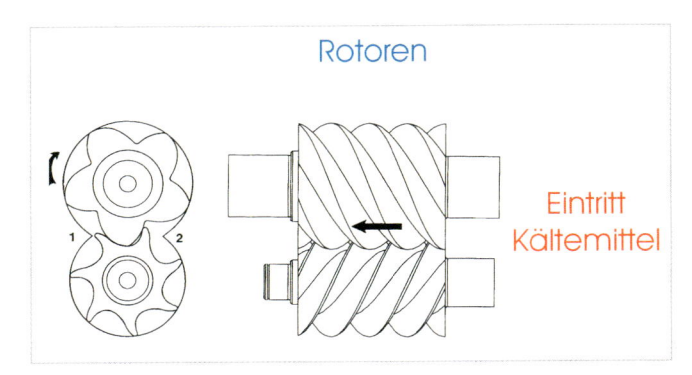

Abb. 4.2.3: Rotorprofil von Schraubenverdichtern; auf der Saugseite 1 der Rotoren findet die Ansaugung durch Vergrößerung der Verdichtungsräume statt. Auf der Druckseite 2 erfolgt die Verdichtung des Gases. Infolge der schraubenförmigen Verzahnung geschieht diese Verdichtung axial. (Birus)

bis zu 90 % des Einfüllvolumens in den Gas-Eintrittsraum zurückströmen. Nur die restlichen 10 % werden auf den Enddruck verdichtet. Somit kann die Kälteleistung von 10 % bis 100 % stufenlos geregelt werden.

Im Gegensatz zu Hubkolbenmaschinen, wo das Öl fast nicht mit dem Kältemittel in Berührung kommt, gehört das Öl im Schraubenverdichter teilweise zum Kältemittelsystem. Das Öl muss schmieren, dichten und die Verdichtungswärme abführen. Da das Öl nicht im Kältemittelsystem bleiben soll, wird es am Austritt des Verdichters durch ein Ölsystem dem Verdichter wieder zugeführt.

Verdampfer

Die Verdampfertemperatur ist mitbestimmend für den Wirkungsgrad einer Kälteanlage. Zur guten Ausnutzung des Verdampfungsprozesses ist es wünschenswert, dass das gesamte Kältemittel im Verdampfer verdampft. In einigen Kühlern, wie z. B. bei überfluteten Verdampfern, verlässt das Kältemittel den Kühler als gesättigten Dampf. Die Differenz zwischen dem Wärmeinhalt des Kältemittels vor dem Eintritt und nach dem Austritt wird Kühleffekt bezeichnet.

Bei Kälteanlagen mit Expansionsventilen wird das Kältemittel so kontrolliert in den Verdampfer eingespritzt, dass es am Austritt eine zusätzliche Wärme aufgenommen hat. Der Dampf ist folglich um etwa drei Grad überhitzt. Auf diese Weise ist zudem sichergestellt, dass der Kompressor keine Flüssigkeitströpfchen ansaugt. Bei großen Anlagen schaltet man zusätzlich einen Abscheider vor die Verdichter.

Luftgekühlte Verdampfer besitzen zur Oberflächenvergrößerung und dem damit verbundenen verbesserten Wärmeübergang Rohre mit Rippen oder Lamellen. Diese Bauarten können nur bei Temperaturen über 0°C eingesetzt werden, weil sie

Abb. 4.2.4: Verdampfer in einer Kühlzelle (Birus)

ansonsten infolge Kondensatbildung schnell zufrieren würden. Durch das Vereisen der Verdampfer geht wertvolle Wärmeübertragungsfläche verloren, was eine tiefere Verdampfungstemperatur und damit eine Leistungsminderung zur Folge hat. Der Verdampfer muss deshalb periodisch über Elektroheizstäbe oder mit Heißgas abgetaut werden.

Bei Temperaturen unter 0 °C werden Rohrschlangenverdampfer oder einfache Plattenverdampfer (Stahlbleche mit eingepressten Vertiefungen werden aufeinander geschweißt) eingesetzt.

Die einfachste Bauart für die Flüssigkeitskühlung ist der Röhrenkesselverdampfer. Durch eine Ansteuerung des Regelventils vom Verdampfer aus (Schwimmerregelung, thermostatische Regelung) wird verhindert, dass flüssiges Kältemittel in den Verdichter gelangen kann.

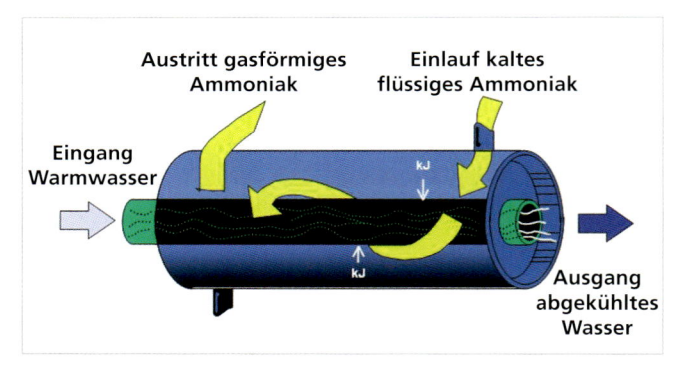

Abb. 4.2.5: Röhrenverdampfer (Birus)

Verflüssiger

Im Kondensator wird dem Kältemittel Wärme entzogen. Dieses geschieht durch Wärmeübertragung an ein Medium mit niedrigerer Temperatur (Kühlmittel). Der Kondensator führt die Wärme ab, die das Kältemittel im Verdampfer aufgenommen hat und zusätzlich die Wärme, die das Kältemittel während des Verdichtungsvorgangs aufnahm.

Die Kühlmitteltemperatur bestimmt die Kondensationstemperatur des Kältemittels. Während das Kühlmittel Wärme aufnimmt, steigt die Temperatur des Kühlmittels und damit auch die Kondensationstemperatur. Damit die Kondensationstemperatur des Kältemittels immer auf dem gleichen Niveau gehalten werden kann, muss also ständig neues Kühlmittel nachströmen.

Wassergekühlte Kondensatoren werden als Rohrbündel- und Plattenapparate eingesetzt. Manchmal ist auf dem Betriebsgelände ein Brunnen vorhanden, mit dem kostengünstig das Kältemittel kondensiert werden kann.

Luftgekühlte Kondensatoren sind für kleinere Anlagen oder falls kein Kühlwasser vorhanden sein sollte im Einsatz. Wegen des schlechteren Wärmeüberganges sind große Oberflächen notwendig wie sie z. B. Lamellenrohre besitzen. Ein typischer luftgekühlter Kondensator ist an der Rückwand eines Kühlschranks zu finden. Im Sommer sind sehr hohe Verflüssigungstemperaturen notwendig. Damit ergibt sich eine erhöhte Verdichterleistung und ein höherer Energieverbrauch.

Der Verdunstungskondensator ist eine häufig anzutreffende Bauart für Großkälteanlagen.

Das überhitzte Kältemittel wird zuerst in einem Enthitzer (Luftkühler) heruntergekühlt und teilverflüssigt. Anschließend wird eine Kühlschlange mit Wasser berieselt. Das Wasser verdampft und entzieht auf diese Weise dem Kältemittel die Kondensationswärme. Zur Luftzirkulation werden hauptsächlich Radialventilatoren eingesetzt. Im Winterbetrieb genügt häufig die Kaltluft für die Verflüssigung.

Die Verdunstungskondensatoren werden auf dem Dach platziert. Das Wärmetauscherpaket besteht aus Stahlrohren mit Stahllamellen und ist feuerverzinkt. Durch das Sprühwasser werden tiefere Kondensationstemperaturen erreicht. Wegen der Verkalkung und Verschlammung sind Wartung und Reinigung erforderlich. Im Winter besteht zudem Einfriergefahr (evtl. zusätzliche Frostschutzheizung).

Regelung der Kälteanlage

Wenn flüssiges Kältemittel vom höheren Druck in der Sammelflasche zum niedrigeren Druck im Verdampfer fließen soll, muss dies durch Armaturen geregelt werden. Das kann ein Expansionsventil, ein Schwimmerventil oder ein Kapillarrohr sein. Bei Kälteanlagen gibt es folgende Regelungen:

- Verdampferfüllungsregelung: Ein Thermostat misst die Temperaturdifferenz zwischen Verdampfereintritt (Verdampfungstemperatur) und Verdampferaustritt (Überhitzungstemperatur); ist das Gas nach dem Verdampfer wärmer als die Verdampfungstemperatur, so ist der Verdampfer unterversorgt und das Expansionsventil öffnet.
- Kühlstellenregelung: Ein Thermostat misst z. B. die Kühlraumlufttemperatur und schaltet den Verdichter ein oder aus.
- Verdichterleistungsregelung: Druckschalter überwachen den Saugdruck und den Druck auf der Verflüssigerseite; bei Über- bzw. Unterschreitung wird der Verdichter eingeschaltet.

Thermostatische Expansionsventile vereisen bei niedrigen Außentemperaturen leicht und verlieren die Funktionsfähigkeit. Dann steigt die Kühl- oder

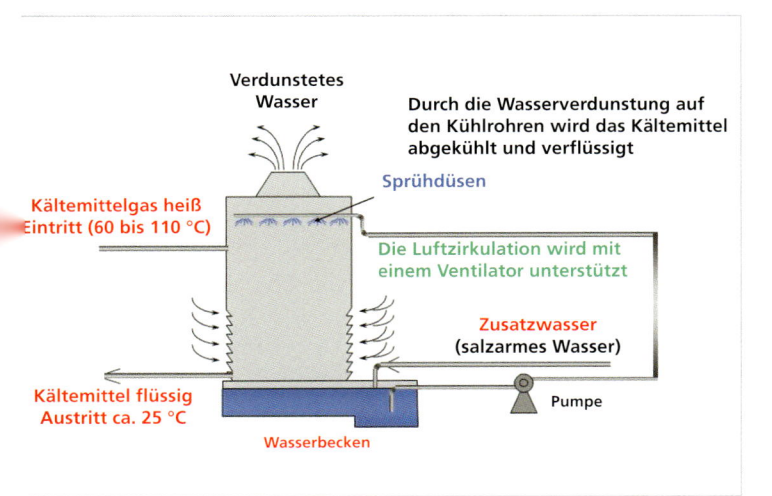

Abb. 4.2.6: Verdunstungskondensator (Birus)

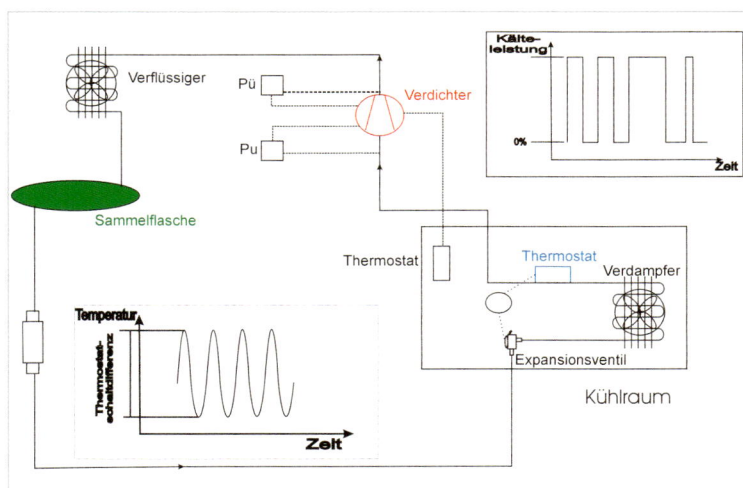

Abb. 4.2.7: Regelungsstellen einer Kälteanlage (Hasselmeyer)

ENERGIEWIRTSCHAFT

Tiefkühlraumtemperatur sprunghaft an. Die Expansionsventile sind dann zu enteisen.

Auslegung einer Kälteanlage

Wie bereits erwähnt, ist der Kältebedarf nach dem Sommerbetrieb ausgelegt. An heißen Tagen ist der Kälteverlust beispielsweise im Kühl- oder Tiefkühllager sehr groß. Gleichzeitig liegt die Kondensationstemperatur des Verflüssigers, der sich auf dem Dach befindet, durch die Umgebungstemperatur hoch (30 bis 45 °C). Das wird durch die Sonneneinstrahlung bei gleichzeitig möglicher Windstille verursacht.

Leider ist gerade in der heißen Jahreszeit die Ausfallrate bei Kompressoren größer. Durch die hohe Kondensationstemperatur steigt die Überhitzungstemperatur direkt nach dem Verdichter stark an. Die Ölschmierung im Schrauben- oder Kolbenkompressor kann dadurch gefährdet sein. Die Kolbenringdichtung unterliegt bei mangelnder Schmierung einem großen Verschleiß.

Die Wartung (Öl- und Dichtungswechsel) ist also bevorzugt im Winter durchzuführen. Zudem wählt man möglichst baugleiche Typen, was die Ersatzteilhaltung vereinfacht. Kälteanlagen sind langlebige Anlagen, so dass auf eine zuverlässige Ersatzteilversorgung großen Wert gelegt werden sollte.

Die Verdampfungstemperatur bei Kälteanlagen sollte nicht unnötig tief liegen. Für eine Kühllagerung bei 5 °C ist keine Verdampfungstemperatur von -10 °C erforderlich.

Der Wirkungsgrad einer Kälteanlage wird mit der sog. Leistungsziffer beschrieben. Sie ist das Verhältnis von Verdampfer- zu Verdichterleistung. Der Wert liegt etwa zwischen 3 und 6 und somit über 100 %. Das liegt daran, dass die Kondensationsleistung in dieser Berechnung vernachlässigt wird, da man die Energie der Umwelt „kostenlos" erhält.

Die Aufteilung der erforderlichen Kälteleistung erfolgt auf mehrere Aggregate. Für 200 KW Kälteleistung würde man beispielsweise einen Verdichter mit 120 KW und vier Kompressoren mit 70 KW vorsehen. Das große Aggregat ist für die Grundlast zuständig, die anderen werden je nach Bedarf zugeschaltet. Gleichzeitig ist ausreichend Kältereserve für Extremtemperaturen oder einen Verdichterdefekt vorhanden.

Verdichter für Großkälteanlagen werden durch große Elektromotoren mit z. B. 250 KW Leistung angetrieben. Das führt beim Betrieb mehrerer Kompressoren schnell zu einer teuren Leistungsspitze. Kältemittelverdichter werden dann, da in der Sammelflasche ja eine gewisse Pufferkapazität aufgebaut wurde, abgeschaltet und zu einem günstigeren Zeitpunkt betrieben. Druckluftverdichter werden – auf Grund von Netzleckagen - in aller Regel eher benötigt und deswegen kaum vom Netz genommen.

4.3 DRUCKLUFTTECHNIK

Ein häufig genutzter Energieträger ist die Druckluft. Sie wird zum Schalten von Ventilen gebraucht. Für die Drucktanks und Abfüllanlagen setzt man oft sterile Druckluft ein.

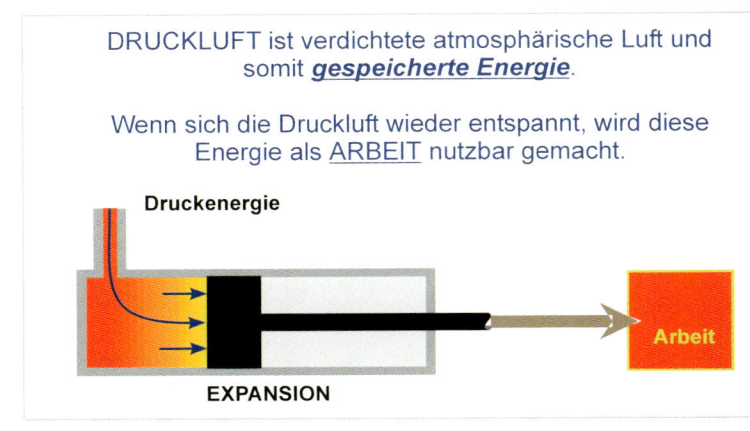

Abb. 4.3.1: Druckluft als gespeicherte Energie   (Kaeser)

Druckluft ist verdichtete atmosphärische Luft und gespeicherte Energie. Wenn sich die Druckluft wieder entspannt, wird diese Energie als Arbeit nutzbar gemacht. Bei der Verdichtung (Kompression) von Luft wird diese warm. Bei der Druckabsenkung (Entspannung) kühlt sich diese ab. Die üblicherweise verwendeten Einheiten sind bar oder Pascal. Leider ist das Bezugsniveau häufig unterschiedlich. Im einfachsten Fall bezieht sich eine Angabe wie sechs bar auf den tatsächlich vorhandenen Druck. Oft wird von „Überdruck" oder „Unterdruck" gesprochen, wobei Letzteres genau definiert werden

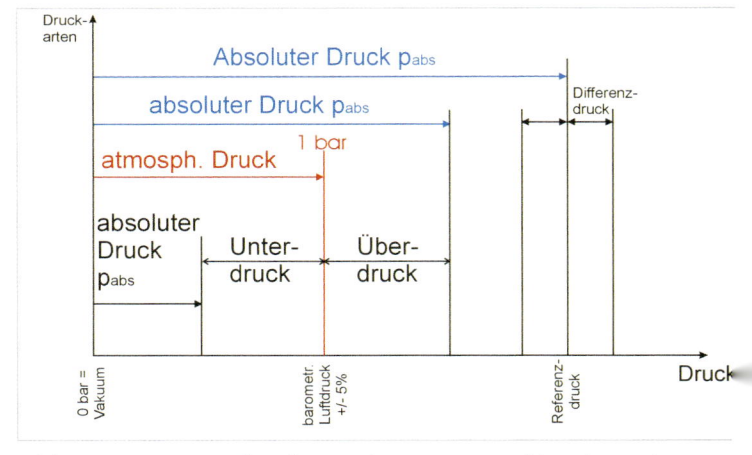

Abb. 4.3.2: Bezugsgrößen des Drucks   (Hasselmeyer)

KAESER KOMPRESSOREN
www.kaeser.com

Wir haben ein Auge auf Ihre
Druckluftkosten

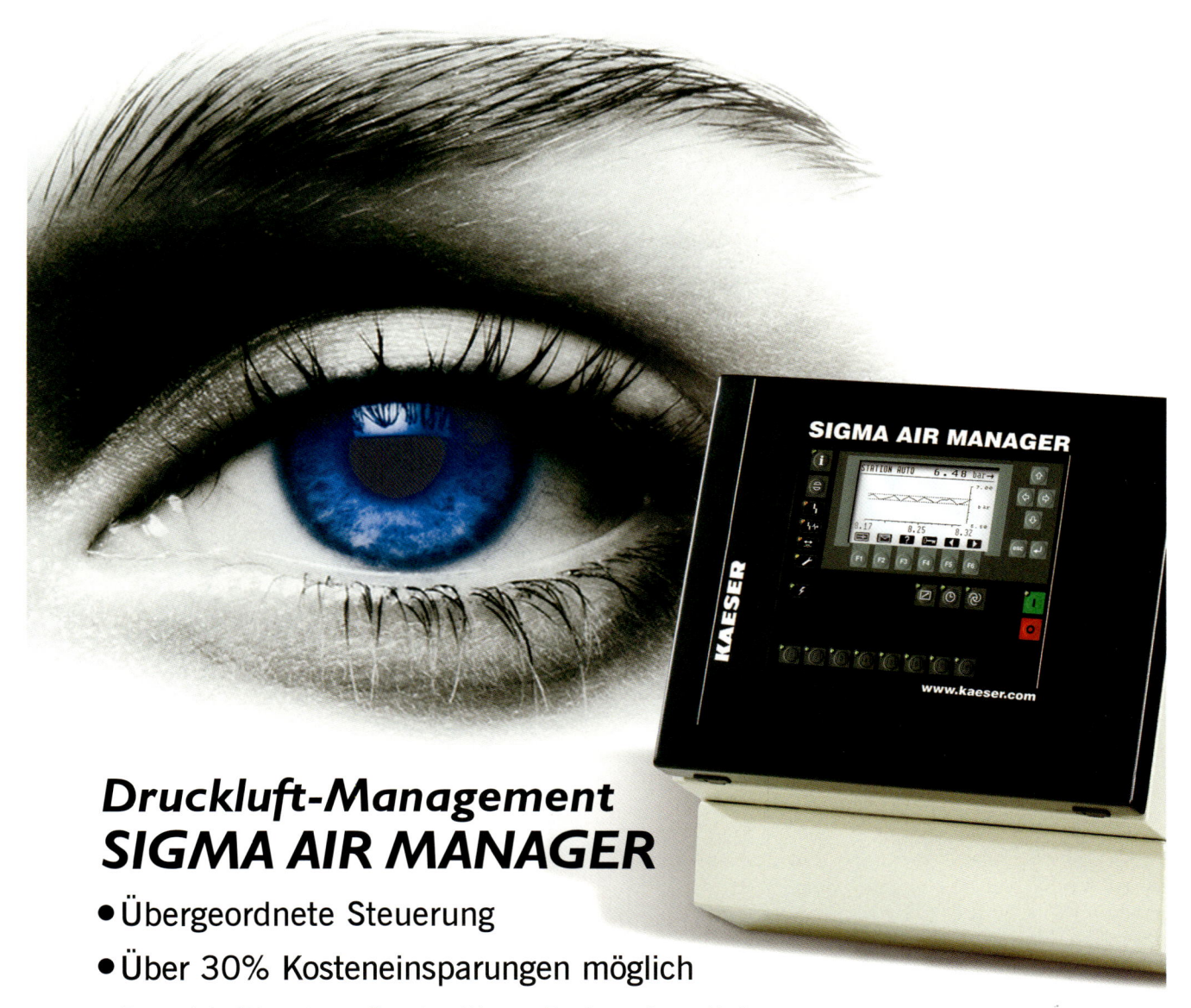

Druckluft-Management
SIGMA AIR MANAGER

- Übergeordnete Steuerung
- Über 30% Kosteneinsparungen möglich
- Druckluftkosten-Controlling, Datenvisualisierung und Druckluftaudits via Internet

KAESER KOMPRESSOREN GmbH
96410 Coburg – Postfach 21 43 – Telefon: 09561/640-0 – Fax: 09561/640130 – E-Mail: produktinfo@kaeser.com

ENERGIEWIRTSCHAFT

Tab. 4.3.1: Erforderlicher Drucktaupunkt bei verschiedenen Anwendungsfällen

Anwendungsgebiet	Erforderlicher Drucktaupunkt in °C
Verpackungen	+ 5 bis – 25
pneumatische Förderanlagen	+ 5 bis – 60
Werksluft, Innenleitungen	+ 10 bis – 10
Werksluft, Außenleitungen	– 20 bis – 40
Lebensmittel- und pharmazeutische Industrie; Kosmetikindustrie	– 25 bis – 60

sollte, um Missverständnisse zu vermeiden. Zudem existieren international unterschiedliche Einheiten. Die Liefermenge ist genormt und bezieht sich z. B. auf ISO 1217 c (1013 mbar, 20 °C; 55 % Lf) am Saugstutzen. Der Norm-Kubikmeter gilt jedoch für 0 °C und 0 % Luftfeuchtigkeit. (Nach ISO gerechnet ergibt das 1,1 x Norm-m^3.)

Verdichtete Luft kann weniger Wasser aufnehmen. Für den Betrieb ist somit der sog. Drucktaupunkt wesentlich. Darunter versteht man das Auftreten von Kondensat bei Unterkühlung und bei einem gewissen Druck. Der Wert wird in °C angegeben.

Abhängig vom Einsatzgebiet soll die Druckluft eine gewisse Qualität besitzen. Für Reinräume sind die Anforderungen hoch.

Tab. 4.3.2: Druckluftqualitätsklassen nach ISO 8573-1

Klasse	Reststaub in mg/m^3	Drucktaupunkt in °C	Restwasser in g/m^3	Restölgehalt in mg/m^3
1	0,1	-70	0,003	0,01
2	1	-40	0,12	0,1
3	5	-20	0,88	1
4	8	+3	6	5
5	10	+7	7,8	25
6	–	+10	9,4	–
7	–	nicht definiert	nicht definiert	–

Das Druckluftnetz

Dazu gehören Ring-, Verteiler- und Anschlussleitung, Armaturen, Speichertank, Filter, Kältetrockner und der Verdichter. In der Regel verwendet man mehrere Verdichter, lässt diese in der billigeren Nachtstromzeit laufen und vermeidet gleichzeitig Leistungsspitzen.

Die Ringleitung transportiert die Luft vom Kompressor zu dem Raum, in dem die Druckluft benötigt wird. Wenn mehrere Räume zu versorgen sind, erfordert das jeweils eine Ringleitung. Bei einer Unterbrechung der Ringleitung fällt zudem – im Vergleich mit einer Stammleitung – nicht sofort die gesamte Raumversorgung aus. Die Verteilerleitung führt die Luft im Raum zum Verbraucher. Die Anschlussleitung ist so nahe wie möglich an den Arbeitsplatz heranzuführen. Lange Schläuche sind zu vermeiden, da sie einen hohen Druckabfall verursachen.

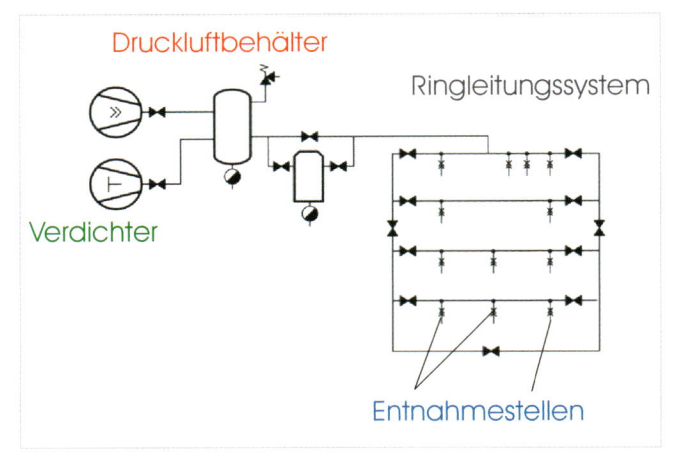

Abb. 4.3.3: Verteilung der Druckluft in einem Ringleitungssystem (Birus)

Neben dem eigentlichen Verdichter gehören ein Kondensatabscheider, der Druckluftspeicherkessel, der Kältetrockner, Filter und die Kondensatbehandlung zur Grundausstattung.

Kompressoren

Sie können als ölfrei verdichtender oder als ölgeschmierter Industrieverdichter hergestellt werden. Ölfrei verdichtende Kompressoren sind in der Lebensmittel- und Pharmaindustrie häufig anzutreffen, da der Produktionsprozess absolut keine Ölanteile in der Druckluft zulässt. Mit der angesaugten Luft sollen keine Verunreinigungen in den Kompressor gelangen. Eine Alternative wäre die Drucklufterzeugung mit ölgeschmiertem Verdichter und anschließender Druckluftaufbereitung bis hin zur sterilen Druckluft.

Schraubenkompressoren sind für kleine bis mittlere Leistungen gedacht.

Hubkolbenverdichter können ein- oder zweistufig ausgeführt sein. Bei der zweistufigen Konstruktion, die höhere Drücke erzielt, ist eine Zwischenkühlung notwendig, um zu hohe Temperaturen zu vermeiden. Der Elektromotor treibt den Kolben an, der im Zylinder für die Verdichtung sorgt.

ENERGIEWIRTSCHAFT

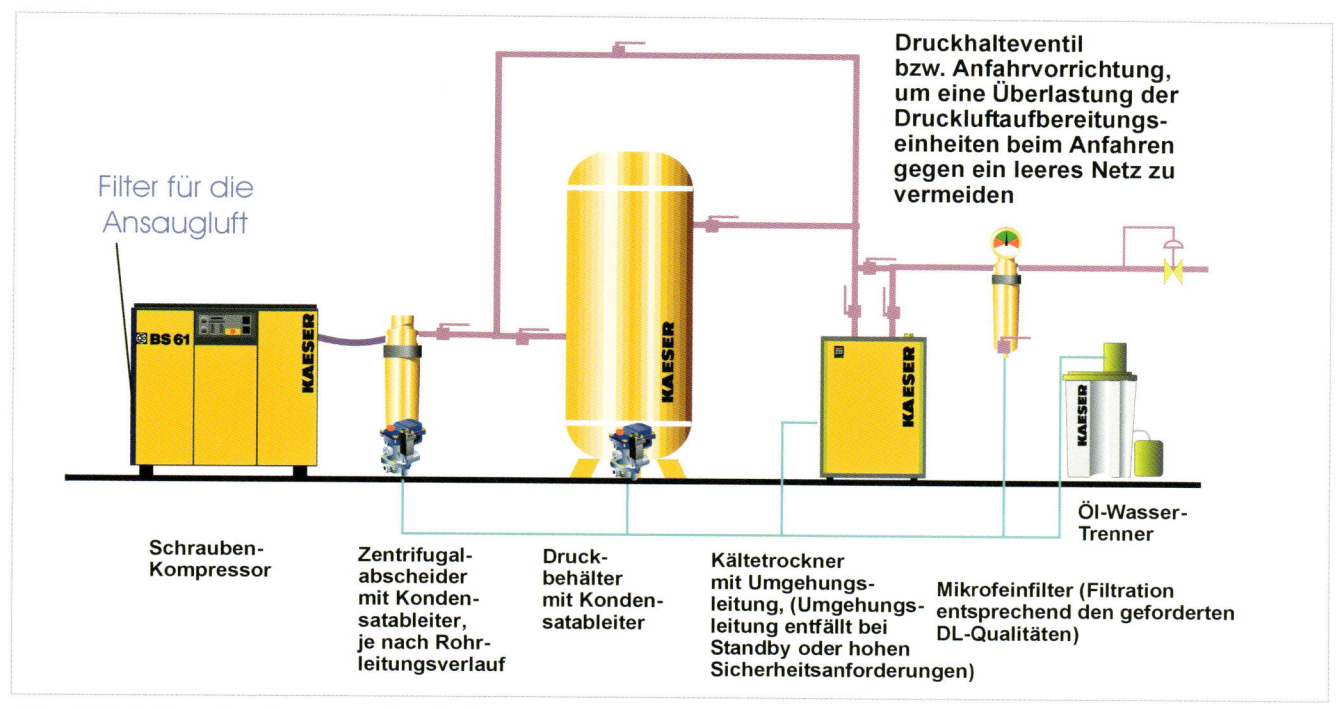

Abb. 4.3.4: Aufbau eines Systems zur Drucklufterzeugung (Kaeser)

Drehkolbenverdichter liefern von 0,5 bis 150 m³/min bei einem Druck von 0,5 bis 2 bar. Ein typisches Einsatzgebiet ist die pneumatische Förderung.

Aufbereitung der Druckluft

Ein Verdichter saugt Atmosphärenluft an, die eine relative Luftfeuchtigkeit von meist 30 bis 85 % aufweist. Durch die Verdichtung steigt die rel. Luftfeuchtigkeit. Druckluft, die den Kompressor verlässt, ist immer zu 100 % mit Wasserdampf gesättigt. Bei der Entspannung im Verbraucher würde es auf Grund der Abkühlung zur Unterschreitung der Sättigungsfeuchte kommen, Kondensat fällt also aus. Das kann zur Korrosion, Verschmutzung oder zur Vereisung führen. Deswegen ist die Feuchtigkeit zu entfernen. Das kann erfolgen durch:

- **Kondensation** durch Abkühlung (= Kältetrocknung) mit anschließender Kondensatabscheidung
- **Absorption** oder Adsorption der Luftfeuchtigkeit.

Ein Kompressor mit einer Liefermenge von 5 m³/min (bezogen auf + 20 °C, 70 % rel. Luftfeuchtigkeit und ein bar Druck) würde ohne Drucklufttrocknung an einem achtstündigen Arbeitstag rund 30 Liter Wasser in das Druckluftnetz fördern.

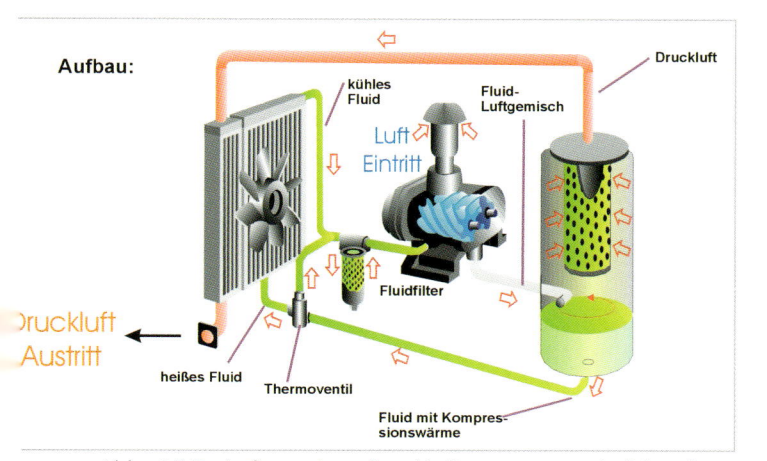

Abb. 4.3.5: Aufbau einer Drucklufterzeugung mit Schraubenkompressor. Die Luft wird angesaugt und verdichtet. Im Abscheider wird das zur Kühlung verwendete Fluid abgetrennt. Die Druckluft wird in einem Lamellenkühler abgekühlt und strömt nun zur weiteren Aufbereitung und Verwendung. (Kaeser)

1. Drucklufteintritt
2. Luft/Luft-Wärmetauscher
3. Kältemittel/Luft-Wärmetauscher
4. Kältekompressor
5. Kondensatabscheidersystem mit automatischem Kondensatableiter
6. Druckluftaustritt

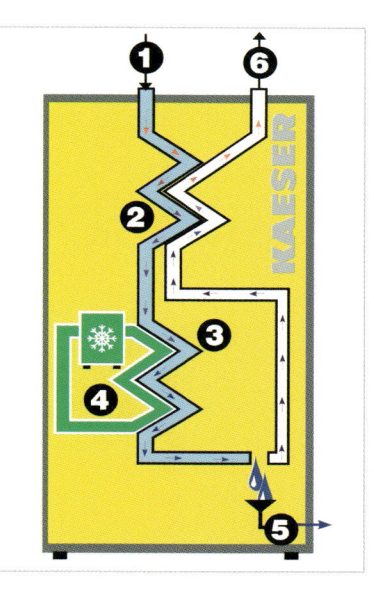

Abb. 4.3.6: Aufbau eines Kältetrockners (Kaeser)

95

ENERGIEWIRTSCHAFT

Kältetrockner bestehen aus einem Gegenstromwärmeaustauscher, bei dem die zugeführte warme Druckluft mit der austretenden kalten Druckluft vorgekühlt wird und einem Kühlkreislauf, bei dem die Kondensation stattfindet. Durch die Anwärmung der austretenden Druckluft im Wärmeaustauscher sinkt die relative Feuchte auf 10 bis 25 %.

Das bei der Kältetrocknung anfallende Kondensat ist zu entfernen. Für einfache Anwendungsfälle ist eine leicht fallende Installation des Rohrleitungsnetzes ausreichend.

Bei der **Absorptionstrocknung** binden Trockenmittel die Luftfeuchtigkeit. Druckluft durchströmt ein Trockenmittelbett von unten nach oben und gibt den enthaltenen Wasserdampf teilweise an dieses Trockenmittel ab. Zur Regeneration kann ein Teil der bereits getrockneten Luft erhitzt und durch den Absorber geleitet werden.

Tab 4.3.3: Bei der Absorptionstrocknung verwendete Trockenmittel		
Feste Trockenmittel	Sich verflüssigende Trockenmittel	Flüssige Trockenmittel
Dehydrierte Kreide	Lithiumchlorid	Schwefelsäure
Übersaures Magnesiumsalz	Kalziumchlorid	Glyzerin
		Triethylenglykol

Sterilfiltration

In der Lebensmittel- und Biotechnologie sind Tanks oder Abfüllanlagen mit Sterilluft oder steriler Druckluft zu beaufschlagen. Die Luft wird über ein spezielles Filtermedium geführt. Das Filtermaterial ist zweistufig ausgeführt. Im Vorfilter werden Partikel bis 1 µm, im Hauptfilter Bakterien und Hefen bis 0,01 µm abgetrennt. Die Filter können bis 200 °C sterilisiert werden.

Betriebshinweise

Wenn der Druck sinkt, hat das möglicherweise folgende Ursachen:

- Die Kompressorkapazität ist zu gering oder das Verteilungsnetz ist falsch ausgelegt
- Zu dünne oder lange Schläuche; Zu klein dimensionierte Kupplungen
- Ständige Leckagen
- Unzureichende Instandhaltung, z. B. ungereinigte Filter.

Die ausreichende Durchflusskapazität ist zu prüfen, bevor ein weiterer Verbraucher angeschlossen wird. Es ist darauf zu achten, dass auch die entfernteste Maschine oder das entfernteste Ventil noch den richtigen Druck erhält. Das testet man durch die gleichzeitige Belastung des Netzes mit vielen Verbrauchern wie beispielsweise den Ventilen. Dazu kann man mehrere Pilotventile von Hand betätigen.

Der Druck ist gleichfalls anzupassen. Eine Messung muss vorgenommen werden, wenn der maximale Bedarf an Druckluft herrscht. Sollte der Druck zu hoch sein, kann man entweder einen Druckminderer direkt vor dem Verbraucher installieren oder den Druck des Kompressors auf ein Minimum senken. (Ein bar weniger Druck entspricht einer Energieeinsparung von 6 %). Bei zu niedrigem Druck sind Armaturen und Leitungen zu kontrollieren. Solche Messungen sind jährlich durchzuführen.

Zu beachten ist die Temperatur im Druckluftnetz. Die Festigkeit der Werkstoffe für die Rohrleitungen sinkt mit steigender Temperatur. Ein Druckluftnetz, das z. B. für einen Überdruck von 6 bar ausgelegt ist und einem Prüfüberdruck von 6 bar unterliegt, darf bei Temperaturen über 120 °C nur mit 5 bar Überdruck betrieben werden!

Leckagen bedeuten Luftverluste und sind erheblich teurer, als man denkt. Bei einem Loch von nur 1 mm Größe gehen bei 6 bar etwa 1 Liter je Sekunde verloren. Dafür sind 0,3 KW Kompressorleistung mehr nötig. Bei geschätzten 1.500 Betriebsstunden pro Jahr und 10 Cent/KWh ergeben sich 450 EUR zusätzliche Kosten. Ein Loch von 3 mm verursacht 4500 EUR Mehrkosten, das sind über 13 EUR täglich! Reparaturen am Netz sind deshalb unmittelbar nach der Entdeckung des Fehlers durchzuführen.

Planung einer Kompressorstation

Bei kleinen, luftgekühlten Kompressoren ist eine fundamentlose Aufstellung möglich, wobei Schwing-

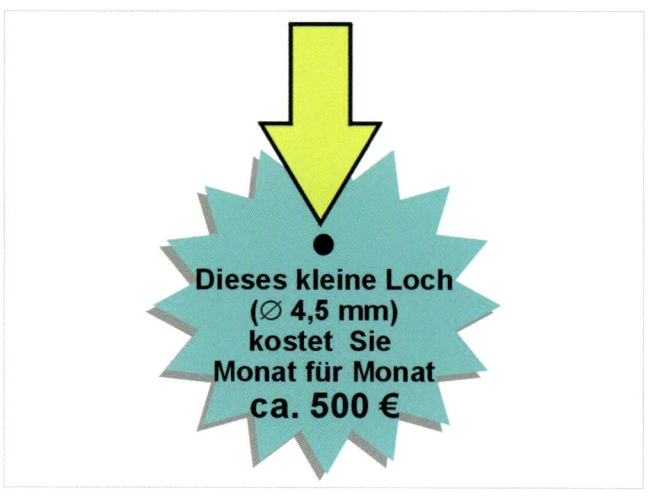

Abb. 4.3.7: Kostenfalle Druckluftleckagen (Kaeser)

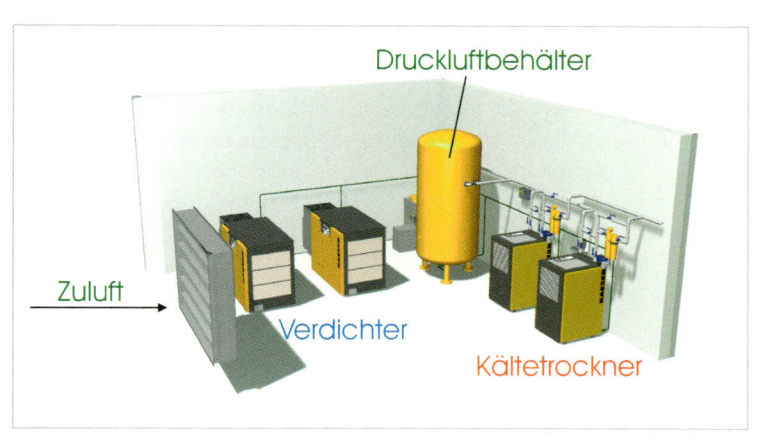

Abb. 4.3.8: Konzept einer Drucklufterzeugungsstation (Kaeser)

metall-Elemente die Schwingungen kompensieren. Der saubere, staubfreie und trockene Maschinenraum weist Temperaturen von + 3 bis + 40 °C bei ausreichendem Kühlluftstrom (Zu-/Abluft) auf. Bei mehreren Verdichtern ist auf einen geordneten Kühlluftstrom zu achten. Im Sommerbetrieb wird die Kühlluft nach außen gefördert, im Winter kann damit z. B. eine Lagerhalle gewärmt werden. Die Verdichterkühlung über ein Kühlmittel erlaubt es, mit einem Wärmetauscher die Abwärme zur Brauchwassererwärmung zu verwenden.

Eine systematische Dokumentation ist anzuraten. Diese beinhaltet alle Veränderungen, die vorgenommen werden und dient als Grundlage für weitere geplante Modifikationen. Gerade bei jahrelang laufenden Anlagen wie Druckluft- und Vakuumsystemen sowie Kältekreisläufen ist dies wichtig.

4.4 KLIMATECHNIK

Bei der Klimatisierung handelt es sich um die Einstellung der Temperatur und der Feuchtigkeit von Raumluft. Dabei wird häufig die mikrobiologische Luftqualität in die Aufbereitung mit einbezogen.

Der optimale Feuchtewert in Bezug auf den Menschen liegt bei einer relativen Feuchte von 40 bis 60 %. Das Wachstum von Mikroorganismen (MO)

Einsatzgebiete der Klimatechnik:

- IT-Klima (Schaltwarte; Serverräume)
- Hygieneklima (Krankenhäuser)
- Reinraum (PET-Flaschenabfüllung; Starterkulturenverpackung)
- Mikrobiologische Reinräume (Labor)
- Komfort- und Spezialklima (Büroräume; Verkaufsräume)

hat in diesen Bereichen deutlich geringere Ausprägungen. Das Wohlfühlklima ist neben der Temperatur auch von der Luftgeschwindigkeit abhängig.

Für die Temperatureinstellung dienen Wärmetauscher. Bei der Abkühlung kommt es bei der Unterschreitung des Taupunktes zur Kondenswasserbildung. Dieses Kondenswasser muss abgeführt werden. Bei der Erwärmung sinkt die relative Feuchte. Bei kalter Zuluft muss nach der Erwärmung für ein angenehmes Raumklima also Feuchtigkeit eingedüst werden.

Die Luftaufbereitung hinsichtlich der Luftfeuchte ist von der Jahreszeit abhängig. Bei der Außenluft-Zufuhr im Winter ohne Luftbefeuchtung wird z. B. 1 m^3 Außenluft mit einer Temperatur von –5 °C und einer rel. Luftfeuchte von 80 % einer Halle zugeführt. Dann wird die Luft auf 20 °C erwärmt. Dies hat zur Folge, dass die relative Luftfeuchte (bei gleichem Wassergehalt pro m^3) auf 14 % sinkt.

Bei einer Außenluft-Zufuhr im Winter ist also für eine gewünschte Raumluftfeuchte von 55 % bei 20 °C eine Luftbefeuchtung durchzuführen. Dazu muss jeder m^3 Frischluft mit ca. 7 g Wasser angereichert werden, um den erforderlichen Wassergehalt von etwa 9,5 g/m^3 zu erreichen.

ENERGIEWIRTSCHAFT

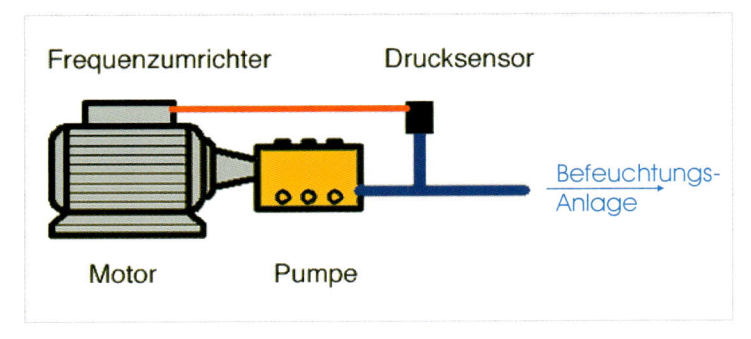

Abb. 4.4.1: Hochdruckeinheit zur Befeuchtung (Birus)

Prinzip einer Befeuchtungsanlage

Befeuchtungsanlagen arbeiten je nach Raumgröße mit verdunstetem Wasser, Dampfgebläsen oder Wasserzerstäubern. Befeuchtungsanlagen werden in Form von Luftbefeuchtungsgeräten oder im großen Maßstab als Hochdruckeinheiten vor allem in Industriebetrieben, die hygroskopische (Wasser anziehende) Stoffe verarbeiten oder lagern, eingesetzt.

Entfeuchtungsanlagen, bei denen der Luft durch Kühlung und Kondensierung oder durch hygroskopische Stoffe Wasser und Dampf entzogen wird, finden sich in vielen Betrieben der Lebensmittelproduktion, der Pharmazie, der Kosmetikindustrie sowie bei Lagerung und Transport dieser Waren.

Konzept einer Befeuchtungsanlage

Filtriertes Befeuchtungswasser wird durch eine ölfreie Hochdruckpumpe über ein Druckleitungsnetz zu den Zerstäubereinheiten gefördert. Dort wird das Wasser in kleinste Wassertröpfchen (Größe 7 bis 10 μm) zerstäubt, die wie ein natürlicher Nebel durch Axialventilatoren verteilt werden und Staubpartikel binden.

Für die Befeuchtung wird hygienisch einwandfreies Trinkwasser durch eine rückspülbare Filterkombination einer Wasserenthärtung zugeführt. Hier erfolgt eine Enthärtung auf Null Grad deutscher Härte (dH). Das darin erzeugte weiche Wasser wird durch eine ölfreie Wasserhydraulik-Pumpe auf 50 bis 70 bar druckerhöht. Die Wasserzuführung zu den Zerstäubereinheiten erfolgt über ein flexibles Hochdruckschlauchnetz.

Die Hochdruckeinheiten sind von 15 bis 1200 Liter für 10.000 bis 500.000 m³ Raumluft Befeuchtungsleistung pro Stunde erhältlich. Ein Drucksensor regelt den frequenzbetriebenen Motor mit der angeflanschten Pumpe. Die Anlage ist mit einer Verbrauchssteuerung (Frequenzumrichter; Regler mit Drucksensor) versehen. Jeder Raum erhält eine Anwendungssteuerung in Verbindung mit einem oder mehreren Axialventilatoren.

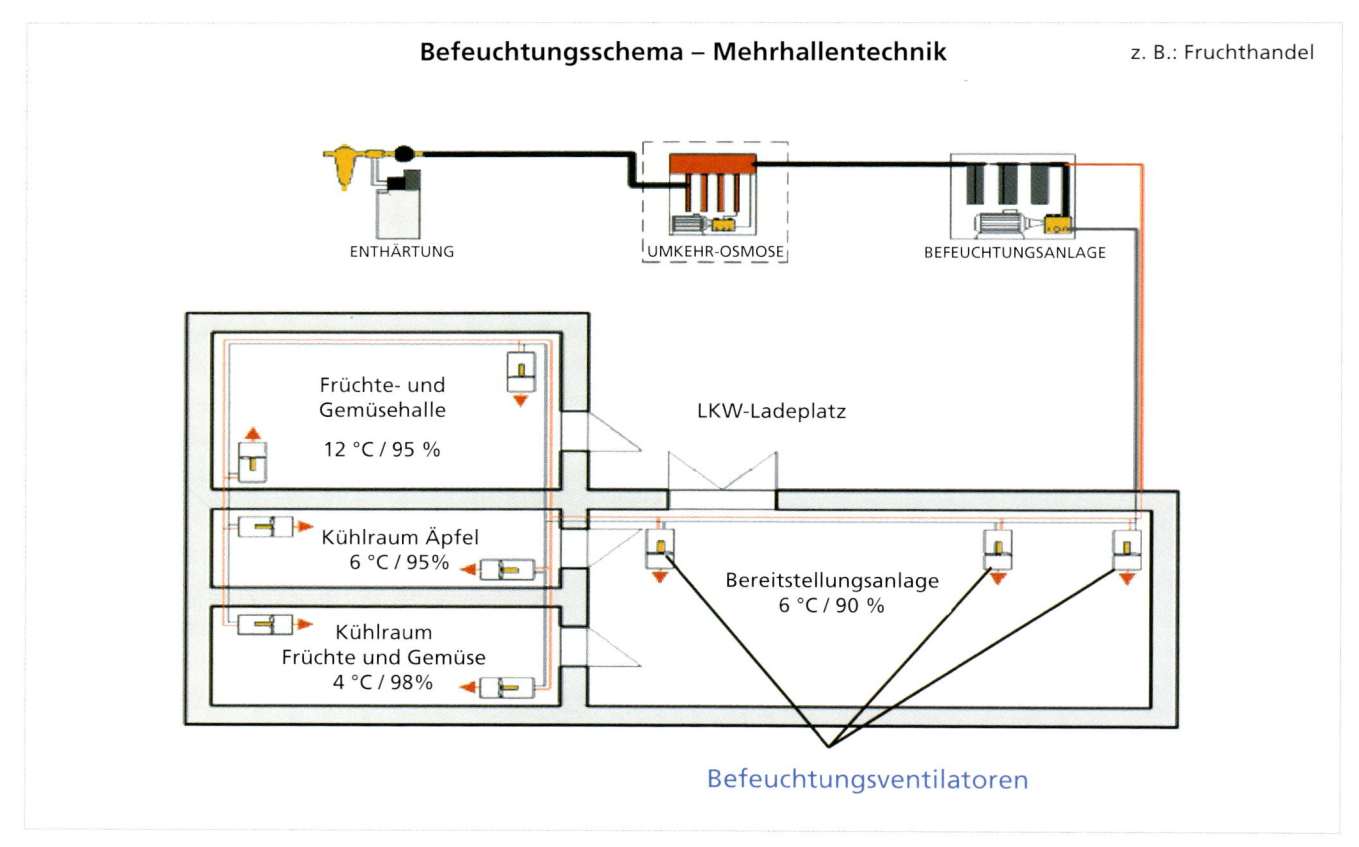

Abb. 4.4.2: Klimatisierung von Obst- und Gemüsehallen (Birus)

Die Kosten zum Betreiben einer Anlage wären hoch, wenn die gesamte Abluft abgeblasen wird. Daher wird ein großer Anteil als Umluft im Kreislauf gefahren und mischt diese vor der Aufbereitung mit Frischluft.

Zum Erreichen sehr kleiner Feuchtegehalte für Trocknungs-, Lager- und Verpackungsräume werden Sorptionsmittel wie Silikagel oder Lithiumchlorid benutzt.

Mit Hilfe der Entfeuchter kann die Luftfeuchtigkeit gesteuert werden. Diese Technik wird z. B. in Reiferäumen für Käse oder Rohwürste angewendet. Im Reiferaum befinden sich Kanäle für Ansaugluft und Umluft, was die Luftumwälzung verbessert. Mit einem Zuluft- und einem Abluftkanal bekommt der Reiferaum einen Luftkreislauf, in dem die Anlage für die genau definierte Luftfeuchtigkeit sorgt. Der Feuchtegehalt der Luft wird ständig durch Sensoren kontrolliert, denn zu hohe Luftfeuchte bedeutet bei Lebensmitteln Schimmelgefahr.

Gerade für die Herstellung von Tabletten ist eine gleichbleibende Luftfeuchtigkeit, die sich innerhalb enger Toleranzen bewegt, schon während der Produktion entscheidend. Die Feststoff-Mischung, aus der Tabletten gepresst werden, besteht oft zu einem großen Anteil aus stark hygroskopischer Laktose (Milchzucker) als Trägerstoff. Sobald die Luftfeuchtigkeit des Raumes sich etwas erhöht, nehmen auch die Pulver Feuchtigkeit auf. Sie lassen sich daraufhin schlecht mischen, verklumpen häufig und sind oft nicht mehr pressbar. Umgekehrt laden sich die Feststoffteilchen der Pulver bei trockener Luft leicht auf und eignen sich dann ebenfalls nur schlecht für die Tablettenproduktion. Bei der Herstellung von Brausetabletten, die nicht nur Feuchtigkeit aufnehmen können sondern auch mit dem Wasser reagierende Substanzen enthalten, kann das Produkt durch Feuchtigkeitsschwankungen Qualitätseinbußen erfahren.

4.5 VAKUUMTECHNIK

Hauptaufgabe der Vakuumtechnik ist es, die Teilchenanzahldichte in einem vorgegebenen Volumen zu verringern. Bei konstanter Temperatur kommt dies immer einer Erniedrigung des Gasdruckes gleich. Eine Druckerniedrigung bei gleichem Volumen lässt sich auch durch Senkung der Temperatur erreichen. Beim Evakuieren eines Behälters werden aus diesem Gase und/oder Dämpfe entfernt. Dabei meint man nicht kondensierbare Gase. Dampf dagegen ist bei den herrschenden Temperaturen kondensierbar.

In der Vakuumtechnik wird stets der absolute Druck angegeben, so dass der Index »abs« im Allgemeinen entfallen kann. Der Normdruck beträgt 1013,25 mbar. Der in einem Vakuumbehälter erreichbare niedrigste Druck, der sogenannte Enddruck, wird nicht nur vom Saugvermögen der Pumpe, sondern auch vom Dampfdruck der in der Pumpe verwendeten Schmier- und Dichtungsmittel mitbestimmt.

Tab 4.5.1: Die Druckbereiche der Vakuumtechnik und ihre Anwendungen

Vakuumbereich	Druckbereich	Anwendung
Grobvakuum (GV)	1013 bis 1 mbar	Trocknung, Destillation, Aufkonzentrierung
Feinvakuum (FV)	1 bis 10^{-3} mbar	Gefriertrocknung, Imprägnieren, Schmelz- und Gießöfen, Lichtbogenöfen
Hochvakuum (HV)	10^{-3} bis 10^{-7} mbar	Aufdampfen, Kristallziehen, Massenspektrometer, Röhrenproduktion, Elektronenmikroskopie
Ultrahochvakuum (UHV)	10^{-3} bis 10^{-14} mbar	Kernfusion, Speicherringe bei Beschleunigern, Weltraumforschung, Oberflächenphysik

Jede auf der Erde befindliche Vakuumanlage enthält vor ihrem Auspumpen Luft und ist während ihres Betriebes stets von Luft umgeben. Die Atmosphäre besteht aus einer Reihe von Gasen, zu denen in der Nähe der Erdoberfläche noch Wasserdampf hinzukommt. Der durchschnittliche Druck der Luftatmosphäre wird auf Meeresniveau bezogen und beträgt 1013 mbar. Mit der Höhe nimmt der Druck der atmosphärischen Luft ab. In etwa 100 km Höhe besteht Hochvakuum, oberhalb 400 km Ultrahochvakuum. Auch die Zusammensetzung der Luft ändert sich mit der Entfernung von der Erdoberfläche. Vakuumtechnisch ist bei der Zusammensetzung der Luft besonders zu beachten:

a) Der je nach Feuchtigkeitsgehalt in der Luft enthaltene Wasserdampf
b) Der erhebliche Anteil des Edelgases Argon
c) Trotz des geringen Gehaltes von nur etwa 5ppm (parts per million) Helium macht sich dieses Edelgas bei Ultrahochvakuum-Anlagen bemerkbar, die mit Viton gedichtet sind oder aus Glas bzw. Quarz bestehen. Helium vermag durch diese Stoffe in messbarer Menge zu diffundieren.

Anwendungen der Vakuumtechnik:

- Staubfreies Fördern und Abfüllen körniger Schüttgüter und pulvriger Stoffe (Farbpulver, Mehl) mittels Saugförderanlagen

ENERGIEWIRTSCHAFT

- Absaugen von staubhaltiger Luft und Dämpfen aus Arbeitsräumen
- Verdampfen, Kristallisieren und Destillieren
- Gefriertrocknen
- Filteranlagen (Trommelfilter)
- Herstellung bzw. Förderung von Puderzucker, Kakao, Knoblauchpulver, Apfelmus, Sahne-Fett-Pulver, Pfifferlinge, Gewürzmischung, Kokosraspeln, Weizenstärke, Pharmakapseln, Johanniskraut, Ascorbinsäure, sterile Kappen, Pflanzendrogen, Cellulosepulver, Magnesiumpulver, Tabletten.

Abb.4.5.1: Beschickung eines Wirbelschichttrockners durch eine Vakuumanlage in einem Reinraum (Volkmann)

Die Auslegung der Vakuumanlage ist von der Partikelgröße und -geometrie, der Rieselfähigkeit, der Feuchte, der Förderstrecke, dem Energieverbrauch und dem Explosionspotenzial abhängig. Als Faustregel dazu gilt: Die Leitungen sollen möglichst kurz und weit sein. Sie müssen wenigstens den gleichen Querschnitt haben wie der Saugstutzen der Pumpe.

Arten von Vakuumpumpen

Grundsätzlich unterscheidet man zwei Gruppen von Vakuumpumpen:

a) Pumpen, die über eine oder mehrere Kompressionsstufen die Gasteilchen aus dem auszupumpenden Volumen entfernen und in die atmosphärische Luft befördern (Kompressionspumpen).
b) Vakuumpumpen, welche die zu entfernenden Gasteilchen an einer festen Wand kondensieren oder auf andere Weise (z. B. chemisch) binden.

Hier seien nur einige Bauweisen von Vakuumpumpen erklärt.

Membranvakuumpumpen sind ein- bis vierstufige, trockenverdichtende Vakuumpumpen. Die Membran trennt den Getrieberaum hermetisch vom Förderraum ab, so dass dieser frei von Öl und Schmiermitteln bleibt („trockene" Vakuumpumpe). Der Enddruck liegt bei einstufigen Membranvakuumpumpen bei etwa 80 mbar, bei zweistufigen Pumpen bei etwa 10 mbar, bei dreistufigen bei etwa 2 mbar und bei vierstufigen Membranpumpen etwa bei 0,5 mbar.

Flüssigkeitsring-Vakuumpumpen sind unempfindlich gegen Verunreinigungen und eignen sich zum Fördern von Gasen und Dämpfen, die z. B. wasserdampfgesättigte Luft sowie geringe Mengen von Flüssigkeiten enthalten. Die erreichbaren Ansaugdrücke liegen zwischen Atmosphärendruck und Dampfdruck der verwendeten Betriebsflüssigkeit. Für Wasser von 15 °C ist ein Betriebsdruck von etwa 33 mbar erreichbar.

Abb. 4.5.2: Flüssigkeitsring-Vakuumpumpe (Busch)

Das in ein zylindrisches Gehäuse eingebaute Laufrad ist exzentrisch angeordnet. Im abgeschalteten Zustand ist die Pumpe etwa zur Hälfte mit Betriebsflüssigkeit gefüllt. Axial sind die, durch die Schaufeln gebildeten Zellen des Laufrades durch Steuerscheiben begrenzt und abgedichtet. Diese Steuerscheiben sind mit Saug- und Druckschlitzen versehen. Nach dem Einschalten rotiert das Laufrad und es bildet sich ein konzentrisch zum Pumpengehäuse rotierender Flüssigkeitsring, der an der engsten Stelle zwischen Laufradachse und Gehäusewand die Laufradkammern voll ausfüllt und sich mit fortschreitender Drehung wieder aus den Kammern zurückzieht. Durch die Leerung der Kammern wird das Gas angesaugt, durch die anschließende Füllung erfolgt die Verdichtung.

Wälzkolbenpumpen (Rootspumpen) werden in Kombination mit Vorpumpen eingesetzt. Sie erzeugen ein Feinvakuum, bei Verwendung zweistufiger

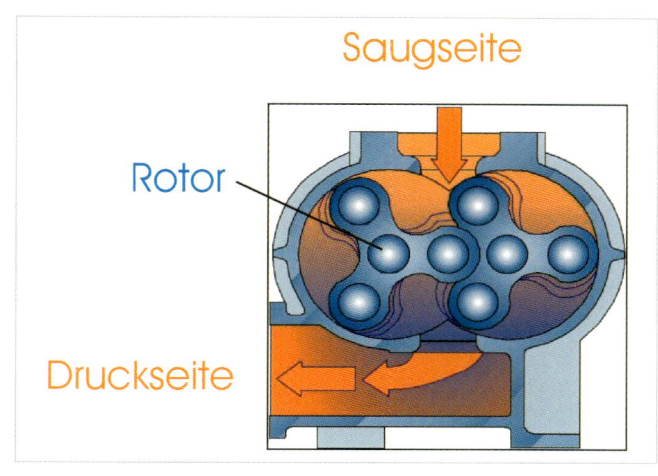

Abb. 4.5.3: Rootspumpe (Busch)

Rootspumpen sogar ein Hochvakuum. Rootspumpen haben ein hohes Saugvermögen (über 100.000 m³/h). Die beiden Rotoren haben einen achterförmigen Querschnitt und sind durch ein Zahnradgetriebe synchronisiert. Die Spaltbreite zwischen Kolben und Gehäusewand und zwischen den Kolben untereinander beträgt wenige Zehntel Millimeter. Deshalb können Wälzkolbenpumpen ohne mechanischen Verschleiß mit hohen Drehzahlen laufen.

4.6 KRAFT-WÄRME-KOPPLUNG

Steigende Energiepreise zwingen Unternehmen, sich mit der optimalen Ausnutzung der Rohstoffe auseinander zu setzen. Viele Betriebe beziehen Strom, verbrennen Gas oder Öl, um Dampf zu erzeugen und nutzen entstehendes warmes Prozesswasser teilweise nicht. Dabei könnte man durch sinnvolle Investitionen die Strom- und Gasrechnung drastisch senken. Dazu kann man den Energierückgewinn wie zum Beispiel durch größere Wärmeaustauscherpakete oder die mechanische Brüdenverdichtung in Eindampfanlagen vorantreiben. Bei der Kraft-Wärme-Kopplung (KWK) bzw. bei dem sog. Blockheizkraftwerk (BHKW) wird ein anderer Weg beschritten.

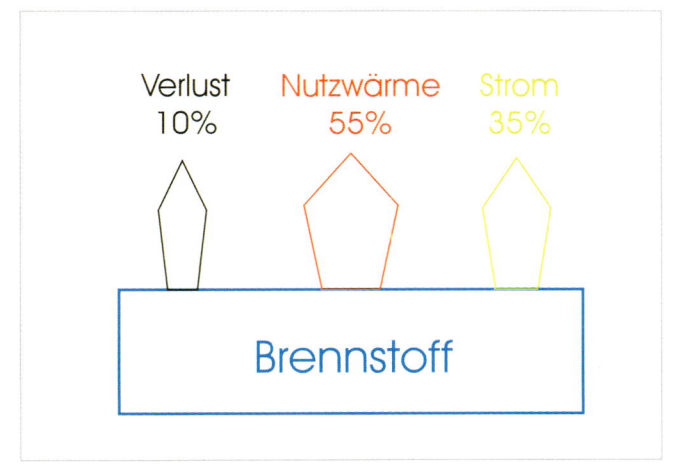

Abb. 4.6.1: Energiefließbild des BHKW (Birus)

Bei der KWK geht nur 10 % des verbrannten Erdgases als Verlust in die Energiebilanz mit ein. 35 % kann als Strom für Elektromotoren und Beleuchtung verwendet werden. Das Primärenergie-Einsparpotenzial bei der Anwendung von BHKW beläuft sich gegenüber herkömmlicher, getrennter Erzeugung von Wärme und Strom auf ca. 39 %.

Anlagentypen

Heute stehen fünf Varianten zur Diskussion (Tab. 4.6.1). Der Normalfall ist der Strombezug vom EVU und ein eigener Dampferzeuger für betriebliche Wärmeprozesse wie die Pasteurisation, Autoklavierung und Reinigungen. Evtl. kann es sinnvoll sein, die Wärmeversorgung an einen Dritten, der Wärme günstiger oder im Überschuss produziert, abzugeben. Eine Alternative ist die Eigenstrom- und Wärmegewinnung mit Anschluss parallel ans Netz für die Lastspitzenabdeckung. Wenn man sich komplett selbst mit Strom versorgen will, wird dies als Inselbetrieb bezeichnet.

Tab 4.6.1: Konzepte zur Energieversorgung

Variante	Fremdbezug	Eigenerzeugung
1	Strom und Wärme	
2	Strom	Wärme
3	Wärme	Strom
4	Strom	Wärme und Strom – Netzparallel
5		Wärme und Strom – Inselbetrieb

Netzparallel bedeutet, dass die erzeugte oder benötigte Spannung sowohl in der Frequenz und der Phase als auch in der Höhe der Spannung (Amplitude) übereinstimmt. Dies wird elektronisch geregelt. Es handelt sich um Dreiphasenwechselstrom mit einer Frequenz von 50 Hz und einer Spannung von 400 Volt.

Das Blockheizkraftwerk

Blockheizkraftwerke sind verbrauchernahe Zentralen mit einer Verbrennungskraftmaschine (meist Gas- oder Dieselmotoren) und zugeordneten Generatoren zur Stromerzeugung. Die bei der Stromerzeugung anfallende Wärmemenge (Kühlwasser und Abgase) wird für Heizzwecke genutzt. Die Verbrennung von Erdgas erfolgt in einem Gasmotor. Dieser treibt einen Generator an, der seinerseits Strom für den innerbetrieblichen Bedarf bereitstellt oder gar ins allgemeine Netz einspeist. Die entstehende Abwärme durch die Motorkühlung und die Energie der heißen Abgase werden über Wärmetauscher wiedergewonnen.

ENERGIEWIRTSCHAFT

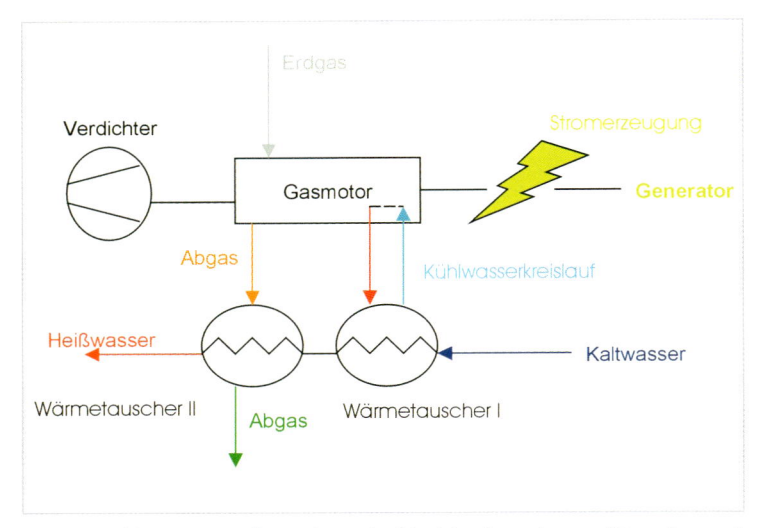

Abb. 4.6.2: Aufbau eines Blockheizkraftwerks (Hasselmeyer)

Die Anlage wird in einigen Fällen durch Spitzenlastkessel und Speicher ergänzt. Ein Spitzenlastkessel übernimmt – parallel oder in Serie zur Motorenanlage installiert – die Abdeckung der Wärmespitzen bei hohem Wärmebedarf.

Jahreszeitlich gesehen decken sich bei den meisten Abnehmern Strom- und Wärmespitzenzeiten. Im Winter besteht der höchste Strom- und Wärmebedarf. Tageszeitlich entstehen jedoch Differenzen, die mit einem Kurzzeitspeicher überbrückt werden. Kurzzeitige Wärmespitzen werden aus dem Speicher abgedeckt, der vorher durch Wärme aus dem BHKW aufgeladen wurde. Auch geht die Wärme, die zu Stromspitzenzeiten ohne großen Wärmebedarf anfällt nicht verloren, wenn sie in einen Speicher abgeführt wird.

Ebenso können zusätzlich Verdichter vorgesehen werden. Wärmepumpen können einerseits dazu genutzt werden, zusätzliche Wärme zu gewinnen oder aber um Kälte zu erzeugen. In letzterem Fall spricht man von Kraft-Wärme-Kälte-Kopplung (KWKK).

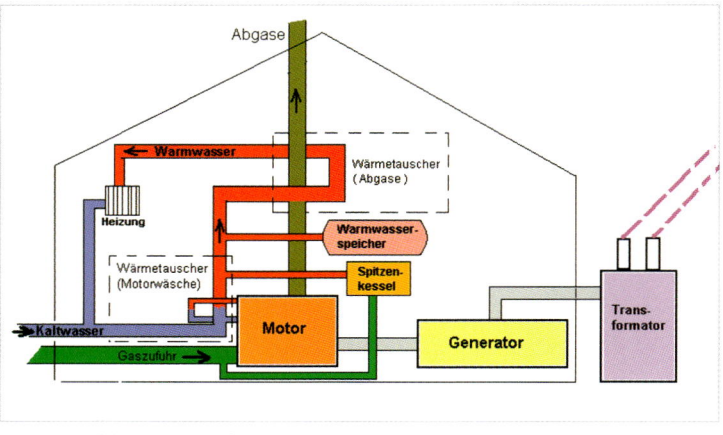

Abb. 4.6.3: Aufbau eines Blockheizkraftwerkes mit Spitzenlastkessel (Birus)

Tab 4.6.2: Brennstoffe für einige Motorbauarten

Motorbauart	Brennstoff
Dieselmotor	Heizöl, Rapsmethylester (Biodiesel)
Gas-Ottomotor Gas-Dieselmotor	Erdgas, Flüssiggas, Klärgas und Biogas, Propangas, Holzvergasung

BHKW können als Gas-Ottomotoren mit Katalysator, Gas-Ottomotoren mit Magerverbrennung und Dieselmotoren mit SCR-Katalysator ausgeführt werden.

Gasmotoren haben mehrere Wärmeaustauscher mit jeweils unterschiedlichem Temperaturniveau. Schmieröl- und Kühlwasser-WAT werden unter 85 °C betrieben. Nur die Abgaswärmeleistung kann zur Dampferzeugung genutzt werden. Der elektrische Wirkungsgrad liegt mit 33 bis 38 % wesentlich höher, ebenso der elektrische Leistungsbereich mit bis zu 3 MW.

Generatoren

Der Motor eines BHKW treibt über eine Welle einen Generator zur Stromerzeugung an. Der erzeugte Strom kann direkt zum Verbraucher geleitet werden. Ein Netzparallelbetrieb (Anschluss an das Niederspannungsnetz) ermöglicht es, die Stromversorgung auch in Spitzenverbrauchszeiten zu gewährleisten, oder zuviel erzeugten Strom ins Netz einzuspeisen (Vergütung durch den Stromversorger).

Die Stromerzeugung erfolgt über Asynchrongeneratoren oder Synchrongeneratoren mit Drehzahlregelung sowie einer automatischen Synchronisierungseinrichtung. Synchrongeneratoren werden für Notstrom- oder Inselbetrieb (ohne zusätzlichen Anschluss ans Stromnetz) eingesetzt.

Dampfturbine mit Antrieb eines Generators

In einem Wasserrohrkessel werden 30 bar erzeugt, anschließend überhitzt und mit der Gegendruck-

Tab 4.6.3: Beispiele für angebotene Modulgrößen bei BHKW

Elektrische Leistung (kW)	Thermische Leistung (kW)
3,5	10
9	25
30	67
112	183
300	537
808	1240

dampfturbine auf 3 bar Prozessdampf entspannt. Dies führt zu einem ausgewogenen Verhältnis von Strom- und Wärmebedarf und deren Erzeugung. Durch die Automatisierung steigt der Strombedarf bei sinkenden Wärmeverbrauch. Damit ist das Gleichgewicht gestört, häufig muss man im Teillastbetrieb fahren, die Wirtschaftlichkeit wird schlechter.

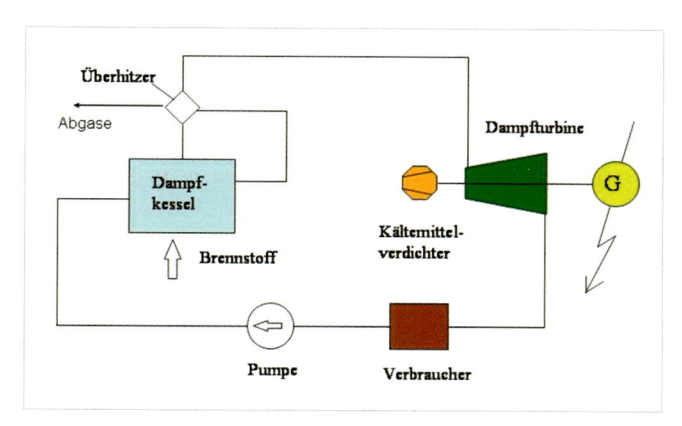

Abb. 4.6.4: Stromerzeugung mit einer Dampfturbine (Birus)

Überlegungen zur Wirtschaftlichkeit

Normalerweise dient der im BHKW erzeugte Strom der Eigennutzung. Damit ist es möglich, die Auslegung weitgehend am Wärmebedarf zu orientieren. Aus der Summe der Gesamtleistungsgänge der angeschlossenen Nutzer wird die Jahresdauerlinie „Wärme" ermittelt. Die Jahresdauerlinie beschreibt den Wärmeverbrauch im Laufe eines Jahres. Aus dieser Linie ist ersichtlich, an wie vielen Stunden im Jahr welche Leistung benötigt wird. Die Leistung, die über mindestens 4000 h im Jahr benötigt wird, ist für die Dimensionierung des BHKW maßgebend und wird als Grundlast bezeichnet. Die Deckung der Grundlast wird eventuell auf mehrere BHKW-Module verteilt (Mehrmotorentechnik), um einen hohen Wirkungsgrad zu erreichen.

Die Grundlast wird weitgehend über die Kraft-Wärme-Kopplung abgedeckt, für Wärmespitzen steht ein extra Kessel bereit. Wichtig ist zudem ein zeitlich möglichst paralleler Verlauf von Strom- und Wärmebedarf. Die Optimierung der Vollbenutzungsstunden ist dann für den „Return on Investment" (Amortisation) entscheidend. Mitbestimmend sind ebenfalls der Brennstoff- und Strompreis. Die Kosteneinsparung beim Fremdstrombezug ist erheblich. Bei gut geplanten Anlagen dürfte eine Amortisationszeit von drei bis vier Jahren realistisch sein.

Möglich ist die Nutzung von Methangas aus der anaeroben Vorklärung von Abwässern, wenn eine solche Anlage vorhanden ist. Damit lassen sich je nach Größe der Fermenter zwischen 5 und 20 % der gelieferten Gasmenge einsparen.

4.7 STROMVERTRAG UND ENERGIELEITSYSTEM

Heute können die Energieversorgungsunternehmen (EVU) frei gewählt und die Tarife (in Grenzen) direkt ausgehandelt werden. Da Strom eine grundlegende Voraussetzung für den reibungslosen Betriebsablauf ist, muss auf die zuverlässige Stromversorgung größten Wert gelegt werden.

Das EVU benötigt vom Betrieb die Information, welche Menge an Strom ungefähr verbraucht wird und welche Leistung (in KW) die genutzten Anlagen haben. Diese Angabe ist für das E-Werk wichtig, um die insgesamt gebrauchte Energiemenge durch die Kraftwerke bereitzustellen und die verlegten Leitungen hinsichtlich des Leitungsquerschnitts richtig zu dimensionieren.

Arbeitspreis

Ausgehandelt wird der sog. Arbeitspreis, das ist die Bezahlung der verbrauchten Kilowattstunden in Cent pro kWh. Dieser liegt für den Haushalt abhän-

Tab 4.6.4: Kriterien für den wirtschaftlichen Einsatz einer BHKW-Anlage	
Kriterium	**Kenndaten**
BHKW-Kosten	je nach Anlagengröße 500-2000 Euro/kW elektrischer Leistung.
Anlagenaufbau	Mehrmodulanlagen sind größeren Einmodulanlagen gleicher Leistungen vorzuziehen, da Verfügbarkeit und Wirkungsgrad höher sind. Ein Mehrpreis für Mehrmodulanlagen wird schnell egalisiert.
Auslegung	Ist kein zusätzlicher Bedarf an Prozesswärme vorhanden, sollte die BHKW-Heizleistung 30% des Spitzenwärmebedarfs des Gebäudes nicht überschreiten.
Laufzeiten	Mindestens 4000 Stunden/Jahr, 6000 Stunden sind anzustreben.
Stromeigenverbrauch	Mindestens 50 % des eigenerzeugten Stroms sollten selber verbraucht werden. Bei Einsatz regenerativer Energieträger kann auch eine volle Rückspeisung sinnvoll werden (höhere Vergütung durch das EVU).
Stromvergütung	Abhängig von Tarifzeit, Energieträger und den Vertragsbedingungen des zuständigen EVU

ENERGIEWIRTSCHAFT

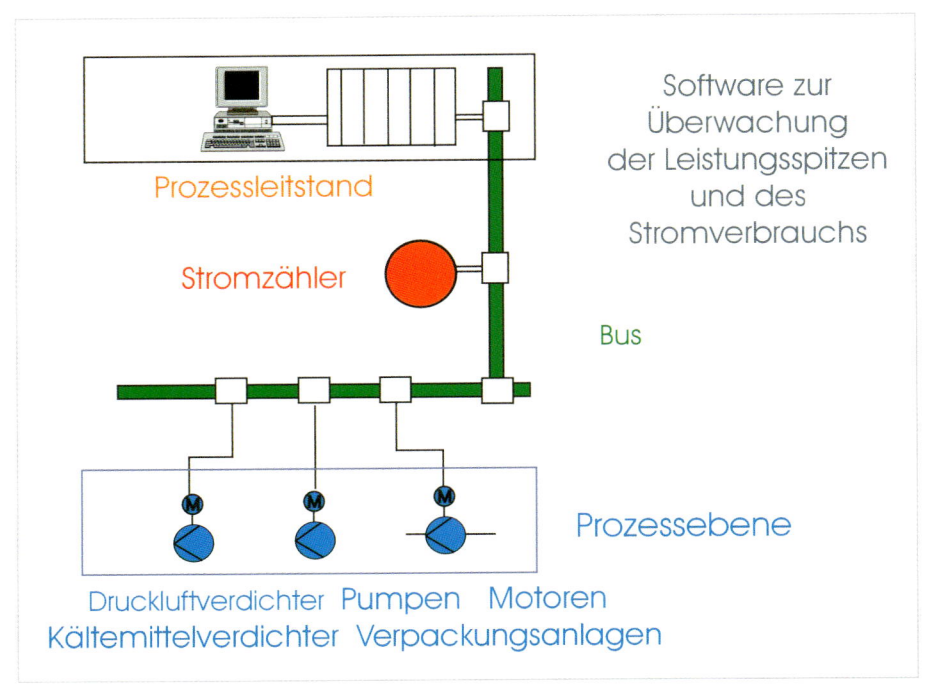

Abb. 4.7.1: Aufbau eines Energieleitsystems (Birus/Hasselmeyer)

Diagramm-Beschriftungen: Prozessleitstand, Stromzähler, Bus, Prozessebene, Druckluftverdichter, Pumpen, Motoren, Kältemittelverdichter, Verpackungsanlagen, Software zur Überwachung der Leistungsspitzen und des Stromverbrauchs

gig vom jeweiligen EVU bei 10 bis 15 Cent. Betriebe zahlen als Großverbraucher deutlich weniger. Manchmal kann ein Betrieb über einen Verband oder ein anderes großes Unternehmen (Druckluftanlagen) billigeren Strom beziehen. Da das EVU daran interessiert ist, seine Generatoren gleichmäßig auszulasten, bietet es teilweise zwei verschiedene Tarife an:

- Hochtarif in der Zeit von etwa 5 Uhr morgens bis 20 Uhr abends
- Niedertarif; hier liegt der Preis für eine kWh niedriger.

Dies soll die Firmen oder Haushalte dazu bringen, tagsüber nicht unbedingt nötige Maschinen in der Nacht laufen zu lassen. Ein Beispiel wäre der Kältemittelverdichter, der in einer Süßwasserkühlung die Kälte zum Teil in Form von Eis erzeugen und damit speichern kann. Nachdem Verdichtermotoren oft große Leistungen aufweisen, lohnt sich das.

Leistungspreis

Hier handelt es sich um die Summe der im Betrieb benötigten elektrischen Leistung. Pro bereitgestelltes KW wird ein Betrag von etwa 10 EUR bezahlt. Das summiert sich bei den vielen Pumpen und Motoren zu einer beträchtlichen Summe.

Im Stromvertrag wird die Gesamthöhe der zur Verfügung gestellten KW festgehalten. Ein eingebauter Schreiber registriert den KW-Bedarf. Dazu wird in einem Intervall von je 15 Minuten Länge ein Durchschnittswert ermittelt. Der Leistungspreis orientiert sich an der gemessenen Lastspitze!! So kontrolliert das EVU, ob die ausgehandelten Konditionen eingehalten werden. Bei Überschreitungen des Maximalwertes werden manchmal sogar drastische Zuschläge erhoben.

Energieleitsystem

Es ist im Sinne des Betriebes, nicht alle Motoren gleichzeitig laufen zu lassen. Dazu gibt es Überwachungsgeräte, sog. Lastabwerfer, die bei Überschreiten der erlaubten KW-Höchstgrenze kurzfristig nicht benötigte Motoren abschalten. Das sind meist Druckluft- und vor allem Kältemittelverdichter.

Dies wird heute mit einem Energieleitsystem automatisch vorgenommen. Nach der elektrischen Anbindung der Motoren an die SPS werden spezielle Softwareprogramme zum Ziel der Energieverbrauchsoptimierung eingesetzt. Diese sorgen dafür, dass manche Motoren möglichst nur in der Niedrigtarifzeit laufen. Bei Leistungsspitzen werden Motoren nach einer festgelegten Wertigkeit vom Netz getrennt.

5. GRUNDLAGEN DER PNEUMATISCHEN FÖRDERUNG

Zum Transport staubförmiger oder stückiger Güter sind verschiedene Möglichkeiten denkbar. Für kurze Entfernungen kann man Schnecken, Becherwerke oder Transportbänder einsetzen. Für längere Distanzen bieten sich Saug- oder Druckförderanlagen an.

Das Prinzip der pneumatischen Förderung basiert auf der physikalischen Grundlage, dass strömende Luft unter bestimmten Voraussetzungen dazu fähig ist, Feststoffe zu tragen und mitzuführen. Der Transport erfolgt dabei in Rohrleitungen. Das Fördermittel ist stets die Luftströmung, die durch einen Druckunterschied zwischen dem Anfang und dem Ende der Rohrleitung hervorgerufen wird.

Das Ansaugen von Flüssigkeiten ist theoretisch auf eine Höhe von 10 m begrenzt. Wird jedoch körniges Material im Saugverfahren pneumatisch gefördert, dann ist die Förderhöhe fast unbegrenzt – vorausgesetzt, dass ein Luftstrom von der erforderlichen Geschwindigkeit vorhanden ist, der die Teilchen mitreißt. Ein weiterer Vorteil besteht darin, dass solche Transportsysteme die Staubentwicklung stark eindämmen.

Die für industrielle Zwecke zum Einsatz kommenden Gebläse erzeugen einen Förderdruck von etwa 0,5 bis 1 bar Überdruck. Das entspricht einem Unterdruck von etwa 0,3 bis 0,5 bar. Man unterscheidet pneumatische Förderanlagen nach der Art der Ausführung, nämlich Saug- oder Druck-Förderanlagen, sowie kombinierte Saug-Druck-Anlagen. In allen Fällen ist eine Erdung erforderlich, damit es zu keiner elektrostatischen Aufladung mit anschließender Funkenbildung kommt, die eine Staubexplosion auslösen könnte.

Anlagentypen

Beim Druckfördersystem wird die Luft kontinuierlich mit einem Kompressor durch die Rohrleitung gefördert. Die Feststoffe werden hinter dem Verdichter in den Luftstrom durch eine Zellradschleuse oder ein Drucksendegefäß eingespeist. Am Schluss der Rohrleitung kommt es durch einen Zyklon zur Abtrennung der Feststoffe, die anschließend durch eine Zellenradschleuse ausgetragen werden. Druckförderanlagen sind dann zu empfehlen, wenn das Fördergut an einer Stelle aufgegeben und wahlweise durch Zwischenschaltung von Rohrweichen oder Rohrumschaltern zu mehreren Abgabestellen gefördert werden soll. Druckförderanlagen können mit einem größeren Druckgefälle und einer höheren Luftdichte arbeiten und erzielen eine höhere Förderleistung als Saugförderanlagen. Druckförderanlagen bieten sich also bei Verzweigungen und weiten Förderstrecken an.

In einer Saugförderanlage werden Luft und Feststoffteilchen in die Rohrleitung eingezogen. Ein Gebläse am Ende der Rohrleitung erzeugt einen Unterdruck für die erforderliche Luftströmung im Rohr. Wie bei einem Staubsauger wird das zu fördernde Gut über die Saugdüse aufgenommen und durch die Rohrleitung in den Abscheider transportiert. Am Ende der Förderstrecke erfolgt die Abtrennung der Feststoffe durch einen Zyklon.

Funktionsweise eines Zyklons: Die Förderluft wird tangential eingesaugt und es entsteht eine Rotationsströmung. Aufgrund der Zentrifugalkräfte sedimentieren die Partikel an die Wand und fallen im konischen Teil des Zyklons nach unten aus, während die dann staubarme Luft durch die Vakuumpumpe nach oben gesaugt wird, wobei evtl. zur Reinigung ein Filter zwischengeschaltet wird.

Kombinierte Druckförder-Saug-Anlagen

Es werden z. T. beide Ausführungen kombiniert, um jeweils die Einzelvorteile auszunutzen. Dabei wird der erste Förderteil als Saugförderung für die Aufnahme des Förderguts kurz gehalten. Der zweite Teil – die Druckförderung – erzielt dann bei größeren Förderwegen hohe Förderleistungen. Sie werden eingesetzt, wenn von vielen Aufgabestellen auf viele Abgabestellen gefördert werden soll.

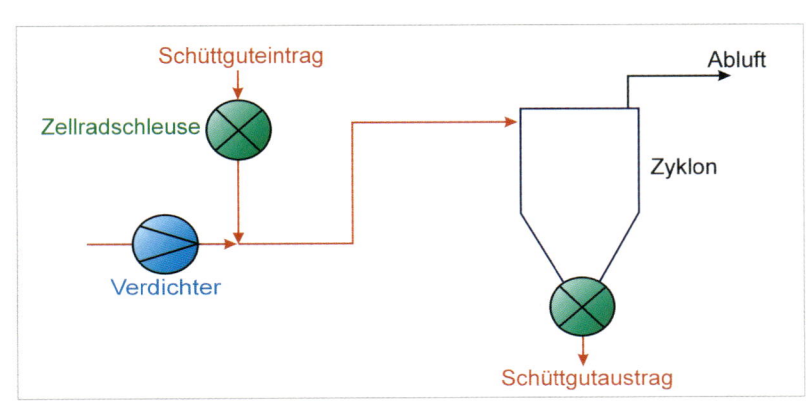

Abb. 5.1: Aufbau einer Druckförderanlage (Hasselmeyer)

PNEUMATISCHE FÖRDERUNG

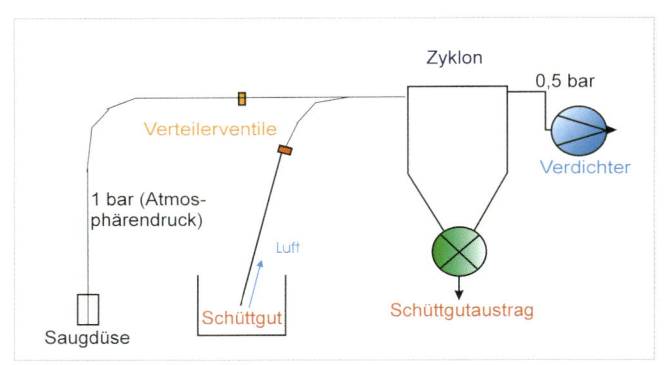

Abb. 5.2: Aufbau einer Saugförderanlage (Hasselmeyer)

Luftgeschwindigkeit

An jeder Stelle der Förderrohrleitung ist eine Mindestgeschwindigkeit einzuhalten, um das Fördergut noch transportieren zu können. Vor allem sind Gewicht, Reibung und Trägheit der Feststoffe zu überwinden. Diese Mindestluftgeschwindigkeit wird daher als kritische Geschwindigkeit bezeichnet. Sie differiert je nach Beschaffenheit des Förderguts und kann zwischen 10 und 30 m/s liegen. Wird diese Mindestluftgeschwindigkeit unterschritten, ist die Stopfgrenze erreicht, d. h. das zu fördernde Material lagert sich im Förderrohr, bevorzugt in Rohrbögen, ab und die Rohrleitung verstopft schließlich.

Hohe Luftgeschwindigkeiten garantieren zwar einen einwandfreien Transport, bedingen aber am Fördergut einen größeren Verschleiß an der Rohrleitung. Es kann sich eine erhebliche Kornschädigung des Förderguts einstellen. Es ist zudem ein unnötig hoher Kraftbedarf des Gebläses zur Erzeugung des Luftstroms erforderlich.

Die Durchmesser pneumatischer Förderleitungen liegen in der Praxis zwischen 10 mm (z. B. für Dosiervorgänge in der Verfahrenstechnik) und mehreren 100 mm für die Förderung großer Feststoffmengen (z. B. beim Löschen von Getreide aus Schiffen). Die Fördermengen sind dementsprechend außerordentlich unterschiedlich und gehen von wenigen kg pro Stunde bis zu einigen 100 t pro Stunde. Die Förderleitungen haben Längen zwischen 10 und 1000 m.

Bei der Auslegung einer Förderrohrleitung wird zunächst die Geschwindigkeit der Förderluft festgesetzt. Sie muss auf jeden Fall ausreichend oberhalb der Schwebegeschwindigkeit liegen, um ein Verstopfen der Anlage zu verhindern. Die Luftgeschwindigkeit liegt z. B. bei Getreide im Mittel zwischen 20 und 25 m/s. Sie wird vielfach nach praktischer Erfahrung festgelegt.

Rohrbogen sind Energie zehrende Verbindungen und sollten vermieden werden. Beispiel: Bei Einsparung eines einzigen 90°-Krümmers könnte man die horizontale Förderleitung um fast 20 m verlängern und hätte immer noch die gleiche Förderleistung der Anlage.

Förderzustände

In pneumatischen Förderanlagen befinden sich meist nur zwei Bestandteile (Luft und Feststoff). Die Luft wiederum kann verschiedene Feststoffbeladungen aufweisen. Zur Charakterisierung dieses Zweiphasen-Fördersystem verwendet man eine Kennzahl μ, die das Verhältnis von Feststoffmengenstrom zur Förderluftmenge angibt.

Nadelförmige Partikel setzen sich leichter ab als kugelförmige. Bei dann auftretenden Rohrstopfern sind diese oft unter größter Mühe fast bergmännisch abzubauen.

Man unterscheidet drei Förderzustände:

- Flugförderung (klassische Art der pneumatischen Förderung)
- Strähnenförderung
- Pfropfenförderung (Dichtstromförderung).

Bei der Flugförderung ist die hohe Luftgeschwindigkeit bei gleichzeitig niedriger Feststoffbeladung charakteristisch. Auch die Feststoffteilchen besitzen eine hohe Geschwindigkeit und prallen häufig an die Rohrleitungswand bzw. infolge ihrer Trägheit an die Krümmer. Das führt zu unerwünschten Produkt- und Materialschädigungen sowie zu einem erhöhten Leitungsverschleiß. Sie gilt als einfach und preiswert.

Strähnenförderung: Bei geringerer Gasgeschwindigkeit kann nach Überschreiten einer bestimmten Feststoffbeladung das Gas den Feststoff nicht mehr schwebend transportieren. Ein Teil des Feststoffs sedimentiert aus und bewegt sich am Rohrboden in Form einer Strähne. In der oberen Rohrhälfte handelt es sich um eine Flugförderung. Die Strähnenförderung ist schonender als die Flugförderung.

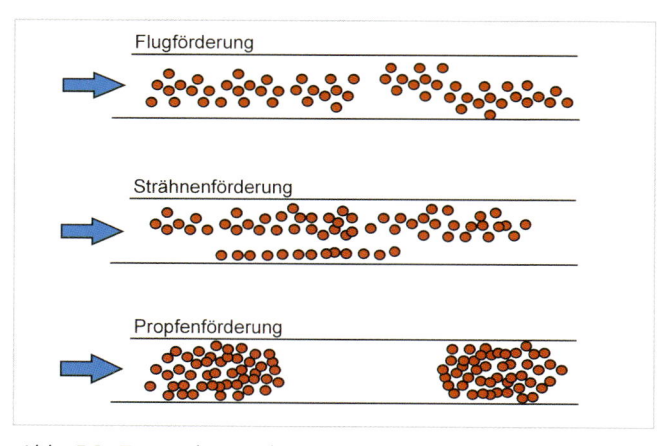

Abb. 5.3: Typen der Förderung von Feststoffen in einem Luftstrom (Hasselmeyer)

Die Zukunft gestalten

Geprüfte/r Industriemeister/in (IHK)

Fachrichtung Fruchtsaft und Getränke

Ein **exklusives** Weiterbildungsangebot
der confructa medien GmbH
Raiffeisenstraße 27
56587 Straßenhaus

fon +49 (0) 2634 9235-15
fax +49 (0) 2634 9235-35
colleg@confructa-medien.com
www.confructa-colleg.com

Saftige Erfolgschancen als Industriemeister!

PNEUMATISCHE FÖRDERUNG

Tab 5.1: Anhaltswerte für verschiedene Förderungszustände (NW 100 mm) (Fa. Rietschle)

Förderzustand	Gasgeschwindigkeit w m/s	Geschwindigkeitsverhältnis w_p/w	Feststoffbeladung μ	Partikelgröße d_p mm	Druckverlust $\Delta p/100m$ bar
Flugförderung	15...35	0,3...0,7	1...10	1	0,1...1
Strähnenförderung	5...20	0,1...0,5	10...100	0,1	1...3
Pfropfenförderung	2...6	0,6...0,9	50...100	0,5...10	0,5...6

Pfropfenförderung oder Dichtstromförderung: Die Partikel werden als Pfropfen, der den gesamten Rohrleitungsquerschnitt ausfüllt, mit geringer Geschwindigkeit – wie eine Art Rohrpost – durch die Leitung gefördert. Mit dieser Technik kann der meiste Feststoff transportiert werden. Die Pfropfenförderung ist schonend und eignet sich besonders für empfindliche Güter.

Die Förderluft wird auf maximal 50 % Luftfeuchtigkeit und höchstens 25 °C begrenzt. Zu hohe Luftfeuchtigkeit führt zu einer Verklumpung mit der Gefahr von Rohstopfern. Auch die Kopfräume der Silos und Bunker werden konditioniert.

Gebläse

Für die Erzeugung des Luftstroms in pneumatischen Förderanlagen kommen zwei verschiedene Gebläsetypen in Betracht.

Turbogebläse bestehen aus dem Gehäuse und dem von einem Motor angetriebenen Schaufelrad. Die Luft trifft axial auf das Schaufelrad, wird dort beschleunigt und verlässt tangential das Gebläse. Danach wird die Luft ins System eingeblasen.

Drehkolbengebläse (Roots-Gebläse) haben zwei umlaufende Verdrängungskörper. Sie drehen sich berührungsfrei und dichten auf der eine Seite zur Gehäusewand und auf der anderen Seite zum zweiten Drehkörper ab. Bei jeder Drehung der Verdrängerkörper wird auf der Saugseite ein Gasvolumen eingeschlossen, auf einer Halbkreisbahn beschleunigt und in die Druckleitung ausgestoßen.

Turbogebläse sind in der Regel robuster und weniger anfällig gegenüber Staub, erlauben eine Anpassung der Fördergeschwindigkeit an das Fördergut und sind preiswerter in der Anschaffung. Drehkolbengebläse sind energetisch gesehen etwas günstiger, da sie im Teillastbereich geringere Arbeitsleistungen benötigen.

QUALIFIKATION FÜR DEN BERUFLICHEN ERFOLG

Mehr Kompetenz – mehr Image – mehr Zukunft!

Staatliche Fachschule für Lebensmitteltechnik Kulmbach
E.-C.-Baumann-Straße 22 - 95326 Kulmbach
Telefon: 09221/690320 · Fax: 09221/6903216 · info@lemitec.de

In 2 Jahren zum Staatl. geprüften

- Lebensmittelverarbeitungstechniker
- Fleischereitechniker

- Sie haben eine abgeschlossene Lehre der Lebensmittelbranche
- zusätzlich mind. 2 Jahre Berufserfahrung
- gefördert werden Sie nach dem Aufstiegsfortbildungsförderungsgesetz (AFBG Meister-BAföG)

Was Sie in Kulmbach erwartet:

- Neueste wissenschaftliche Kenntnisse und Verfahren – vermittelt von Ingenieuren der Lebensmitteltechnologie
- Fundiertes Wissen über Lebensmitteltechnologie, Betriebstechnik, Abfüll- und Verpackungstechnik, EDV, Betriebswirtschaft und Lebensmittelrecht
- Praxisbezogene Anwendungen der Begriffe HACCP, LMHV, ISO 9000ff., LMBG, EU-Richtlinien, Projekt-management, Word, Excel, Access und Homepage
- Ein bestens ausgestattetes Technikum – Praxiswissen pur!
- Interessante Projekte und aktuelles Know-How in Zusammenarbeit mit Handwerk und Industrie
- keine Lehrgangsgebühren

Interesse? Kontaktieren Sie uns einfach, wir helfen Ihnen gerne!

6. AUTOMATISIERUNG UND QUALITÄTSLENKUNG

6.1 MESSTECHNIK

Die Verarbeitung großer Produktionsmengen erfordert eine genaue Abstimmung innerhalb der einzelnen Vorgänge. Bei mittleren und größeren Durchsätzen sind Eingriffe von Hand z. B. im Erhitzungsprozess viel zu schwerfällig und ungenau. Produktverluste, Qualitätseinbußen und höhere Kosten wären die Folge. Die moderne Mess- und Regeltechnik erlaubt es, in Verbindung mit der Automatisation, auch schwierige Regelkreise bei richtiger Handhabung in den Griff zu bekommen. Im Rahmen der Qualitätssicherung sind für den Nachweis der Sorgfaltspflicht und der ordnungsgemäßen Produktion Messdaten ebenso unerlässlich.

Wichtig: Messdaten müssen immer zu einer konkreten Entscheidung führen. Messdaten einfach abzuheften macht keinen Sinn. Dann sollte man darüber nachdenken, ob die Messung überhaupt stattfinden muss!

Was bedeutet es eigentlich, etwas zu messen? Zuerst ist eine in der Regel international genormte Vergleichsgröße nötig. Einfaches Beispiel ist das Metermaß. Die Eichung oder Kalibrierung der Vergleichsgröße ist ein wichtiger Schritt, um die erhaltene Messgröße weitergeben und vergleichen zu können. Messen ist also immer ein höchst praktischer Vorgang.

Eichung ist die amtliche Einstellung eines Messgerätes.

Bei der **Kalibrierung** handelt es sich um die betriebsinterne Einstellung des Messgerätes. Die Qualität der Kalibrierung entscheidet über die Qualität des Messergebnisses! Beispiel: Die Keimabtötungsrate ist stark von wenigen Zehntel °C abhängig.

Das Grundprinzip ist in vielen Fällen ähnlich. Ein Fühler dient als eigentlicher Messaufnehmer. Der Messwert wird in ein elektrisches Signal umgewandelt und an ein Anzeigegerät weitergegeben. Die Angabe eines Wertes kann analog als Zeigerausschlag, digital als Ziffer, am Bildschirm, Schreiber oder Drucker erfolgen. Der Messwert dient als Grundlage für die Betriebsdatenerfassung. Innerhalb der laufenden Produktion wird der Messwert an einen Regler weitergegeben. Dort erfolgt der Vergleich von Ist- und Sollwert. Bei Abweichungen signalisiert der Regler einem Stellglied (z. B. einem Dampfventil), diese Abweichung auszugleichen. Dem Regelkreis wird Energie (Dampf) zugegeben, um die zu niedrige Temperatur anzuheben. Das ergibt einen neuen Messwert, ein erneutes Signal wird weitergegeben usw. Dies bezeichnet man als Regelkreis.

Messgeräte

1. Gewichtsmessung

Elektromechanische Waage

Dies beruht auf sog. Kraftmessdosen. Ein Dehnungsmessstreifen, auf den elektrische Leiterbahnen aufgedampft sind, wird durch eine ausgeübte Kraft gestreckt. Der Querschnitt der Leiterbahnen verengt sich, wobei der elektrische Widerstand steigt. Der fließende Vergleichsstrom verändert sich proportional zur Größe der wirkenden Kraft. Diese Änderung wird erfasst, verstärkt und angezeigt.

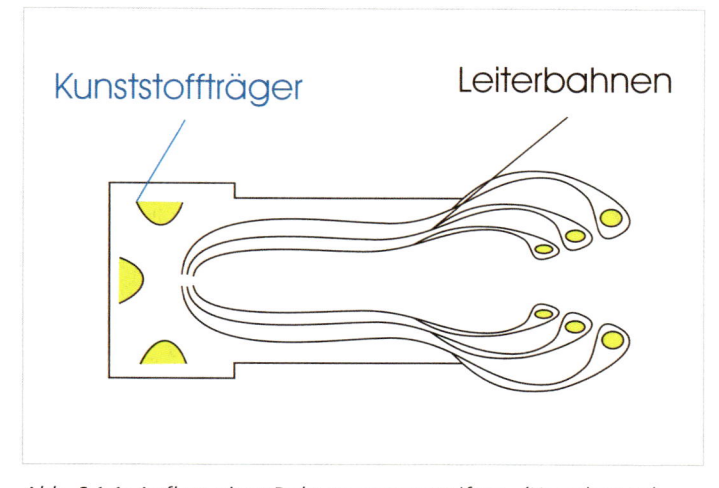

Abb. 6.1.1: Aufbau eines Dehnungsmessstreifens (Hasselmeyer)

2. Elektronische Waage

In einem Topfmagnet befindet sich eine Tauchspule. Sie wird durch ein Magnetfeld in Schwebe gehalten, wozu ein gewisser Strom nötig ist. Wenn auf den Wägetisch ein Gewicht liegt, würde die Spule eintauchen. Mit dem Wegmesser wird diese Bewegung registriert. Nun erfolgt eine Stromverstärkung, die erforderlich ist, um die Tauchspule weiterhin in Schwebe zu halten. Diese Veränderung wird erfasst, verstärkt und angezeigt. Der benötigte Strom ist proportional zum aufliegenden Gewicht.

MESSEN · REGELN · STEUERN

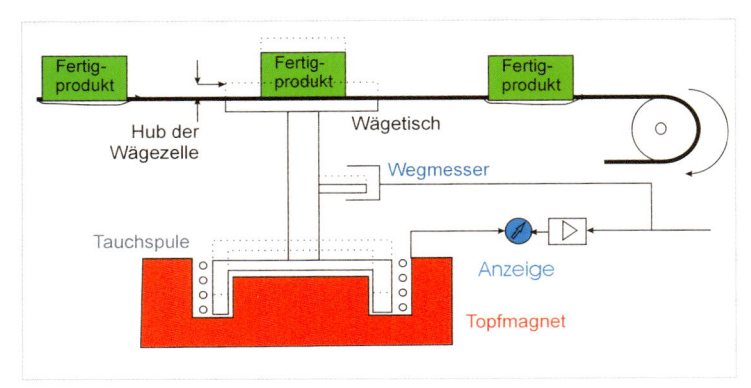

Abb. 6.1.2: Elektronische Bandwaage (Hasselmeyer)

3. Druckmessung

Der Begriff Druck umfasst mehrere Arten. Für Messungen ist es deshalb nötig zu wissen, welcher Druck gemessen wird und worauf sich die Messanordnung bezieht. Wenn Druckangaben nicht eindeutig sind kommt es dadurch in der Praxis häufig zu Verwechslungen! Es ist sinnvoll, durch eine genaue Bezeichnung klarzustellen, ob atmosphärischer oder absoluter Druck, Über-, Unter- oder Differenzdruck gemeint ist. Die Angabe erfolgt üblicherweise in bar oder Pascal.

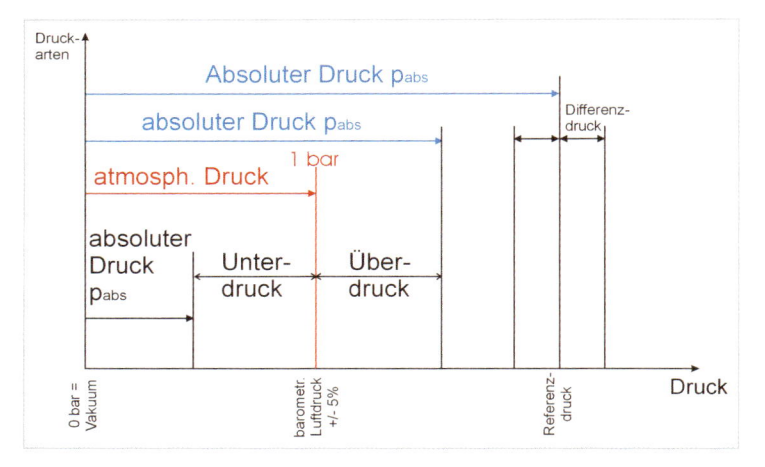

Abb. 6.1.3 Bezugsgrößen des Drucks (Hasselmeyer)

Rohrfedermanometer

Der herrschende Druck überträgt sich auf eine Spiralfeder, die sich bei steigendem Druck weiter aufbiegt. Das Hebelwerk überträgt die Auslenkung auf einen Zeiger, dessen Ausschlag auf einer Skala abgelesen werden kann. (Abb. 6.1.4)

Kapazitive Druckaufnehmer

Das Kernstück ist ein Kondensator, zwischen dessen Platten eine Art Isolierstück (Dielektrikum) bewegt wird. Kapazitive Druckaufnehmer reagieren auf Kapazitätsänderungen hervorgerufen durch unterschiedliche Elektrodenabstände oder Unterschiede des Dielektrikums zwischen den Kondensatorplatten. Dieses Dielektrikum, welches die Leistungsfähigkeit eines Kondensators mitbestimmt, wird so bewegt. Das Isolierstück ist wiederum mit einer Membran verbunden, auf die Druckkräfte wirken. Für die Druckmessung erfasst man den veränderten Stromfluss.

Abb. 6.1.4 Manometer (Birus)

Trockene Messzellen bestehen aus dem Grundmaterial Aluminiumoxid-Keramik. Die beiden Messplatten (Elektroden aus Gold) sind nur 100 μm voneinander entfernt. Lediglich ein Viertel dieser Distanz wird als Messweg benutzt. Für die industrielle Praxis muss das Messgerät den Druckspitzen und den Vibrationen standhalten.

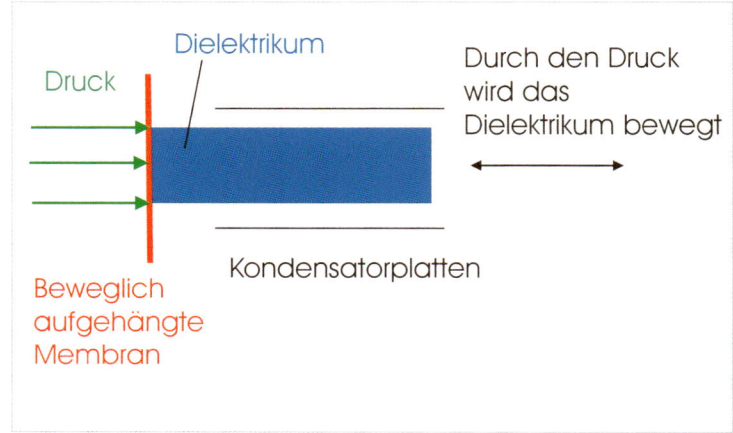

Abb. 6.1.5: Messprinzip eines Kondensators; zwischen den Platten des Kondensators wird das Dielektrikum bewegt. Je nachdem, wie tief das Dielektrikum eintaucht, ändert sich der Stromfluss. (Birus)

Abb. 6.1.5a: Druckmesser (Birus)

3. Durchflussmessung

Genormte Messblenden, die mit Hilfe der Bernoulli-Gleichung Fließgeschwindigkeit und somit Durchsatz bestimmen, sind aufgrund der Probleme, die bei der CIP-Reinigung auftreten können, ebenso wie Ventouridüsen nur noch selten im Einsatz.

Heute verwendet man magnetisch-induktive Durchflussmesser (MID). Das Funktionsprinzip beruht auf dem Faradayschen Induktionsgesetz. In einem Magnetfeld, das von einer Spule erzeugt wird, bewegt sich ein elektrischer Ladungsträger, also die in der Flüssigkeit vorhandenen Elektronen und Ionen. Es wird eine Spannung induziert, die über isolierte Messelektroden abgegriffen wird. Die Spannung ist abhängig von der Fließgeschwindigkeit und der Stärke des Magnetfeldes und weitgehend unabhängig vom Geschwindigkeitsprofil der Flüssigkeit. Für die Messung benötigt man ein nicht magnetisches Rohrstück, z. B. Edelstahl (1.4301) oder Kunststoff. Um einen Kurzschluss für die relativ niedrige Messspannung zu verhindern, muss das Messrohr mit einer isolierenden Auskleidung versehen sein. Üblich sind Werkstoffe wie PTFE und Aluminiumoxid. Die Messung ist unabhängig von den physikalischen Eigenschaften des Mediums wie Druck, Temperatur oder Viskosität. Probleme treten dann auf, wenn die Elektroden durch Ablagerungen verschmutzt sind und es zu Messfehlern kommt. Deswegen sollte der MID vertikal eingebaut werden, um asymmetrische Ablagerungen zu vermeiden.

Massedurchflussmessung nach dem Coriolis-Prinzip

Durch elektromagnetische Anregung werden zwei Messrohre in Schwingungen versetzt. Am Eingang und am Ausgang der Messrohre befindet sich jeweils ein Infrarotsensor, der die Phasen der Schwingungen misst. Werden die Rohre nicht durchflos-

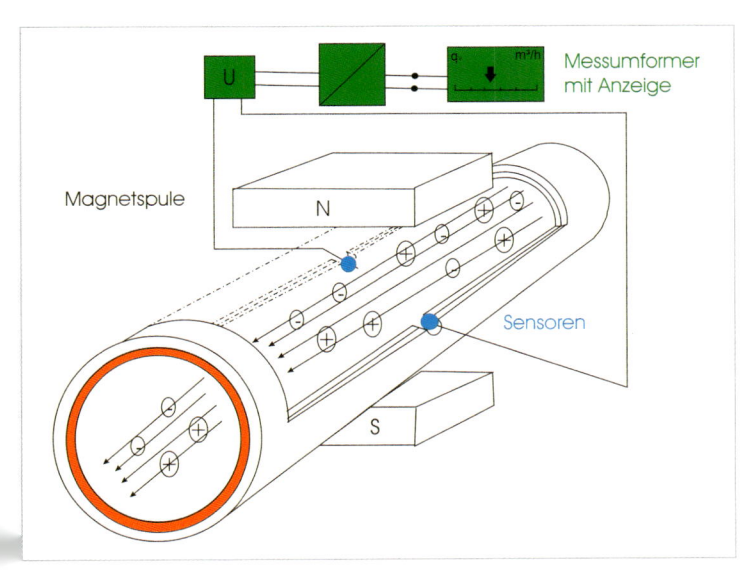

Abb. 6.1.6: Induktiver Durchflussmesser (Hasselmeyer)

MESSEN · REGELN · STEUERN

warum fließt der so langsam?

Proline Promass 83I

Die innovative Inline-Viskositätsmessung

Einfach und kostengünstig
Der multivariable Messaufnehmer Proline Promass 83I ermöglicht neben der Messung von Massedurchfluss, Dichte und Temperatur jetzt auch die Messung der Viskosität – und das alles sogar gleichzeitig. Egal ob es sich um Lebensmittel wie z. B. Honig, Majonäse, Sirup oder um andere Flüssigkeiten wie z. B. Heizöle, Klebstoffe, Farben oder Lösemittel handelt, die Viskosität kann direkt im Prozess gemessen werden. Das spart Zeit und Geld, da auf zeitintensive und aufwändige Probenahme und Laborauswertungen vollständig verzichtet werden kann.

Hohe Produktionssicherheit
In Abhängigkeit von Druck und Temperatur verändert sich die Viskosität von Flüssigkeiten. Die Messung mit Proline Promass 83I ermöglicht, die Viskosität richtig zu erkennen, auszuwerten und den Prozess so zu steuern, dass die Produkteigenschaften während des Produktionsprozesses im Hinblick auf Produktqualität, Wirtschaftlichkeit und Weiterverarbeitbarkeit erhalten bleiben.

Endress+Hauser
Messtechnik GmbH+Co. KG
Telefon 0 800 EHVERTRIEB
oder   0 800 348 37 87
Telefax 0 800 EHFAXEN
oder   0 800 343 29 36

www.de.endress.com/promass_de

Endress+Hauser
People for Process Automation

sen, sind beide Signale phasengleich. Die Massepartikel, die durch das System fließen, unterliegen einer zusätzlichen Querbeschleunigung (Coriolis-Effekt). Im Bereich des Eingangs wird die Rohrschwingung durch diese Kräfte verzögert, im Bereich des Ausgangs wird sie beschleunigt. Dies verursacht eine Zeit- oder Phasenverschiebung zwischen ein- und auslaufseitiger Schwingung, die direkt proportional zum Massendurchfluss ist. Neuere Systeme besitzen nur noch ein Rohr, bei dem die innere Balance durch die Pendelbewegung einer exzentrisch angeordneten Masse erreicht wird. Das Messrohr muss vollständig mit Messstoff gefüllt sein.

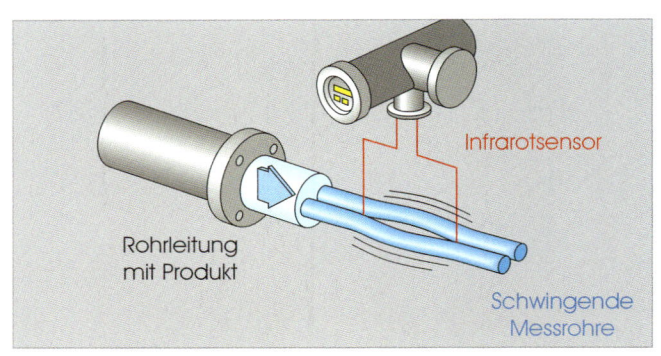

Abb. 6.1.7: Massedurchflussmessung (Endress+Hauser)

Der Einbau am höchsten Punkt der Rohrleitung ist wegen möglicher Fehlmessung durch Luft- oder Gasblasen nicht zu empfehlen. Stützen ermöglichen den Gebrauch von flexiblen Rohrleitungen oder Schläuchen und sind bei starker Vibration sowie bei niedrigen Durchflussraten zu empfehlen. Anwendungsgrenzen: Hohe Temperaturen; bei starken Vibrationen; bei hohen Gasanteilen in der Flüssigkeit.

Schwebekörper - Durchflussmesser

Ein Schwebekörper befindet sich in einem senkrecht angeordneten, nach oben sich öffnenden, konischen Glasrohr. Der Schwebekörper wird vom unten eintretenden Flüssigkeitsstrom in Schwebe gehalten, wenn die Gewichtskraft des Schwebekörpers und die Aufströmkraft der Flüssigkeit oder der Luft im Gleichgewicht stehen. Auf der Höhe der Ablesekante des Schwebekörpers kann auf einer außen angebrachten Skala der Volumenstrom abgelesen werden.

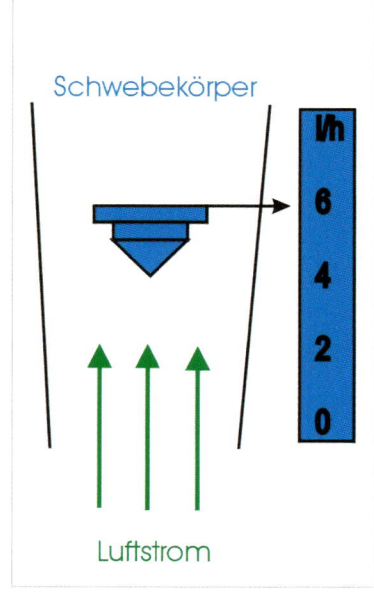

Abb. 6.1.8: Schwebekörper-Durchflussmesser (Hasselmeyer)

Schräge Einkerbungen am Schwebekörper versetzen diesen in Rotation und verhindern ein Verklemmen. Verwendung: für kleine bis mittlere Volumenströme von niedrigviskosen Flüssigkeiten ohne Feststoffpartikel oder bei Gasströmen mit niedrigen Drücken.

4. Temperaturmessung

Widerstandsthermometer Pt 100

In der Lebensmitteltechnik liegt der relevante Messbereich für die sog. Pt 100 Widerstandsthermometer zwischen 0 und 130 °C. Der Platindraht (Dicke 30 μm) hat bei 0 °C einen Nennwiderstand von 100 Ohm. Der Widerstand nimmt bei steigenden Temperaturen linear zu. Der Messausgang liefert ein Stromsignal von 4 bis 20 mA. Messwiderstände mit 500 oder 1000 Ohm haben eine höhere Empfindlichkeit. Das Einsatzgebiet von Pt 10 beispielsweise liegt oberhalb von 600 °C. Platin eignet sich gut wegen der chemischen Beständigkeit gegenüber Laugen, Säuren und Desinfektionsmittel und den guten elektrische Eigenschaften.

Abb. 6.1.9: Pt 100 (Birus)

Widerstandsthermometer aus Platin mit auswechselbaren Messeinsätzen sind nach DIN-Norm gefertigt. Belastungsdiagramme legen die zulässigen Einsatzbereiche für Gas, Flüssigkeiten und Dampf fest. Das gesamte Messgerät besteht aus Schutzrohr, Anschlusskopf und Messeinsatz. Beim Einbau muss darauf geachtet werden, dass der Fühler die zu messende Temperatur möglichst genau annimmt. Bei der Montage in Rohrleitungen sollte der Messfühler im Bereich der größten Strömungsgeschwindigkeit liegen. Wichtig ist, dass er entgegengesetzt zur Strömungsrichtung montiert wird. Das Medium trifft so zuerst auf den temperaturempfindlichen Teil. Die zulässige Strömungsgeschwindigkeit beträgt für Luft und Heißdampf 25 m/s, für Wasser 3 m/s.

Wenn die Messelektrode weit vom Regler entfernt ist, sind die Widerstände größer, was der Regler als höhere Temperatur versteht. Das macht bei einem 20 m langen Kupferkabel mit 0,22 mm² Querschnitt, das an einem Pt 100 angeschlossen ist, der zwischen 10 und 90 °C arbeitet, etwa 5,5 °C aus. Das demonstriert die Bedeutung einer sorgfältigen Kalibrierung. Eine mangelnde Isolation führt bei Feuchtigkeit zu Kriechströmen und so zu Messungenauigkeiten. Auch die Eigenerwärmung eines Sensors durch die Verlustleistung ist zu berücksichtigen.

Thermoelemente

Beim Thermoelement sind zwei verschiedene Metalle an einer Stelle verlötet. Es kommt – auf Grund der Spannungsreihe der Metalle – zu einem Stromfluss. Die entstehende Spannung ist von den verwendeten Metallen selbst und der Temperatur abhängig. Herrscht an beiden Verbindungsstellen die gleiche Temperatur, so fließt kein Strom. Bei unterschiedlichen Temperaturen ergeben sich unterschiedliche Teilspannungen und es fließt ein Strom. Ein Thermoelement kann also nur eine Temperaturdifferenz messen. Als Ausgangssignal wird an einer Verbindungsstelle eine Temperatur gemessen und konstant gehalten. Die erzeugte Spannung beträgt nur wenige Mikrovolt pro Kelvin. Thermoelemente werden nicht im Bereich von -30 bis +50 °C verwendet, da Messungenauigkeiten im Verhältnis zum Messsignal zu groß sind. Sie dienen z. B. zur Temperaturmessung in Backöfen.

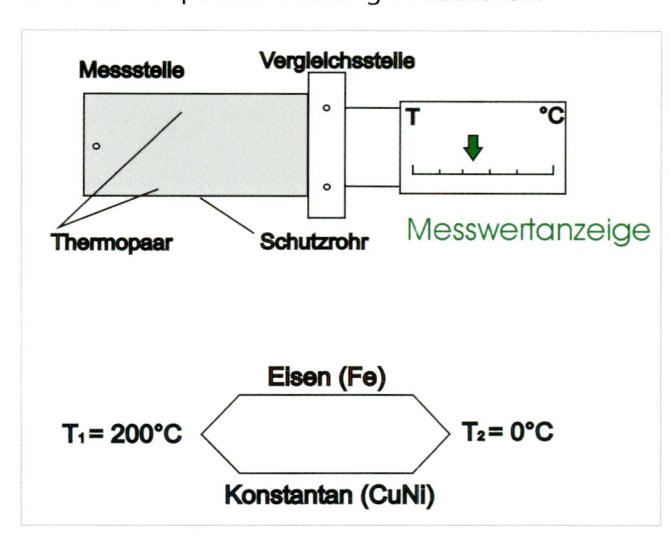

Abb. 6.1.10: Prinzip des Thermoelements; Anordnung der Messstelle (oben) (Hasselmeyer)

Die verlöteten Stellen sind galvanische Elemente, die naturgemäß einer erhöhten Korrosion ausgesetzt sind. Dies führt zu einer erhöhten Bruchgefahr und zu Ungenauigkeiten.

5. Füllstandsmessung

Wiegemethode

Sie ist sowohl für Flüssigkeiten als auch für feste Stoffe anwendbar. Der Tank oder Silo ist auf Wägezellen montiert. Die Aufnehmer besitzen meist einen Dehnungsmessstreifen.

Ultraschallsonde

Hier wird vom Messgerät in gewissen Abständen ein Schallsignal ausgesendet. Die Laufzeit wird nach der Reflexion an der Oberfläche vom Sensor erfasst. Die Schallgeschwindigkeit ist temperaturabhängig. Bei Schaumschichten kann das Ergebnis ungenau werden.

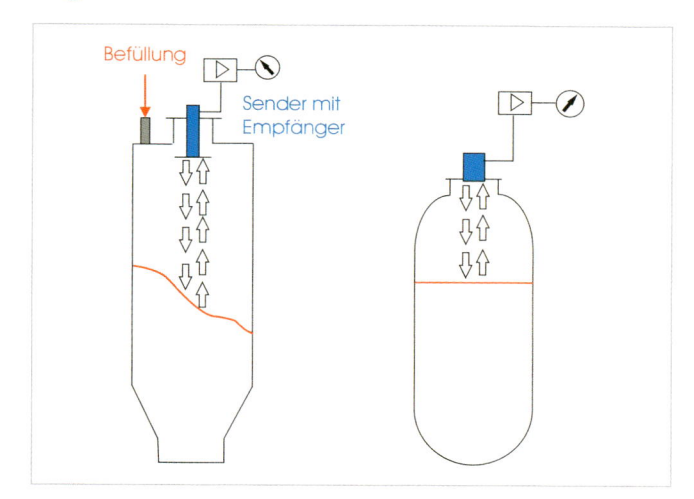

Abb. 6.1.11: Füllstandsmessung durch Ultraschall; Bei rieselfähigen Schüttgütern (links) ergibt sich ein Schüttkegel, der eine ungenaue Füllstandsanzeige nach sich ziehen kann (Hasselmeyer)

Füllstandsmessung mit Radar

Radar-Sensoren messen kontinuierlich und berührungslos Entfernungen. Die gemessene Entfernung entspricht einer Füllhöhe und wird als Füllstand ausgegeben. Von der Antenne des Radar-Sensors werden 5,8 GHz- bzw. 6,3 GHz-Radarsignale als kurze Pulse ausgesendet. Die von dem Füllgut reflektierten Radarpulse empfängt die Antenne als Radarechos. Die Laufzeit der Radarimpulse vom Aussenden bis zum Empfangen ist der Distanz und damit der Füllhöhe proportional. Die Radarimpulse werden mit einer Pulspaketfrequenz von 3,6 MHz ausgesendet.

Radar-Sensoren messen unabhängig von Druck, Vakuum oder Temperatur (z. B. 0,018 % Abweichung bei 500 °C) und sind bei hohen Temperaturen und Drücken einsetzbar.

Radar-Sensoren arbeiten mit einer Puls-Sendeleistung von 0,2 mW. Dies bedeutet, dass in einer Entfernung von 1 m direkt vor der Radarantenne max. 1,5 µW/cm² bzw. im Mittel 1,3 µW/cm² Mikrowellenenergie auftrifft. Das ist viel weniger als der in Deutschland zulässige Wert von 1 mW/cm².

Leitfähigkeitsmessmethoden

Sie werden für die Füllstandssignalisierung in leitenden Flüssigkeiten angewandt. Als Gegenpotenzial dient die Tankwand oder eine zweite Sonde.

MESSEN · REGELN · STEUERN

Wenn sich Luft im Tank befindet, ist der Widerstand hoch. Durch Befüllung stellt das leitende Produkt eine elektrische Verbindung zwischen Sonde und Tankwand her. Das signalisiert „Tank voll". Bei Ablagerungen auf dem Sensor kann es zu Ungenauigkeiten kommen.

Kapazitive Füllstandsmessung

Sie beruht auf der Kapazitätsveränderung eines Kondensators. Dieser besteht aus zwei Metallplatten, die durch einen Isolator, den man Dielektrikum nennt, getrennt sind (Siehe oben). Der Isolator ist im Ausgangszustand Luft. Im einfachsten Fall stellen ein isolierter Messfühler und die Wand den Kondensator dar. Wenn nun z. B. Milch zwischen Messsonde und der Tankwand gelangt, verändert sich der Stromfluss des Kondensators. Damit wird ebenfalls das Signal „Tank voll" erzeugt.

Schwingungsdämpfung

Sie dienen meist zur Überfüllsicherung oder zur Minimumkontrolle (als Trockenlaufschutz von Pumpen). Sie werden auch als Vibrationsgrenzschalter bezeichnet. Die Anordnung besteht aus einer Schwinggabel, die durch Piezo-Kristalle in ihre Resonanzfrequenz versetzt wird. Wenn die Gabel ins Produkt eintaucht, führt dies zur Schwingungsdämpfung und somit zu einem Schaltvorgang. Es dient häufig als Schwimmerschalter und ist unabhängig von der Einbaulage, Temperatur, Dichte, Viskosität und Verschmutzung.

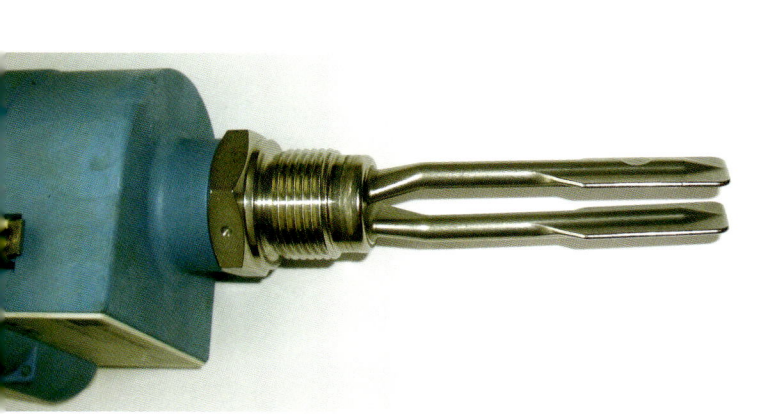

Abb. 6.1.12: Vibrationsgrenzschalter (Schwinggabel) (Birus)

6. Leitfähigkeitsmessung

Bei der CIP-Reinigung werden die erforderlichen Konzentrationen indirekt über die Leitfähigkeit der Reinigungsmittel bestimmt. Ebenso müssen die Phasenübergänge z. B. von Lauge zum Zwischenspülen erfasst werden, um der Steuerung ein Signal zu übermitteln, damit diese die Ventile korrekt schalten kann.

Um die Leitfähigkeit zu messen, müssen in der Flüssigkeit Ionen vorhanden sein. Wasser gilt als schwacher, Säuren und Laugen als starker Elektrolyt. Wenn nun eine Spannung zwischen zwei Elektroden vorhanden ist, kann ein Strom fließen, der von der zu messenden Flüssigkeit abhängt. Fließt statt Wasser Säure an der Sonde vorbei, ändert sich die Stromstärke. Das entstehende Signal ist verwertbar. Die Temperatur beeinflusst dies, so dass deren Einfluss dann automatisch kompensiert werden muss.

Probleme treten auf, wenn es zu Ablagerungen auf der Sonde kommt. Die Verunreinigung täuscht eine niedrigere Leitfähigkeit vor, eine höhere Dosierung an Reinigungsmitteln erfolgt.

7. Zustandssignale für die Steuerung – der kontaktlose Näherungsschalter

Häufig benötigt eine Steuerung ein Signal, ob ein Befehl ausgeführt wurde. Dazu zählen Ventile und Motoren. Der Ventilhub wird über einen kontaktlosen Näherungsschalter (auch Initiator oder Effektor genannt) kontrolliert. In dem Gehäuse ist eine Spule untergebracht, die ein kleines Magnetfeld aussendet. Wenn nun ein Gegenstand in das Magnetfeld gelangt, ändert sich die Induktivität der Spule und damit die Frequenz des eingebauten Schwingkreises. Das hat einen anderen Stromfluss zur Folge, der messtechnisch erfasst wird. Eine Nase an der Ventilstange kann ein solches Signal auslösen und damit der Steuerung „das Ventil hat geschaltet" übermitteln.

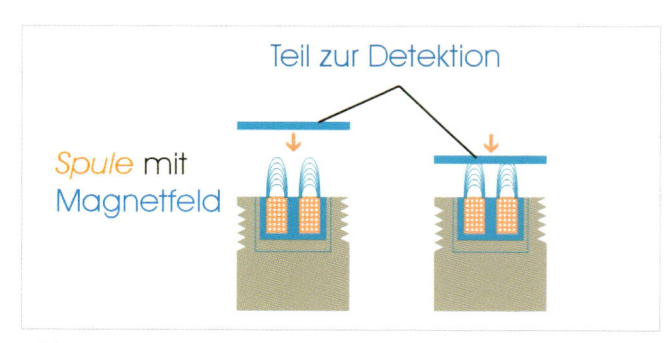

Abb. 6.1.13: Prinzip eines kontaktlosen Näherungsschalters (Initiator) (Birus)

Abb. 6.1.13 a: Kontaktloser Näherungsschalter (Initator) (Birus)

Die Drehzahlmessung von Motoren kann auf die gleiche Weise erfolgen, ebenso wie das Zählen abgefüllter Flaschen, deren Verschlüsse unter einem Initiator vorbeilaufen.

Die pH-Wert - Messung

Der pH-Wert wird von den gelösten Inhaltsstoffen bestimmt und ist somit ein Indikator für Veränderungen. An der Spitze der Messelektrode befindet sich ein pH-empfindliches Glas, das beim Kontakt mit H^+-Ionen eine Spannung erzeugt. Diese wird über einen Silberdraht mit Silberchlorierung weitergeleitet und gegen eine Referenzelektrode gemessen. Die Steilheit bezeichnet die sich ergebende Spannungsänderung bei der Veränderung des pH-Wertes um eine Stufe. Eine Glaselektrode altert stark abhängig von der Temperatur.

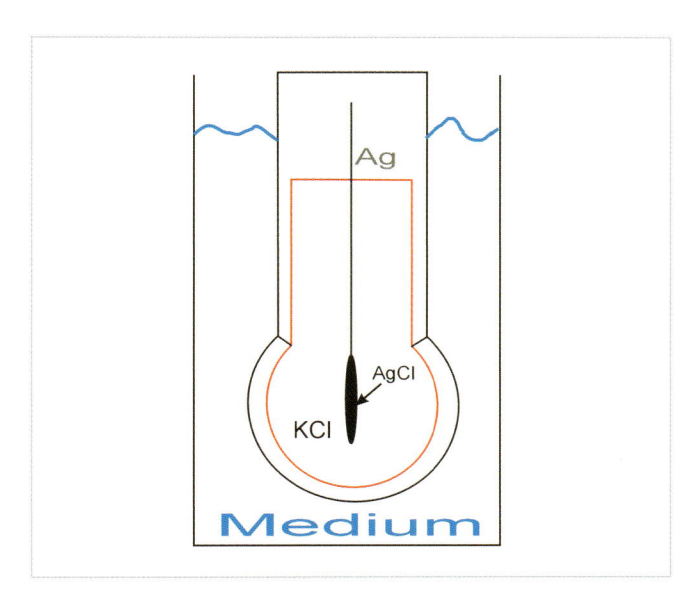

Abb. 6.1.14: Aufbau einer pH-Elektrode (Hasselmeyer)

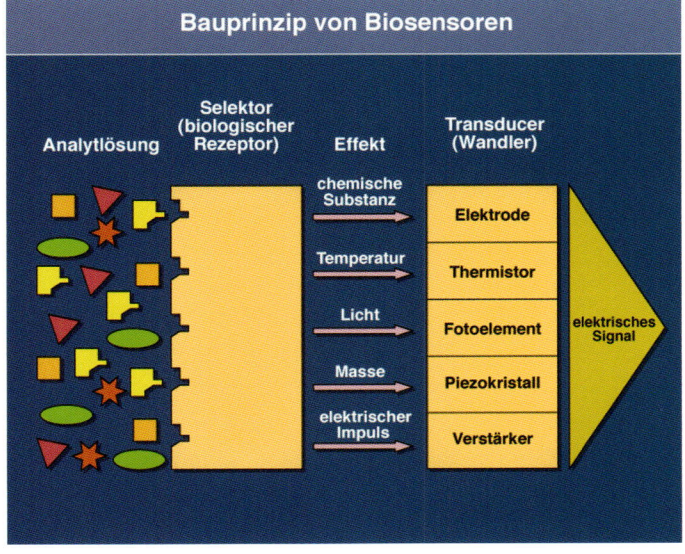

Abb. 6.1.15: Biosensoraufbau (Fond der chemischen Industrie)

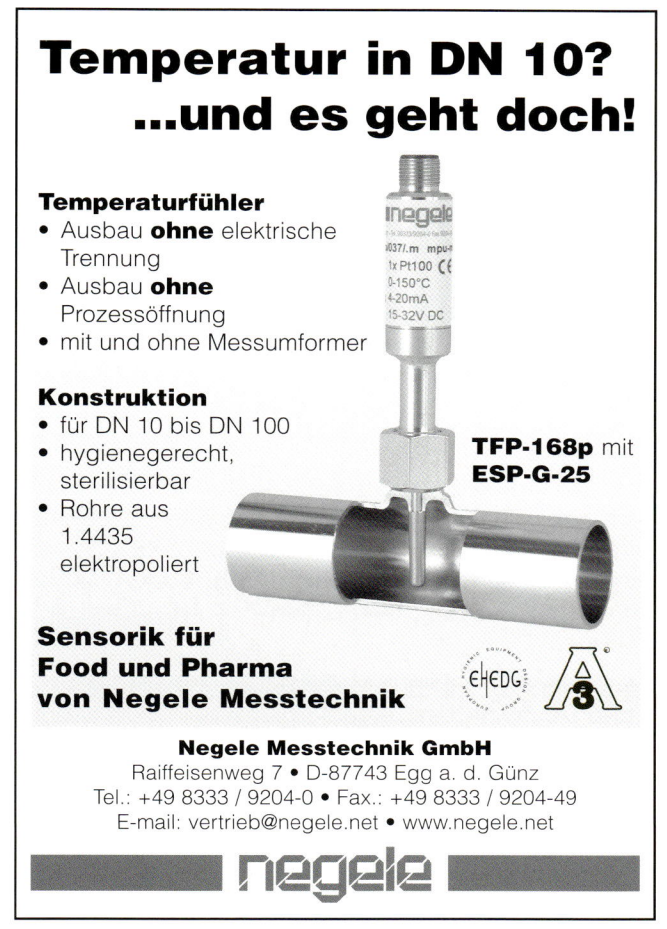

8. Biosensoren

Die aktive Einheit besteht aus dem immobilisierten Enzym, d. h. es ist auf einem Träger mit einer Schutzschicht fest aufgebracht. Aufgrund des entstehenden Substrat-Enzym-Komplexes kommt es zu einer pH-Wert-Verschiebung. Dabei entstehen Stoffe (z. B. Ionen), die eine Stromflussänderung bewirken. Die selektiven Reaktionen kann der Sensor über eine pH-Wertmessung erfassen und in ein elektrisches Signal umwandeln. Für die Erkennung sind Transducer wie Feldeffekttransistoren erforderlich. Der Sensor muss lediglich mit der Probe in Kontakt gebracht werden.

Beim Lactatnachweis beispielsweise wird das in die Reaktionsschicht hinein diffundierte Lactat durch Lactatoxidase (LOD) zu Pyruvat und Wasserstoff oxidiert. Die freiwerdenden Ionen korrelieren mit der Lactatkonzentration in der Probe.

Mit Biosensoren werden Nitrat, Nitrit, Lactat in Getränken, Alkohol, Pestizidrückstände oder Glutamat in Fermentermedien gemessen. Bei der Messung des Alkoholgehaltes von Wein wird der Teststreifen auf eine Halterung aufgesteckt. Der Stick enthält eine Referenzelektrode mit einem Sensorteil. Nun taucht man den Teststreifen in die Flüssigkeit und kann den Alkoholgehalt ablesen.

MESSEN · REGELN · STEUERN

Tab 6.1.1: Nachweisgrenze einiger Substanzen		
Substanz	**Enzym**	**Nachweisgrenze in mg/l**
Glucose	Glucoseoxidase	0,02
Maltose Maltooligosaccharide	Amyloseglucosidase Glucoseoxidase	0,1
Fructose	Fructoseisomerase	5,0
Saccharose	Invertase	0,1
Lactose	Galactoseoxidase	5,0
Raffinose; Lactulose	Galactoseoxidase	0,1 bis 5,0

9. Trübungsmessung

In einem trüben Stoff sind feste, flüssige oder gasförmige Teilchen suspendiert. An diesen wird ein Teil des einfallenden Lichtes gleichmäßig nach allen Seiten abgelenkt, der Rest geht geradlinig hindurch. Ein Teil wird allerdings durch die Adsorption der Flüssigkeit geschluckt.

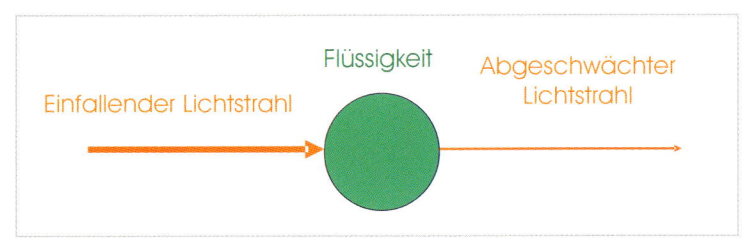

Abb. 6.1.16: Prinzip der Absorption (Birus)

Bei echten Lösungen ist dies nicht der Fall, es sind „optisch reine Flüssigkeiten". Trübungen werden also auf die Anwesenheit ungelöster Stoffe zurückgeführt, die sich als Feststoffteilchen oder Kolloide von der reinen Flüssigkeit (z. B. Wasser) unterscheiden. Das Ausmaß der Trübung ist dabei von der Stoffkonzentration abhängig. Die Intensität des Streulichtes wird im Wesentlichen durch die Teilchengröße und durch die Anzahl der Teilchen in einer Volumeneinheit bestimmt. Weitere Einflüsse auf die Trübungsmessung sind die Wellenlänge des Messlichtes, der Brechungsindex, die Farbe der Trägerflüssigkeit und der Partikel und die Temperatur.

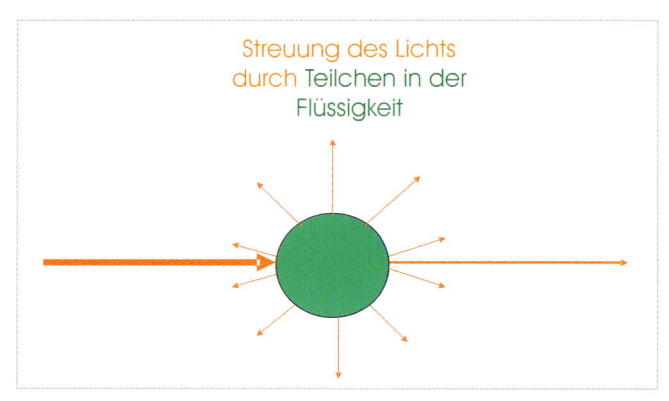

Abb. 6.1.17: Prinzip der Lichtstreuung (Birus)

Das Zweikanal - Streulichtverfahren einschließlich Absorption

Das Prozessmedium wird von einem konstanten Lichtstrahl durchdrungen. Das von den Partikeln gestreute Licht wird von einer Empfängeroptik unter einem Winkel von 11° von Photodioden erfasst. Das ungestreute Licht als Durchlicht wird von einer weiteren Photodiode aufgenommen. Der Messwertaufnehmer verwendet Licht im sichtbaren und im nahen Infrarotbereich (400 bis 1100 nm).

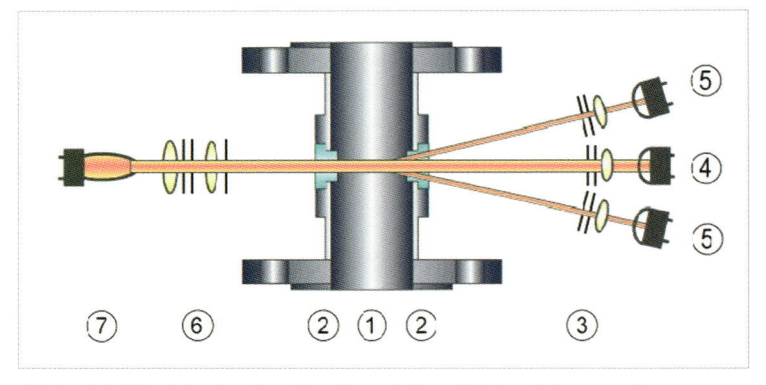

Abb. 6.1.18: Prinzip des Zweikanal-Streulichtverfahrens einschließlich Absorption
1 Messzelle 5 Detektor (Streulicht)
2 Fenster   6 Optikmodul
3 Optik   7 Lampe
4 Detektor (Durchlicht)   *(Dr. Lange)*

Die NTU (Nephelometric Turbidity Unit) ist eine Kalibriereinheit, mit der Trübungen im Streulichtverfahren bei 90° und 25° gemessen werden. Sie wird als internationaler Standard verwendet, um den Klärgrad einer Flüssigkeit darzustellen.

Tab 6.1.2: NTU-Werte und Trübungsintensität	
Trübungsbezeichnung	**NTU-Wert**
blitzblank	0 - 1
blank	1,1 - 2,0
opalisierend	2,1 - 2,5
leicht trüb	2,6 - 5,0
trüb	5,1 - 10,0
stark trüb	10,1 - 20,0
sehr stark trüb	Über 20,0

Anwendungen in der Lebensmittelindustrie:

- Eingangskontrolle von Wasser
- Trübung in Getränken (z. B. Hefeweizen)
- Ablass von Kondensat bei der Drucklufterzeugung
- Kontrolle des Reinigungserfolgs bei der Filterrückspülung
- Messung der Schmutzfracht bei der CIP

MESSEN · REGELN · STEUERN

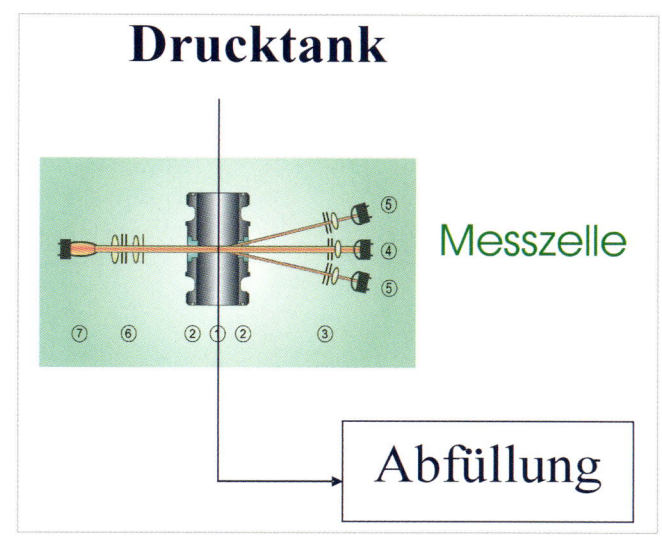

Abb. 6.1.19: Trübungsmessung bei Hefeweißbier (Birus)

In der Umwelttechnik verwendet man die Trübungsmessung als Indikator für die Abwasserqualität. In der Pharmazie dient sie zur Kontrolle der Verpackung von Medikamenten.

10. Farbmessung

Für viele Verbraucher spielt die Farbe bei der Kaufentscheidung der Produkte eine große Rolle. Aufgabe einer Farbmessung ist es, die Farbe physikalisch zu bestimmen und dem menschlichen Empfinden anzugleichen. Dann ist es möglich, ein Produkt mit einem gleich bleibenden Farbeindruck herzustellen. Bei der Farbmessung handelt es sich um die Empfindung von Lichtströmen entweder durch unser Auge oder durch ein physikalisches Gerät. Die subjektive, visuelle Methode birgt den Nachteil, dass die Farbempfindung von Mensch zu Mensch unterschiedlich ist.

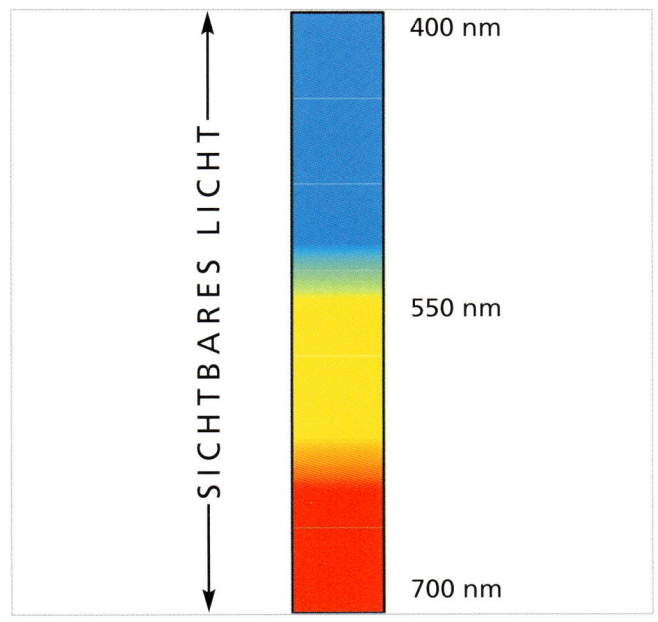

Abb. 6.1.20: Spektrum des sichtbaren Lichts (confructa medien)

Licht ist eine sich sehr schnell geradlinig ausbreitende Strahlung. Genau genommen besteht Licht aus elektromagnetischen Schwingungen, die sich wellenförmig ausbreiten. Diese elektromagnetischen Wellen haben je nach Wellenlänge verschiedene Wirkungen, wobei das Licht nur ein kleiner Teil dieses Phänomens darstellt. Das sichtbare Licht deckt dabei den Bereich von 380 bis 720 Nanometer ab. Innerhalb dieses Bereichs legt die Wellenlänge den Farbeindruck fest. So befindet sich Blau bei ca. 400 nm, Grün bei ca. 550 nm und Rot bei ca. 700 nm. Dazwischen befinden sich die entsprechenden Mischfarben.

Definition des Begriffes Farbe

Die Farbe eines Stoffes beruht auf den Wechselwirkungen zwischen Licht und den Molekülen dieses Stoffes. Durch einen physiologischen Reiz auf der Netzhaut im Gehirn wird das sichtbare Licht als Farbempfindung wahrgenommen. Diese besteht im Wesentlichen aus den Spektralfarben Rot, Orange, Gelb, Grün, Blau und Violett. Filtert man aus den Spektralfarben eine Farbkomponente heraus, so ergibt sich aus dem Rest eine Mischfarbe, die man als Komplementärfarbe bezeichnet. Wird aus den Spektralfarben zum Beispiel Blau ausgeblendet, dann erhält man die Komplementärfarbe Gelb. Im Sinne der Norm (DIN 5033) ist Farbe ein durch das Auge vermittelter Sinneseindruck.

Dadurch, dass ein Körper nur bestimmte Wellenlängen des aufstrahlenden Lichtes remittiert und andere absorbiert ergeben sich so genannte „Körperfarben". Hierbei entstehen die Farben dadurch, dass vom aufgestrahlten Licht etwas absorbiert (d. h. verschluckt bzw. weggenommen) wird. Man nennt dies auch das „subtraktive System". Die Grundfarben hier sind Cyan, Magenta und Gelb.

Trifft weißes Licht auf einen Körper auf, so wird es nicht an der Oberfläche reflektiert, sondern dringt in dessen Farbschichten ein und wird dort gefiltert. Erst dann verlässt der Lichtstrahl durch die Oberfläche wieder den Körper, wobei durch die Lichtbrechungen verschiedene neue Farben entstehen.

Normlichtart

Die Farbtemperatur hat einen Einfluss auf das weiße Erscheinen des Lichtes. Lichtquellen mit geringer Farbtemperatur wie beispielsweise Kerzenlicht oder einer Glühlampe senden langwellige Strahlungen aus und erscheinen damit rötlich-gelb. Xenon-Licht oder der wolkenlose Himmel, also Lichtquellen mit hohen Farbtemperaturen, erscheinen blau. Erst wenn die Lichtquelle das gesamte Spektrum abdeckt, erscheint uns das Licht weiß.

Die Normlichtart A entspricht einer spektralen Strahlungsfunktion einer 100 Watt-Glühlampe mit

MESSEN · REGELN · STEUERN

einer Farbtemperatur von ca. 2800 °Kelvin. Die Normlichtart D 65 steht für Daylight und weist eine Farbtemperatur von 6500 °Kelvin auf und repräsentiert das natürliche Tageslicht. Ähnlich dem Tageslicht ist auch die Normlichtart C, welche eine Farbtemperatur von 5600 °Kelvin besitzt und etwas blausichtiger wirkt als die Normlichtart D 65.

Normalbeobachter

Die zu einer Farbreizfunktion gehörende Farbe entsteht erst durch die Bewertung dieser Funktion mit den drei spektralen Wirkungsfunktionen des menschlichen Auges. Das Auge ist ein komplexes Sinnesorgan, das die Lichtsignale in elektrische Impulse umwandelt. Die Impulse werden dann in ein Netzwerk von Nervenzellen umgeformt und durch den Sehnerv an das Sehzentrum weitergeleitet.

Die Berechnung der Normfarbwerte X, Y, Z erfolgt nach der DIN 5033. Dabei stellen die Normfarbwerte die Anteile der drei Primärvalenzen Rot, Grün, Blau eines Farbreizes dar, die bei einem Normalbeobachter unter Berücksichtigung der Lichtquelle in unser Auge gelangen. Bei der Farbmetrik stellen diese Werte nur das Rohmaterial für weitere Berechnungen dar. Dabei bezeichnet man $S(l)$ als Farbreizfunktion und $x(\lambda)$, $y(\lambda)$, $z(\lambda)$ als Normspektralwerte im Wellenlängenbereich von 380 bis 780 nm. Die Transmissionsgrade fließen als $t(\lambda)$ in die Berechnung der Normfarbwerte ein. Die Summe der Normfarbwerte beträgt für Idealweiß gleich 100.

Das LAB-System

Das Lab-System ist ein dem subjektiven Farbempfinden des Menschen angepasstes dreidimensionales Farbsystem. Als Grundlage dienen die ermittelten Normfarbwerte X, Y, Z. Dadurch können die Farben auch aufgrund der Sättigung, Helligkeit und Farbton beurteilt werden. Durch die Berechnung von sog. Farbabständen ist es möglich, die Farben eines Produkts möglichst nahe am Standard zu halten und wenn nötig zu korrigieren.

Die L*-Achse gibt die Helligkeit einer Farbe an, während die a*-Achse den Rot – Grün Anteil und die b*-Achse den Gelb – Blau Anteil angibt. Die L*-Werte liegen zwischen 0 für Schwarz und 100 für Weiß, wobei die Werte grundsätzlich positiv sind. Der Bereich der positiven a*-Werte steht für rote Farbtöne. Eher grüne Farbtöne entsprechen negativen a*-Werten. Dagegen weisen positive b*-Werte gelbe Farbtöne und negative b*-Werte blaue Farbtöne auf.

Die kreisförmig in die L*-Achse angeordneten Farbtöne besitzen die gleiche Buntheit, jedoch weisen sie unterschiedliche Farbtöne auf. Die auf einem von der L*-Achse ausgehenden Radiusstrahl liegenden Farbtöne besitzen den gleichen Buntton, aber stets steigende Buntheit. Als Buntton bezeichnet man den Winkel zwischen einem Radiusstrahl und der positiven a*-Achse. Der Farbunterschied wird durch die Länge des Vektors vom Standard zum Istwert ausgedrückt. Beträgt die Differenz unter 0,5 LE, so ist ein sichtbarer Unterschied nicht erkennbar. Ab 6 LE wird der Unterschied der beiden Farbtöne sehr deutlich.

Farbmessgeräte

Heute werden Farben mit dem Spektralphotometer oder mit dem Dreibereichsmessgerät bestimmt. Spektralphotometer zerlegen das Licht von der Beleuchtungseinheit mit einem Monochromator spektral. Diese monochromatische Strahlung fällt auf die zu messende Flüssigkeit und wird je nach Farbe teilweise reflektiert bzw. absorbiert. Eine Photozelle misst die Lichtschwächung. Die gemessenen Transmissionsgrade ergeben die Farbreizfunktion. Erst durch die mathematische Bewertung der ermittelten Farbreizfunktion erhält man die Normfarbwerte. Die Normfarbwerte stellen die Beträge der Primärvalenzen Blau, Grün, Rot an der additiven Mischung dar, die der Farbempfindung des Beobachters gleich ist.

Aufbau und Funktionsweise eines Farbmessgerätes

Mit Hilfe von acht Leuchtdioden (LED) werden bei vier verschiedenen Wellenlängen jeweils das Durchlicht und das reflektierte Licht erfasst. Die verwendeten LED strahlen Licht mit den Farben Rot, Grün und Blau aus. Die Farbstoffe absorbieren das Licht der Wellenlängen, was zur Schwächung des reflektierten Lichtes führt. Gleichzeitig erfasst das Messgerät die Produkttemperatur. Durch die Trübungsbestimmung im Nahinfrarotbereich und die Temperaturerfassung können die Parameter Trübung und Temperatur kompensiert werden, um ein vergleichbares Ergebnis zu erhalten. Bei der Prozess-

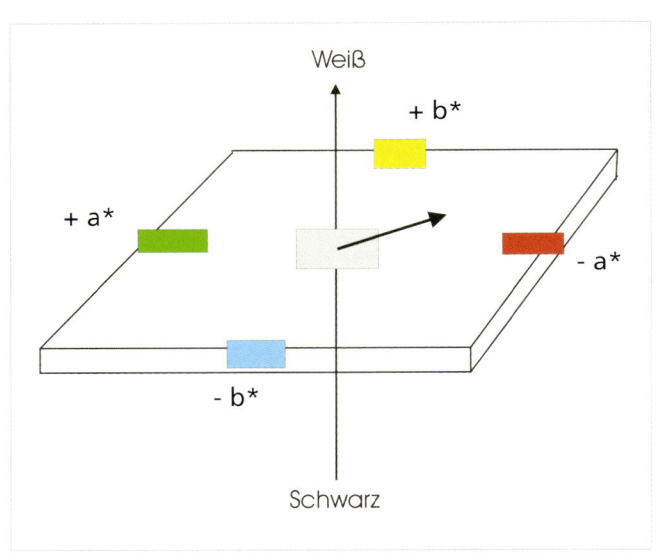

*Abb. 6.1.21: Prinzip des CIE – L*a*b* Farbraums* (Birus)

MESSEN · REGELN · STEUERN

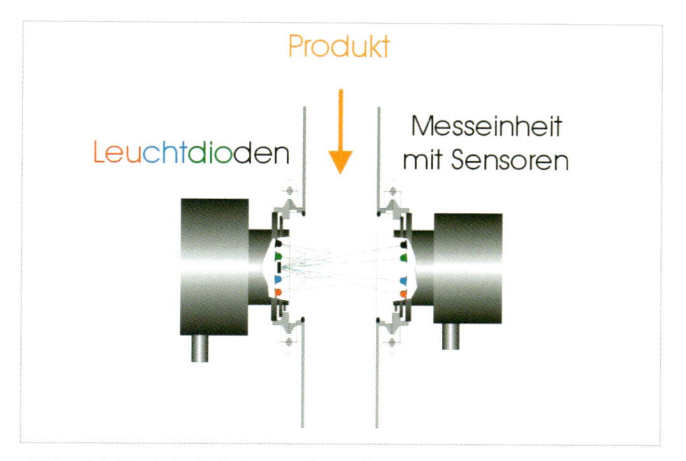

Abb. 6.1.22: Prinzipieller Aufbau des RAMS
Wellenlängen: Nahinfrarot NIR 880 nm;
Rot 660 nm; Grün 560 nm; Blau 430nm (Sigrist)

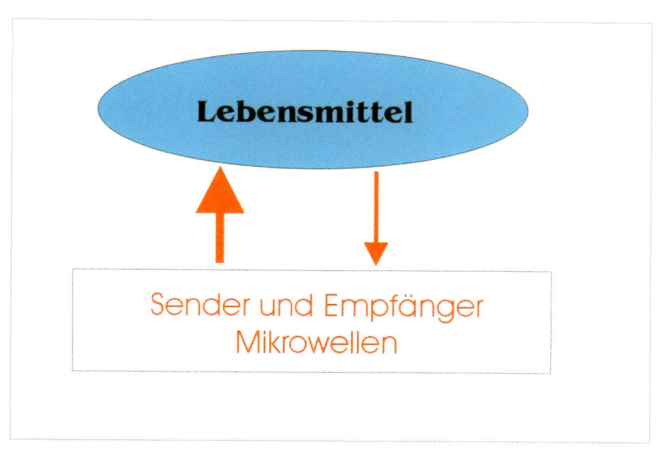

Abb. 6.1.23: Prinzip der Feuchtemessung durch Mikrowellen
(Birus)

automatisierung liefert das Gerät das Schaltsignal zur Phasentrennung Produkt/Wasser oder Produkt/Produkt.

11. Wassergehaltsmessung

Der Wassergehalt spielt für die Haltbarkeit und Lagerungsfähigkeit von Lebensmitteln eine bedeutende Rolle. Der Wassergehalt (WG) ist definiert als:

$$WG = \frac{\text{Wassermenge im LM in g}}{\text{Gesamtmenge in g}} \times 100\,\%$$

Tab 6.1.3: Wassergehalt einiger Lebensmittel

Lebensmittel	Wassergehalt Gew.-%
Fleisch	65 bis 75
Milch	86
Gemüse, Obst	70 bis 90
Brot	35
Butter, Margarine	16 bis 18
Getreidemehle	12 bis 14
Kaffeebohnen	5 (geröstet)
Milchpulver	4
Speiseöle	0

Feuchtigkeitsmessung durch Mikrowellen

Eine Sonde sendet in das zu messende Material ein Mikrowellensignal aus, das die Wassermoleküle auf Grund ihrer Dipoleigenschaften zum Schwingen anregt. Hierdurch wird der Sendeleistung ein bestimmter Energieanteil entzogen. Dieser Anteil ist der Menge der Wassermoleküle im Lebensmittel proportional. Die zurückgestrahlte Energiemenge wird gemessen. Der Quotient ergibt ein Signal zur vorhandenen Feuchte. Durch hohe Abtastraten wird die Messung exakt.

Die Anzahl der Wassermoleküle kann bei gleich bleibender Feuchte durch eine scheinbar schwankende Dichte variieren. Bei einigen Schüttgütern kommt es beispielsweise zu einer Kompression durch unterschiedliche Produkthöhen. Diese Dichteveränderungen führen zu einer Veränderung der Ausbreitungsgeschwindigkeit der Wellen. Diese Veränderung der Ausbreitungsgeschwindigkeit wird gemessen und kompensiert.

12. Metalldetektoren

In der Lebensmittelindustrie finden in der Regel jene Metallsuchgeräte Anwendung, die nach dem Sender-/Empfänger-Verfahren (Prinzip der „abgeglichenen Spulen") arbeiten. Die heutigen Geräte arbeiten mit digitalen Signalprozessoren. Jeder Metallgegenstand, der durch die Spulenöffnung geführt wird, verändert dieses Gleichgewicht. Die an der Empfängerspule entstehenden Messsignale von nur einem millionstel Volt werden mit einem Hochfrequenzverstärker bearbeitet und anschließend demoduliert.

Mit diesem Prinzip werden ferritische (eisenähnliche) Metalle, Buntmetalle (Kupfer oder Messing) und Edelstahl erkannt. Die Amplitude und die Phase des erzeugten Metallsignals sind von der Größe, den magnetischen Eigenschaften bzw. der elektrischen Leitfähigkeit des Metallteiles abhängig. Eisenmetalle erzeugen starke Signale, wohingegen einige Nichteisenmetalle, die eine niedrige magnetische Durchlässigkeit und einen hohen elektrischen Widerstand aufweisen (Edelstahl), ein schwächeres Signal bewirken. Daraus ergibt sich bei Eisenmetallen eine höhere Erkennungsgenauigkeit. Je kleiner die Durchlassöffnung eines Metallsuchgerätes ist, desto höher ist die erzielbare Detektionsgenauigkeit.

Die Mindestkonfiguration eines Detektors besteht aus einem Suchkopf, durch dessen Öffnung das

MESSEN · REGELN · STEUERN

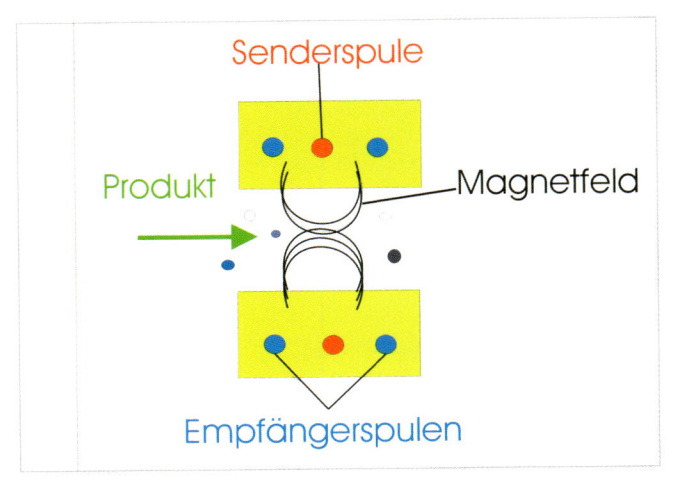

Abb. 6.1.24: Anordnung der Spulen im Suchkopf (Birus)

Einflüsse auf die Empfindlichkeit eines Metallsuchgerätes

- Betriebsfrequenz
- Durchlassgröße des Suchkopfes
- Art des Metalls
- Form und Lage des Metalls
- Produkteffekt und -streuung
- Fördergeschwindigkeit

Tab 6.1.4: Erkennbarkeit eines Drahtstückes bei unterschiedlichen Werkstoffen

Lage eines Drahtes in Förderrichtung	Eisen	Edelstahl	Buntmetall
längs	gut	schlecht	schlecht
hochkant	schlecht	gut	gut
quer	schlecht	gut	gut

Produkt gefördert wird, und aus einer Elektronik, die die Signale auswertet. Im Innern des Suchkopfes sind drei Spulen um die Öffnung gewickelt. Eine Spule dient als Sender, die beiden anderen als Empfänger. Die Senderspule wird über einen Oszillator mit einer Spannung sowie einer Frequenz gespeist, die meistens in einem Bereich von 16-300 kHz liegt.

Form und Lage des Metalls

Kugeln stellen zur Erkennung eine ungünstige Form dar. Bei einer anderen Form des Metalls ist die Empfindlichkeit erheblich von der Lage und der Metallart abhängig. Ein langer, dünner und nichtmagnetischer Draht, der längs in Förderrichtung liegt, wird kaum besser detektiert als eine Kugel gleichen Durchmessers. Derselbe Draht wird besser nachgewiesen, sobald er im rechten Winkel zur Förderrichtung liegt. Bei Eisendrähten oder kleinen Stücken einer Aluminiumfolie sind die Auswirkungen exakt gegenteilig.

Produkteffekte

Viele Produkte wie Brotteig, Fleisch, Fisch und Käse zeigen aufgrund ihrer Leitfähigkeit durch Feuchtigkeit, Fettgehalt und Salzanteile ähnliche Eigenschaften wie Metalle. Obwohl die Leitfähigkeit im Vergleich zu Metallen nur gering ist, kann dieser Produkteffekt beträchtlich sein. Je größer das Produkt ist, umso größer ist das verursachte Signal. Es kann dem eines Metallteiles entsprechen. Damit keine Fehlermeldungen erfolgen, muss das Produktsignal kompensiert werden. Das kann zu einer Verminderung der Messempfindlichkeit führen. Durch Tests mit den zu untersuchenden Originalprodukten können genaue Aussagen getroffen werden, insbesondere für Edelstahl. Viele Hersteller oder Handelsketten geben Normwerte für die Qualitätskontrolle vor.

Metalldetektoren in der Freifallförderung

In der Lebensmittelindustrie werden diese Geräte zur Untersuchung von Schüttgütern in der Wareneingangskontrolle und bei der Materialzuführung in Produktion und Abfüllung eingesetzt. Typische Einbauorte sind Fallrohre, Bandübergabestellen oder unterhalb eines Zyklons bzw. Einfülltrichters.

Das Schüttgut fällt durch die Detektionsspule. Wird ein Metallteilchen erkannt, aktiviert die Steuerelektronik die Separiereinheit. Der Auswurfmechanismus arbeitet meist mit einer Klappe. Es kommen aber auch Schwenkrohre oder Schwenktrichter zum Einsatz. Durch die schnelle Umlenkung wird der Produktstrom nicht unterbrochen oder verlangsamt. Freifallseparatoren für Schüttgüter können auch an schwer zugänglichen Stellen installiert werden. Es ist wichtig, dass der konstruktive Aufbau die hygienischen Aspekte berücksichtigt. Die Konstruktion sollte Produktablagerungen („Nester") vermeiden und für eine gründliche Reinigung leicht zugänglich oder einfach demontierbar sein.

Tab 6.1.5: Vorgaben für die Teilchen bei der Erkennung von Fremdkörpern aus Eisen und Nichteisenmetallen

Höhe der Durchgangsöffnung	Trockenes Produkt Fe/Nicht-Eisen	Feuchtes Produkt Fe	Feuchtes Produkt Nicht-Eisen
bis 50 mm	1,0 mm	1,5 mm	2,0 mm
bis 125 mm	1,5 mm	2,0 mm	2,5 mm
bis 200 mm	2,0 mm	2,5 mm	3,0 mm

MESSEN · REGELN · STEUERN

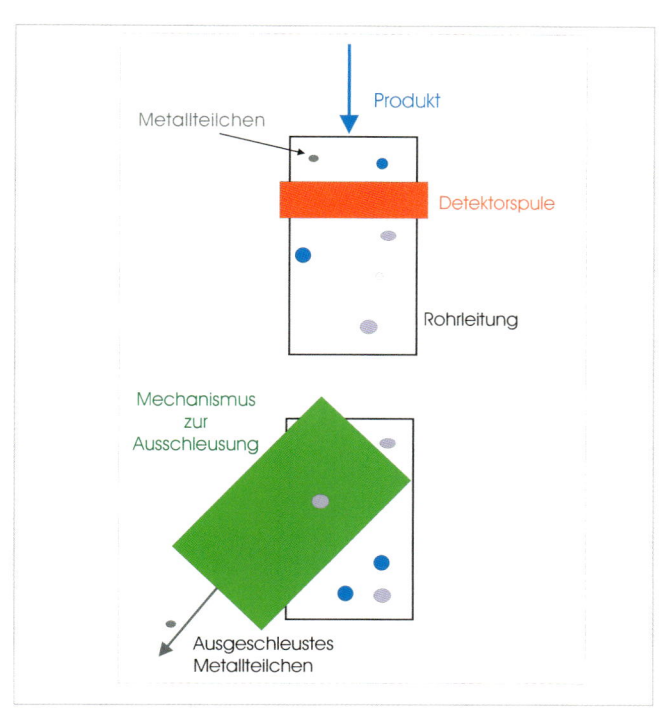

Abb. 6.1.25:
Einbau eines Metalldetektors in der Freifallförderung (Birus)

Bei der Abfüllung von Beuteln oder Säcken kann es sinnvoll sein, dass die komplette Packung nur markiert und anschließend manuell oder automatisch entfernt wird (z. B. durch einen Schieber). Dieses Verfahren wird beispielsweise bei Schlauchbeutelmaschinen angewendet.

6.2 REGELUNGSTECHNIK

Bei vielen Prozessen wird ein festgelegter physikalischer Wert (Sollwert) erreicht oder ist einzuhalten. Oft gibt es äußere Einflüsse (Störgrößen), die das verhindern könnten. Da der Sollwert trotz der Störgröße konstant bleiben soll, ist eine Regelung erforderlich. Als Regelgröße bezeichnet man den Wert, der gegenwärtig herrscht (Istwert), als Führungsgröße den am Regler eingestellten Sollwert. Nun benötigt man noch Energie, in den meisten Fällen Strom, um eine stabile Regelung trotz der Regelabweichung durchzuführen.

Bei einer Pasteurisationsanlage z. B. soll die Temperatur konstant gehalten werden. Durch Wärmeverluste ergeben sich Temperaturänderungen, die ausgeglichen werden müssen. Die Überwachung nimmt ein Regelkreis vor.

Ein Regelkreis besteht aus dem eigentlichen Regler, der Regelstrecke mit Sensor und einem Stellglied mit Hilfsenergie. Die Funktionsweise sei an Hand einer Pasteurisation erklärt. Ein Messfühler (Pt 100), der am Ende des Heißhalters eingebaut ist, gibt den Istwert (ein Stromsignal von 5 bis 25 Milliampere) an den Regler. Der Regler vergleicht den Istwert mit dem eingestellten Sollwert und gibt ein elektrisches Signal (Stellgröße) an das Dampfventil (Stellglied). Dann überträgt ein Wärmeaustauscher die notwendige Energie (z. B. Heißwasser) an den

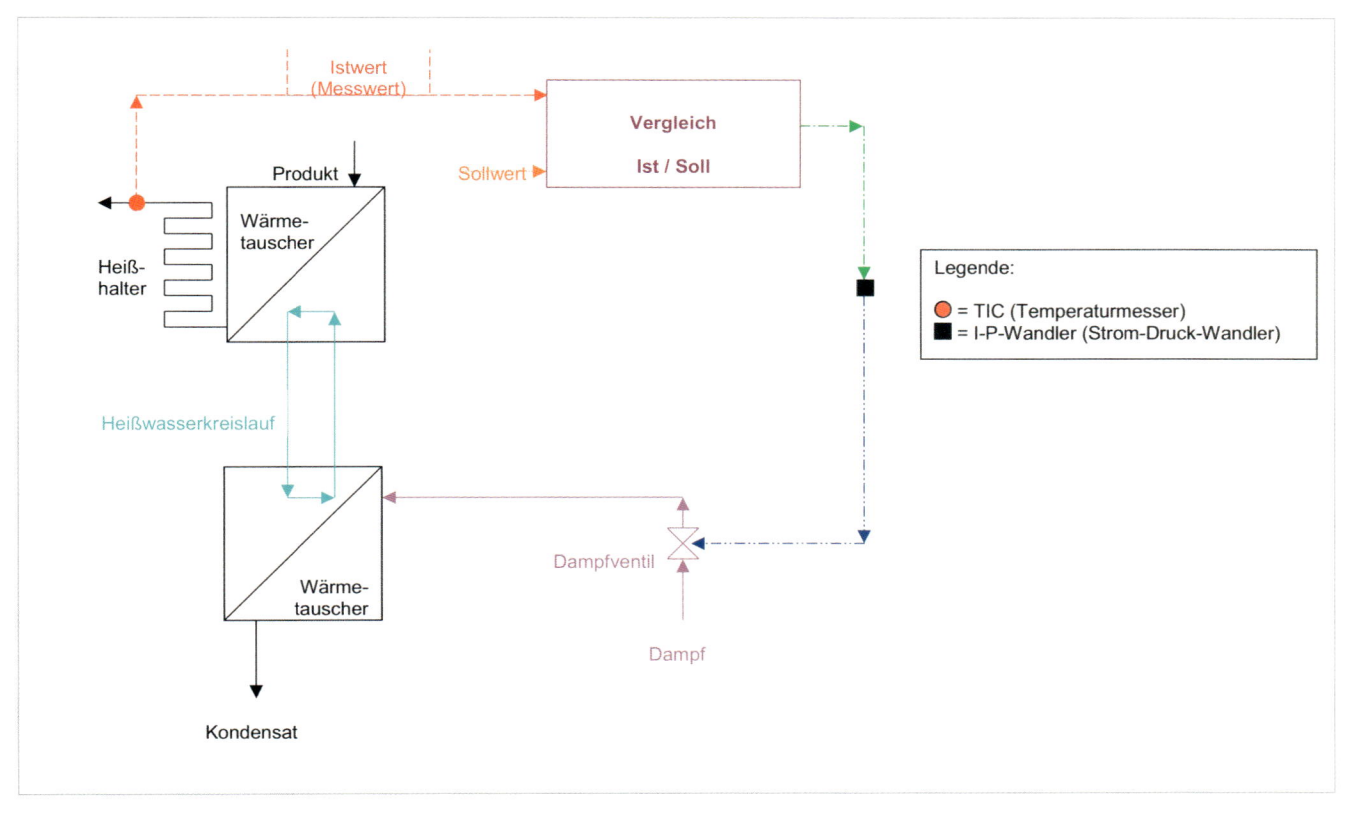

Abb. 6.2.1: *Aufbau eines Regelkreises zur Pasteurisation* (Hasselmeyer)

121

MESSEN · REGELN · STEUERN

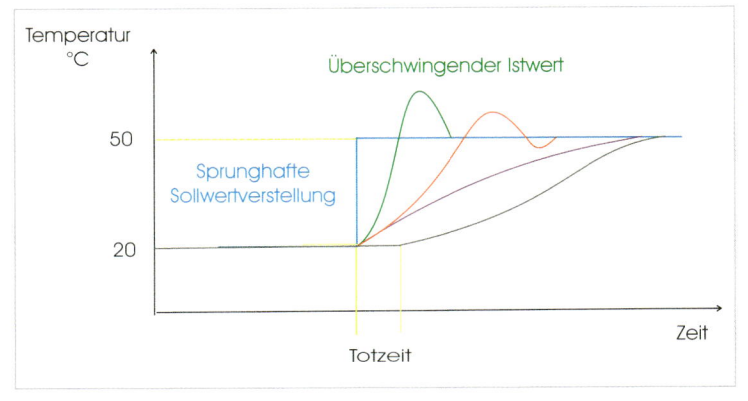

Abb. 6.2.2: Sprungantwort eines Regelkreises (Hasselmeyer)

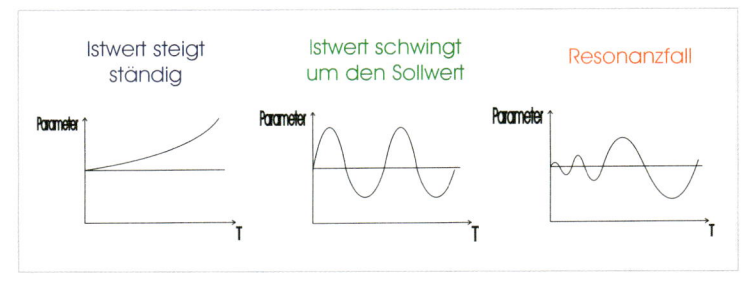

Abb. 6.2.3: Istwertveränderungen bei einem instabilen Regelkreis (Hasselmeyer)

Ein Regelkreis soll im Normalbetrieb ein stabiles Verhalten zeigen. Die Regelgröße soll nach einer möglichst kurzen Ausregelzeit wieder einen festen Wert annehmen. Leider geraten unter bestimmten Bedingungen Regelkreise außer Kontrolle. Dies bezeichnet man als instabiles Regelkreisverhalten. Die Qualität des Regelkreises wird in der Sprungantwort festgehalten. Darunter versteht man das Verhalten des Regelkreises bei einer sprunghaften Sollwertänderung.

Stabiles Regelverhalten liegt vor, wenn beim Anfahren, bei einer Störung oder bei einer Sollwertverstellung der Istwert nach einer Ausregelzeit eine feste Größe annimmt.

Instabiles Regelverhalten ist dadurch gekennzeichnet, dass die Regelgröße nach einer Störung keinen konstanten Wert annimmt, sondern außer Kontrolle gerät. Der Wert steigt stetig, schwingt oder schaukelt sich auf.

Durch die zeichnerische Darstellung von Mess- und Regelstelle sowie die Mess- und Regelgrößen wird deren Aufgabe und Wirkungsweise festgelegt. Dies geschieht mit Hilfe von Kurzbezeichnungen, die in das Verfahrensfließbild eingetragen werden. Die Kennzeichnungen sind in DIN 19227 genormt. Manche Firmen haben eigene Normierungen. Der erste Buchstabe gibt die Mess- oder Regelgröße an. Mit dem zweiten Buchstaben wird die Art der Messung gekennzeichnet. Der Folgebuchstabe zeigt

Erhitzer weiter. Es ändert sich nun der Istwert, der wieder vom Pt 100 erfasst und an den Regler weitergegeben wird. Dann beginnt der Kreislauf von vorne. Der Regler gleicht also die Schwankungen aus, damit der Istwert möglichst geringe Abweichungen zum Sollwert aufweist.

Tab 6.2.1: Buchstaben zur Kurzbenennung von Mess- und Regelstellen (DIN 19227)

Erstbuchstabe		Ergänzungsbuchstabe		Folgebuchstabe	
D	Dichte	D	Differenz	A	Alarm bei Grenzwertüberschreitung
E	elektrische Größen	F	Verhältnis	C	Selbsttätige, fortlaufende Regelung oder Steuerung
F	Durchfluss; Volumenstrom	Q	Summe; Integral	I	Anzeige des Istwerts
H	Handeingabe			O	optisches Signal
L	Standhöhe; Füllhöhe			R	Registrierung (Schreiber)
P	Druck			S	Schaltung; nicht fortlaufende Steuerung
Q	Qualitätsgröße (Stoffeigenschaft; Analysenwert)			V	Noteingriff
T	Temperatur			+	oberer Grenzwert
V	Viskosität			/	Zwischenwert
W	Masse; Gewichtskraft			-	unterer Grenzwert

Beispiele:
PDIC   Druckdifferenz-Regelung mit Istwertanzeige.
TIRCA+ Temperaturanzeige mit selbsttätiger, fortlaufender Regelung oder Steuerung und Alarm bei Überschreitung des oberen Grenzwertes
QIC   Anzeige eines Qualitätsparameters mit selbsttätiger, fortlaufender Regelung oder Steuerung (pH-Wert; Leitfähigkeit)

MESSEN · REGELN · STEUERN

die Verarbeitungsart an. Im Verfahrensfließbild sind Messstellen oder Regelkreise dargestellt.

Regler

Regler ohne Hilfsenergie

Die Regelabweichung beeinflusst direkt die Stellgröße. Sie sind als Druckregler oder Niveauregler (Schwimmer) einsetzbar und kommen ohne Energieversorgung aus. Beim Kondensatableiter als Schwimmerregler wird der Kondensatstand von einem Schwimmer erfasst, der über das Gestänge die Kegelstellung bestimmt. Das Niveau weicht zwangsläufig von seiner alten Höhe ab, wenn der Ablauf verändert wird. Verringert sich die Ablaufmenge, steigt der Wasserpegel solange, bis der Kegel den Zulauf so weit schließt, dass Zulauf- und Ablaufmenge den gleichen Wert erreichen. Kegel und Niveau behalten dann die zuletzt erreichte Stellung.

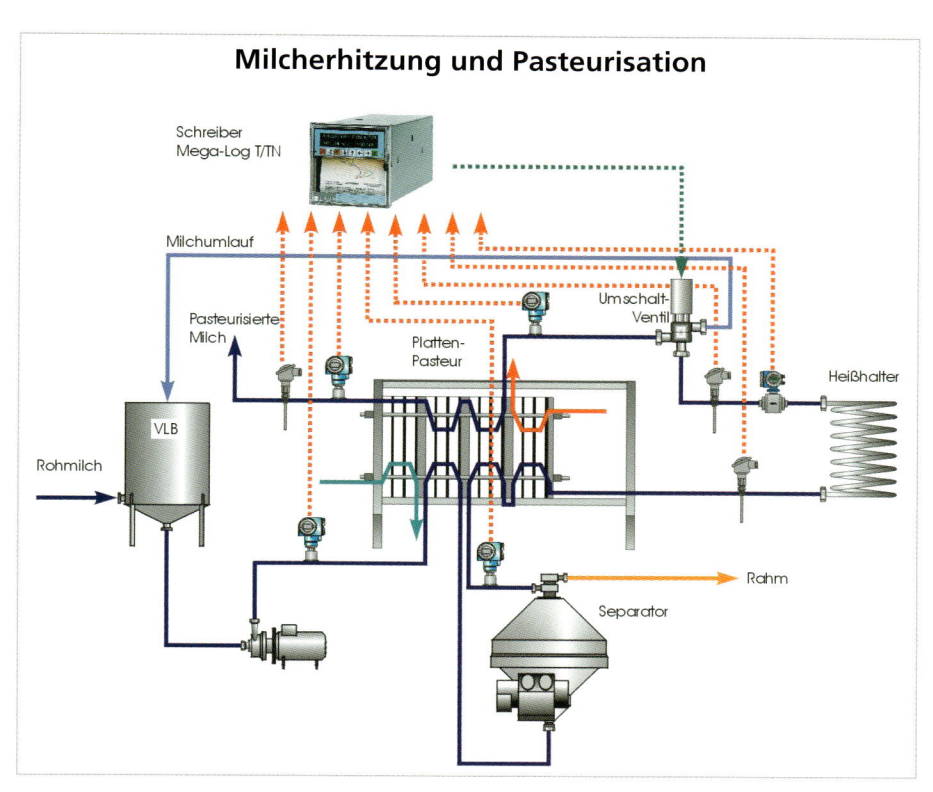

Abb. 6.2.4: Regelstellen bei der Milchpasteurisation (Endress + Hauser)

Regler mit Hilfsenergie

- **stetige Regler:** am Ausgang liegt ein dauerhaftes Signal (Strom) an, das alle Werte zwischen Minimum und Maximum annehmen kann. Soll- und Istwert liegen möglichst nahe beieinander. Beispiel: Temperaturregelung bei der Pasteurisierung.

- **unstetige Regler** sind schaltende Elemente, bei dem die Stellgröße nur ein- oder ausgeschaltet werden kann. Beispiel: Zweipunktregler für eine Heizung oder eine Kälteanlage.

Proportionalregler (P-Regler)

Im P-Regler wird durch die Differenzbildung von Eingangssignal und dem Sollwert die Regelabweichung gebildet. Diese wird verstärkt und an das Stellglied weitergegeben. Das Signal des Messwertgebers muss verstärkt werden, da es als Stellgröße nicht direkt genutzt werden kann. Das Stellglied für die Energiezufuhr benötigt 24 V. Der Fühler (z. B. ein Thermoelement) liefert jedoch 0,5 mV. Der Regler muss folglich einen Verstärkungsfaktor von 48.000 haben.

Da beim P-Regler das Ausgangssignal den gleichen zeitlichen Verlauf wie die Regelabweichung hat, reagiert er auf Störungen sehr schnell. Sie werden daher bei schnellen Regelstrecken wie Druckregelungen eingesetzt. Sie eignen sich nicht für Strecken mit Verzögerung (Bandtrockner), weil dann ein Schwingen um den Sollwert beginnt.

Proportional-Integral-Regler (PI-Regler)

Die aktuelle Regelabweichung wird ständig aufsummiert. Somit ist nicht nur die Größe, sondern auch die Dauer der Abweichung für die Höhe des Ausgangssignals ausschlaggebend. Beispiel: Bei einem Motor weicht die Drehzahl um 8 % vom Sollwert ab. Der PI-Regler addiert die aktuellen Regelabweichungen, hier den Strom für die Motorspulenwicklung. Betrug er erst 2 Ampere, wächst er bei bleibender Regelabweichung auf 4 Ampere usw.

Dieser I-Anteil wird durch die Nachstellzeit T_n bestimmt. Die Nachstellzeit sagt aus, wie stark die zeitliche Dauer der Regelabweichung in die Regelung eingeht. Durch den I-Anteil, der auch kleine Regelabweichungen erkennt, besitzt ein PI-Regler im Gegensatz zum P-Regler keine bleibende Regelabweichung. Eingesetzt werden sie für Temperatur-, Druck- und Durchflussregelungen.

Proportional-Integral-Differential-Regler (PID-Regler)

Der Differentialanteil reagiert auf die Geschwindigkeit, mit der sich die Abweichung von Ist- und Sollwert ändert. Erfasst wird sie beim Regler mit der Vorhaltezeit T_V. Bei vielen Reglern lassen sich

MESSEN · REGELN · STEUERN

Abb. 6.2.5: Dampfventil für die Temperaturregelung (Birus)

ernden Ein- und Ausschalten. Aus diesem Grund besitzen Zweipunktregler eine meist einstellbare Schaltdifferenz (Hysterese). Innerhalb dieser ändert sich der Schaltzustand nicht.

Bei schnellen Regelstrecken kann die Schaltfrequenz hoch werden. Dies ergäbe zwar eine exakte Regelung, die Schaltrelais würden sich aber schnell abnutzen. Die Schalthäufigkeit soll nicht höher als zwei bis vier Mal pro Minute liegen. Die Vorteile liegen in dem recht einfachen Aufbau und in der leichten Einstellung.

Welcher Regler für welchen Prozess?

Die Auswahl richtet sich nach der Art des Stellgliedes und nach den Eigenschaften des zu regelnden Prozesses. Ein weiterer Maßstab ist das Zeitverhalten des Reglers (P-, PI- oder PID-Regler). Die Qualität der Mess- und Regelkreise für einen dauerhaften reibungslosen Produktionsbetrieb ist von größter Bedeutung. Heute kommen bei vollautomatisierten Anlagen Softwareregler zum Einsatz, die durch Programme über Bildschirm und Maus/Tastatur parametriert werden. Bei der Neuinstallation ist die Parametrierung offline möglich. Das verringert die Dauer der Inbetriebnahme.

Nachstell- und Vorhaltezeit nicht getrennt voneinander einstellen. In der Praxis sind Regelkreise bei einem Verhältnis $T_V = T_n /4...5$ stabil. PID-Regler sind für komplizierte Temperaturregelkreise geeignet.

Beim Prozessleitstand sind Anlagenübersichten oder einzelne Anlagenteile auf Bildschirmen sichtbar. Regler sind über Bussysteme an eine zentrale Überwachungsstation angebunden, und können von dort aus eingestellt (parametriert) werden. Man nennt sie dann Software-Regler.

Schaltende Regler

Der Zweipunktregler besitzt zwei Schaltzustände, nämlich Ein und Aus. Es ergibt sich kein stetiges Ausgangssignal, sondern es kann die Stellgröße nur ein- oder ausgeschaltet werden. Typische Anwendungen sind Heizungen für die Brauchwassererzeugung, die einen unteren und oberen Schaltpunkt haben. Auch Kälteanlagen werden durch schaltende Regler betrieben.

Wenn man ausschließlich den Sollwert als Schaltpunkt hernehmen würde, käme es zu einem dau-

Schwierig zu regeln sind träge Regelkreise, die eine sog. Totzeit aufweisen. Darunter versteht man die Verzögerungszeit, bis der Istwert sich nach der Sollwertverstellung verändert. Bandtrockner für Gewürze beispielsweise fallen unter diese Kategorie. Sie laufen langsam und der Trocknungsprozess benötigt Zeit. Nach einer Veränderung der Trocknungslufttemperatur dauert es, bis das Gewürz mit dem nun neuen Wassergehalt am Trocknerende angelangt und ein neuer Istwert messbar ist.

Reglereinstellung und -optimierung

Eine optimale Einstellung wird üblicherweise bei Inbetriebnahme von Anlagen oder Anlagenteilen vorgenommen. Die Werte sind zu dokumentieren. Eine Überprüfung der Reglereinstellung und der Messgeräte ist in planmäßigen Intervallen durchzuführen. Es lohnt sich, den Betriebselektriker schulen und einweisen zu lassen, um nicht bei jeder Kleinigkeit einen Techniker anfordern zu müssen.

Einstellung nach der Übergangsfunktion

Bei einer schlagartigen Veränderung des Sollwertes gleicht sich der Istwert nach einer gewissen Übergangszeit an. Dies bezeichnet man als Übergangsfunktion. Die Werte werden durch einen Schreiber aufgezeichnet. Ermittelt werden durch eine grafische Auswertung und durch Formeln Verzugszeit, Ausgleichszeit und Streckenverstärkung.

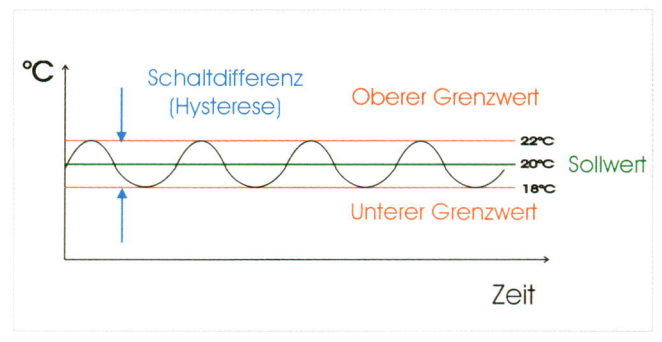

Abb. 6.2.6: Temperaturverlauf bei der Zweipunkt-Regelung (Hasselmeyer)

6.3 STEUERUNGSTECHNIK

Die Automatisierung zur Herstellung großer Produktmengen ist eine ständige Aufgabe und ohne Steuerungstechnik nicht mehr möglich. Die Verarbeitung der enormen Datenmengen, die aufgrund von Messgeräten und Sensoren in großen Lebensmittel- und Pharmabetrieben auftreten, ist erst durch Steuerungen durchführbar.

Grundbegriffe

Die Wirkungskette

Bei der Steuerung laufen die einzelnen Schritte in einer Kette ab. Dies stellt man in einem Blockschaltbild dar. Einfaches Beispiel: Wenn eine Pumpe gestartet werden soll, ist der Mitarbeiter der Programmgeber, der den Taster betätigt. Das Relais schaltet die Leistung, der Motor beginnt anzulaufen. Abläufe werden durch die Messung wichtiger Größen wie Druck, Temperatur, Leitfähigkeit kontrolliert.

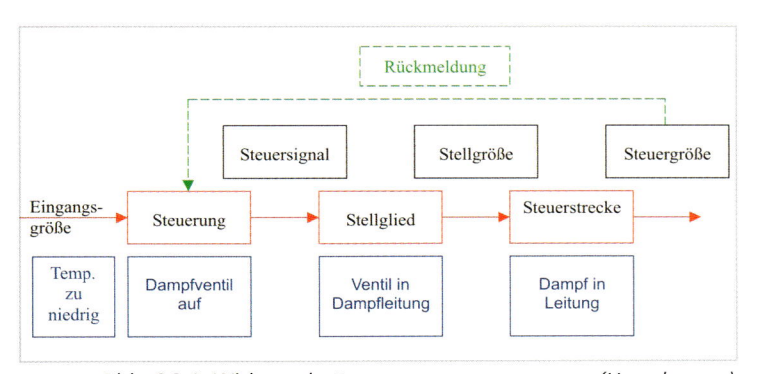

Abb. 6.3.1: Wirkungskette (Hasselmeyer)

Steuerungsarten

Verknüpfungssteuerungen verbinden Eingangs- und Ausgangssignale über logische Funktionen, denen bestimmte Schaltzustände zugeordnet werden.

Ablaufsteuerungen

Hier handelt es sich in der Regel um Prozesse, die schrittweise ablaufen sollen. Es werden die einzelnen Schritte nacheinander abgearbeitet. Zum Weiterschalten in den nächsten Schritt sind Bedingungen erforderlich, die über logische Funktionen verknüpft sein können. Die Schrittbausteine in der Steuerung bestehen aus Speicherelementen. Hier unterscheidet man zeitgeführte Ablaufsteuerungen wie z. B. Reinigungszeiten, die eingehalten werden müssen, und prozessgeführte Ablaufsteuerungen wie die einzelnen Schritte eines Reinigungsprogramms. Die jeweiligen Arten sind häufig miteinander kombiniert.

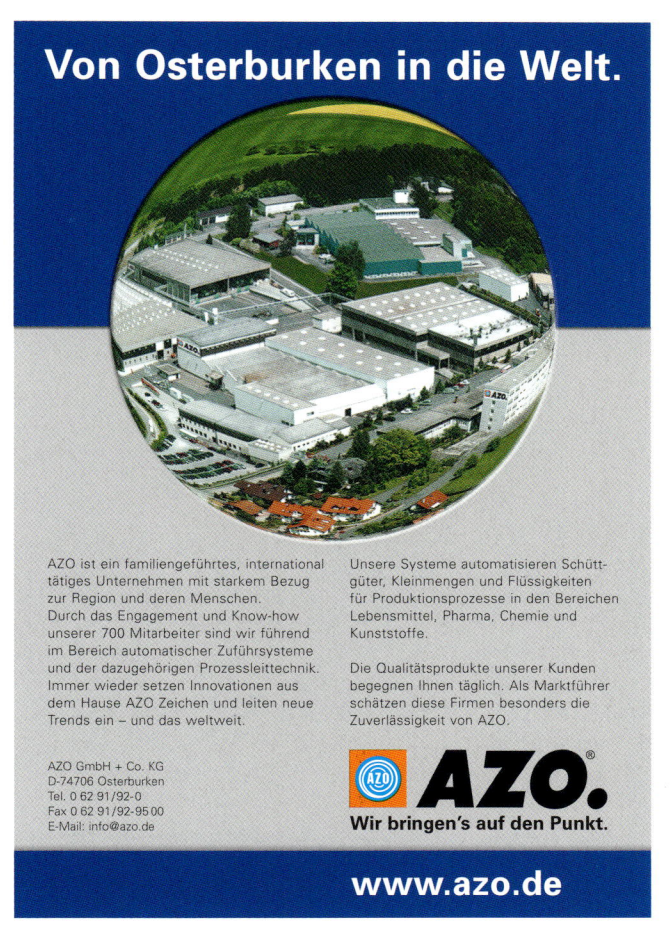

Beschreibung des Steuervorgangs

Um von einem Spezialisten eine Steuerung erstellen zu lassen, benötigt dieser alle nur erdenklichen Informationen über den eigentlichen Prozess. Hier liegt die Hauptaufgabe des Lebensmittel- und Pharmatechnikers: Er informiert den Steuerungsspezialisten möglichst detailliert über die wichtigen Zustandsgrößen, Schaltzustände, Grenz- und Messwerte. Erst dann ist der Programmierer in der Lage, Programmabläufe richtig zu gestalten und die notwendigen Befehle, Grenzwerte und logischen Funktionen in die Steuerung einzugeben.

Die vier logischen Grundfunktionen der binären Signalverarbeitung

- **Identität:** Betätigung eines Schalters, Licht brennt
- **Negation:** Maschine läuft nicht, wenn die Abdeckung fehlt (Endschalter)
- **UND:** Erst wenn zwei Bedingungen erfüllt sind, läuft ein Gerät an (Anlagenhauptschalter und Startknopf müssen gedrückt sein)
- **ODER:** Nur eine von zwei Bedingungen muss erfüllt sein, wenn etwas in Gang gesetzt werden soll. (Die Innenbeleuchtung vom Auto geht an, wenn Fahrer- oder Beifahrertür geöffnet werden)

MESSEN · REGELN · STEUERN

Der Steuerungstechniker muss auch über nicht erlaubte Vorgänge informiert werden. Beispiel: Wenn ein Tankdeckel offen ist, darf das Rührwerk nicht starten. Dazu werden im Programm sog. Verriegelungen festgeschrieben, damit das Rührwerk bei offenem Tankdeckel eben nicht läuft.

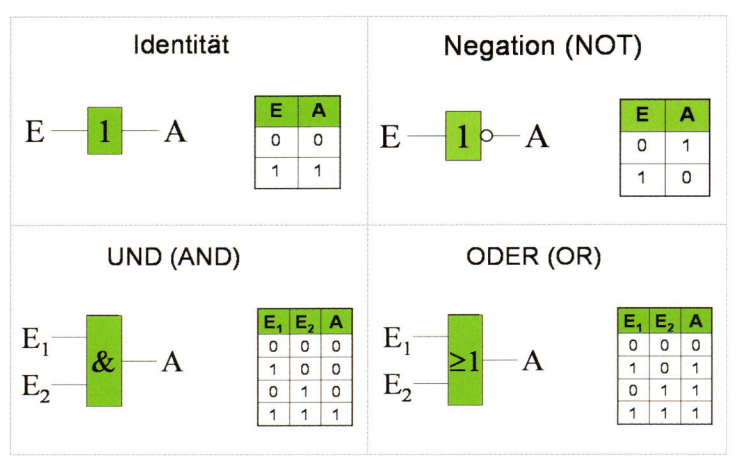

Abb. 6.3.2: Die vier logischen Grundfunktionen mit Symbol und Wertetabelle: Identität, Negation, UND sowie ODER
E: Eingangsgröße · A: Ausgangsgröße (Birus)

Bei Ventilen erfolgt die Beschreibung durch Schaltfolgediagramme, also zu welchem Zeitpunkt und unter welcher Bedingung sie schalten sollen. Für ganze Prozesse erstellt man Funktionspläne, die die Schritte kurz beschreiben und die Bedingungen, die dazu nötigen logischen Funktionen und die Befehle enthalten.

Signalarten

Analoge Signale sind z. B. Zeigerausschläge bei Thermometern. Das Signal kann beliebige Zwischenwerte annehmen. Binäre Signale dagegen nehmen nur zwei Zustände an: z. B. Motor EIN/AUS; Ventil AUF/ZU; Digitale Signale bestehen meist aus Binärzahlen. Analoge Signale werden digitalisiert (sog. A-D-Wandler) und sind auf diese Weise für die SPS sicher weiterzuverarbeiten.

Ausführung von Steuerungen

Eine mechanische Steuerung ist z. B. die Programmwalze der Waschmaschine. Einzelne Nocken betätigen elektrische Kontakte.

Bei elektrischen Steuerungen erfolgt das Steuern über die Betätigung elektrischer Kontakte. Die Bauelemente sind Schütz und Relais, die über Kabel fest verdrahtet sind. Damit ist es notwendig, zum Ändern eines Programms die Drähte neu zu verlegen und anzuklemmen. Sie sind für relativ einfache Verknüpfungssteuerungen geeignet. (Ansteuerung von Elektromotoren).

Speicherprogrammierbare Steuerung (SPS)

Die SPS ist vom Aufbau her eine Computeranlage, die speziell für Steuerungsaufgaben gedacht und ausgerüstet ist. Die Hardware bestehen aus Platinen, die mit integrierten Schaltkreisen (IC) bestückt sind. Mehrere in Funktionsgruppen zusammenge-

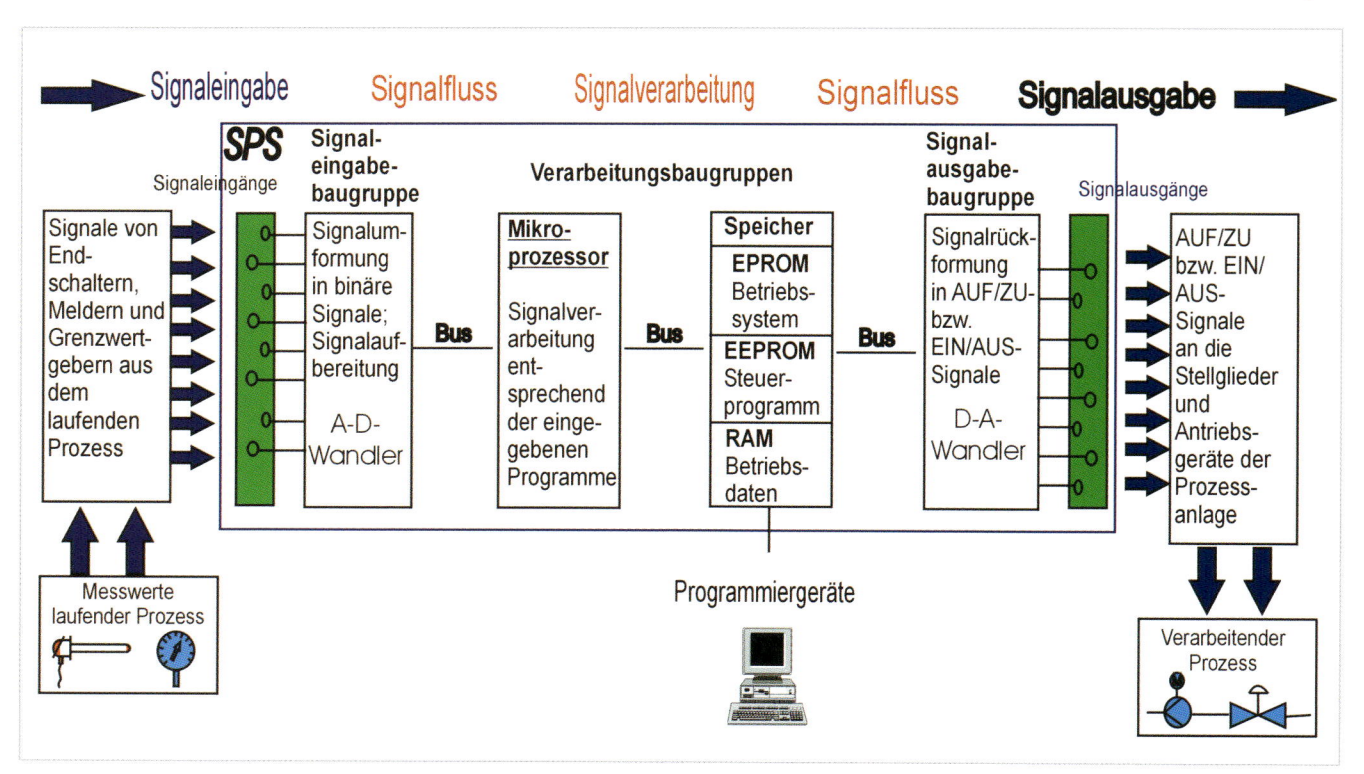

Abb. 6.3.3: Funktionsweise einer speicherprogrammierbaren Steuerung (SPS) (Hasselmeyer)

Produktionsautomatisierung

Die ProLeiT AG, mit Sitz in Herzogenaurach, ist ein Unternehmen mit über 140 Mitarbeitern und liefert weltweit Prozessleitsysteme und ganzheitliche Automatisierungslösungen für die verfahrenstechnische Industrie.

Basierend auf fundiertem, verfahrenstechnischem Know-how in den Branchen Chemie, Pharmazie, Nahrungsmittel und Getränke wird der gesamte Bereich der Automatisierungs- und Informationstechnik vom Feld bis hin zur Unternehmensleitebene abgedeckt.

ProLeiT AG
Einsteinstraße 8
D–91074 Herzogenaurach
Telefon   +49 (0) 91 32 / 777-0
Telefax   +49 (0) 91 32 / 777-150
eMail   info@proleit.de
Internet www.proleit.de

---

fasste Platinen bilden das Herz einer SPS („CPU"). Die SPS hat die übliche Struktur einer EDV-Anlage. Die Signaleingabegruppen erfassen die Prozesssignale (Temperatur, Druck, Schaltzustände von Ventilen, usw.) und bereiten sie für die Verarbeitung im Mikroprozessor auf. In den EPROMs sind die Programme gespeichert. Das Programm besteht aus logischen Funktionen, Bedingungen wie Temperaturgrenzwerte und Ablaufanweisungen (CIP-Reinigung), die den Prozess festlegen.

Der Arbeitsablauf einer SPS ist zyklisch. Das Steuerwerk fragt die Signalzustände und Messwerte ab, entnimmt aus den EPROMs die Steueranweisungen, vergleicht die Daten und verarbeitet die Prozesssignale entsprechend dem eingegebenen Programm. Ausgangssignale (Befehle) schalten Stellglieder wie Ventile und Motoren.

EPROM bedeutet „**E**rasable **P**rogrammable **R**ead **O**nly **M**emory". In diese Speicher werden die Programme, nach denen der Prozess ablaufen soll, remanent hinterlegt. Bei Bedarf können Veränderungen auf den EPROMs mit einem Eingabegerät neu einprogrammiert werden. Die notwendigen Befehle gibt der Steuerungstechniker über eine Programmiersprache (Step 7; Control Logix; PC-Warx) ein.

Prozessleittechnik

Die wesentlichen Komponenten sind:

- die Automatisierungseinheiten (SPS) in den Schaltschränken
- die Beobachtungs- und Bedieneinheiten (Bildschirm, Tastatur, Maus, Drucker)
- die Managementstation und der Prozessrechner auf der Betriebs- und Unternehmensleitebene
- die Datensammelleitungen (Bus),

Nun können zentral von einer Schaltwarte aus die jeweiligen Unternehmenseinheiten (Produktion, Lager, gesamter Betrieb) überwacht und gesteuert

> **BUS (Binary Using System)**
>
> Datenübertragungen werden durch Datensammelleitungen (= BUS) gesendet. Die Informationen laufen seriell und parallel, also nacheinander durch die Kabel. Ein Adressencode sorgt dafür, dass die Daten an der richtigen Stelle ankommen und dort weiterverarbeitet werden können. Beispiele: Interbus, CAN, Profibus, Devicenet, Ethernet

werden. Auf dem Bildschirm werden in verschiedenen Menüebenen Übersichten der Abteilung, eine Erhitzerstation oder Messwerte in graphischer Form dargestellt. Über Schnittstellen sind die Regler an die Steuerung angebunden. Die Regler können zentral eingestellt werden (Software-Regler).

Bei Betriebsstörungen blinken die entsprechenden Bauteile, der Drucker gibt eine gesonderte Nachricht aus. Nun muss der Bediener reagieren. Dazu braucht er natürlich genaue Kenntnisse der Anlage, um die richtigen Entscheidungen treffen zu können. Dann ist z. B. am Ventil nachzusehen, ob

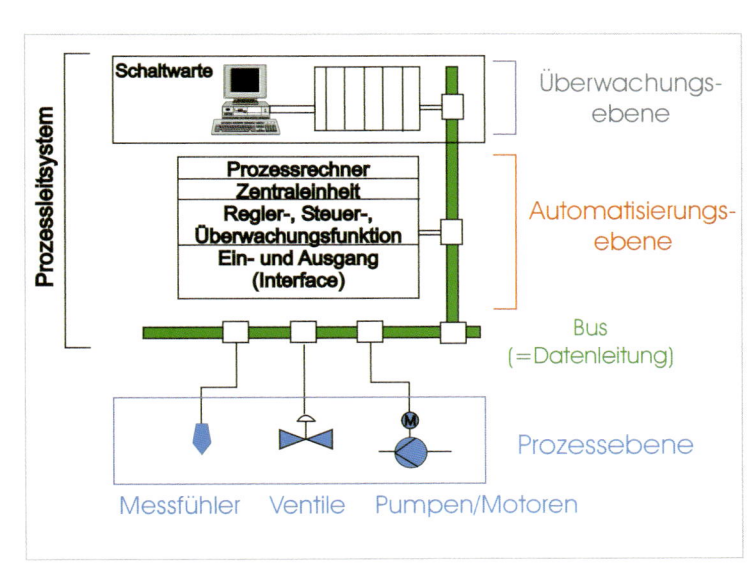

Abb. 6.3.4: Aufbau eines Prozessleitsystems (Hasselmeyer)

MESSEN · REGELN · STEUERN

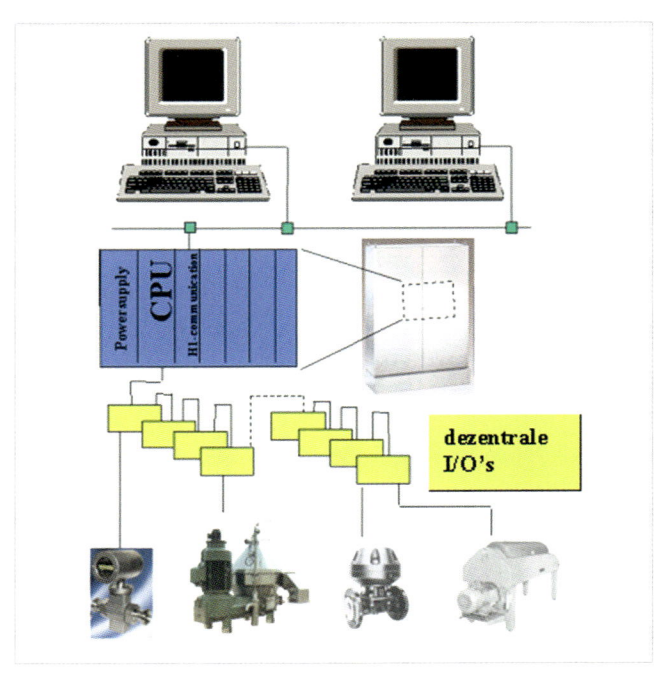

Abb. 6.3.5: Beispiel einer Steuerung (Endress+Hauser)

der kontaktlose Näherungsschalter verstellt, dessen Kabel defekt oder die Druckluftzuleitung abgerissen ist.

Übergeordnete Managementstationen erlauben der Unternehmensleitung, aktuelle Produktionsinformationen abzurufen und darüber hinaus Tagesübersichten, Verkaufszahlen, Kostenaufstellungen und Berichte der Qualitätssicherung einzusehen.

Prozessbedienung und -visualisierung unter Windows

Der Bedien- und Speicherkomfort durch den PC ist der SPS überlegen. Einige Vorteile sind:

- Hardwareunabhängigkeit bezüglich Bildschirm, Drucker, Maus und Netzwerk, sofern die erforderlichen Treiber existieren
- Standardprogramme wie Excel, Access, Word oder PowerPoint sind nutzbar
- integrierte Hilfeprogramme
- Vernetzungen mit MS-LAN, Novel und Ethernet sind möglich

Beschreibung der Anwendungen für den Bediener

Die Anlagenübersicht beinhaltet alle Haupt- und Teilprozesse einer Gesamtanlage. Diese werden durch parametrierbare Texte dargestellt. Die Prozessbilder dienen zur Darstellung der Anlagenteile mit allen gewünschten Werten und Rezepturen. Hier sind auch Handeingaben möglich, um Sollwerte zu verstellen. Die Bedienung ist durch Passwörter geschützt. Gleichzeitig wird jede Verstellung archiviert, so dass man feststellen kann, wer wann welche Einstellung manipuliert hat. Die Reglerbedienung (Softwareregler) dient zur Visualisierung, Einstellung und Parametrierung von PID- und Zweipunktreglern.

Auftragsysteme bieten eine komfortable Funktion zur Erstellung und Überwachung von Produktionsaufträgen. Ebenso ist im Rezeptmenü über Listen die Rezepterstellung durchführbar. Änderungen haben zur Folge, dass der automatische Prozess geringfügig anders abläuft. Beim Ablauf der Produktion werden Chargenprotokolle erstellt. Die Informationen laufen in die Betriebsdatenerfassung.

Betriebsdatenerfassung

Darunter versteht man die automatische Archivierung wichtiger Daten. So kann die Qualitätssicherung direkt aus den Messwerten erforderliche Informationen einholen, damit die Produktqualität gemäß den betriebsinternen Richtlinien gewährleistet ist. Die Daten sind auch für andere Bereiche wie Lagerhaltung, Auftragsbestandführung, Personalplanung oder Kostenrechnung interessant.

Einzelne Bauteile wie Ventile, Klappen, Pumpen, Rührwerke sind anwählbar. Bei Störungen ändert sich die Farbe bei gleichzeitigem Blinken und es erfolgt der Ausdruck eines Fehlerprotokolls. Dies wird erneut im Meldearchiv abgelegt. Beispiel einer Informationsweitergabe: Störzustand – Bitmeldung in der SPS – Übergabe dieses Parameters an das Visualisierungsprogramm – Anzeige färbt sich rot und blinkt.

Der Alarmmonitor zeigt als Alarme konfigurierte Prozessereignisse in tabellarischer Form sofort an, warnt das Bedienpersonal evtl. mit einem akustischen Signal und gibt Hinweise zur Gefahrenbeseitigung. Meldungen werden in der Online-Alarmverarbeitung nicht berücksichtigt, sondern ausschließlich

Abb. 6.3.6: Steuerung einer PET-Flaschenabfüllung (Krones)

MESSEN · REGELN · STEUERN

archiviert und können im Nachhinein zur Analyse angezeigt werden. Quittiertextpflichtige Alarme müssen bei der Quittierung vom Bedienpersonal einen zusätzlichen Text erhalten. Erst dann werden sie aus der Liste der anstehenden Alarme entfernt.

Zur Erfassung der Betriebsstunden und Schalthäufigkeiten von Motoren und Ventilen dienen Wartungsprogramme. Der technische Service kann so eine vorbeugende Instandhaltung durchführen. Die Anlagenkonfiguration und Inbetriebnahme wird durch Softwaretools erleichtert. Mittels dieser Programme kann nach der Konfigurierung am Ende der Projektierung der Vortest der Gesamtanlage vor dem Einbau erfolgen. Der Anlagenplaner erzeugt hier die notwendigen Bausteine offline, also vor der Inbetriebnahme. Die Inbetriebnahme geht wesentlich schneller, die Fehlerquote in der ersten Betriebszeit sinkt dadurch enorm. Die Einstellung wird über spezielle Programme (Genesis 32; Intouch) erstellt, die gezeichnete Objekte mit den logischen Prozessvariablen verknüpfen. Rezeptdefinitionen und Rezeptparameter werden menügeführt eingerichtet („parametriert"), ohne dass eine Programmierung erforderlich ist. Für die Bildkonstruktion der Prozessgrafiken stehen Programme zur Verfügung. CAD-Systeme wie CorelDraw oder Designer erlauben es, eine komfortable Bilddarstellung selbst zu konstruieren.

Steuerung unter Linux

Linux als Betriebssystem ist kostenlos und gilt als betriebssicher.

Die Bedienstationen werden über den Bedienbus (Ethernet TCP/IP 100 Mbit/s) mit dem Runtime-Server verbunden, wobei pro Runtime-Server bis zu 20 Operator Terminals möglich sind. Ein Operator Terminal Industrial ist für den Einbau in einen Schaltschrank und die Vor-Ort-Bedienung über einen Touchscreen geeignet. Es besteht auch die Möglichkeit, die Operator Station in einer Büro-Umgebung mit 2 Monitoren (Multiscreening) zu betreiben.

In der Leitebene werden ein Standard-Server für das Runtime-System und ein weiterer Server für das Engineering-System eingesetzt. Der Standard-Server übernimmt die Funktion des Leittechnikservers und hält somit die Alarm-, Trend- und Protokolldaten, sowie die Online-Daten aus der Feldebene fest. Auf dem zweiten Server befindet sich das Engineering-System, das die Projektdaten und umfangreiche Bausteinbibliotheken beinhaltet.

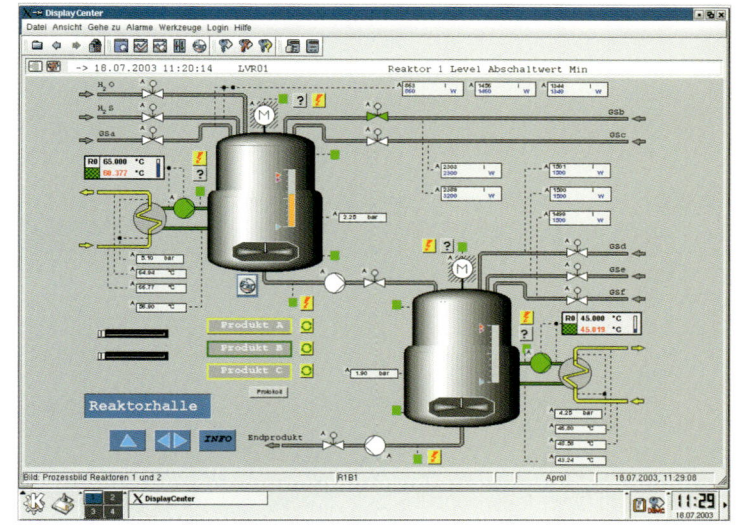

Abb. 6.3.8: Visualisierung eines Prozesses (Aprol)

Die Leit- und Feldebene wird entweder über Ethernet TCP/IP oder über Profibus FMS verbunden. Die prozessnahen Komponenten (PNK), bestehend aus Netzteil, CPU, IO-Modulen und Schnittstellenkarten, können je nach Anforderung bestückt werden.

Weitere Möglichkeiten für die Unterstützung des Operators

Kameraüberwachung mit Bildsequenzen: Die Videokamera zeichnet Bilder des zu überwachenden Objektes auf. Diese werden in einem Ringpuffer gespeichert. Im Alarmfall können die Bilder aus der Zeitspanne vor dem Eintreten des Alarms abgerufen werden. Über die integrierte Möglichkeit der Sprachausgabe kann neben der visuellen Darstellung des Alarms auch die verbale Ausgabe folgen. Das System kann SMS oder E-mails versenden, eine Pager-Alarmierung durchführen, um im Falle des mannlosen Betriebes im Alarmfall direkt die Bereitschaft zu informieren.

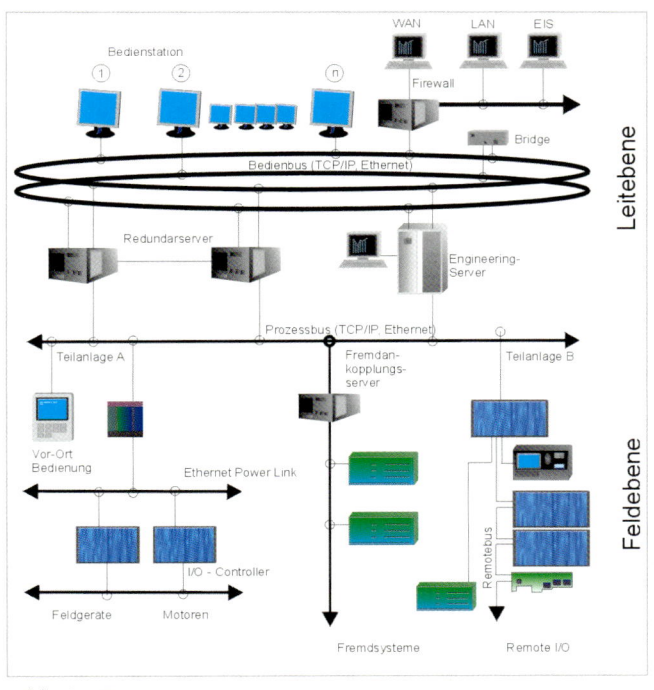

Abb. 6.3.7: Aufbau einer Steuerung unter Linux (confructa medien)

MESSEN · REGELN · STEUERN

Seit geraumer Zeit wird häufiger die amerikanische 21CFR11 oder auch die FDA 21CFR Part11 bei der Automatisierung von verfahrenstechnischen Anlagen zitiert. FDA ist die Abkürzung für Food and Drug Administration, welche ihrerseits eine Teilorganisation des US Department of Health and Human Services ist. Die FDA erstellt und kontrolliert Anforderungen an die Erzeuger von Arzneimitteln und Nahrungsmitteln. CFR ist die Abkürzung für Code of Federal Regulations.

Es ist an dieser Stelle anzumerken, dass bis heute Handsignaturen vorausgesetzt wurden. Die elektronischen Unterschriften werden erst jetzt durch die neuen technischen Möglichkeiten von der FDA als gleichwertig anerkannt.

6.4 CHARGENRÜCKVERFOLGUNG

Vorteile haben Unternehmen, die bereits ein Warenwirtschaftssystem (ERP) besitzen. Standardisierte Organisationsabläufe wie Scannen, Wiegen, Messen, Steuern, Etikettieren sowie die Betriebsdatenerfassung an den CPs und CCPs im Produktionsablauf einschließlich der Prüf- und Dokumentationskompetenz eines LIMS-Systems (Laborinformations- und -managementsystem) sind Instrumente einer Rückverfolgung. Neben der EU-VO 178/2002 ist die EU-VO 1830/2003 (seit dem 15. April 2004 gültig) über die Rückverfolgbarkeit und Kennzeichnung von gentechnisch veränderten Organismen (GVO) und über die Rückverfolgbarkeit von aus GVO hergestellten Lebensmitteln und Futtermitteln von Bedeutung. Für pflanzliche Nahrungsmittelprodukte wie Soja und Maiserzeugnisse wird die Einführung von Systemen zur Dokumentation der Rückverfolgbarkeit vorgegeben. Eine verbindliche fünfjährige Speicherung von Daten der Transaktionen bezüglich der Lieferanten und Abnehmer ist festgelegt.

Weitere Regelungen zur Rückverfolgbarkeit sind die EU-Öko-VO und die EU-Verordnung über amtliche Futter- und Lebensmittelkontrollen. Nationale Regelungen für Deutschland sind das Lebensmittel- und Bedarfsgegenstände-Gesetz (LMBG) sowie die Lebensmittelkennzeichnungs-Verordnung (LMKVO).

Abb.: Systematische Rückverfolgbarkeit

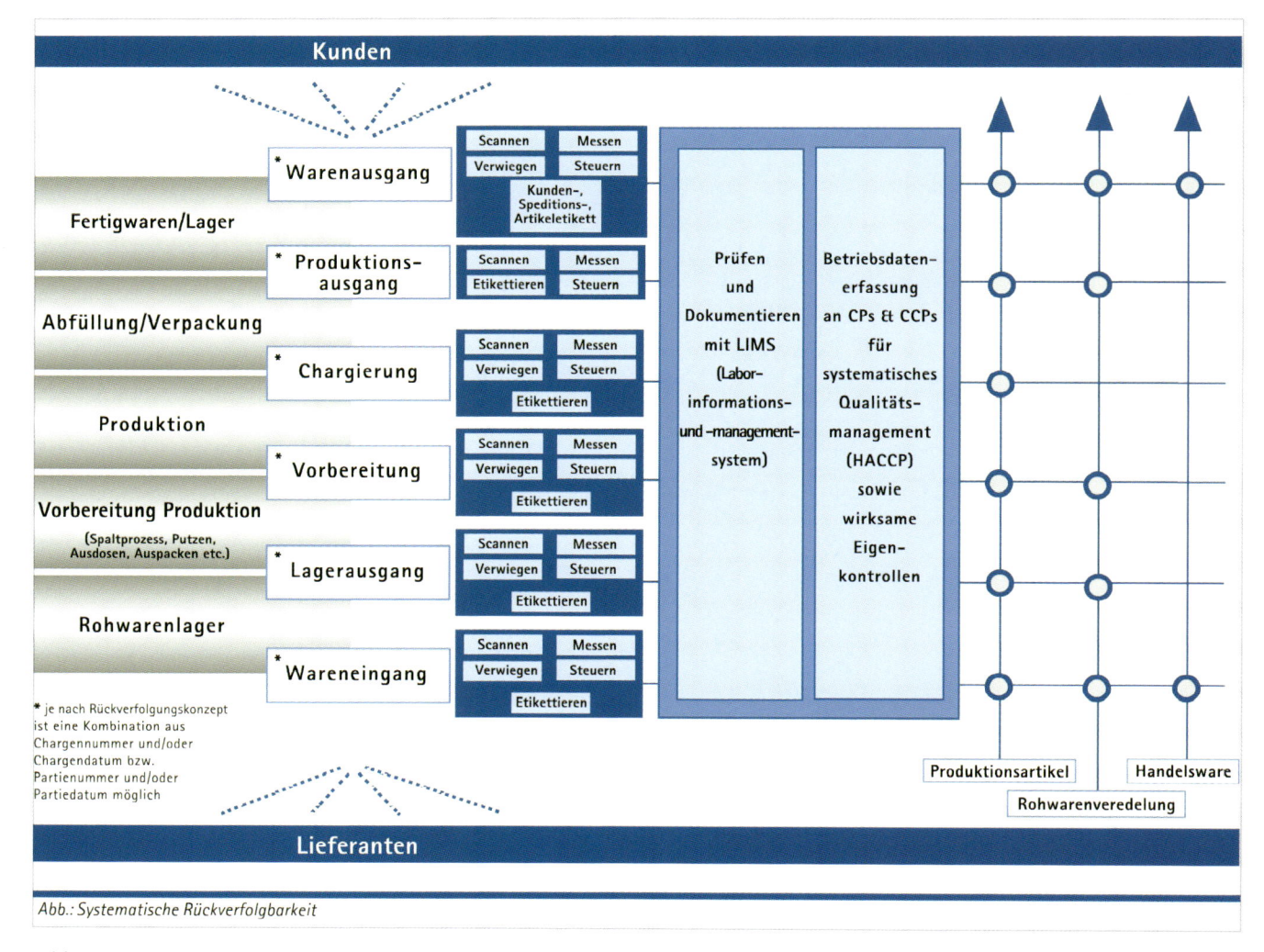

Abb. 6.4.1: Datenfluss in der Logistikkette (CSB-System)

Zudem gelten Standards der Handelsseite, die übergreifend von der Global Food Safety Initiative (GFSI) vorgegeben werden. Der International Food Standard (IFS) sowie der Standard des British Retail Consortium (BRC) definieren das Anforderungsniveau transparenter Warenströme aus Handelssicht.

International Food Standard (IFS)

Seit dem 01.06.2004 wurde der IFS-Standard zur Rückverfolgung genauer definiert. „Die Organisation muss ein System zur Rückverfolgbarkeit einrichten, das die Identifizierung von Produktlosen und deren Beziehung zu Chargen von Rohstoffen, Erst- und Endverbraucherpackungen, Verarbeitungs- und Vertriebsprotokollen ermöglicht." Bei Nichterfüllung dieser Vorgaben kann das IFS-Zertifikat nicht vergeben werden. Für Eigenmarkenhersteller ist dies eine Situation mit ernsten Konsequenzen. Die Zertifizierungsanforderungen aus der Sicht des Handels sind in den vergangenen Jahren kontinuierlich angehoben worden.

Verpackungsmaterialien sind verbindlich in ein Rückverfolgungskonzept zu integrieren. Eine Rückverfolgbarkeitslösung auf der Basis eines ERP-Systems umfasst die Vorgaben zur Organisation eines schnellen Warenrückrufes. Dazu gehört unter anderem die Erstellung von Arbeitsanweisungen für notwendige Aktivitäten bei der Erstinformation im Krisenfall. Des Weiteren ist die Pflege von Adresslisten mit in- und externen Multiplikatoren erforderlich. Inbegriffen sind hier die zuständigen Behörden und die Medienvertreter. Ein vorausschauendes Risikomanagement ist für Unternehmen also wichtig.

Eine Auswertung des öffentlichen Schnellwarnsystems der EU durch das EHI (Euro-Handelsinstitut) ergab 2003 für 3 Monate durchschnittlich 11 Warnmeldungen pro Woche. In 56 % der Fälle waren mikrobiologische Defizite (Salmonellen etc.) und in 28 % unerlaubte Farbstoffe Gründe für öffentliche Warnmeldungen.

Rückverfolgung entlang der logistischen Kette

Bei der Implementierung eines Systems zur Rückverfolgung von Lebensmitteln sind zunächst die vorhandenen Prozesse, die räumliche Anordnung der Abteilungen sowie die Checkpunkte (CCPs) entlang des Materialflusses zu prüfen. Aus dieser Ist-Analyse und dem festgelegten Detaillierungsgrad des Losnummernkonzepts ergibt sich die Anzahl von Checkpunkten und die Struktur der zu verarbeitenden Daten.

Wareneingang

Der Grundstein für eine lückenlose Rückverfolgung wird bereits im Wareneingang gelegt. Hier wird die Losnummernstruktur zugewiesen. Die externe Losnummer kann durch Scannen oder manuell eingegeben werden. Aus der Lieferantennummer wird eine Lieferantencharge gebildet und den jeweiligen Produkten zugeordnet. Die Los-/Chargennummern werden barcodiert, auf Etiketten mit Infor-

MESSEN · REGELN · STEUERN

mationen (Artikelnummer, Los/Charge, MHD, Menge) gedruckt und zur weiteren Identifikation an den I-Punkten entlang des Warenflusses wiederholt gescannt, verglichen und automatisiert weiterverarbeitet. Die internen Losnummern werden automatisch, manuell oder durch die Übernahme der externen Losnummer generiert. Die Unternehmen sollten sowohl Tages-, Partie- und Lieferanten- als auch Artikellose online und real-time verarbeiten und exakt zuordnen können.

Lager

Die Lieferantenchargen werden mit den Losnummern im Lager verbucht oder fließen direkt in die Produktion ein. Die Rückverfolgbarkeit der Produkte wird bei einer Zwischenlagerung im Roh- bzw. Hilfsstofflager durch die Los-/Chargennummern gewährleistet. Bei allen internen Lagerbewegungen werden die Identifikationsdaten durch Barcodekennzeichnung und Scanverfahren an den einzelnen Checkpunkten mitgeführt. Durch die Kennzeichnung aller Produkte sind Ein- und Auslagerung sowie die Rückverfolgung automatisiert. Damit ist ein automatisiertes Tracking & Tracing aller Produkte im Rohstoff-, Zwischen- und Fertiglager mit den Verweilzeiten und allen Rückverfolgbarkeitsdaten gesichert.

Produktion

Vom Wareneingang über die Ein-, Aus- und Zwischenlagerungen bis hin zum Produktionsauftrag stehen die Identifikationsdaten zur Chargenrückverfolgung bereit. Beim Komponentenabruf zur Chargenproduktion wird damit die Los-/Chargennummer dokumentiert. Somit ist aus den Rezepturen innerhalb der Produktion der Warenfluss bis zum Lieferanten transparent. Den hergestellten Produkten wird eine neue Losnummer zugewiesen, die mit den einzelnen im Produktionsprozess verarbeiteten Komponenten verknüpft ist. Zur Kontrolle der Chargenbearbeitung ist es notwendig, den Produktionsausgang über alle Chargen bearbeitende Abteilungen zu erfassen und dem Fertiglager zuzuführen. Die Erfassung am Checkpunkt des Produktionsausgangs erfolgt über Barcodescanning.

Chargeninformationssystem (CIS)

Das in die Produktionsprozesse integrierte Chargeninformationssystem ist der Dreh- und Angelpunkt der Rückverfolgbarkeit. Hier müssen realtime alle Identifikationsdaten zur Verfügung stehen. Eine lückenlose Herkunftsanalyse der Produkte bis zum Lieferanten ist also erforderlich. Aus der Losnummer der fertigen Produkte können die Zulieferer der verarbeiteten Roh- und Hilfsstoffe identifiziert werden. Ein Chargeninformationssystem gewährleistet:

- Im Ereignisfall rascher Zugriff auf Daten und Produkte
- Abgrenzbare Sperrungen von Warenlieferungen
- Gezielte und schnelle Rückholung vom Kunden oder Rückrufe
- Lückenlose Aufklärung bei Herkunftsfragen; Klärung von Haftungsfragen

Mit der Rückmeldung am Produktionsausgang werden die Artikel im Fertiglager automatisch mit allen Identifikationsdaten verbucht. Die Zuordnung der zu liefernden Artikel an die Kunden erfolgt automatisiert im Warenausgang, indem zu den Artikeln die Fertigwaren am Bildschirm vorgeblendet werden und die zugehörige Losnummer abgefragt wird. Die Verarbeitung der Losnummer erfolgt durch Scanning der barcodierten Lieferartikel. Alternativ ist eine manuelle Eingabe möglich.

Alle Warenbewegungen von der Beschaffung bis zum Absatz entlang der logistischen Kette werden chargengenau erfasst und kostenstellengenau über alle Funktionsbereiche verbucht.

Zur Etikettierung wird die Losnummer automatisiert an die Kennzeichnungssysteme übergeben und auf Etiketten gedruckt. Die Kommissionierung wird mit Verwiegung und Preisauszeichnung zu einem Arbeitsprozess zusammengeführt. Zeit- und kostenintensive Doppelerfassungen entfallen.

■

GfL

GfL – Gesellschaft für Lebensmittel-Forschung mbH
Landgrafenstr. 16 · D-10787 Berlin
Tel.:   0 30 / 2 63 92 00
Fax: 0 30 / 2 63 92 25
e-mail: gfl.berlin@t-online.de

Ihr Qualitätspartner für die Getränkeindustrie

- **Lebensmittelanalytik**
- **Rückstandsanalytik**
- **Auftragsforschung**
- **Technologie-Transfer**
- **Beratung**

Deutscher Akkreditierungs Rat
DAR
DAP-PL-1400.01

AKS
Akkreditiertes Prüflaboratorium
Register-Nr. AKS-P-21103-EU
Staatliche Akkreditierungsstelle Hannover

7. ELEKTROTECHNIK

7.1 GRUNDLAGEN DER ELEKTROTECHNIK

Elektrizität ist Energie. Der wesentliche Vorteil dieser Energieform liegt darin begründet, dass sie relativ leicht in andere Energieformen umgewandelt werden kann. Die Grundformen der elektrischen Energieumwandlung sind Licht (Leuchtdiode), Wärme (Kochherd) und Kraftwirkung (Elektromagnet, Motor).

1. Grundgrößen der Elektrizität

Die Spannung U ist durch unterschiedliche Elektronenmengen in einer Gleichspannungsquelle gekennzeichnet, im Alltag Plus- und Minuspol genannt. Die Einheit der Spannung ist Volt.

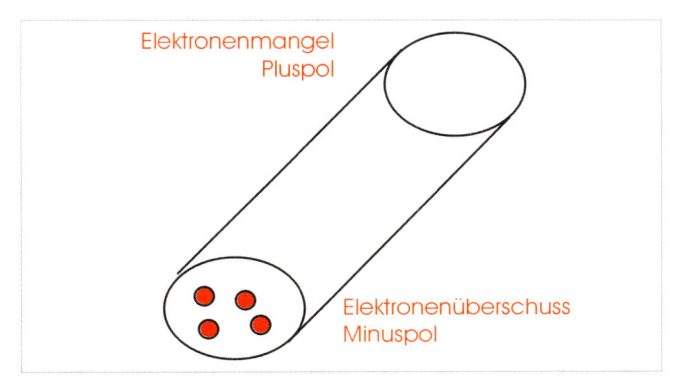

Abb. 7.1.1: Spannungsquelle (Birus)

Ist die Bewegungsrichtung der Elektronen stets gleich, so spricht man von Gleichspannung. Typische Gleichspannungsquellen sind die Batterie oder der Akku (z. B. 12 Volt).

Die sinusförmige Wechselspannung (230 Volt oder 400 Volt) mit einer Frequenz von 50 Hz ist im öffentlichen Stromleitungsnetz üblich. Der Abstand zwischen dem Nulldurchgang und der Amplitude (höchster Punkt) ist die Höhe der Spannung (Volt). Sie ist einmal positiv und einmal negativ gerichtet.

Der Strom I ergibt sich durch die in einem Leitungswiderstand fließenden Elektronen, die sich aufgrund einer vorhandenen Spannungsquelle vom Minus- zum Pluspol bewegen. Die Einheit ist Ampere. Analog zur Spannung gibt es einen Gleich- und einen Wechselstrom.

Wechselstrom ändert z. B. sinusförmig seine Bewegungsrichtung und Stärke. Die Anzahl der Perioden in einer Sekunde bezeichnet man als Frequenz. Sie wird in Hertz (Hz) angegeben. Eigentlich müssten die Lampen ständig flimmern, da die Elektronen in einer Sekunde 100 mal ihre Richtung ändern und dabei zwei Mal spannungslos (Null-Durchgang) sind. Doch ist unser Auge zu träge, um dies zu bemerken.

Drehstrom ist eine Verkettung von drei Wechselströmen. Die Verkettung erfolgt zeitlich in drei gleichen Abständen. Der Drehstrom ist ein dreiphasiger Wechselstrom, der nacheinander in drei gleiche Zeitabstände aufgeteilt ist. Durch diese Besonderheit kann der Strom mit nur drei Stromleitern (Phasen L1, L2 und L3) transportiert werden. Im Niederspannungsnetz (örtliche Stromnetze) existiert noch ein vierter Stromleiter, der Null- oder Neutralleiter. Bei Klemmung im Niederspannungsnetz von nur einer der drei Phasen (L1, L2, L3) mit dem Neutralleiter (N) erhält man Wechselspannung (220...230 Volt). Bei Klemmung zweier Außenleitern (z. B. L1 zu L3) erhält man Drehstrom mit 380...400 Volt. Gebräuchliche Bezeichnungen für Wechselstrom sind „Lichtstrom" und für Drehstrom „Kraftstrom" bzw. „Starkstrom". Oft spricht man noch von 220 Volt für Wechselstrom und von 380 Volt für Drehstrom. Die Netze innerhalb der EU sind jedoch auf 230 Volt bzw. 400 Volt umgestellt.

Der Leitungswiderstand R entsteht durch die fließenden Elektronen, die auf Ihrem Weg durch die Schwingungsbewegungen der Atome behindert werden. Diese Erscheinung wird als Widerstand bezeichnet. Die Einheit ist Ohm (Ω). Der Widerstand muss durch eine elektrische Spannung überwunden werden.

Der Begriff Widerstand wird für zwei verschiedene Bedeutungen verwendet. Zum einen ist der Widerstand ein Bauelement, zum anderen kann damit die Eigenschaft gemeint sein, dem Strom einen Widerstand entgegenzusetzen.

Das Ohmsche Gesetz

Je größer eine Spannung U sein muss, um Elektronen zu bewegen, desto größer ist der Widerstand R. Festgehalten ist dies im Ohmschen Gesetz:

$$R = U / I$$

ELEKTROTECHNIK

Der Widerstand ist von verschiedenen Faktoren abhängig. Der Werkstoff selbst hat einen gewissen sog. spezifischen Widerstand, der jedoch von der Temperatur abhängt. Gute Leiter wie z. B. Kupfer haben viele freie Elektronen. Kupfer weist also einen geringen spezifischen Widerstand und eine große Leitfähigkeit auf. Ein weiterer Faktor ist die Leiterlänge. Eine doppelte Leiterlänge ergibt einen doppelten Widerstand. Der Leiterquerschnitt beeinflusst den Widerstand ebenfalls. Beim doppelten Querschnitt halbiert sich der Widerstand.

Auch die Temperatur spielt eine Rolle. Dies erfasst man tabellarisch mit einem Temperaturbeiwert. In Messgeräten beispielsweise sind Temperaturkompensationen vorhanden. Eine andere Möglichkeit ist die Verwendung von temperaturunabhängigen Speziallegierungen wie Konstantan. Konstantan besteht aus 54 % Cu, 45 % Ni und 1 % Mangan.

Eine häufig verwendete, zum Beispiel in der Messtechnik für Flüssigkeiten gebräuchliche Größe ist der Leitwert G (G = 1 / R). Es handelt sich dabei um den Kehrwert des Widerstands. Die Einheit ist Siemens.

Die elektrische Leistung P ergibt sich aus dem Produkt von Spannung und Strom. Die Einheit ist Watt.

$$P = U \times I$$

Beispiel: Eine Glühbirne hat bei 6 V eine Leistung von 5 W. Wie groß sind der Strom I und der Widerstand R?

$$I = P/U = 5 W / 6 V = 0{,}833 A$$

$$R = U/I = 6 V / 0{,}833 A = 7{,}2 Ohm$$

Tab 7.1.1: Leistungsschild eines Wechselstromzählers (50 Hz)

Kilowattstunden (kWh)	8121
Strom	10/ (30) A
Spannung	230 V
Drehzahl	150 U/kWh

Jeder elektrische Verbraucher wandelt einen Teil der Leistung in Wärme- oder Reibungsverluste um. Dies erfasst man mit dem Begriff Wirkungsgrad. Er gibt an, wie viel Prozent der zu Verfügung stehenden Leistung genutzt wird. Der elektrische Wirkungsgrad kann sehr unterschiedlich ausfallen.

Tab 7.1.2: Beispiele für Wirkungsgrade

Verbraucher	Leistung	Wirkungsgrad in Prozent
Glühlampe	60 Watt	15
Tauchsieder	1000 Watt	95
Transformator	1000 kVA	90
Drehstrommotor	1000 Watt	75

2. Passive Bauelemente der Elektrotechnik

Bauformen von Widerständen

Bei Ohmschen Widerständen ändert sich der Strom linear zur Spannung. Sie werden als Festwiderstände, veränderbare und veränderliche Widerstände hergestellt.

Festwiderstände haben einen festgelegten Nennwert. Sie sind innerhalb einer genormten Reihe so aufgebaut, dass sie mit einer angegebenen Toleranz (z. B. 10 %) die Widerstandsskala komplett abdecken. Der Widerstand und die Fertigungstoleranz werden mit vier oder fünf Farbringen kodiert.

Drahtwiderstände bestehen aus einem Keramikkörper, auf dem ein Widerstandsdraht aus z. B. Konstantan gewickelt ist. Zum Schutz werden Drahtwiderstände in Zement gebunden oder mit Glas überzogen.

Schichtwiderstände weisen als Widerstandswerkstoff eine dünne Schicht aus kristalliner Kohle, einem Edelmetall oder einem Metalloxid auf, die auf einem Keramikträger sitzt. Auch hier ist ein Lack oder Kunstharzüberzug als Schutz aufgebracht.

Veränderbare Widerstände werden als Stell- und Drehwiderstände ausgeführt. Sie besitzen drei Anschlüsse, den Eingang, den Ausgang und den Schleifkontakt. Je nach Stellung des Schleifkontaktes ändert sich der abgegriffene Widerstandswert zwischen Eingang und Ausgang.

Veränderliche Widerstände sind z. B. temperaturabhängige Widerstände. Heißleiter leiten den Strom im warmen Zustand besser, Kaltleiter (Metalle) haben im kalten Zustand einen niedrigeren Widerstand. Weitere Beispiele für veränderliche Widerstände sind lichtabhängige oder dehnungsabhängige Widerstände.

Der Kondensator

Ein Kondensator besteht im Prinzip aus zwei elektrisch leitenden Platten (z. B. eine Metallfolie) und einem Isolierstoff dazwischen, dem Dielektrikum. Wird ein Kondensator durch einen Stromfluss beladen, wird eine Platte zum Pluspol, die andere zum

ELEKTROTECHNIK

Minuspol. Der Kondensator kann also elektrische Ladungen speichern. Die Kapazität, das Maß für die Größe eines Kondensators, ist von mehreren Faktoren abhängig. Eine Rolle spielen die Größe der Platten sowie der Abstand der beiden Platten. Ebenfalls beeinflusst das Material zwischen den beiden Polplatten, das sog. Dielektrikum, die Kapazität. Die Einheit für die Kapazität eines Kondensators ist Farad. Häufig verwendet man die Größe μF oder nF. Wenn ein anderes Material zwischen die Polplatten geschoben wird, ändert sich der Stromfluss. Dies nutzt man in der Messtechnik aus.

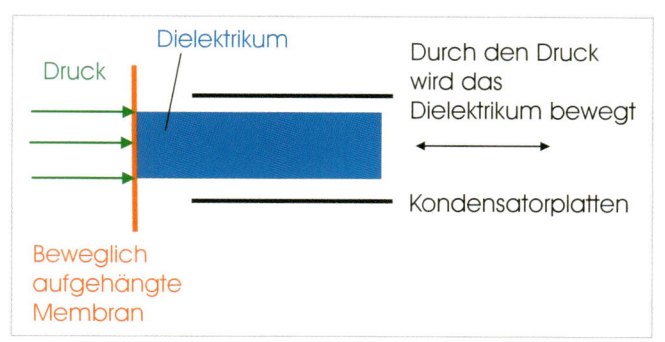

Abb. 7.1.2: Anwendung eines Kondensators als Sensor in der Messtechnik (Birus)

Die Spule

Sobald eine Spule von einem Strom durchflossen wird baut sie ein Magnetfeld auf. Die Stärke des Magnetfeldes hängt von der durchfluteten Fläche der Spule (sog. Induktivität, die Einheit ist Henry), von der Windungszahl und dem Material im Spulenkern ab. Spulen sind in jedem Motor eingebaut. Durch Induktion können in einem Generator Spannungen erzeugt werden. (siehe unten)

3. Schaltungen von Widerständen

Reihenschaltung

Bei der Reihenschaltung sind die Verbraucher (= Widerstände) hintereinander geschaltet.

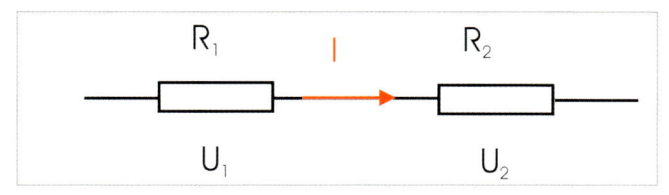

Abb. 7.1.3: Aufbau einer Reihenschaltung (Birus)

Der gesamte Spannungsabfall entspricht der Summe der einzelnen Spannungsdifferenzen an den jeweiligen Widerständen.

> Die Spannungen addieren sich: $U_{ges} = U_1 + U_2$
> Die Widerstände addieren sich: $R_{ges} = R_1 + R_2$

Anwendungen:

- Eine Leuchtdiode benötigt 2 Volt bei einem Strom von 20 mA, die Batterie als Spannungsquelle liefert 9 Volt. Für den Betrieb einer Leuchtiode ist ein Vorwiderstand von 350 Ω erforderlich
- Mit einem Vorwiderstand ist eine Drehzahlregelung bei Gleichstrommotoren möglich

Parallelschaltung

Jedes Stromnetz in einem Haushalt oder in der Industrie ist als Parallelschaltung ausgelegt. Für alle Verbraucher steht somit die gleiche Spannung zur Verfügung. Sind viele oder starke Verbraucher (Motoren) in Betrieb, macht sich das allerdings an der Spannungsversorgung bemerkbar.

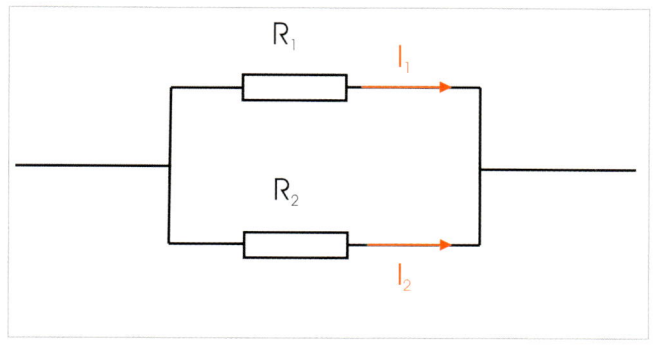

Abb. 7.1.4: Aufbau einer Parallelschaltung (Birus)

Der Gesamtstrom entspricht der Summe der Einzelströme bei den jeweiligen Widerständen. Die Summe der Kehrwerte der einzelnen Widerstände ergibt den Kehrwert des Gesamtwiderstands:

> $1/R_{ges} = 1/R_1 + 1/R_2$

Aufgabe:

Die Widerstände $R_1 = 400\ \Omega$, $R_2 = 600\ \Omega$ und $R_3 = 1200\ \Omega$ sind bei 230 Volt

a) in Reihe
b) parallel geschaltet

Wie groß sind jeweils Gesamtwiderstand, Gesamtstrom, Teilspannungen und Teilströme?

Lösung:

a) Reihenschaltung:
$R_{ges} = 2200\ \Omega$; Gesamtstrom = 0,105 A = Strom in jedem Widerstand; $U_1 = 41,8$ Volt; $U_2 = 62,7$ Volt; $U_3 = 125,5$ Volt;

b) Parallelschaltung:
$R_{ges} = 200\ \Omega$; Gesamtstrom = 1,15 A; $I_1 = 0,575$ A; $I_2 = 0,383$ A; $I_3 = 0,192$ A

ELEKTROTECHNIK

4. Der Aufbau des Stromnetzes

Vom EVU bis zum Verbraucher

Im E-Werk wird der Drehstrom (Dreiphasenwechselstrom) mit Hilfe eines Generators, der mit einer Turbine verbunden ist, erzeugt. Die Turbine wird entweder über Wasserkraft oder durch stark überhitzten Wasserdampf angetrieben. Die Erzeugung des Wasserdampfes kann mit Kohle, Öl, Gas oder Kernkraft vorgenommen werden. Physikalisch findet eine Energieumwandlung statt. Aus dem Wärmeinhalt des Brennstoffs oder der kinetischen Energie des strömenden Wassers wird zuerst die Antriebsenergie für die Turbine gewonnen, der Generator dreht sich zwangsläufig mit. Nun wird auf Grund der Induktion eine sinusförmige Wechselspannung mit einer Frequenz von 50 Hz erzeugt. Je nach Strombedarf wird eine Turbine auf Teil- oder Volllast gefahren, in dem die erforderliche Dampfmenge geregelt wird. Meist erzeugen die Drehstromgeneratoren eine Spannung von 400 kV.

Im europäischen Verbundnetz wird der erzeugte Strom verteilt. Dazu muss die Spannung die gleiche Phase, die gleiche Amplitude und die gleiche Frequenz aufweisen.

Falls die erzeugte Spannung 20 kV beträgt, wird sie auf 400 kV hochtransformiert. Anschließend gelangt der Strom durch die Überlandleitungen zu den einzelnen Umspannstationen, welche die Spannung auf 20 kV heruntertransformieren. Der nächste Schritt sind kleine Trafohäuschen in den Gemeinden oder Trafos im Betrieb, die die erforderliche Spannung von 400 V bereitstellen.

Verteilung im Betrieb

Die Hochspannungsschaltanlage dient der Hauptverteilung für die Hochspannung von 20 kV. Sie besteht aus einer Reihe von Schaltschränken mit einem zentralen Stromsystem, an das einige Leistungsschalter angeschlossen sind. Jeder Schaltschrank ist mit einem Trennschalter zur Isolierung ausgestattet. Gleichzeitig ist jeder Schaltschrank mit einem Stromzähler ausgerüstet. An diese werden die Schaltschränke für einen Verbraucherabgang pro Transformator angeschlossen. Hier befinden sich Schutzschalter (Leistungsschalter oder Lasttrenner mit Sicherung) zur Unterbrechung des Stromkreises bei Überlast. Bei sehr großen Motoren (über 300 kW) werden diese manchmal direkt mit höherer Spannung versorgt.

Im Betrieb stehen je nach Leistungsbedarf ein oder mehrere Trafos, die aus den 20 kV die erforderlichen 400 Volt transformieren. Hier sind Sicherungen eingebaut. Bei Betriebsteilen, wie zum Beispiel ein Maschinenhaus (Starke Motoren für den Antrieb der Druckluft- und Kältemittelkompressoren) sind zwei Trafos parallel geschaltet, um die benötigte Spannung sicher und ohne zu starke Belastung der Kabel bereitzustellen. Alle Verbraucher sind parallel geschaltet, da sie ja die gleiche Spannung benötigen.

In den Betriebsteilen existiert eine weitere Unterverteilung. Dort werden einzelne Stromkreise so aufgebaut, dass in den jeweiligen Kreisen keine Überlastung auftritt. Starke Motoren werden extra abgesichert.

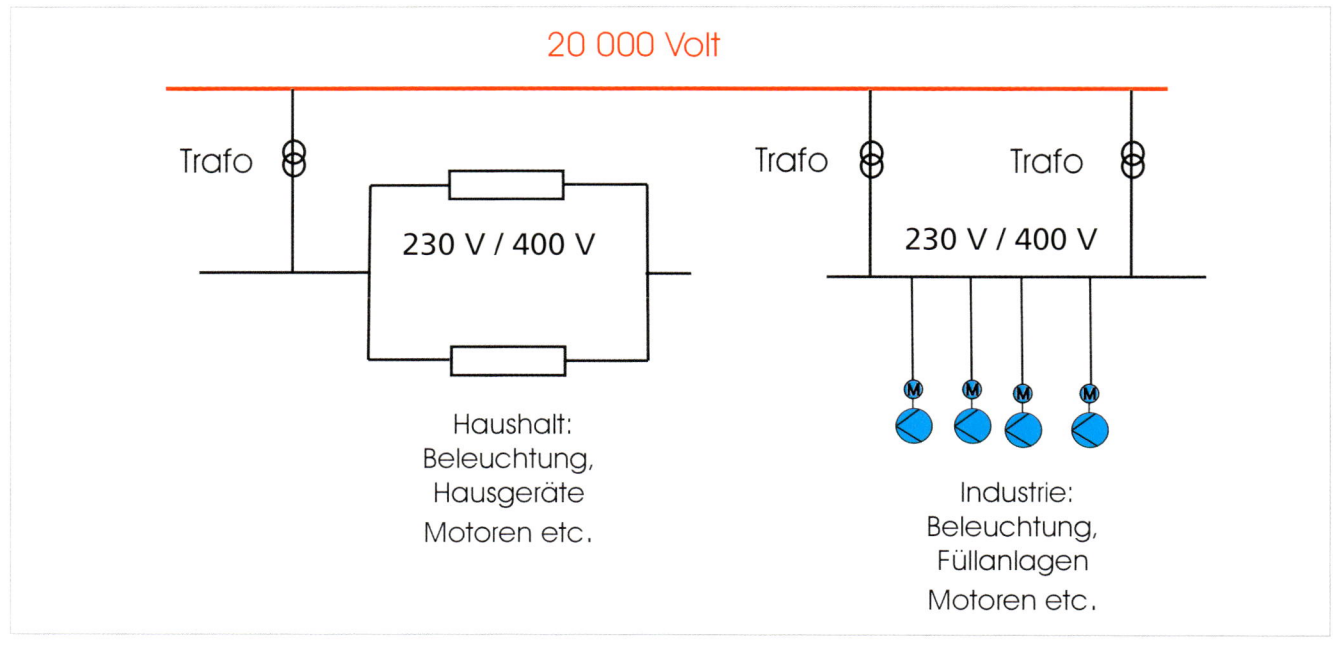

Abb. 7.1.5: Aufbau des öffentlichen Stromnetzes (Birus)

ELEKTROTECHNIK

Der Transformator setzt hohe Spannungen in niedrige Spannungen von meist 230 V oder 400 V um. Die Größe des Trafos liegt in der Regel zwischen 400 und 2000 kVA. Ein Trafo weist eine Verlustleistung von 1 KW je 100 KVA auf.

Verteilung im Haushalt

Im Verteilerkasten kommt der Dreiphasen-Wechselstrom (3 ~ 400 Volt) aus dem Umspannwerk. In der Hauptleitung im Gebäude ist die sog. Panzersicherung eingebaut. Dann gelangen die drei Phasen in den Verteilerkasten. Dort sind die Unterverteilung für die einzelnen Stromkreise und die dazugehörigen Sicherungen sowie der FI-Schalter untergebracht. Eine Phase des Drehstroms ergibt mit dem Nullleiter 230 Volt. Eine Phase ist z. B. für die Küche und den Flur, die zweite für Wohn- und Schlafzimmer usw. gedacht. Größere Verbraucher wie Motoren für Sägen, Pumpen oder der E-Herd hängen komplett an den drei Phasen und sind zudem separat abgesichert.

Sicherungen und mögliche Defekte an Geräten

Jeder Stromkreis und jedes leistungsstarke Gerät ist extra abgesichert, um bei einem Defekt nicht die komplette Stromversorgung zu gefährden. Der übliche Höchststrom beträgt bei einfachen Drehstrommotoren 16 A. Bei stärkeren Maschinen sind 32 A erforderlich. Die Stromkabel werden dementsprechend dimensioniert.

Leistungsschutzschalter (Sicherungsautomaten) unterbrechen bei Überschreiten eines zulässigen Höchststroms den Stromkreis. Nach Behebung des Schadens können sie durch Umlegen eines Hebels den Stromkreis wieder freigeben.

Bei Geräten, die angefasst werden, kommt eine Schutzisolierung zum Einsatz. Der elektrische Teil ist vollständig vom Gehäuse isoliert.

Der FI-Schalter

Der FI-Schalter (Fehlerstrom-Schutzschalter) misst am Verteilerkasten die Summe der in die Stromkreise hineingehenden und der zurückkommenden Ströme der einzelnen Phasen. Wenn nun eine Phase auf Masse geklemmt ist, stimmen die beiden Werte nicht überein. Der Schalter wird ausgelöst und der komplette Stromkreis innerhalb von 0,02 s unterbrochen. Dies wäre z. B. der Fall, wenn beim Einschlagen eines Nagels in die Wand ein Stromkabel betroffen wäre. Der sog. empfindliche FI-Schalter löst bei einem Differenzstrom von 10 bis 30 mA aus.

Defekte an elektrischen Leitungen und Geräten

Im Prinzip gibt es drei verschieden Arten von Fehlanschlüssen:

- **Kurzschluss:** zwei Phasen berühren sich; die Gerätesicherung oder die Sicherung spricht an und unterbricht den Stromkreis
- **Erdschluss:** Bei einem durchgescheuerten Kabel würde eine Phase am Gehäuse anliegen, ein Berühren des Gerätes wäre gefährlich.
- **Körperschluss:** das ist am gefährlichsten, denn es findet eine Berührung einer Phase z. B. mit der Hand statt.

Die Gefährdung des Menschen durch den elektrischen Strom hängt nicht allein von der Höhe der Spannung ab. Entscheidend für die Größe der Gefahr sind:

- die Stromstärke des durch den menschlichen Körper fließenden Stromes
- der Stromweg
- die Zeitdauer des Stromflusses

Die Stromstärke ist wiederum abhängig vom elektrischen Widerstand des menschlichen Körpers. Dieser Körperwiderstand wird von vielen Faktoren beeinflusst. Bei feuchter Haut und fehlendem Schuhwerk ist der Widerstand gering, die Gefahr also groß. Elektriker tragen beispielsweise isolierende Sicherheitsschuhe.

Je nach der Stromstärke kommt es zu folgenden Wirkungen des elektrischen Stroms auf den menschlichen Körper:

I. bis 5 mA: Nur geringe Einwirkung

II. 5 – 15 mA: Loslassen noch möglich, Krämpfe

III. 15 – 25 mA:
Selbstständiges Loslassen nicht mehr möglich

IV. 25 – 50 mA:
Herzunregelmäßigkeit, Herzstillstände mit Wiedereinsetzen der Herztätigkeit

V. 50 – 80 mA: Bewusstlosigkeit

VI. 80 mA – 3 A:
Lebensgefährliches Herzkammerflimmern

VII. mehr als 3 A:
Innere und äußere Verbrennungen, Herzstillstand während der Durchströmung

---

Elektrische Betriebsmittel werden in der Bundesrepublik Deutschland entsprechend ihrem ausgeführten Schutz gegen gefährliche Körperströme in Schutzklassen eingeteilt:

Schutzklasse I:
Betriebsmittel mit Schutzleiteranschluss
Schutzklasse II:
Betriebsmittel mit Schutzisolierung
Schutzklasse III:
Betriebsmittel mit Schutzkleinspannung

ELEKTROTECHNIK

Nicht wasserdichte, d. h. tropf-, spritz- oder strahlwassergeschützt ausgeführte Geräte dürfen zur Reinigung nicht abgespritzt werden, wie z. B. mit dem Wasserleitungsschlauch oder mit dem Hochdruckreiniger.

Bei elektrischen Schaltvorgängen, insbesondere beim Abschalten, entstehen Funken. Befinden sich elektrische Geräte in explosionsfähiger Umgebung, so kann ein solcher Funke zur Zündung der Explosion ausreichen. In explosionsgefährdeten Bereichen dürfen daher nur besonders geschützte Betriebsmittel verwendet werden.

> **Vorsicht beim Umgang mit Strom führenden Leitungen und Maschinen**
> - Schadhafte Leitungen und Maschinen sofort außer Betrieb setzen!
> - Meldung der Fehler an einen Fachmann. Schadhafte Leitungen nicht flicken!
> - Maschine erst nach fachgerechter Reparatur wieder einschalten
> - Unter Spannung stehende Bauteile von Maschinen nicht öffnen
> - Elektrokabel vor mechanischer Belastung schützen

5. Magnetismus

Magnetisches Feld

Stoffe wie Eisen, die von Magneten angezogen werden, nennt man ferromagnetische Stoffe. Die Stellen eines Magneten mit der stärksten Anziehungskraft nennt man Pole. Genau in der Mitte zwischen zwei Polen befindet sich die neutrale Zone des Magneten. Hier ist keine magnetische Anziehungskraft mehr vorhanden. Die beiden Pole nennt man Südpol bzw. Nordpol. Gleichnamige Pole stoßen sich ab, ungleichnamige Pole (Nord- und Südpol) ziehen sich an.

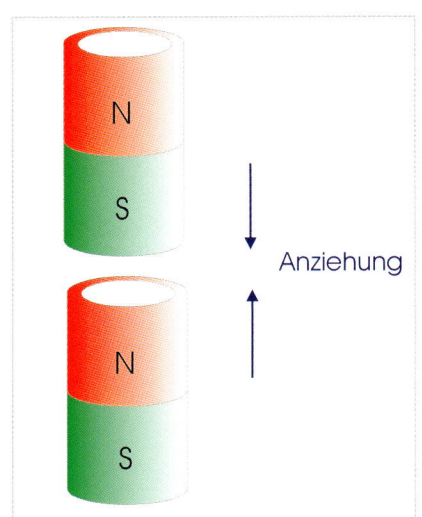

Abb. 7.1.6: Kraftwirkung magnetischer Pole (Birus)

Teilt man einen Magneten in zwei Hälften, entstehen zwei Magnete mit jeweils einem Süd- und Nordpol. Würde man diese Zerlegung weiterführen, wären am Ende die sog. Elementarmagneten vorhanden. Ferromagnetische Stoffe, die selbst nicht magnetisch sind, können magnetisiert werden. Dabei richten sich die Elementarmagneten nach Nord- und Südpol aus.

Der Raum im und um einen Magneten ist durch ein magnetisches Feld gekennzeichnet. Das magnetische Feld wirkt im Innern eines Magneten und im Raum um einen Magneten. Zur Veranschaulichung werden sog. magnetische Feldlinien benutzt. Sie sind immer geschlossene Linien und verlaufen außerhalb des Magneten vom Nordpol zum Südpol. Zwischen den Polen sind die Feldlinien dicht nebeneinander, die magnetische Kraft ist also stärker als in der weiter entfernten Umgebung.

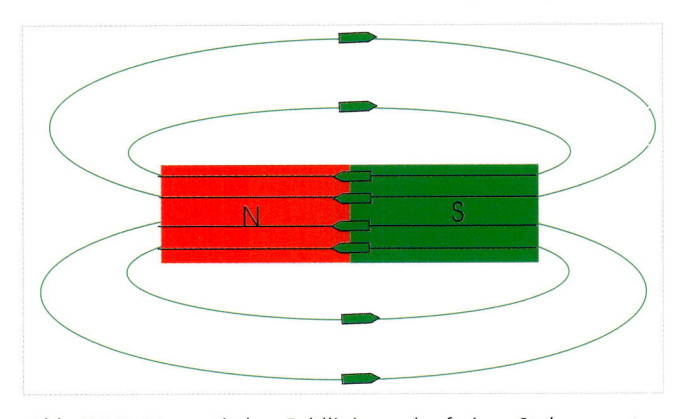

Abb. 7.1.7: Magnetischer Feldlinienverlauf eines Stabmagneten (Birus)

Elektromagnetismus

Wird ein elektrischer Leiter von einem Strom durchflossen, baut sich immer ein Magnetfeld auf. Die Feldlinien haben die Form von konzentrischen Kreisen. Die magnetischen Feldlinien verlaufen im Uhrzeigersinn, wenn man in die Stromrichtung auf den Leiter blickt und umgekehrt.

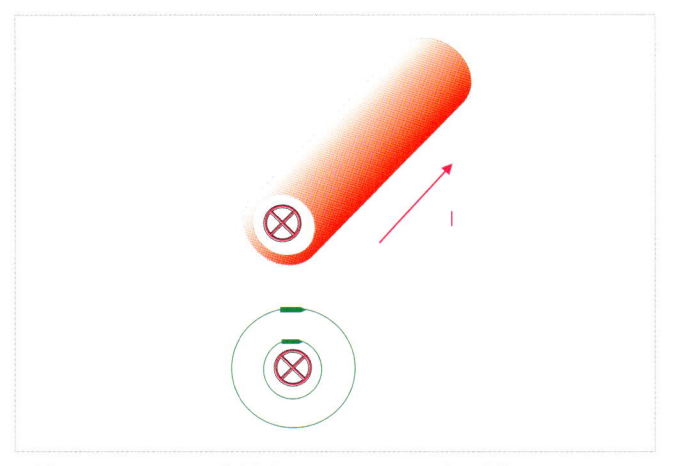

Abb. 7.1.8: Magnetfeld bei einem stromdurchflossenen Leiter (Birus)

ELEKTROTECHNIK

Spule und Magnetfeld

Das Magnetfeld einer stromdurchflossenen Windung entsteht aus der Überlagerung der Magnetfelder der benachbarten Leiter. Im Innern der Windung ist die Feldliniendichte groß, das Magnetfeld ist dort also stark.

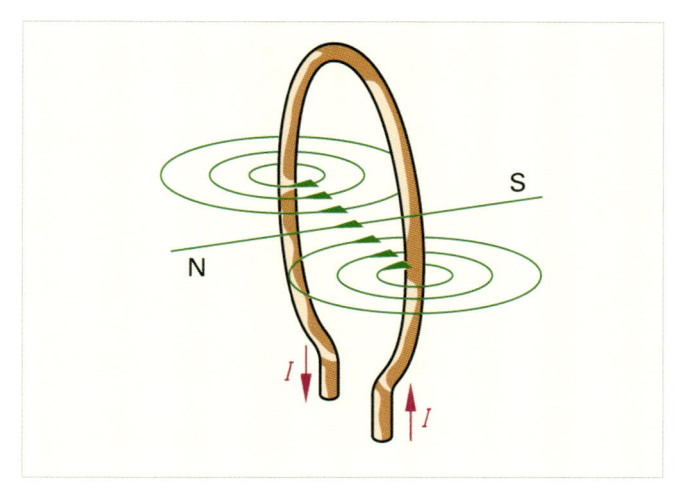

Abb. 7.1.9: Magnetfeld einer Leiterschleife (Europa Lehrmittel)

Für die Verstärkung dieses Effekts wickelt man den Leiter zu einer Spule. Sie besteht also aus mehreren in Reihe geschalteter Windungen. Durch die Überlagerung der Magnetfelder jeder Windung entsteht das Magnetfeld der Spule. Im Innern ist das Magnetfeld homogen, also gleichmäßig. Außerhalb der Spule ist das Magnetfeld inhomogen.

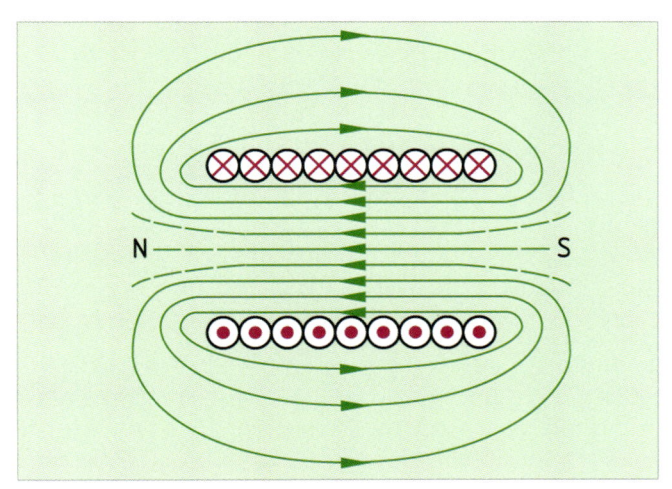

Abb. 7.1.10: Magnetfeld einer Spule (Europa Lehrmittel)

Strom und Magnetfeld

Auf einen stromdurchflossenen Leiter im Magnetfeld wirkt eine Kraft. Sie wirkt senkrecht zum Magnetfeld und senkrecht zum Leiter.

Die Richtung der Ablenkung ergibt sich aus der Stromrichtung und der Richtung des Magnetfelds. Auf der einen Seite des Leiters verlaufen die Feldlinien des Leiters entgegen den Feldlinien des Magnetfelds, es ergibt sich eine Abschwächung. Umgekehrt verstärken sich die Feldlinien und das Magnetfeld. Hier wird der Leiter „abgedrängt", also bewegt.

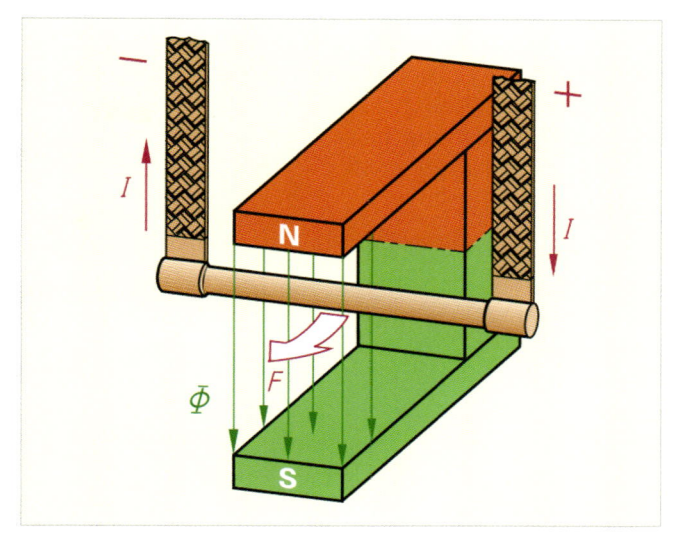

Abb. 7.1.11: Ein stromdurchflossener Leiter wird im Magnetfeld abgelenkt (Europa Lehrmittel)

Die Stärke der Kraft ist abhängig von der Stromstärke, der Stärke des Magnetfeldes und der Leiterbaugröße.

Auf eine stromdurchflossene Spule im Magnetfeld wirkt eine drehende Kraft (Drehmoment). Bei mehreren Windungen vergrößert sich die Kraft.

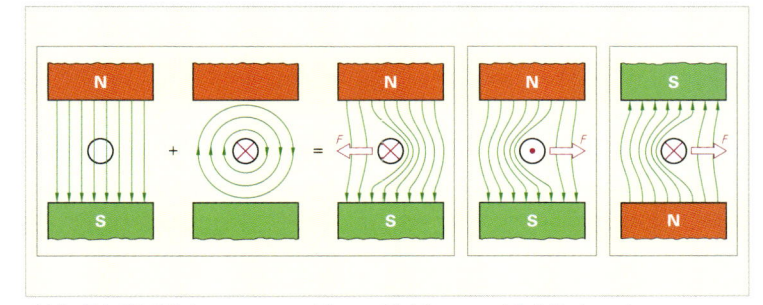

Abb. 7.1.12: Wirkungen von Magnetfeldern und Feldlinien eines stromdurchflossenen Leiters (Europa Lehrmittel)

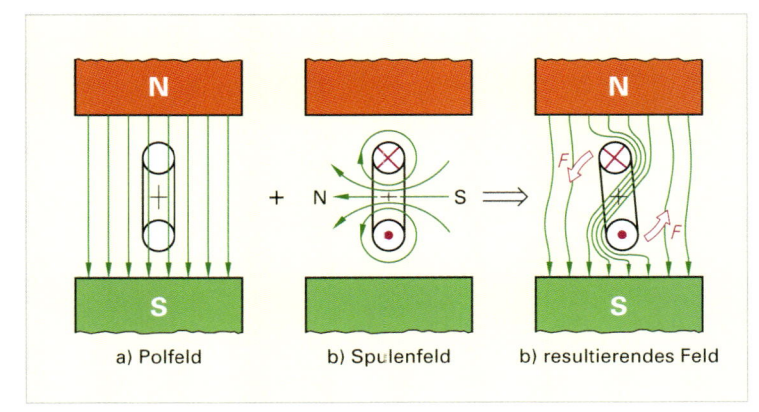

a) Polfeld   b) Spulenfeld   b) resultierendes Feld

Abb. 7.1.13: Stromdurchflossene Spule im Magnetfeld (Europa Lehrmittel)

ELEKTROTECHNIK

Die Leiterschleife würde parallel zum Magnetfeld stehen bleiben. Damit die Leiterschleife nicht in waagerechter Stellung stehen bleibt, sondern eine fortlaufende Drehung entsteht, muss periodisch die Stromrichtung umgepolt werden. Dies bewirkt ein sog. Stromwender.

Spannungserzeugung durch Induktion

Eine Spannung wird über die sog. Induktion erzeugt. Dazu benötigt man eine Spule, die im einfachsten Fall aus einer Windung besteht (= „Leiterschleife"). Dann wird diese durch einen mechanischen Antrieb (z. B. eine Turbine) in einem Magnetfeld gedreht. An den Enden der Schleife kann man eine Spannung messen. Diesen Vorgang nennt man Induktion.

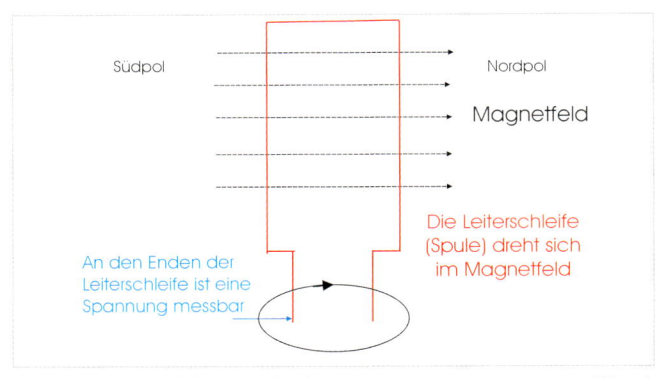

Abb.: 7.1.14: Induktionsprinzip (Birus)

Dies kommt durch die Bewegung der Elektronen zustande. Bewegte Elektronen werden durch die sog. Lorentzkraft senkrecht zu ihrer Bewegungsrichtung abgelenkt. Das ergibt einen Elektronenüberschuss bzw. einen Elektronenmangel an den Enden der Leiterschleife. Diese Differenz nennt man Spannung.

Generatorprinzip: Magnetfeld und Bewegung eines Leiters erzeugen eine Spannung.

Die Höhe der induzierten Spannung ist abhängig von der Windungszahl der Spule, der Stärke des Magnetfelds und der Geschwindigkeit der Bewegung des Leiters.

7.2 ELEKTROMOTOREN

Im Prinzip sind Motoren und Generatoren ähnlich aufgebaut. Beim Generator wird mechanische Energie hineingesteckt und elektrische gewonnen. Beim Motor ist es genau umgekehrt.

Bei Motoren wird eine Spannung angelegt. Dies hat in der Spule einen Stromfluss zur Folge. Das in Folge dessen entstehende Magnetfeld, rund um die Spule, überlagert sich mit dem Magnetfeld im Stator.

Aufgrund der Wechselwirkung entsteht eine Kraft, die Leiterschleife (bzw. Spule) bewegt sich.

Wechselstrommotoren

Solche Motoren finden nicht nur im Personenhaushalt Anwendung, sondern auch in Industrie, Handwerk und Gewerbe. Einphasige Wechselstrommotoren sind üblich bis zu 2 kW Leistungsaufnahme, eine bereits vielfältig nutzbare Leistungsgröße.

Tab 7.2.1:	Einsatz von Wechselstrommotoren
Haushalt	Staubsauger, Waschmaschine, Geschirrspüler usw.
Handwerk	Bohrmaschine, Schleifmaschine usw.
Gewerbe	Nähmaschine, Reinigungsmaschine usw.
Industrie	Kleinmaschinen, Lüfter usw.

Funktionsweise des Wechselstrommotors

Es werden zwei gegenüberliegende Spulen mit Eisenkern an den Wechselstrom angeschlossen. Auf Grund der ständig wechselnden Stromrichtung entsteht zwischen den Spulen ein Wechselfeld. Bei dieser Anordnung dreht sich der Rotor nicht selbstständig, da das entsprechende Drehmoment fehlt. Dieses Problem löst man mit einer Hilfswicklung. Zwei weitere Spulen werden um 90° versetzt zur Hauptwicklung angebracht und an das gleiche Wechselstromnetz angeschlossen. So entsteht zum Hauptfeld zwischen Strom und Spannung eine sog. Phasenverschiebung. Es ergibt sich ein Drehfeld, das den Rotor dauerhaft in Bewegung setzt.

Drehstromasynchronmotoren

Diese Bauart ist in vielen Betrieben der gängige Motor, er ist robust und einfach konstruiert. Allerdings ist der Anlaufstrom relativ hoch, so dass eine Sicherung (z. B. ein Motorschutzschalter) gegen das Durchschmoren der Wicklungen vorzusehen ist.

In den drei Leitern (Phasen) L1 bis L3 liegt eine periodisch sich ändernde sinusförmige Wechselspannung mit der Frequenz 50 Hertz an. Der Nulleiter N dient zum Rückfluss der Ströme. PE (Protection Earth) ist der Schutzleiter (Masse). Er ist spannungslos. Die Spannung zwischen zwei Phasen beträgt 400 V. Zwischen einer Phase und dem Nulleiter sind 230 V vorhanden.

Die wesentlichen Bauteile sind der Rotor (Läufer) und der Stator (Ständer). Der Stator besteht aus drei um 120° versetzte Spulen mit Blechpaketen zur Verstärkung des Magnetfeldes.

Der Rotor befindet sich im Motorinnenraum. Er besitzt ein zylindrisches Blechpaket mit Nuten, in die

ELEKTROTECHNIK

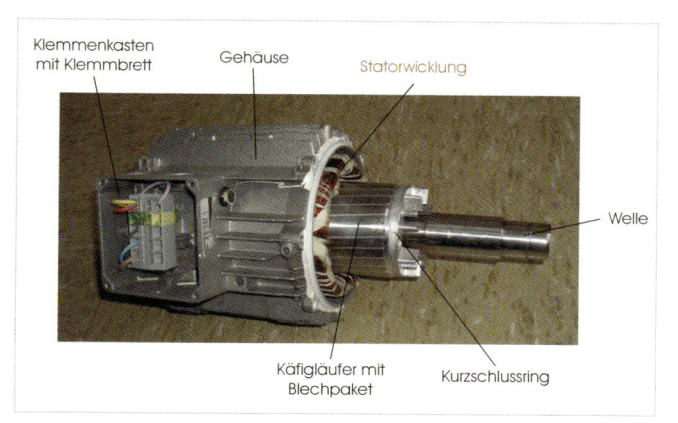

Abb. 7.2.1: Drehstromasynchronmotor (Birus)

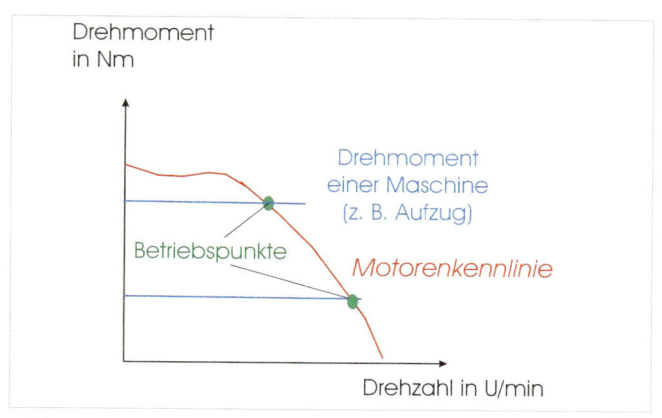

Abb.: 7.2.2: Drehmoment – Drehzahl – Kennlinie (Birus)

Leiterstäbe aus Aluminium oder Kupfer eingelassen sind. Sie sind an beiden Enden mit Kurzschlussringen verbunden. Leiterstäbe und Kurzschlussringe haben die Form eines Käfigs.

Jede der drei Statorwicklungen ist an eine Phase des Dreiphasennetzes angeschlossen. Sie erzeugen ein magnetisches Drehfeld, das mit der Frequenz des Drehstroms (50 Hz) umläuft. Dieses Drehfeld bewirkt durch Induktion große Ströme im Käfig, die ihrerseits ein starkes Magnetfeld hervorrufen. Die beiden Magnetfelder stoßen sich ab und versetzen den Rotor in Bewegung. Eine Induktion entsteht erst durch die Relativbewegung zwischen Rotor und Stator. Diese Differenz nennt man Schlupf. Eine kleinere Statorspannung führt zu einem größeren Schlupf. Der Läufer rotiert also asynchron zum Drehfeld. Unter Belastung sinkt die Drehzahl, es wird eine höhere Rotorspannung induziert und umgekehrt.

Die drei Phasen L1, L2 und L3 werden mit den Anschlüssen U, V und W verbunden. Dann läuft der Motor im Uhrzeigersinn (rechtsherum). Für eine Drehrichtungsumkehr müssen zwei Phasen miteinander vertauscht werden.

Die elektrische Leistungsaufnahme muss während des Anlaufs reduziert werden. Diesen „Kunstgriff" nennt man Stern-Dreieckschaltung. In der ersten Einschaltstufe wird der Motor auf Stern geschaltet. Die drei Außenleiter sind dabei mit dem Mittelpunktleiter (Neutral-Leiter) geschaltet, so dass auf jedem Leiter nur eine Spannung von 230 V anliegt. Der Motor beginnt sich mit geminderter Stromaufnahme zu drehen. In der Sternschaltung besitzt der Motor nur etwa 1/3 der Nennleistung. Innerhalb weniger Sekunden ist die notwendige Drehzahl erreicht. In der zweiten Einschaltstufe wird auf Dreieck geschaltet. Bei dieser Schaltstellung liegt jede Wicklung an der vollen Spannung von 400 V. Der Motor kann jetzt voll belastet werden.

Das Leistungsvermögen von Motoren und ihr Betriebsverhalten liest man an aus der Drehmoment – Drehzahl – Kennlinie ab. Der Drehstromasynchronmotor hat ein großes Anzugsmoment, das erst fast konstant bleibt und dann abfällt. Die Drehzahl stellt sich im steilen Teil der Kennlinie je nach Belastung ein. Ist die Last größer – wie in einem Aufzug mit mehreren Personen – sinkt die Drehzahl des Motors, wobei das Drehmoment steigt und umgekehrt. Dies bezeichnet man als Selbstregelverhalten.

Schutzarten

Man verwendet die IP-Kennziffern (IP = International Protection) nach DIN VDE 0470. Den Buchstaben IP folgen zwei Zahlen, wobei die erste Ziffer die Schutzart gegen Berühren und Eindringen von Fremdkörpern angibt, die zweite Ziffer die Schutzart gegen Eindringen von Wasser (Tab. 7.2.2).

Bei elektrischen Schaltvorgängen, insbesondere beim Abschalten, entstehen energiereiche Funken. Befinden sich elektrische Geräte in explosionsfähiger Umgebung, so kann ein Funke zur Zündung der Explosion ausreichen. Anlagen, die sich in solchen Räumen befinden, müssen dafür zugelassen sein.

Die Blindstromkompensation

Größere Industriebetriebe sind durch das EVU verpflichtet, den sog. Blindstrom zu vermindern. Kondensatoren können auf Grund ihrer elektrotechnischen Eigenschaften dem induktiven Blindstrom im Netz des Betriebs entgegenwirken. Sie verringern folglich die Blindleistung und somit den Strombedarf. In der Verteilung werden mehrere Kondensatoren parallel zum Netz geschaltet. Je nach Bedarf wird die Zahl der zugeschalteten Kondensatoren erhöht oder verringert.

7.3 DER BETRIEB VON FREQUENZUMRICHTERN

Elektromagnetische Störungen sind unerwünschte, elektrische Phänomene, die von einem Gerät ausgehen oder ein Gerät oder eine Steuerung unerwünscht beeinflussen. Dazu gehören atmosphärische Störungen durch Gewitter oder Einflüsse

ELEKTROTECHNIK

Tab 7.2.2: Schutzart nach IP

Schutzart nach VDE 0710	Schutzart nach DIN VDE 0470	Zuordnung zu den Raumarten nach VDE 0100
Abgedeckt	IP20	trockene Räume ohne besondere Staubentwicklung
Tropfwassergeschützt	IP21	feuchte Räume, Orte im Freien unter Dach
Regengeschützt	IP23	Orte im Freien
Spritzwassergeschützt	IP44	feuchte Räume, Orte im Freien
Strahlwassergeschützt	IP55	nasse Räume, in denen abgespritzt wird
Wasserdicht	IP66	nasse Räume unter Wasser ohne Druck
Druckwasserdicht	IP68	Abspritzen unter hohem Druck (Hochdruckreiniger)
Staubgeschützt	IP55	Räume mit besonderer Staubentwicklung
Staubdicht	IP66	Räume, die durch Staubexplosionen gefährdet sind

durch das Magnetfeld der Erde, die sich beide nicht vermeiden lassen.

Künstliche elektromagnetische Phänomene entstehen überall dort, wo mit elektrischer Energie gearbeitet wird. Die Störungen können sich über die Luft oder über elektrische Leitungsnetze ausbreiten. Störungen durch Schaltvorgänge können z. B. im Radio oder Fernsehen bemerkt werden. Bei kurzer Spannungsunterbrechung arbeitet ein PC nicht mehr einwandfrei. Durch elektrostatische Entladungen kann es zu Fehlern in elektronischen Schaltungen oder gar zur Brandgefahr kommen.

Die internationale Bezeichnung für die Fähigkeit eines Gerätes, elektrischen Störungen zu widerstehen und gleichzeitig nicht selbst das Umfeld zu belasten, ist EMC (Electromagnetic Compatibility). Im deutschsprachigen Raum hat sich der Begriff EMV (Elektromagnetische Verträglichkeit) durchgesetzt.

Eine Verzerrung der Sinus-Kurvenform des Versorgungsnetzes als Folge einer pulsierenden Stromaufnahme der angeschlossenen Verbraucher wird als Netzrückwirkung bezeichnet. Diese Verzerrung wird durch höher frequente Anteile in der Spannung hervorgerufen. Erzeugt wird diese durch Eingangsschaltungen mit Gleichrichtern und Halbleiterbauelementen, die heute in vielen Geräten verwendet werden, so auch in Frequenzwandlern. Diese Störungen breiten sich über das leitungsgebundene Anschlussnetz aus. Netzfilter sollen Störungen im Bereich 0,15...30 MHz bedämpfen. Ein begrenztes Maß an Verzerrung im öffentlichen Netz ist zulässig und nicht zu vermeiden. Man spricht vom sog. „Oberwellengehalt".

Eine zu große Verzerrung (Oberwellengehalt) führt dazu, dass elektronische Steuerungen, Computer und Regelgeräte nicht mehr einwandfrei funktionieren und Blindstrom-Kompensationsanlagen sogar zerstört werden können. Die Kompensation

> **Richtlinien für den EMV-gerechten Einsatz von Frequenzumrichtern**
> - Der Umrichter muss mit einem eingebauten oder externen Funkentstörfilter betrieben werden
> - Kabelunterbrechungen sind möglichst zu vermeiden
> - Um Störeinflüsse auf die Steuereingänge zu vermeiden, sollten Steuerkabel immer abgeschirmt sein
> - Je kürzer das Kabel ist, umso geringer sind Funkstörung und Ableitstrom. Die maximal möglichen Leitungslängen sind zu berücksichtigen.
> - Steuerkabel sollten Leistungskabel nicht kreuzen (falls anders nicht möglich, dann rechtwinklig)
> - Steuer- und Leistungskabel getrennt verlegen (bei parallelen Kabeln, z. B. auf der gleichen Kabeltrasse, mind. 20 cm Abstand)
> - Abschirmung so nah wie möglich an den Kabelklemmen auf das Gehäuse legen

von Netzrückwirkungen der Frequenzumrichter geschieht mit Hilfe von Kondensatoren.

Bevor ein Frequenzwandler mit Motor in Betrieb genommen wird, sind die Motordaten zu programmieren. Ohne diese Programmierung kann der Motor im Betrieb zerstört werden (z. B. durch Überhitzung).

Bei voller Nennlast ist eine Fremdbelüftung bei einem Betrieb mit weniger als 25...30 Hz vorzusehen. Der Fremdlüfter darf nicht am Frequenzumformer angeschlossen werden. Auch durch Überdimensionierung der Motoren ist ein Betrieb ohne Fremdbelüftung bei niedrigen Drehzahlen möglich.

8. EXPLOSIONSSCHUTZ

In der Lebensmittelindustrie, der pharmazeutischen und chemischen Industrie entweichen bei der Verarbeitung, Transport und Lagerung brennbarer Stoffe oft Gase, Dämpfe, Nebel oder Stäube. Diese brennbaren Gase, Dämpfe, Nebel und Stäube bilden mit dem Luftsauerstoff eine explosionsfähige Atmosphäre. Explosionen können schwerwiegende Personen- und Sachschäden zur Folge haben.

Unter einer Explosion versteht man die plötzliche chemische Reaktion eines brennbaren Stoffes mit Sauerstoff unter Freisetzung hoher Energie. Brennbare Stoffe können in Form von Gasen, Dämpfen, Nebeln oder Stäuben vorliegen. Eine Explosion läuft nur ab, wenn drei Faktoren zusammenkommen:

1. Brennbarer Stoff (in entsprechender Verteilung und Konzentration)
2. Sauerstoff (aus der Luft)
3. Zündquelle

Der Flammpunkt gibt für brennbare Flüssigkeiten die niedrigste Temperatur an, bei der sich ein durch Fremdentzündung entflammbares Dampf-Luft-Gemisch bildet. Liegt der Flammpunkt deutlich über den maximal auftretenden Temperaturen, kann sich keine explosionsfähige Atmosphäre bilden.

Tab. 8.1: Die Technischen Regeln für brennbare Flüssigkeiten (TRbF) sehen vier Gefahrklassen vor

Gefahrklasse	Flammpunkt
AI	< 21 °C
AII	21 bis 55 °C
AIII	55 bis 100 °C
B	< 21 °C, bei 15 °C in Wasser löslich

Um eine explosionsfähige Atmosphäre zu bilden, muss der brennbare Stoff in einem bestimmten Konzentrationsbereich vorliegen. Bei zu geringer Konzentration (mageres Gemisch) und bei zu hoher Konzentration (fettes Gemisch) findet keine Explosion, sondern nur eine langsame oder keine Verbrennungsreaktion statt. Die Mindestzündenergie liegt im Bereich von etwa 10^{-5} J für Wasserstoff bis zu einigen Joule für bestimmte Stäube. Eine Zündung kann durch verschiedene Zündquellen erfolgen:

Tab. 8.2: Explosionsgrenzen ausgewählter Stoffe

Stoffbezeichnung	Untere Explosionsgrenze [Vol. %]	Obere Explosionsgrenze [Vol. %]
Benzin	~ 0,6	~ 8
Erdgas	4,0 (7,0)	13,0 (17,0)
Heizöl/Diesel	~ 0,6	~ 6,5
Methan	4,4	16,5
Propan	1,7	10,9
Stadtgas	4,0 (6,0)	30,0 (40,0)

- heiße Oberflächen und offene Flammen
- elektrische Funken und Lichtbögen; atmosphärische Entladungen (Blitze)
- elektrostatische Entladungen; mechanische Reib- oder Schlagfunken
- elektromagnetische Strahlung; ionisierende und optische Strahlung
- Ultraschall; Stoßwellen
- chemische Reaktionen.

Rechtsgrundlagen und Normen

Die EG-Richtlinie 94/9 (ATEX 100a; ATEX = **At**mosphère **Ex**plosive) regelt die Anforderungen an die Beschaffenheit explosionsgeschützter Geräte und

Primärer Explosionsschutz

Folgende Maßnahmen verhindern, dass eine gefährliche explosionsfähige Atmosphäre entsteht:
- Vermeidung brennbarer Stoffe (Ersatztechnologien)
- Inertisierung (Zugabe von Stickstoff, Kohlendioxid usw.)
- Begrenzung der Konzentration
- Natürliche oder technische Belüftung

Sekundärer Explosionsschutz

Wenn Explosionsgefahren durch primäre Explosionsschutzmaßnahmen gar nicht oder nur unvollständig auszuschließen sind, müssen Maßnahmen ergriffen werden, die eine Zündung explosionsfähiger Atmosphäre verhindern. Dazu werden die explosionsgefährdeten Bereiche in Zonen eingeteilt.

EXPLOSIONSSCHUTZ

Schutzsysteme, indem sie grundlegende Sicherheitsanforderungen vorschreibt. Elektrische Betriebsmittel, die nach diesen Normen gebaut sind und eine Konformitätsbescheinigung einer anerkannten EU-Prüfstelle besitzen, dürfen in allen EU-Mitgliedsstaaten frei in Verkehr gebracht werden. In explosionsgefährdeten Bereichen dürfen nur zertifizierte und gekennzeichnete Geräte verwendet werden.

In Deutschland gilt seit dem 01.07.2003 die „VO über das Inverkehrbringen von Geräten und Schutzsystemen für explosionsgefährdete Bereiche – Explosionsschutzverordnung" – kurz ExVO. Für die Errichtung und den Betrieb elektrischer Betriebsmittel gilt die „Verordnung über elektrische Anlagen in explosionsgefährdeten Bereichen (ElexV)", die hinsichtlich der Anforderungen an die Betriebsmittel auf die ExVO verweist.

Bestehen bei der Einteilung in Zonen Zweifel, so sollte sich der Umfang der Schutzmaßnahmen nach der höchstmöglichen Wahrscheinlichkeit des Auftretens einer gefährlichen explosionsfähigen Atmosphäre richten.

WICHTIG: Diese Einteilung muss der Betreiber vorgeben!

Explosionsgruppen und Temperaturklassen

Gruppe I:
Elektrische Betriebsmittel für schlagwettergefährdeten Grubenbau.

Gruppe II:
Elektrische Betriebsmittel für alle übrigen explosionsgefährdeten Bereiche.

Die Zündtemperatur eines brennbaren Gases oder einer brennbaren Flüssigkeit stellt die unterste Temperatur dar, bei dem eine heiße Oberfläche die explosionsfähige Atmosphäre zünden kann. Die maximale Oberflächentemperatur eines elektrischen Betriebsmittels muss stets kleiner sein als die Zündtemperatur des Gas- bzw. Dampf/Luftgemisches, in dem es eingesetzt wird.

Welche Zündschutzart der Hersteller bei einem Gerät anwendet, hängt im Wesentlichen von der Art und der Funktion des Gerätes ab. Sicherheitstechnisch sind alle genormten Zündschutzarten als gleichwertig zu betrachten.

Die bei Schaltgeräten wichtigste Zündschutzart ist die „Druckfeste Kapselung", meist gemeinsam mit der Zündschutzart „Erhöhte Sicherheit". Bei der Zündschutzart „Erhöhte Sicherheit" werden Maßnahmen getroffen, um mit höherer Sicherheit das Entstehen von Zündquellen zu vermeiden. Schaltgeräte produzieren jedoch betriebsmäßig Zündquellen und sind in dieser Schutzart allein nicht explosionsgeschützt auszuführen. Bei modernen explosionsgeschützten Leuchten wird die Kombination mehrerer Zündschutzarten angewendet.

Die Zündschutzart „Eigensicherheit" basiert auf dem Prinzip der Strom- und Spannungsbegrenzung in einem Stromkreis. Die Energie des Stromkreises,

Tab. 8.3: Kennzeichnung von explosionsgeschützten Bauteilen (Auszug)

Kennzeichnung festgelegt durch die Richtlinie und die Normen		
Name des Herstellers	Stahl	Stahl
Typ-Bezeichnung, (z. B.)	6000/562-...	6000/562-...
CE-Zeichen, Nr. der überwachenden Stelle, (z. B. PTB)	–	CE 0102
Prüfstelle, Nr. der Zulassung	PTB Nr. Ex- 91.C.1045 [1]	PTB 97 ATEX 2031 [1]
Zeichen nach EG RL	EX [2]	EX [2]
Gruppe und Gerätekategorie: Schlagwetterschutz (I) Explosionsschutz (II)	I oder II	Gruppe I: M 1 oder M 2 Gruppe II: 1 G/D, 2 G/D, 3 G/D
Kennzeichnung nach EN	EEx / Ex	EEx / Ex
Zündschutzarten (z. B.)	d, e, q, ... ib oder [ib] [3]	d, e, q, ... ib oder [ib] [3]
Temperaturklasse für II	T1 - T6	T1 - T6
Umgebungstemperatur, wenn anders als -20 °C ... +40 °C	T = 50 °C	T = 50 °C

1) Mit ... X wenn auf besondere Bedingungen für Einsatz usw. hingewiesen wird. Mit ... U bei Ex-Bauteilen (Komponenten).
2) neu: immer vorhanden, alt: nicht auf Ex-Bauteilen
3) Eigensichere Geräte: ib / zugehörige Geräte: [ib]

EXPLOSIONSSCHUTZ

die in der Lage ist, explosionsfähige Atmosphäre zum Zünden zu bringen, wird dabei so begrenzt, dass weder durch Funken noch durch Oberflächenerwärmung der elektrischen Bauteile die Zündung der umgebenden explosionsfähigen Atmosphäre stattfinden kann. Die Zündschutzart „Eigensicherheit" findet besonders in der Mess-, Steuer- und Regelungstechnik Anwendung, da dort keine hohen Ströme und Leistungen notwendig sind.

> **Eigensicherer Stromkreis**
> Ein Stromkreis, in dem weder ein Funke noch ein thermischer Effekt eine Zündung einer explosionsfähigen Atmosphäre verursachen kann.
>
> **Eigensichere elektrische Betriebsmittel**
> Ein elektrisches Betriebsmittel, in dem alle Stromkreise eigensicher sind.

Eigensichere elektrische Betriebsmittel und eigensichere Teile von Betriebsmitteln werden in die Kategorie „ia" oder „ib" eingeteilt. Geräte der Kategorie „ia" sind geeignet für den Einsatz in Zone 0, die der Kategorie „ib" für den Einsatz in Zone 1.

Die Trennung eigensicherer von nicht eigensicheren Stromkreisen ist eine wichtige Schutzmaßnahme. Mit Ausnahme von Sicherheitsbarrieren wird stets eine sichere galvanische Trennung gefordert. Zenerdioden und andere Halbleiterbauelemente zur Spannungsbegrenzung gelten als störanfällig und müssen durch redundante Bauteile (doppelt vorhanden) abgesichert werden. Schicht- oder Drahtwiderstände zur Strombegrenzung gelten als nicht störanfällige Bauteile (im Fehlerfall hochohmig). Deshalb können sie einfach ausgeführt werden.

Einfehlersicherheit:

Bei Ausfall einer Zenerdiode muss eine zweite Zenerdiode deren Aufgabe übernehmen (Kategorie „ib": eine redundante Zenerdiode)

Zweifehlersicherheit:

Bei Ausfall von zwei Zenerdioden muss eine dritte Zenerdiode deren Aufgabe übernehmen (Kategorie „ia": zwei redundante Zenerdioden)

Errichten und Betrieb elektrischer Anlagen in explosionsgefährdeten Bereichen

Der Betreiber muss die Explosionsgefahren beurteilen und die Zoneneinteilung vornehmen. Er stellt sicher, dass die Anlage ordnungsgemäß errichtet und vor der ersten Inbetriebnahme geprüft wird. Durch regelmäßige Prüfung und Wartung ist der ordnungsgemäße Zustand der Anlage aufrecht zu erhalten. Der Errichter muss die elektrischen Betriebsmittel richtig auswählen und installieren. Hersteller explosionsgeschützter Betriebsmittel haben für die Stückprüfung, Zertifizierung und Dokumentation zu sorgen.

Abb. 8.1: Explosionsschutzzeichen (BGN)

> **WICHTIG:** Trägt das Aggregat das CE-Kennzeichen, gelten ALLE EU-Richtlinien als erfüllt, nicht nur ATEX – also auch z. B. die Maschinen-, EMV1- und Niederspannungsrichtlinie

Für die Einstufung explosionsgefährdeter Bereiche ist neben der Stärke möglicher Freisetzungsquellen brennbarer Stoffe auch der Einfluss der natürlichen oder technischen Lüftung zu berücksichtigen. Betriebsmittel dürfen nur in dem Umgebungstemperaturbereich gemäß ihrer Kennzeichnung eingesetzt werden. Enthält die Kennzeichnung keine Angabe, gilt der Standardbereich von -20 °C bis + 40 °C.

Tab. 8.4: Einordnung von Gasen und Dämpfen in Explosionsgruppen und Temperaturklassen

	T1	T2	T3	T4	T5	T6
I	Methan					
II A	Aceton Ethan Ammoniak Essigsäure Propan	Ethylalkohol i-Amylacetat n-Butan n-Butylalkohol	Benzin Dieselkraftstoff Flugzeugkraftstoff Heizöl n-Hexan	Acetaldehyd Ethylether		
II B	Stadtgas (Leuchtgas)	Ethylen				
II C	Wasserstoff	Acetylen				Schwefelkohlenstoff

EXPLOSIONSSCHUTZ

In Europa werden hochwertige Kabel und Leitungen freiliegend installiert. Nur in Bereichen, in denen mit mechanischer Beschädigung zu rechnen ist, werden sie in beidseitig offenen Schutzrohren verlegt. Bei der indirekten Einführung werden die Kabel über Kabeleinführungen in einen Anschlussraum der Zündschutzart "Erhöhte Sicherheit" eingeführt und an den Klemmen der Zündschutzart "Erhöhte Sicherheit" angeschlossen. Von hier aus werden die Einzeladern über druckfeste Leitungsdurchführungen in den druckfest gekapselten Geräteeinbauraum geführt.

Bei der direkten Einführung der Kabel werden die Anschlussleitungen direkt in den druckfest gekapselten Geräteeinbauraum eingeführt. Dafür dürfen nur zertifizierte Kabelverschraubungen verwendet werden. Der elastische Dichtring muss zusammen mit dem Kabelmantel und der passenden Kabelverschraubung einen zünddurchschlagsicheren Spalt bilden.

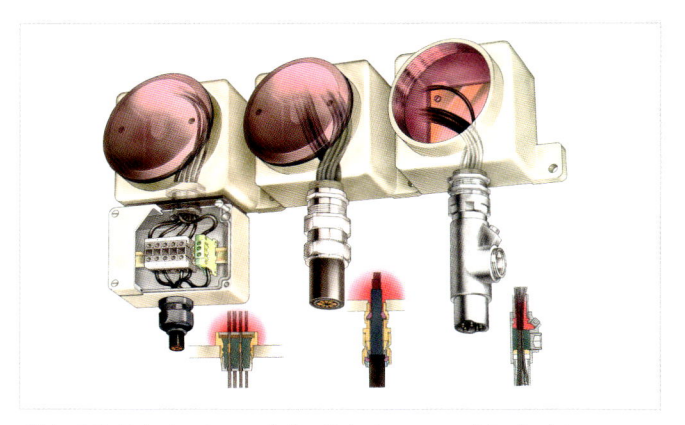

Abb. 8.2: Kabelsysteme: links: Kabelsystem mit indirekter Einführung; Mitte: Kabelsystem mit direkter Einführung; rechts: Rohrleitungssystem (Conduit System) (Stahl)

Beim Rohrleitungssystem (Conduit System) werden die elektrischen Leitungen als Einzeladern in geschlossene Metallrohre eingezogen. Die Rohre werden über Verschraubungen mit den Gehäusen verbunden und an jeder Einführungsstelle mit einer Zündsperre versehen. Das gesamte Rohrleitungssystem ist druckfest ausgeführt. Die Zündsperre soll das Durchzünden von Explosionen aus dem Gehäuse in die Rohrleitung verhindern.

Abb. 8.3: Zündsperre (Stahl)

Das Instandhaltungspersonal soll unter der Verantwortung einer im Explosionsschutz sachkundigen Person stehen und über die besonderen Gefahren informiert sein. Vor und während der Änderungs- und Instandsetzungsarbeiten darf keine Explosionsgefahr bestehen. Hierüber ist eine formelle schriftliche Erlaubnis bei der Betriebsleitung einzuholen. Die Arbeiten sind zu dokumentieren und es ist zu bestätigen, dass alle relevanten Vorschriften eingehalten wurden. Bei größeren Änderungen ist eine Überprüfung durch einen Sachverständigen durchzuführen. Dies ist nicht notwendig, wenn der Hersteller des betreffenden Gerätes die Änderung durchgeführt hat. Es dürfen nur Originalteile des Herstellers verwendet werden.

Einige Anwendungsbeispiele:

Pumpen, Motoren + Reduziergetriebe

- Sie sind mit Konformitätsnachweis entsprechend der benötigten ATEX-Klassifizierung zu bestellen.
- Sie müssen CE- und ATEX-Markierung auf dem Typenschild haben.
- Motoren mit Frequenzumrichter (FU) müssen zusammen zertifiziert sein.

Andere elektrische Geräte

- Für sie ist zwingend eine Zulassung durch eine Zertifizierungsstelle, auf die sich die Konformitätserklärung bezieht, vorgeschrieben.
- Klemmenkästen, Schaltschränke, Sensoren und Überwachungsgeräte müssen mit Konformitätsnachweis entsprechend der benötigten ATEX-Klassifizierung bestellt werden.

Kupplungen

- müssen spezifiziert und bestellt werden entsprechend der benötigten ATEX-Klassifizierung; sie benötigen eine Konformitätserklärung.
- Eine Erklärung (nicht Bescheinigung) reicht aus, weil eine Kupplung eine Komponente und kein Gerät ist. Eine CE- Markierung ist nicht nötig, aber die ATEX-Markierung wird benötigt.
- Der Kupplungsschutz darf nicht aus eisenhaltigem Material sein; normal besteht er aus Messing oder Glasfaser-Verbundwerkstoff (nicht funkend).
- Metallische Grundplatten müssen eine Erdungsklemme haben.

9. MASCHINENELEMENTE

Maschinenelemente sind Bauteile, die für das Funktionieren von ganzen Anlagen unerlässlich sind. Sie werden in einer Art Baukastensystem benutzt, um Motoren, Abfüllmaschinen, Hubanlagen und andere zu konstruieren.

9.1 WELLEN-NABEN-VERBINDUNGEN

Achsen, Wellen

Achsen tragen ruhende oder rotierende Maschinenteile wie Fahrzeugaufbauten, Seilrollen oder Laufräder. Achsen übertragen keine Drehmomente und werden ausschließlich auf Biegung belastet. Man unterscheidet feststehende Achsen (Steckachse beim Fahrradlaufrad) und umlaufende Achsen.

Wellen sind rotierende Bauteile, die Drehmomente von einem Antrieb auf eine Maschine übertragen. Sie werden überwiegend auf Torsion beansprucht. Beispielsweise überträgt ein Hauptmotor einer Füllmaschine das Drehmoment über Kniehebel oder Kurvenscheiben auf mehrere Hubelemente wie die Stanze oder das Formwerkzeug.

Wellen besitzen häufig:

- Absätze (zum Anschlag von Lagern oder mitrotierenden Bauteilen)
- Einstiche (nehmen Wellensicherungsringe auf)
- Wellenzapfen (ist der von einem Lager umschlossene Teil einer Welle)
- Nuten (z. B. zur Aufnahme einer Passfeder)

Zur Übertragung von Drehmomenten zwischen Wellen und Naben wie z. B. Zahnrädern, Riemenscheiben und Kupplungen existieren die Formschlussverbindungen mit Keilen, Passfedern und Keilwellen sowie die Kraftschlussverbindung durch eine Kegelsitz-Verbindung.

Kegelsitz-Verbindung

Es handelt sich um lösbare Verbindungen zwischen Welle und Nabe, sie bestehen aus einem Keil, der eine Neigung von 1:100 besitzt, sowie aus einer Längsnut in der Welle. Bei der Montage wird der Keil in den durch Wellen- und Nabennut gebildeten Hohlraum getrieben, so das Welle und Nabe gegeneinander verkeilt sind. Das Wellenende besitzt häufig ein Gewinde. Mit einer Mutter werden Innen- und Außenkegel ineinandergepresst.

Passfeder-Verbindungen

Sie bestehen aus einer Passfeder, die in eine Wellennut eingelegt wird und mit ihrem Oberteil in eine Nabennut ragt. Die Passfeder wirkt als Mitnehmer zwischen Welle und Nabe. Gegen eine Verschiebung der Nabe in axialer Richtung muss die Verbindung gesichert werden, z. B. mit Wellensicherungsringen. Mit Passfedern können mittelgroße Drehmomente übertragen werden.

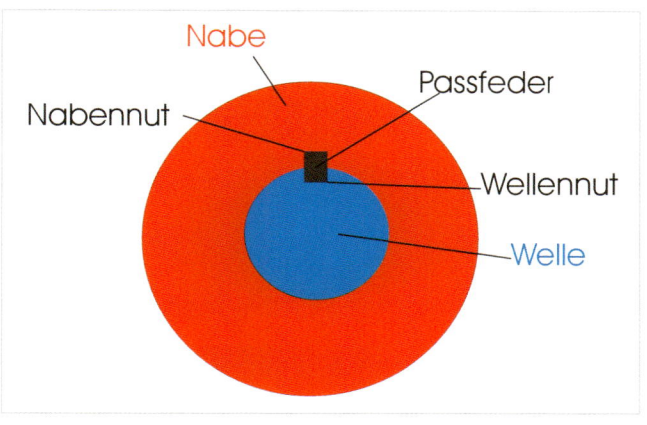

Abb. 9.1.1: Prinzip der Passfeder (Birus)

Keilwellen-Verbindungen

Sie übertragen das Drehmoment über den ganzen Umfang verteilt auf die Nabe. Die Keilwelle besitzt am Umfang mehrere axiale Nuten, die passgenau auf das Profil der Keilnabe abgestimmt sind. Sie eignen sich zur Übertragung großer Drehmomente.

Abb. 9.1.2: Keilwelle in einem Schabeverdampfer (Birus)

MASCHINENELEMENTE

9.2 LAGER

Lager führen und unterstützen Achsen und Wellen und gewährleisten ihre reibungsarme Drehbarkeit. Sie nehmen die Kräfte auf, die auf die Achsen und Wellen wirken und halten sie in ihrer Lage. Sie sind in das Maschinengehäuse eingebaut, an welches sie die Kräfte weiterleiten. Auf der Welle oder der Achse sind sie auf Absätzen oder Zapfen montiert und fixiert. Im Gehäuse können Ungenauigkeiten sowie Längenänderungen der Welle durch Wärme ausgeglichen werden (Loslager). Festlager erhält man durch Einlegen von Festringen.

Ihre Einteilung erfolgt nach der Art der Reibung in Gleitlager und Wälzlager. Zusätzlich benennt man die Wälzlager nach der Form der Wälzkörper, z. B. Kugel-, Rollen- oder Nadellager. Nach der Richtung der vom Lager aufzunehmenden Kräfte unterteilt man weiter in Querlager (Radiallager), bei denen die Kraft senkrecht zur Lagerachse liegt und Längslager (Axiallager), mit Belastungen in Richtung der Lagerachse.

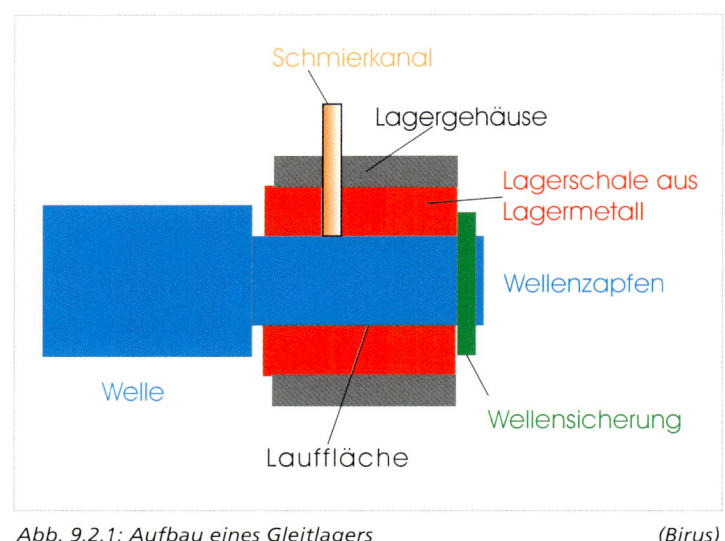

Abb. 9.2.1: Aufbau eines Gleitlagers (Birus)

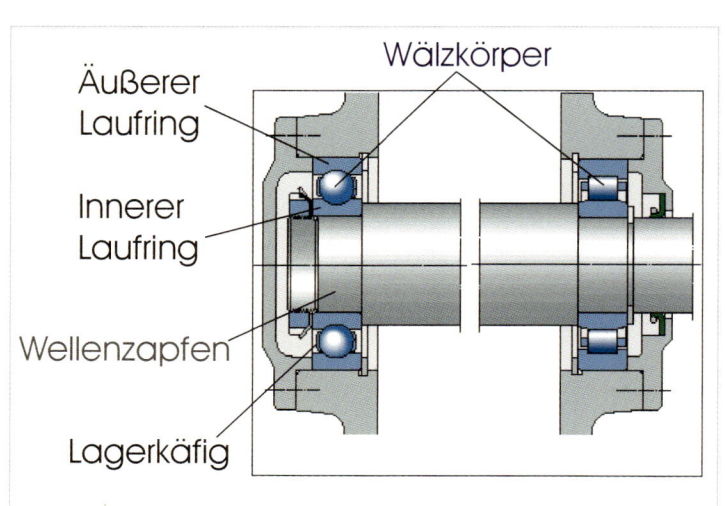

Abb. 9.2.2: Aufbau eines Wälzlagers (Birus)

Gleitlager

Der Wellenzapfen läuft in einer Lagerschale, die im Lagergehäuse untergebracht ist. Die Lagerschale besteht aus den Lagermetallen, die ein günstiges Gleitverhalten besitzen. Lagermetalle sind Legierungen aus Kupfer (Rotguss), Zinn und Blei oder Sintermetalle (selbstschmierende Lagerwerkstoffe). Bei gering belasteten Gleitlagern kann die Lagerschale auch aus PTFE (Teflon) gefertigt sein.

Durch einen Schmierkanal wird die Gleitfläche des Lagers mit Schmiermittel versorgt. Gleitlager stützen große Kräfte ab, haben aber eine größere Reibung (Gleitreibung) als Wälzlager und einen höheren Schmierstoffverbrauch. Die Lagerschale muss bei der Drehung im Schmierstoff aufschwimmen (ähnlich dem Aquaplaning), so dass bei der Rotation nur Flüssigkeitsreibung und keine Feststoffreibung mehr besteht. Letztere kommt beim Anlaufen der Welle vor und erzeugt ein erhöhtes Anlaufmoment. Wird ein Gleitlager nicht ausreichend geschmiert, so läuft es heiß und „frisst sich".

Wälzlager

Bei ihnen erfolgt die Kraftübertragung vom Wellenzapfen auf das Maschinengehäuse über Wälzkörper, die zwischen dem inneren und äußeren Laufring des Wälzlagers abrollen. Es werden Kugeln, Zylinderrollen, Tonnenrollen, Kegelrollen und Nadelrollen als Wälzkörper verwendet. Zwischen den Wälzkörpern und den Laufringen liegt Rollreibung vor, bei der ein wesentlich geringerer Kraftaufwand als bei der Gleitreibung erforderlich ist.

Damit die einzelnen Wälzkörper in ihrer Lage bleiben, sind sie in einem Abstandshalter, dem Lagerkäfig, untergebracht. Der Käfig verhindert, dass sich die Wälzkörper gegenseitig berühren und hält sie in gleichmäßigen Abstand. Der Käfig kann als Blech- oder Massivkäfig ausgeführt sein. Wälzlager können bei gleicher Baugröße nicht so große Kräfte wie Gleitlager aufnehmen. Große, hoch belastete Lager erhalten aus Festigkeitsgründen Massivkäfige.

Es gibt darüber hinaus eine Vielzahl von Wälzlagerarten, die sich durch Form und Anordnung der Wälzkörper unterscheiden. Sie können je nach Ausführung rein axial bzw. rein radial oder axial und radial belastbar sein.

Sie sind empfindlich gegen Schmutz sowie Korrosion und können durch Schlag oder Stoß leicht beschädigt werden. Deswegen sind sie im Gehäuse nach außen abgedichtet eingebaut und besitzen ein Schmiermittelreservoir.

KLÜBER LUBRICATION

Die reinste
VIELFALT

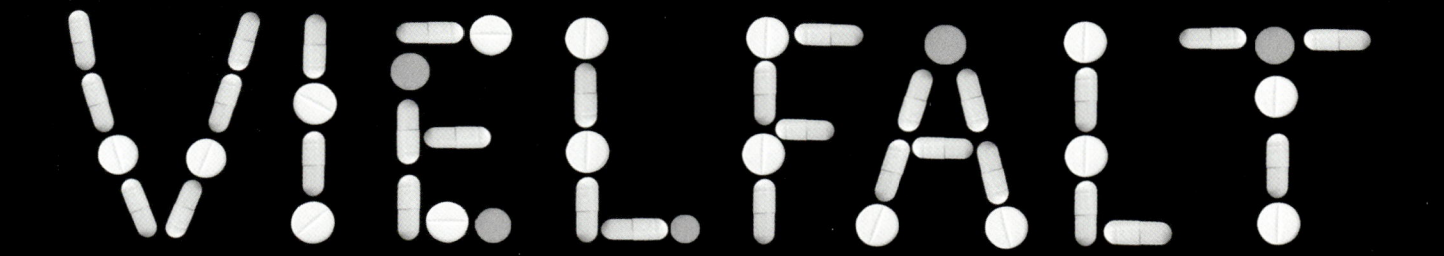

Mineralölfreie Spezialschmierstoffe für die Lebensmittel- und Pharmaindustrie.

Schmierstoffe, die Ihre Anlagen und Maschinen am Laufen halten, müssen härtesten Auflagen gerecht werden. Klüber bietet Ihnen eine alles umfassende Produktpalette an leistungsstarken, synthetischen Food Grade Lubricants, die gemäß NSF/USDA H1 und H2 die strengsten Normen für Lebensmittel-Schmierstoffe erfüllen. Zudem werden Sie bei uns fundiert beraten in allen Fragen der Schmierung. Gern unterstützen wir Sie auch bei der HACCP-Analyse und erstellen Ihre Betriebsschmierpläne. Service, mit dem auch Sie sicher im Reinen wären. Interessiert? Rufen Sie einfach an.

Klüber Lubrication München KG · Geisenhausenerstraße 7 · 81379 München · Deutschland
Ein Unternehmen der Freudenberg-Gruppe
Tel. 0 89/78 76-4 03 · Fax 0 89/78 76-3 33 · www.klueber.com

Sie werden überwiegend mit Fett, das in den Lagerhohlraum gepresst und regelmäßig (Schmierplan) erneuert wird, geschmiert. Wälzlager haben auch bei sachgemäßer Wartung und Schmierung eine begrenzte Lebensdauer.

Der Ein- und Ausbau von Wälzlagern muss mit Spezialwerkzeugen (Presshülsen, Abziehvorrichtungen) durchgeführt werden, da sonst die Wälzkörper beschädigt werden.

Wahl der Lagerart

Die Lagerung einer Welle besteht meist aus einem Fest- und einem Loslager. Loslager sind in Achsrichtung zwischen Wälzkörpern und Laufbahn verschiebbar und verhindern ein Verspannen der Lager. Geeignet sind hier Zylinderrollenlager oder Nadellager.

Für kleine Wellendurchmesser eignen sich eher Rillenkugellager, für große Wellendurchmesser Zylinderrollen-, Pendelrollen- sowie Rillenkugellager. Ist in radialer Richtung wenig Platz, müssen z. B. Nadelkränze gewählt werden. Bei axial beschränktem Einbauraum eignen sich einreihige Zylinderrollenlager oder Rillenkugellager.

Die Größe der Belastung ist für die Lagergröße ausschlaggebend. Bei gleichen Abmessungen können Rollenlager höher belastet werden als Kugellager. Axial-Rillenkugellager können nur axial belastet werden und sind nur für kleinere oder mittlere Belastungen geeignet. Bei kombinierter Belastung werden vor allem ein- und zweireihige Schrägkugellager oder einreihige Kegelrollenlager verwendet. Die Verformungen in einem belasteten Wälzlager sind klein.

Bei Schiefstellungen der Welle gegenüber dem Gehäuse sind winkelbewegliche Lager wie Pendelkugellager, Radial- und Axial-Pendelrollenlager erforderlich. Schiefstellungen der Welle können z. B. auftreten, wenn die Welle sich unter Last durchbiegt.

Lagerarten mit niedriger Reibung und entsprechend geringerer Wärmeentwicklung im Lager sind für hohe Drehzahlen geeignet. Die max. zulässigen Drehzahlen für Wälzlager hängen vor allem von der Lagerart, der Lagergröße und Belastung, aber auch von der Art der Schmierung, den Kühlverhältnissen und der Käfigausführung ab.

Die Lebensdauer wird bestimmt durch die Anzahl der Umdrehungen, die das Lager aushält, bevor die ersten Anzeichen von Werkstoffermüdung an einem der Ringe oder einem Wälzkörper auftreten. Bei hohen Betriebstemperaturen nimmt die Härte des Lagerwerkstoffes und damit die Tragfähigkeit des Lagers ab.

Der Schmierstoff verhindert die unmittelbare Berührung zwischen Wälzkörpern, Lagerringen sowie Käfig und schützt das Lager vor Verschleiß und Korrosion. Für die Betriebstemperatur ist es günstig, wenn nur die für eine Schmierung erforderliche Schmierstoffmenge zugeführt wird. Wälzlager müssen geschmiert und von Zeit zu Zeit überprüft und gereinigt werden.

Sachkenntnis und Sauberkeit sind beim Einbau von Wälzlagern Voraussetzung dafür, dass die Lager einwandfrei laufen. Der Einbau sollte in einem staubfreien, trockenen Raum vorgenommen werden. Schläge auf Lagerringe, Käfige oder Walzkörper sind zu vermeiden. Die Lagersitzflächen auf der Welle und im Gehäuse sind leicht einzuölen. Danach werden bei einem Probelauf das Geräusch und der Temperaturanstieg der Lager getestet. Lager werden vor dem Verpacken mit einem Korrosionsschutzmittel behandelt und können bei weniger als 60 % rel. Luftfeuchtigkeit lange aufbewahrt werden.

Lagerarten

Rillenkugellager werden als ein- und zweireihige Lager gefertigt. Einreihige Rillenkugellager sind für höchste Drehzahlen geeignet und unempfindlich in Betrieb und Wartung. Zweireihige Rillenkugellager sind in beiden Richtungen axial belastbar.

Pendelkugellager besitzen zwei Kugelreihen mit einer gemeinsamen hohlkugeligen Laufbahn im

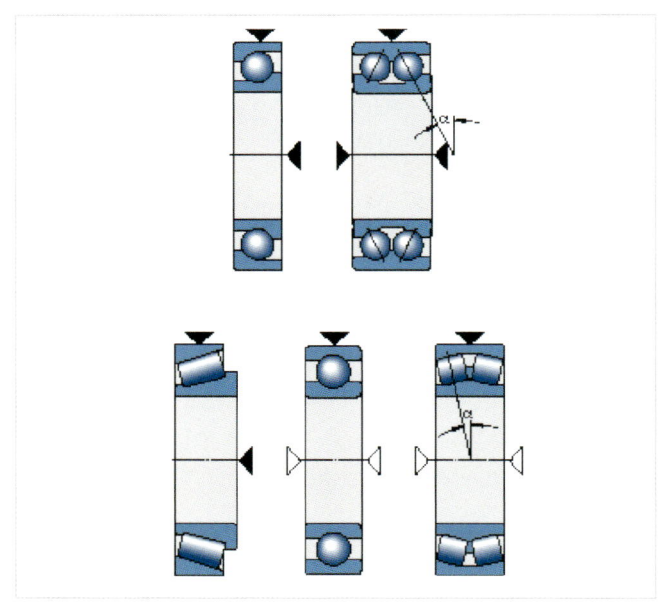

Abb. 9.2.3: Wälzlagerarten
Oben: Kugellager; Doppelkugellager
Unten: Zylinderrollenlager; Radialkugellager; Pendelrollenlager
(FAG)

Außenring. Sie sind winkelbeweglich und deshalb unempfindlich gegen geringe Schiefstellungen der Welle. Besonders geeignet sind die Pendelkugellager für Lagerungsfälle, bei denen mit größeren Wellendurchbiegungen bzw. Fluchtungsfehlern zu rechnen ist.

Schrägkugellager übertragen die Belastungen von einer Laufbahn auf die andere unter einem Winkel zur Lagerachse. Sie eignen sich bei kombinierten Belastungen.

Bei Zylinderrollenlager werden die Rollen an einem der Lagerringe zwischen festen Borden axial geführt. Die Lager sind nicht selbsthaltend, da bei den Lagern mit Käfig sofort der Ring mit den festen Borden und dem Rollensatz von dem anderen Lagerring abgezogen werden kann. Dadurch ist der Ein- und Ausbau wesentlich leichter.

Pendelrollenlager haben zwei Rollenreihen im Außenring. Der Innenring hat zwei zur Lagerachse geneigte Laufbahnen. Pendelrollenlager sind winkelbeweglich und dadurch unempfindlich gegen Schiefstellungen der Welle bzw. Durchbiegungen der Welle.

Spannhülsen werden hauptsächlich zur Befestigung von Wälzlagern mit kegeliger Bohrung auf zylindrischen Wellen verwendet. Wellenmuttern und Abziehmuttern dienen zur einfachen axialen Befestigung von Lagern auf der Welle und zur Erleichterung des Ein- und Ausbaues von kleineren Lagern.

9.3 GETRIEBE

Getriebe dienen zur Übertragung von Drehmomenten und Drehbewegungen. Sie haben außerdem die Aufgabe, die Drehzahl von Antrieb zur angetriebenen Maschine zu ändern (Übersetzung). Zur Verringerung der umlaufenden Massen werden aus dem Vollen gefertigte größere Stahlräder ausgedreht oder mehrmals durchbohrt. Man unterscheidet prinzipiell zwei Übertragungsarten:

- Formschluss bei Ketten- und Zahnradgetriebe
- Reibschluss bei Flach-, Zahn- und Keilriementriebe.

Schnell laufende Getriebe sollen eine hohe Verschleißfestigkeit (lange Lebensdauer) bei geräuscharmem Lauf besitzen. Bei Zahnradgetrieben legt man auf eine hohe Festigkeit der Zähne besonderen Wert. Nachteil vieler Getriebe ist deren schlechter Wirkungsgrad durch die Reibung. Das verursacht einen erhöhten Verschleiß sowie eine oft unangenehme Wärme- und Geräuschentwicklung.

Kettengetriebe

Kettengetriebe sind formschlüssige Hülltriebe, bei denen eine Endloskette zwei oder mehr Kettenräder umhüllt. Sie dienen zur Kraft- und Bewegungsübertragung zwischen zwei Wellen. Die Umfangskraft wird schlupffrei, also ohne Rutschen, zwischen Ritzel und Rad übertragen.

Kettengetriebe werden bei größeren Achsabständen eingesetzt. Sie sind unempfindlich gegen Feuchtigkeit und Wärme sowie einfach zu montieren. Allerdings laufen Kettentriebe unelastisch, müssen geschmiert, gewartet und gegen Staubeinwirkungen geschützt werden. Mit einer Kette lassen sich mehrere Räder gleichzeitig antreiben. Sie erfordern im allgemeinen keine Vorspannung und belasten daher die Wellen weniger stark. Sie werden in Werkzeugmaschinen, Land- und Baumaschinen und besonders in Transportanlagen (Hebezeuge und Förderanlagen) verwendet.

Der Verschleiß in den Gelenken der Kette führt zu einer Längung mit der Gefahr des Überspringens. Sie sind ungeeignet für periodische Drehrichtungsumkehr (sog. Totgang zum Aufholen des Durchhanges der Kette). Ohne Kettenspanner treten bei Stößen und hohen Umfangsgeschwindigkeiten Kettenschwingungen auf.

Rollenketten sind die im Getriebebau am häufigsten verwendeten Antriebsketten. Bei großen übertragenen Leistungen werden sie auch als Mehrfachketten eingesetzt. Bei Rollenketten sind Laschen an einem Ende mit einem Bolzen und am anderen Ende mit einer Gelenkbuchse/-hülse vernietet. Auf diesen Gelenkbuchsen sitzen drehbare, gehärtete Rollen, die die Radzähne vor Verschleiß schützen. Rollenketten werden aus legierten Stählen hergestellt.

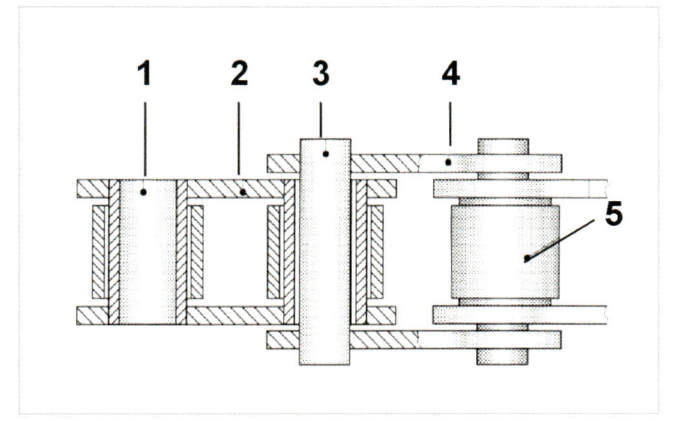

Abb. 9.3.1: Aufbau einer Rollenkette nach DIN 8187
1 Buchse
2 Innenlasche
3 Bolzen
4 Außenlasche
5 Rolle

(Birus)

MASCHINENELEMENTE

Tab. 9.4.1: Eigenschaften und Anwendungsgebiete für verschiedene Kettenbauarten

Kettenbauart	Bruchkraft in kN	Geschwindigkeit in m/s	Anwendungsgebiete
Buchsenkette	12,5 – 500	3 – 5	Antriebs-, Last und Förderkette in staubiger und feuchter Umgebung
Rollenkette	20 – 1400	30	Meistverwendete Antriebskette
Zahnkette	5,8 – 1300	35	Werkzeugmaschinen, Transportkette
Gallkette	0,75 – 1500	0,3	Hubstapler
Rundstahlkette	10 – 1000	1	Lastkette, Flaschenzüge
Buchsenförderkette	20 – 2000	3	Transport- und Fließbänder
Rollenförderkette	20 – 2000	3	Becher- und Trogförderwerke
Scharnierkette	7,1 – 1,4	2,5	Transport- und Fließbänder

Gliederketten (Rundstahlkette, Stegkette) werden häufig als Hand- und Lastketten in der Fördertechnik, insbesondere bei Hebezeugen, verwendet. Die Gelenkketten werden in verschiedenen Ausführungen als Last- und Förderkette und als Getriebekette eingesetzt.

Zahnketten zeichnen sich durch ihre Laufruhe aus, sind allerdings schwerer, empfindlicher und teurer als Rollenketten und erfordern eine sorgfältige Wartung. Die maximale Drehzahl von Zahnketten beträgt 10.000 1/min. Die Kettenräder können mit Zähnezahlen von 10 bis 100 ausgelegt werden.

Zahnradgetriebe

Zahnräder übertragen die Drehbewegung von einer Welle auf eine zweite durch Formschluss der im Eingriff befindlichen Zähne. Sie benötigen also im Gegensatz zu den Hülltrieben (Ketten-, Flachriemen-, Keilriemen- und Zahnriementriebe) kein Übertragungselement wie Riemen oder Ketten.

Man kennt Festgetriebe mit unveränderlicher Übersetzung, Schaltgetriebe, deren Übersetzungen sich ändern lassen und Verteilergetriebe zum gleichzeitigen Antrieb mehrerer Wellen.

Radgrundformen:

- Stirnräder bei parallel liegenden Achsen
- Zahnstangen (Umwandlung einer Drehbewegung in eine geradlinige Bewegung)
- Kegelräder bei sich kreuzenden Achsen
- Schraubenräder bei sich unter 90 Grad kreuzenden oder windschief stehenden Achsen
- Schnecken und Schneckenräder bei sich kreuzenden Achsen (Versetzung um 90 Grad).

Stirnradgetriebe gelten als klassisches Getriebe. Durch den unterschiedlichen Durchmesser der Zahnräder kommt die Übersetzung zustande. Die Zahnräder besitzen eine besondere Form, die ein möglichst verschleißarmes Ineinandergreifen gewährleistet.

Abb. 9.3.2: Stirnradgetriebe (SEW)

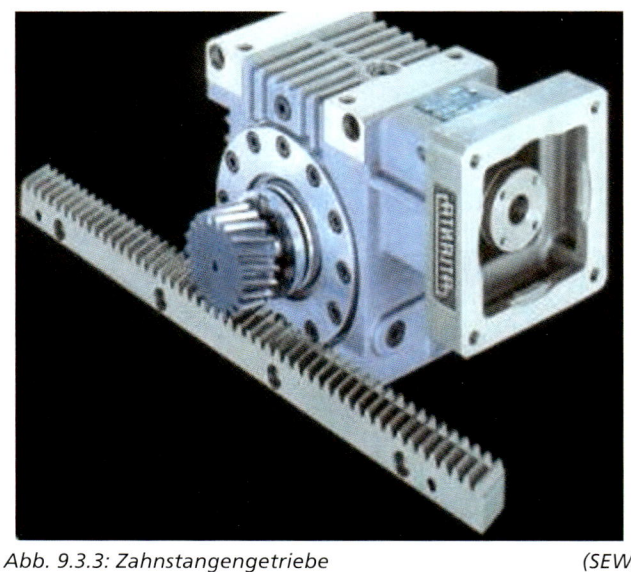

Abb. 9.3.3: Zahnstangengetriebe (SEW)

MASCHINENELEMENTE

Abb. 9.3.4: Kegelradgetriebe (SEW)

Abb. 9.3.4 a: Gewaltbruch eines Kegelrads (Birus)

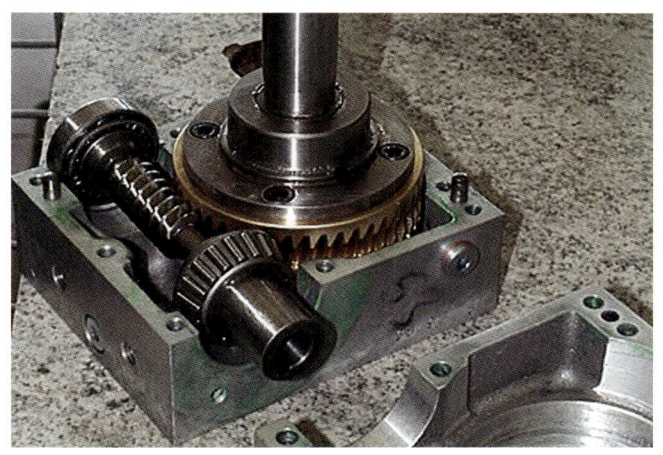

Abb. 9.3.5: Schraubengetriebe (SEW)

Abb. 9.3.6: Schneckengetriebe (SEW)

Schneckengetriebe erlauben große Übersetzungsverhältnisse (bis 60:1). Bei einer eingängigen Schnecke bewirkt eine Umdrehung das Weiterdrehen des Rades um einen Zahn. Die meisten Schneckengetriebe sind selbsthemmend, d. h. das Rad kann die Schnecke nicht antreiben.

Riemengetriebe

Riementriebe dienen zur Übertragung von Drehmomenten bei größeren Achsabständen. Die Drehmomentübertragung erfolgt durch Reibung zwischen Riemen und Scheiben über einen durch den Umschlingungswinkel gekennzeichneten Teil des Scheibenumfangs. Zudem werden Riemen mitunter zum Transport von Stück- und Schüttgütern oder als Träger von Reinigungsbürsten eingesetzt. Die wichtigsten Bauarten sind der Flachriemen, der Zahnriemen sowie der Keilriemen. Man unterscheidet Riemengetriebe mit konstanter Übersetzung, Schalt-Riemengetriebe sowie stufenweise und stu-

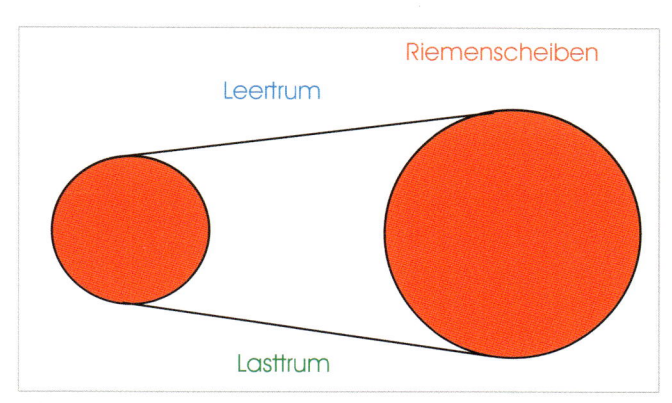

Abb. 9.3.7: Prinzipskizze eines offenen Riementriebs (Birus)

fenlos verstellbare Riemengetriebe. Der offene Riementrieb ist dabei die meist verwendete Bauart mit dem einfachsten Aufbau.

Für die übertragbare Leistung sind die Riemenform, der innere Aufbau des Riemens und die Art der verwendeten Werkstoffe von Bedeutung. Der ziehende Riemenstrang zwischen den beiden Scheiben eines Riementriebes heißt Lasttrum, der gezogene Leertrum.

Abb. 9.3.8: Mehrschichtflachriemen (Querschnitt) (Birus)

MASCHINENELEMENTE

Die Auswahl eines geeigneten Riemengetriebes ist abhängig von den Betriebsbedingungen wie Drehzahl, Raumbedarf und Temperaturen. Riemengetriebe besitzen einen geräuscharmen Lauf (elastische Stoßaufnahme und Stoßdämpfung) und haben eine einfache Anordnung der Riemenscheiben (Drehrichtungsumkehr möglich). Riementriebe werden für parallele und gekreuzte Wellen verwendet. Der gekreuzte Riementrieb wird zur Kraftübertragung bei gegensinniger Drehrichtung eingesetzt. Nachteilig an dieser Anordnung sind das unvermeidliche Scheuern der Laufflächen an der Kreuzungsstelle und die hohe Riemenbelastung.

Abb. 9.3.9: Erzeugung der erforderlichen Zahnriemenspannung mit einer Spannschiene (Birus)

Die Riemenspannung wird durch das Eigengewicht des Treibriemens, durch eine Spannrolle oder durch das Verschieben des Motors auf Spannschienen erzeugt.

Als Riemenwerkstoffe verwendet man wegen der großen Reibungszahlen Kern- und Chromleder. Kernleder ist ein mit pflanzlichen Stoffen, Chromleder ein mit mineralischen Stoffen (Chromalaun) gegerbtes Leder. Chromleder besitzt eine höhere Festigkeit und kann bei 60 % Luftfeuchtigkeit laufen. Je nach Fettgehalt des Leders unterscheidet man Standardleder, geschmeidiges Leder und hochgeschmeidiges Leder. Als Gewebe sind vorwiegend Baum- und Zellwolle, Tierhaare, Flachs und Naturseide, für synthetische Stoffe Kunstseide, Nylon und Perlon im Einsatz. Die gewebten Riemen können endlos hergestellt werden und laufen ruhiger. Die Enden der Riemen werden vernäht, verkittet oder auf mechanische Art endlos verbunden.

Keilriemengetriebe sind kraftschlüssige Hülltriebe zur Kraft- und Bewegungsübertragung zwischen zwei oder mehreren Wellen. Sie bestehen beim ummantelten Keilriemen aus einer Zugschicht, die zwischen Gummikern und Gummiauflage liegt. Die Riemenflanken werden durch abriebbeständige Gewebeummantelung geschützt. Gegenüber den Flachriementrieben besitzen Keilriemen bei gleicher Anpresskraft eine etwa dreifache Kraftüber-

Abb. 9.3.10: Keilriemen (Birus)

tragungsfähigkeit. (Leistung bis 70 kW, max. Drehzahl 6000 U/min; Übersetzung bis 1:10).

Zahnriemen sind mit Zähnen versehene Riemen. Die Zähne greifen in Zahnscheiben ein und bewirken dadurch die Kraft- und Bewegungsübertragung. Der Zahnriemen überträgt im Gegensatz zu den Flach- und Keilriemen die Umfangskräfte formschlüssig, d. h. ohne Schlupf. Der Zugkörper besteht aus gewickelten Glasfaser-, Stahl- oder Kevlarkord. Als Werkstoff haben sich Neoprenmischungen bewährt. (Siehe Abb. 9.3.9)

9.4 GRUNDLAGEN DER TRIBOLOGIE

Durch Rost und Korrosion entstehen jährlich Verluste in Milliardenhöhe. Schäden an Wälzlagern entstehen zu fast der Hälfte auf Grund mangelnder oder falscher Schmierung.

Gemäß dem LMBG zählen Schmierstoffe zu den Bedarfsgegenständen. Nach §31 ist es verboten, Be-

---

Schmierstoffe werden nach ihrem Zustand unterschieden. Es gibt gasförmige, flüssige, konsistente und feste Schmierstoffe. Von diesen Schmierstoffen sind die gasförmigen auf Grund der hohen Konstruktionskosten bedeutungslos. Schmierstoffe haben die Aufgabe, Reibung und Verschleiß zu mindern und Wärme abzuführen. Je nach Beanspruchung sind zudem Oberflächen zu schützen, Strom zu leiten und Fremdstoffe abzuhalten sowie Verschleißpartikel abzuführen. Weitere Anforderungen an Schmierstoffe:

- Resistenz gegenüber Umgebungsmedien wie Säuren, Laugen, Reinigungs- oder Desinfektionsmitteln, Wasser und Wasserdampf
- Gute Abdichtung, Schutz gegen Korrosion
- Eignung für Hoch- und Tieftemperaturen, Alterungsstabilität

darfsgegenstände „so zu verwenden,... dass von ihnen Stoffe auf Lebensmittel oder deren Oberfläche übergehen, ausgenommen gesundheitlich, geruchlich und geschmacklich unbedenkliche Anteile, die technisch unvermeidbar sind". Weiterhin müssen die Anforderungen der EN 1672 Teil 2 „Hygieneanforderungen an Nahrungsmittelmaschinen" erfüllt werden. Hier werden „lebensmitteltaugliche Schmierstoffe" (Food Grade Lubricants) gefordert.

In der Praxis verlangen die Überwachungsbehörden die nach amerikanischer Vorschrift zugelassenen lebensmitteltechnischen Schmierstoffe. Die Food and Drug Administration (FDA) legt diese Rohstoffe mit chemischer Bezeichnung und Mengenangabe fest. Es werden nur solche Stoffe gelistet, deren gesundheitliche Unbedenklichkeit durch toxikologische Prüfungen feststeht.

Einteilung der lebensmitteltauglichen Schmierstoffe

H1-Schmierstoffe können überall dort angewendet werden, wo es zum gelegentlichen, technisch unvermeidbaren Kontakt mit Lebensmitteln kommen kann.

H2-Schmierstoffe sind zur allgemeinen Anwendung in der Lebensmittelindustrie geeignet. Ein Kontakt mit Lebensmitteln muss bei ihrer Anwendung ausgeschlossen sein. Trotzdem unterscheiden sich diese H2-Schmierstoffe von herkömmlichen Industrieschmierstoffen, weil sie beispielsweise frei von toxischen Bestandteilen sein müssen.

Reibung und Schmierung

Typische Reibungsformen sind Gleiten, Rollen und Wälzen. Die Reibung kann kontinuierlich, oszillierend oder intermittierend sein. Die Schmierung beschreibt die Wirkung des Schmierstoffes in der Reibstelle. Intensiver Kontakt der Reibkörper durch niedrige Geschwindigkeit oder hohe Belastung bedeutet Grenzschmierung. Vollschmierung stellt sich bei entsprechender Geschwindigkeit, niedriger Belastung und entsprechender Viskosität ein.

Die Reibung bedingt einen Verschleiß, also einen fortschreitenden Materialverlust aus der Oberfläche eines festen Körpers. Er ist in der Technik meist unerwünscht. Durch die Schmierung wird die Reibung herabgesetzt. Eine verschleißfreie Relativbewegung ist nur bei der Flüssigreibung zu erwarten. Bei der Festkörperreibung sind die Oberflächen völlig blank und durch keinerlei Schmiermittel belegt. Bei der Mischreibung berühren sich die Oberflächenrauheiten teilweise. Es entsteht ein sog. „zulässiger Verschleiß". Ist die Reibstelle durch einen flüssigen Schmierstofffilm vollkommen getrennt, spricht man von Flüssigkeitsreibung.

Abb. 9.4.1: Reibungszustände im Gleitlager (Birus)

Läuft ein Gleitlager aus dem Ruhezustand an, so sind bei niedrigen Drehzahlen zunächst die Reibungskräfte groß, weil der Schmierstoff aus dem belasteten Bereich des Lagerspaltes größtenteils verdrängt ist und es so zu einer Berührung der Oberflächenrauheiten kommt (Teilschmierung). Mit zunehmender Drehzahl wird der Schmierstoff in die Reibstelle in Drehrichtung befördert, bis ein vollständiger Schmierstofffilm entsteht (Flüssigkeitsreibung, Vollschmierung; „Aquaplaning" beim Autofahren).

Schmierstoffe

Schmieröle werden zur Schmierung von schnell laufenden Maschinenteilen und Lagern in geschlossenen Gehäusen eingesetzt. Sie werden meist im Umlauf geführt und tragen die Reibungswärme von der Schmierstelle weg. Schmieröle bestehen aus den Bausteinen Grundöl und Wirkstoff. Das Grundöl gibt dem Schmieröl seine typischen Eigenschaften. Wirkstoffe verbessern die Grundöle hinsicht-

Tab. 9.4.2: Grundsätzliche Anforderungen an H1- und H2-Schmierstoffe

	H1-Schmierstoff	H2-Schmierstoff
Anwendung	bei technisch unvermeidbarem Kontakt zum Lebensmittel	kein Kontakt zum Lebensmittel möglich
Zusammensetzung	keine Mineralöle; hauptsachlich Weißöle (Paraffinöle) und Syntheseöle; Einschränkungen bei Dickungsstoffen und Additiven	keine toxischen Additive (z. B. Blei, Kadmium, Antimon etc.)
Zulässiger Gehalt im Lebensmittel	10 ppm = 0,01 g/kg	–
Zulässiger Keimgehalt	< 100 KBE/g	–

MASCHINENELEMENTE

lich ihrer Anwendung in Oxidationsstabilität, Korrosions- und Verschleißschutz, Notlaufverhalten, Emulgierbarkeit, Stick-slip-Verhalten (Ruckgleiten) und Viskosität-Temperatur-Verhalten.

Die wichtigste Eigenschaft ist die Viskosität. Diese wird mit einer Kennzahl angegeben, die bei einer niedrigen (wasserähnlichen) Viskosität klein ist und bei hoher (honigartiger) Viskosität groß ist.

Die Vorteile des Schmieröles gegenüber dem Schmierfett sind die bessere Wärmeabfuhr aus Reibstellen sowie das ausgeprägte Kriech- und Benetzungsvermögen. Die Nachteile des Schmieröles bestehen in der Gefahr von Leckagen und im konstruktiven Aufwand, um das Schmieröl in der Reibstelle zu halten.

Mineralöle werden aus Erdöl gewonnen und sind Gemische von Kohlenwasserstoffen. Die synthetischen Schmieröle sind relativ teuer und werden nur bei extremen Temperatur-Bedingungen oder starken Verschleißbeanspruchungen eingesetzt.

Schmierfette bestehen aus den Bausteinen Schmieröl, Wirkstoff und Dickungsstoff. Komplexfette haben einen höheren Tropfpunkt, bessere Oxidationsstabilität und günstigere Beständigkeiten gegenüber Flüssigkeiten und Dämpfen. Die Konsistenz (Weichheit) wird mit der Konsistenzzahl angegeben, die von 000 (sehr weich) über 00, 0,1,2,3 bis 6 (zäh) reicht. Schmierfette werden eingesetzt, wenn eine einmalig vorgenommene Schmierung für lange Zeit genügen muss (Wartungsfreiheit).

Das Schmierfett soll die Schmierstelle komplett füllen und wird beispielsweise durch einen Schmiernippel oder – bei großen Anlagen – durch eine Zentralschmierung zugeführt. Während des Betriebes erwärmen sich die Lagerstelle und damit das angrenzende Schmierfett. Das Schmieröl tritt aus dem Schmierfett aus und schmiert die Gleitflächen.

Die Vorteile des Schmierfettes gegenüber dem Schmieröl sind das längere Verbleiben in der Kontakt-/Reibstelle und der damit geringere konstruktive Aufwand. Nachteilig ist, dass keine Wärmeabfuhr aus der Reibstelle erfolgt und Verschleißpartikel dort verbleiben.

Schmierpasten sind konsistente Schmierstoffe. Sie bestehen aus einem Grundöl, Additiven sowie einem Festschmierstoffanteil. Die Anwendung erfolgt hauptsächlich bei extremen Bedingungen. Die Pasten wirken gegen Reiboxidation sowie adhäsiven Verschleiß (Fressen). Schmierpasten sind wasser- und wasserdampfbeständig.

Schmierwachse bestehen aus einer Kombination hochmolekularer synthetischer Kohlenwasserstoffe und Wirkstoffe. Als Schmierwachs-Emulsion enthalten sie zusätzlich die Bausteine Emulgator und Wasser. Schmierwachse gehen ab einer bestimmten Temperatur von der konsistenten Struktur in eine flüssige über. Steht bei den tribologischen Anforderungen der Rostschutz im Vordergrund, ist die konsistente Struktur im Vorteil.

Feste Schmierstoffe bestehen aus Graphitpulver, Molybdänsulfid oder Polytetrafluorethylen (PTFE = Teflon). Die winzigen, gleitfähigen Plättchen gleiten im Schmierspalt aufeinander ab. Sie werden bei extremen Betriebsbedingungen eingesetzt, z. B. bei niedrigen oder hohen Temperaturen und bei Einwirkung von aggressiven Stoffen. Sie haben sog. Notlaufeigenschaften bei nicht ausreichender Schmierung.

Schmierung von wichtigen Maschinenelementen

Wälzlager sind in der Regel fettgeschmiert und haben eine lange Gebrauchsdauer, sofern ein optimaler Verbund mit dem Schmierstoff berücksichtigt wird („Das Wälzlager ist so gut wie sein Schmierstoff"). In Lebensmittelunternehmen beeinträchtigen aggressive Medien die Schmierfristen erheblich. Kommen diese Medien in das Lager, erfolgt evtl. eine Auflösung des Schmierfettes, die Gefahr der Stillstandskorrosion besteht. Man verwendet wasser- und dampfbeständige Schmierfette.

Gleitlager übertragen die Kräfte von sich relativ zueinander bewegenden Maschinenteilen. Sie haben im Allgemeinen eine Öl- oder Fettschmierung. Für die Umlaufschmierung kommt ein Schmieröl auf Basis von Polyalphaolefin in Frage. Der Schmierstoff wird ständig der Reibstelle zugeführt.

Ketten stellen immense Anforderungen an den Schmierstoff. Einen „zulässigen Verschleiß" ermöglichen Schmieröle mit hohem Verschleißschutzvermögen. Bei der Verlustschmierung tropfen Schmieröle ab und bei hohen Geschwindigkeiten werden selbst dicke Schmieröle abgeschleudert. Mit einer Spraydose lassen sich haftfähige Schmierfilme hauchdünn auftragen. Für die Lebensdauer der Kette ist ein dünner, aber stets ausreichender Schmierfilm wichtig.

Schraubenverbindungen sind die häufigste lösbare Verbindungsart. Sie bestehen aus Schrauben, Mutter und Sicherung. Durch das Anziehen der Mutter wirkt auf die Schraube eine Zugkraft. Eine gute Schmierung reduziert die Kopf- und Gewindereibung und ermöglicht zerstörungsfreies Lösen.

Im Schmierplan sind alle Maschinen erfasst und für alle Reibstellen die geeigneten Schmierstoffe sowie die Schmierstoffwechselfrist oder Schmierfrist zugeordnet. Reibstellen, von denen ein Risiko für die Lebensmittel ausgeht, werden als CCP identifiziert. Für diese Schmierstellen werden nur H1-Schmierstoffe verwendet.

10. WASSERAUFBEREITUNG

Die spezifische elektrische Leitfähigkeit eines Wassers gestattet Rückschlüsse auf dessen Gehalt an Ionen und damit auf den Gehalt an gelösten dissoziierbaren Stoffen. Die Bestimmung dient dazu, bei Wässern durch wiederholte Messungen Änderungen im Gehalt an derartigen gelösten Stoffen festzustellen oder die Qualität von destilliertem Wasser zu beurteilen. Je niedriger die elektrische Leitfähigkeit, desto geringer ist der Salzgehalt des Wassers. (Angabe: Elektrische Leitfähigkeit in mS/m oder in mS/cm; mS = milli-Siemens).

„Härte" des Wassers

Als „Härtebildner" im Wasser bezeichnet man allgemein die Calcium- und Magnesiumsalze. Zur gleichen Gruppe (Erdalkalien) zählen noch Strontium- und Bariumverbindungen, die aber in der Trinkwasserpraxis keine Rolle spielen. Bei der Reinstwassergewinnung in der Pharmabranche sind sie jedoch zu beachten. Calcium und Magnesium sind in natürlichen Wässern überwiegend an Kohlensäure gebunden (Hydrogenkarbonat und Carbonat) und werden in dieser Form als „Karbonathärte" bezeichnet. Liegen sie dagegen als Sulfate, Chloride oder Nitrate vor, so spricht man von „Nichtkarbonathärte".

Während heute die Angabe über die „Summe Erdalkalien" in mol/m³ erfolgt, war die alte Maßeinheit der „Härtegrad". Ein deutscher Härtegrad (°dH) entsprach 10 mg/l Härtebildner, wobei alle Calcium- und Magnesiumionen in die äquivalente Menge Calciumoxid (CaO) umgerechnet wurden. (1 °dH [GH] = 0,1786 mol/m³)

Gesamthärte (GH) = Karbonathärte (KH) + Nichtkarbonathärte (NKH)

Die Enthärtung und Entgasung ist im Kapitel 4.1 Dampferzeuger beschrieben.

10.1 ENTKEIMUNG VON TRINKWASSER

Mechanische Entkeimung

Das Filtermedium besteht aus einem festen zylindrischen Hohlkörper aus gebrannter Kieselgur, der ein System von Kapillaren bildet. Die Kapillaren halten Feststoffe von der Größenordnung der Bakterien mechanisch und adsorptiv überwiegend auf der Oberfläche der Filterkerzen zurück. Zwischen den pathogenen Keimen, den coliformen Keimen, und den saprophytischen (fäulniserregenden) Bakterien besteht hinsichtlich ihres Verhaltens bei der Filterung kein Unterschied. Zusätzlich werden die größeren Protozoen (Einzeller), Algen und Pilze zurückgehalten.

Chemische Entkeimung

Die chemische Entkeimung basiert auf Oxidationsvorgängen durch Abspaltung aktiven Sauerstoffs (Status Nascendi). Für die chemische Entkeimung werden Chlorverbindungen, Chlorgas und Ozon eingesetzt.

Die gebräuchlichsten Chlorverbindungen sind Natriumhypochlorit (Bleichlauge) und Calciumhypochlorit. Natriumhypochlorit ist eine Flüssigkeit mit einem Gehalt von 150 g/l wirksamen Chlor und einem pH-Wert von > 9,5. Calciumhypochlorit wird in fester Form mit einem Gehalt von ca. 70 % wirksamen Chlor geliefert. Diese Chemikalien werden dem zu entkeimenden Wasser üblicherweise in Form von Lösungen zugesetzt. Die Haltbarkeit der Lösungen ist durch einen chemischen Zersetzungsprozess begrenzt. Deshalb sollte die Lösung nur für einen Bedarf von max. fünf Tagen angesetzt werden.

Die Zugabe der chlorhaltigen Lösung zum Trinkwasser erfolgt über eine Dosieranlage. Die Einwirkungszeit soll möglichst groß sein. Abhängig ist die Keimtötungsgeschwindigkeit von der Einwirkungszeit, vom Chlorüberschuss, dem pH-Wert und der Temperatur des Wassers. Auf Grund des Chlorverbrauchs (Chlorzehrung), der infolge oxidierbarer Wasserinhaltsstoffe entsteht, muss dem Wasser daher soviel Chlor zugesetzt werden, dass nach einer bestimmten Einwirkungszeit noch die zur Keimtötung erforderliche Mindestmenge wirksames Chlor vorhanden ist. An der Entnahmestelle darf aufbereitetes Trinkwasser 0,3 mg/l wirksames Chlor, in Ausnahmefällen maximal 0,6 mg/l enthalten.

In größeren Wasseraufbereitungsanlagen wird vorwiegend Chlorgas, seltener Chlordioxid, zur Entkeimung verwendet. Der eigentliche Abtötungseffekt beruht auf der Abspaltung aktiven Sauerstoffs aus der hypochlorigen Säure und dem Hypochlorit. Das Hypochloriton hat nur eine geringe Entkeimungswirkung. Mit steigendem pH-Wert muss für den gleichen Entkeimungseffekt die Chlorzugabemenge erhöht werden. Enthält das aufzubereitende Wasser organische Substanzen, können sich chlorierte Kohlenwasserstoffe (Haloforme) bilden. Bei Anwesenheit von Phenolen entstehen geschmacks-

WASSERAUFBEREITUNG

und geruchsaktive Chlorphenole. Die Zugabe des Chlorgases erfolgt aus Stahlflaschen mit Hilfe einer speziellen Apparatur. Nachteilig sind die hohen Investitionskosten durch die aufwändige Anlagentechnik und die baulichen Sicherheitsmaßnahmen.

Ozonung

Ozon (O_3) zählt zu den stärksten Oxidationsmitteln. Ozon reagiert unter Bildung eines Sauerstoffatoms mit allen oxidierbaren Stoffen organischer oder anorganischer Herkunft. Aufgrund der hervorragenden bakteriziden und viriziden Wirkung ist Ozon allen anderen eingesetzten Entkeimungsmitteln überlegen. Neben der Entkeimung erreicht man bei der Wasserbehandlung mit Ozon die Entfernung von im Wasser enthaltenen Geruchs- und Geschmacksstoffen.

Die Vorteile des Ozonverfahrens bestehen in der sicheren Entkeimungswirkung, der Geschmacks- und Geruchsverbesserung und dem Abbau organischer Substanzen.

Entkeimung durch UV-Strahlen

Der Wellenlängenbereich von 180 bis ca. 300 nm wirkt keimtötend. Der optimale Effekt wird bei einer Wellenlänge von 265 nm erreicht. Die Gene aller lebenden Zellen enthalten die DNS, die im vorgenannten Wellenbereich ihre stärkste spektrale Absorption hat und zerstört wird. Zur UV-Bestrahlung werden überwiegend Quecksilber-Niederdruckrohre eingesetzt, deren Strahlungsmaximum bei 253,7 nm liegt. Die Entkeimungswirkung ist abhängig von der Strahlungsstärke pro Fläche, der Zeit, der Keimart, der Temperatur und der Turbulenz des Wassers. Die Vorteile des Verfahrens liegen in der sicheren Entkeimungswirkung sowie der wartungsarmen Handhabung. Die Gefahr einer Überdosierung besteht nicht. Nachteilig ist die fehlende Langzeitwirkung.

Tab. 10.1: Erforderliche Strahlendosis für eine 99,9 %ige Keimtötung

Keimart	Strahlendosis in mWs/cm²
E. Coli	9
Pseudomonas aeroginosa	16,5
Pilze	15 bis 396

10.2 REINSTWASSERGEWINNUNG

Wasser ist der mengenmäßig wichtigste Hilfsstoff bei der Herstellung von Arzneimitteln, Lebensmitteln und Kosmetika. Pharmazie, Lebensmittel- und Kosmetikindustrie unterliegen unterschiedlichen gesetzlichen Regelungen, die darüber hinaus landesspezifische Unterschiede aufweisen können. Manche Unternehmen haben strengere Anforderungen, wenn der Herstellungsprozess besonderer Reinheiten erfordert. Die Pharmaindustrie schreibt in der EUROpharm bindend für alle Europäischen Staaten die Qualität des aufbereiteten Wassers vor. Es gibt im Wesentlichen drei Wasserarten:

- aqua purificata
- Hochgereinigtes Wasser (HPW = Highly Purified Water)
- aqua ad iniectabilia (WFI = water for injection)

Alle Typen müssen aus Trinkwasser, das wiederum den Trinkwassernormen entspricht, hergestellt werden.

Die seit dem 1. Januar 2002 in der Europharm definierte Wasserqualität HPW wurde eingeführt, um zum Beispiel die großen Mengen benötigten Spülwassers in WFI-Qualität kostengünstig herzustellen. Dazu sind nebst der Destillation alternative Verfahren wie eine zweistufige Umkehrosmose oder die Ultrafiltration zugelassen. Highly Purified Water ist gedacht für die Herstellung von medizinischen Produkten, bei denen man Wasser zwar von hoher biologischer Reinheit, jedoch keine WFI-Qualität benötigt.

Die meisten Kosmetikfirmen verwenden Wasser gemäß eigener Richtlinien (das kann von Trinkwasser bis WFI gehen), oder sie richten sich nach den pharmazeutischen Qualitäten und dann ist Aqua Purificata die häufigste Qualität. Der Kosmetikbereich ist natürlich sehr vielseitig, für eine Zahnpasta sind die Qualitätsparameter nicht die gleichen wie für eine Hautsalbe.

Methoden für die Herstellung von entsalztem Wasser

Die Destillation war lange die einzige Methode um salzfreies Wasser herzustellen. Ohne es zu wissen gewann man dabei pyrogenfreies Wasser, das noch heute wegen der Pyrogenfreiheit so hergestellt wird. Pyrogene sind Lipopolysaccharide aus Zellwänden gram-negativer Bakterien und extrem hitzestabil. Sie überstehen Autoklavieren bei 121,1 °C. Heute ist die Destillation oft der letzte Schritt während der Reinstwasserherstellung.

Man verwendet die Umkehrosmose (ein- bzw. zweistufig) oder die Umkehrosmose mit kontinuierlicher Deionisierung.

Der osmotische Druck ist von der Konzentration einer Lösung abhängig und nimmt mit steigender Konzentration zu. Wird auf das Wasser der höheren Salzkonzentration ein Druck ausgeübt, der über dem osmotischen Druck liegt, gelangt nur Wasser ins Permiat. Für die Herstellung halbdurchlässiger (semipermeabler) Membranen haben sich die Werkstoffe Celluloseacetat, Polyamid und Polyester bewährt. Die Membranen werden in

WASSERAUFBEREITUNG

Tab. 10.2: Anforderungen an Reinstwasser

Parameter	aqua purificata	Hochgereinigtes Wasser (Highly Purified Water)	aqua ad iniectabilia (WFI)
Leitfähigkeit	< 4,3 µS/cm bei 20 °C	< 1,1 µS/cm bei 20 °C	< 1,1 µS/cm bei 20 °C
TOC	< 0,5 mg/l *	< 0,5 mg/l	< 0,5 mg/l
Lebensfähige Gesamtkeime	< 100 KBE/ml	< 10 KBE/100 ml	< 10 KBE/100 ml
Endotoxin	nicht gefordert ***	< 0,25 EU/ml	< 0,25 EU/ml
Herstellungsart	Destillation, Ionenaustausch oder andere Verfahren	Destillation, Umkehrosmose oder andere Verfahren	ausschließlich durch Destillation
Anwendung für	Herstellung von Arzneimitteln (außer solchen, die steril und pyrogenfrei sind)	Alle Produkte außer solchen, bei denen WFI erforderlich ist	Herstellung von parenteralen Arzneimitteln

* An Stelle der TOC - Messung kann auch die alte Methode (Oxidierbare Substanzen) angewandt werden.
** Bei Wasser für Dialysekonzentrate muss der Aluminiumgehalt < 10 µg/l sein
*** Bei Wasser für Dialysekonzentrate muss der Endotoxingehalt < 0,25 EU/ml sein

unterschiedlichster Bauweise angeboten, z. B. als Platten-, Flach-, Wickel-, Rohr- oder Hohlfasermembranen. Sie werden in einen Druckmantel eingebaut. Die komplette Einheit wird Modul genannt.

Celluloseacetatmembranen werden fast nur noch in den USA eingesetzt, da dort beinahe jedes Wasser stärker chloriert ist. Chlorgehalte von 1 – 2 mg/l sind keine Seltenheit (Deutschland: 0,1 – 0,3 mg/l). Polyamidmembranen sind Bakterien- und pH-resistent, jedoch gegen Chlor anfällig. Seit ca. 20 Jahren gibt es Composit Spiral Membranen. Hier ist nur die eigentliche Trennmembran mit einer Dicke von 10 µm aus Polyamid, das Trägermaterial besteht aus Polysulfon.

Membranen trennen bis zu 99.7 % der eingespeisten Salze ab. Die Abtrennung bezieht sich jedoch auf das mit Salzen angereicherte Konzentrat, das vor der Membran fließt. (z. B. Speisewasser 600 µS/cm; Konzentrat 2400 µS/cm; Permeat 0,3 % Passage von 2400 µS/cm = 7 µS/cm). Auf den Speisewassersalzgehalt bezogen sind das 1,2 % Passage. Gelöste Gase passieren die Membran fast vollständig. Aus diesem Grund hat das Permeat durch die gelöste Kohlensäure meist einen pH-Wert von 5,5 – 6,5.

Für manche Prozesse liegt der Leitwert der einstufigen Osmose noch zu hoch. Dann schaltet man eine zweite Reverse Osmose Stufe nach. Die Salzrückhaltung der zweiten Stufe erreicht nicht mehr bis zu 99,7 %, sondern im besten Fall 60 %. (Beispiel: Speisewasser 600 µS/cm; Permeat I: 7 µS/cm; Permeat II: 2 µS/cm).

Das Permeat enthält gelöste Kohlensäure, die selbst eine gewisse „Leitfähigkeit" mit sich bringt. So kann das Permeat ohne weiteres zusätzlich 5 µS/cm „Scheinleitwert" besitzen, also z. B. 2 µS/cm Leitwert der Salze + 5 µS/cm Leitwert CO_2 = 7 µS/cm. Die Kohlensäure kann man durch Zusatz von Natronlauge vor der ersten Membranstufe abbinden.

Die meisten Permeate sind ohne besondere Vorkehrungen wie regelmäßige chemische Desinfektion oder Heißwasserbehandlung relativ keimarm. Das Permeat ist meist pyrogenfrei im Sinne aqua ad iniectabilia (WFI). Oft ist es sinnvoller, den Keimstatus regelmäßig festzustellen als zeitintensive vorbeugende Desinfektionen vorzunehmen. (Abb. 10.2.2)

WFI wird in der Regel durch eine abschließende Destillation gewonnen. Ionenaustauscher werden heute im großen Maße fast nur noch in Kraftwerken eingesetzt.

Desinfektion der Anlage

Unter Sanitisierung versteht man Maßnahmen, den bereits vorhandenen Keimgehalt zu reduzieren. Zur Desinfektion eignen sich:

- 0,1 % Peressigsäure
- 3 % Wasserstoffperoxid
- Natronlauge (bis pH 14)

Abb. 10.2.1: Röhrenmodul für die Umkehrosmose (Bucher)

WASSERAUFBEREITUNG

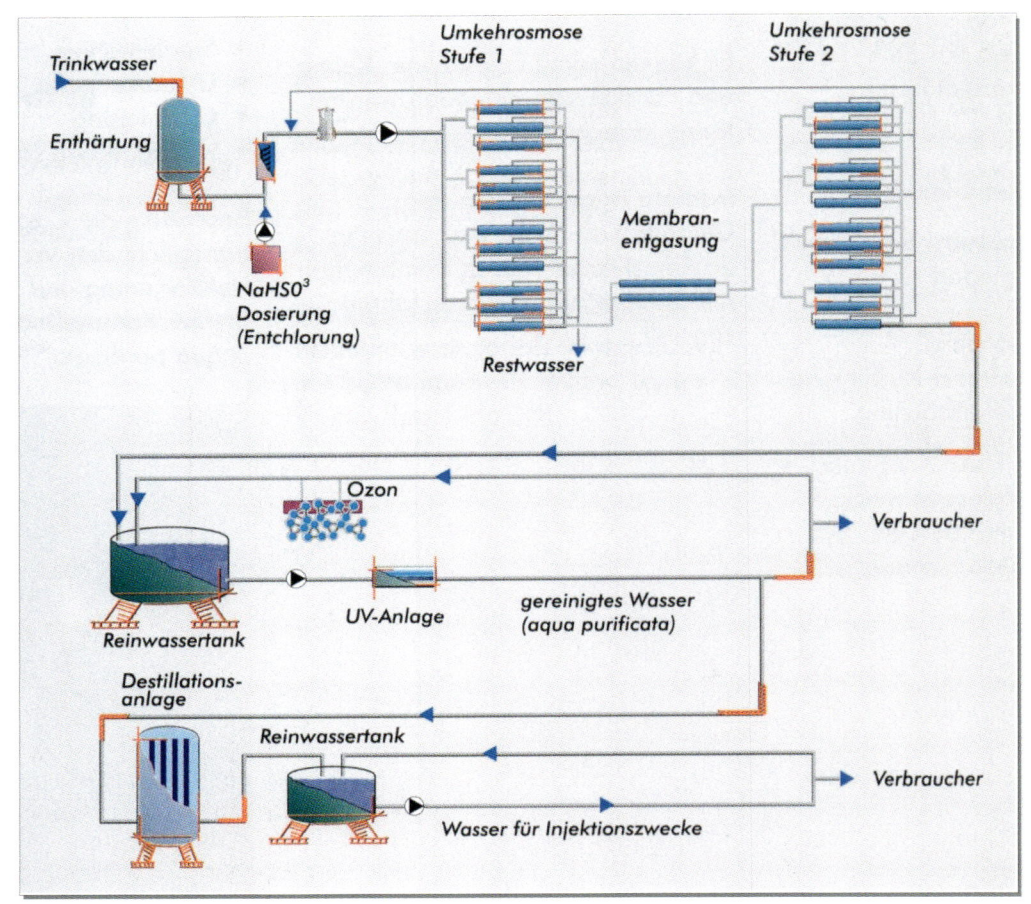

Abb. 10.2.2: Herstellungsschema für die Reinstwassergewinnung (Hilge)

Das Ausspülen der Desinfektionsmittel ist langwierig. Eine chemische Kontrolle des völligen Verdrängens des Desinfektionsmittels ist unerlässlich.

Desinfektion durch Heißwasser

Schon bei 65 °C und einer Verweilzeit von 15 Minuten wird eine sehr gute Inaktivierung der Mikroorganismen erreicht. Man kann ein automatisiertes Aufheizsystem installieren, das die Desinfektion periodisch während der Nacht- oder Wochenendzeiten ablaufen lässt. Manche Systeme werden alternativ mit Reindampf beaufschlagt.

Desinfektion durch Ozonisierung

Ein sehr wirkungsvolles Verfahren ist die periodische Ozonisierung während der Pausenzeiten, danach eine Reduktion des Ozons durch UV-Bestrahlung, bevor das Wasser zum Verbraucher gelangt. Ozon zerfällt mit einer Halbwertzeit von 25 Minuten zu Sauerstoff, so dass sich im Wasser keine Rückstände befinden. Es gibt Systeme, in denen der Lagertank ständig unter Ozon gehalten wird, wobei das Leitungssystem nur an Zeiten ohne Produktion sanitisiert wird. In manchen Anlagen wird das Ozon nur am Wochenende angewendet.

Betriebsbedingungen

Das frisch produzierte Wasser kann sich bei der nachfolgender Lagerung und Verteilung verschlechtern. Um den keimarmen Status des Wassers zu halten, müssen wachstumshemmende Maßnahmen getroffen bzw. vorhandene Keime entfernt werden.

WFI wird in der Regel durch Destillation gewonnen und fällt mit etwa 90 °C an, so dass sich eine Heißlagerung (bei mindestens 70 °C) anbietet. Andere Herstellverfahren liefern Reinstwasser bei Umgebungstemperatur. Lagerung und Verteilung erfolgen dann häufig unter Kühlung.

Die Strömungsgeschwindigkeit im Verteilsystem sollte zwischen 1,3 und 2,0 m/s liegen. Bei kleineren Geschwindigkeiten besteht die Gefahr, dass tote Bakterien als Nährstoffzufuhr an lebende, die sich bereits an eine Oberfläche festgesetzt haben, herangetragen werden.

Das Leitungsnetz ist als Ringleitung auszuführen, die Tag und Nacht durchströmt wird. Heute verwendet man druckabhängig frequenzgeregelte Förderpumpen, so dass man bei Nichtentnahme nur einen Mindestwasserfluss im System aufrechterhält. Wird Wasser aus dem Ring entnommen, fällt der Druck ab. Der Frequenzwandler steigert dann sofort die Pumpendrehzahl.

Als Material für pharmazeutische Reinstwassersysteme ist nach amerikanischer Regelung der Werkstoff 316 L einzusetzen, das entspricht der Werkstoffnummer 1.4404 und 1.4435. Heute wird alternativ Kunststoff wie z. B. PVDF verwendet, da Edelstähle zum „Leachout" neigen, also Mineralien an das Reinstwasser abgeben können. Zur Validierung sind Edelstahlanlagen folglich lange zu spülen. Mit beiden Werkstoffen liegen positive Erfahrungen vor.

11. REINRAUMTECHNIK

Reinraumtechnische Anlagensysteme ermöglichen mikrobiologisch kontrollierte Arbeitsbereiche und gewährleisten sichere Prozessabläufe. Die zwei Hauptaufgaben der Reinraumtechnik sind der Produkt- und der Personenschutz. Beim Produktschutz wird das Produkt bzw. der Prozess vor schädlichen Kontaminationen geschützt, beim Personenschutz der Mensch. Unter Verunreinigung versteht die Reinraumtechnik nicht nur Staubpartikel, sondern auch alle Störeinflüsse fester, flüssiger, gasförmiger, mikrobiologischer, thermischer und elektromagnetischer Natur, die den Verlauf eines Prozesses und die Qualität eines Produktes negativ beeinflussen. Im Bereich der Pharma- und Lebensmittelindustrie liegt das Hauptaugenmerk auf Partikeln und Mikroorganismen.

Die Reinheitsklasse ist, außer von den dort stattfindenden Aktivitäten, abhängig von der eingesetzten Filterklasse und dem Zuluftstrom bzw. dem sich daraus ergebenden Raumluftwechsel. Die ISO 14644 benutzt die Partikelgröße 0,5 µm als Referenzgröße zur Festlegung der verschiedenen Reinheitsklassen (Bereich). In einer Klasse 100.000 dürfen z. B. 100.000 part/cft (Kubik-Fuß) der Größe 0,5 µm und max. 700 part/cft der Größe 5 µm nachgewiesen werden. Die Reinheitsklassendefinitionen in den pharmazeutischen Richtlinien basieren auf diesem Standard. (Tab. 11.1)

Definition „Reiner Bereich":

Ein Raum oder eine Reihe von Räumen mit festgelegter, umgebungsbezogener Kontrolle hinsichtlich partikulärer und mikrobieller Verunreinigungen. Die Konstruktion und Verwendung soll so erfolgen, dass das Einschleppen, die Entwicklung oder das Ablagern von Verunreinigungen verhindert wird. Außer Wände sind Vorhänge oder Scheiben von Einhausungen möglich.

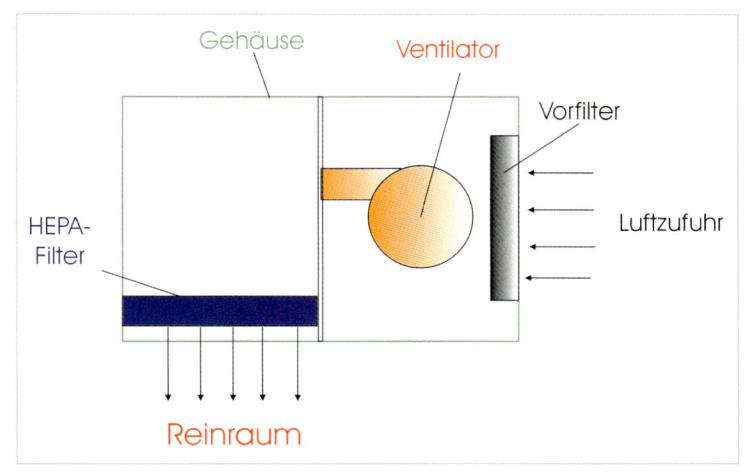

Abb. 11.1: Aufbau eines HEPA-Filters (Birus)

In Großstadtluft finden sich ca. 28.000.000 Partikel der Größe 0,5 µm/ft^3, in Büroraumluft klimatisiert ca. 2.800.000 Partikel der Größe 0,5 µm/ft^3 und in der Reinraumklasse 100 nach US-Fed.-Stand. max. 100 Partikel der Größe 0,5 µm/ft^3.

Richtlinien

Die wesentlichen Unterschiede zwischen der europäisch gültigen GMP-Richtlinie und der FDA-Richtlinie im Hinblick auf die Luftreinheit bestehen in der Einteilung der Reinheitsklassen und der Definition des Raumzustandes. Der Begriff GMP steht für Good Manufacturing Practice.

Die FDA (Food and Drug Administration) überprüft pharmazeutische Produktionsfirmen und Lebensmittelhersteller, die ihre Produkte in die USA exportieren wollen. Die FDA-Richtlinie kennt zwei Klassen: die Critical Area und die Controlled Area. Die EU-Richtlinie macht klare Unterschiede zwischen dem Status „at rest", also bei Produktionsstillstand und ohne Personal, und dem Status „in operation", also während der Produktion und mit Personal. Diese Unterschiede spiegeln sich in der maximal zulässigen Partikelkonzentration wieder. Die Keimzahlen werden immer „in operation" bestimmt.

Lüftungs- und Strömungskonzepte

Reinraum-Anlagen bestehen aus einem Edelstahlgehäuse 1.4301 mit einer geschliffenen Oberfläche (Korn 240). In dieses Gehäuse sind die Vorfilter (Filter-Klasse G4), die HEPA-Filter (High Efficiency

Tab. 11.1: Reinraumklasse 100

Klassen-Name	Partikelanzahl pro m³		
	Partikelgröße: ≥ 0,3 µm	Partikelgröße: ≥ 0,5 µm	Partikelgröße: ≥ 5,0 µm
3	14000	4500	–

REINRAUMTECHNIK

Particulate Air – Filter; Filter-Klasse H14), die Ventilatoren, die Beleuchtung und die elektrische Steuerung eingebaut.

Funktionsweise des HEPA-Filters: Umgebungsluft wird vom Ventilator durch die Vorfilter angesaugt und durch die HEPA-Filter gefördert. Die hochgradig gereinigte Luft strömt vertikal durch das abschließende Lochblech in den Arbeitsbereich.

Oft wird von einer FFU, also einer „**F**ilter-**F**an-**U**nit" gesprochen. Filter und Ventilator sind hier im gleichen Gehäuse untergebracht.

Strömungsart

Reinraum-Anlagen für pharmazeutische Abfüllmaschinen arbeiten generell nach dem Prinzip der turbulenzarmen Verdrängungsströmung (laminare Strömung). Daher kommt der bekannte Begriff „Laminar-Flow-Anlagen". Die Luftgeschwindigkeit entscheidet über den Zustand der Strömung (laminar oder turbulent). Die optimale Geschwindigkeit für die Reinraumklasse 100 ist v = 0,45 m/s. In den Vorschriften wird ein Toleranzbereich von 20 % (0,36 – 0,54 m/s) angegeben. Die Luftgeschwindigkeit im Stand-by-Betrieb beträgt 0,25 m/s.

Luftströmungen

Bei der turbulenten Mischströmung wird die Reinluft turbulent (verwirbelnd) in den Reinraum eingeblasen und erzeugt eine stetige Verdünnung und damit „Säuberung" des Reinraums.

Die Luft kann bei turbulenzarmer Verdrängungsströmung laminar am Produkt, Maschine oder Mensch nach unten abströmen und nimmt die entstandenen Partikel oder Kontaminationen mit sich. Die Umgebung bleibt „rein".

Der Abfüllbereich wird mit dieser reinen und laminaren Luft durchspült, schädliche Partikel werden schnellstmöglich erfasst und aus dem Füllbereich entfernt. Dabei muss die Luft durch die Maschinenverkleidung oder durch einen PVC-Vorhang bis in Bodennähe geführt werden. Turbulenzen sind bei dieser Strömungsart generell zu vermeiden.

Demgegenüber steht die turbulente Mischlüftung. Diese Strömungsart wird gewöhnlich nur im Bereich der Raumbelüftung eingesetzt. Dies betrifft z. B. den Umgebungsraum einer Abfüllmaschine.

Durch eine automatische Leistungsanpassung der Ventilatoren kann die Geschwindigkeit konstant gehalten werden. Um eine wirtschaftliche Standzeit der Filter zu erreichen, werden die Ventilatoren mit einer gewissen Leistungsreserve ausgelegt. Im Neuzustand der Filter benötigt man eine Leistungsreserve von 25 bis 35 %. Die damit zu erreichende Betriebsdauer für die HEPA-Filter liegt bei ca. 5 Jahren.

Lüftungssysteme

Der eingeblasene Gesamtvolumenstrom bestimmt die Luftwechselrate. Der höhere Volumenstrom muss folglich über mehrere Auslässe möglichst so verteilt werden, dass der Raum optimal belüftet wird. Ab Klasse 100 oder besser ist eine laminare Strömung erforderlich, die eine vollflächige Filterbelegung voraussetzt.

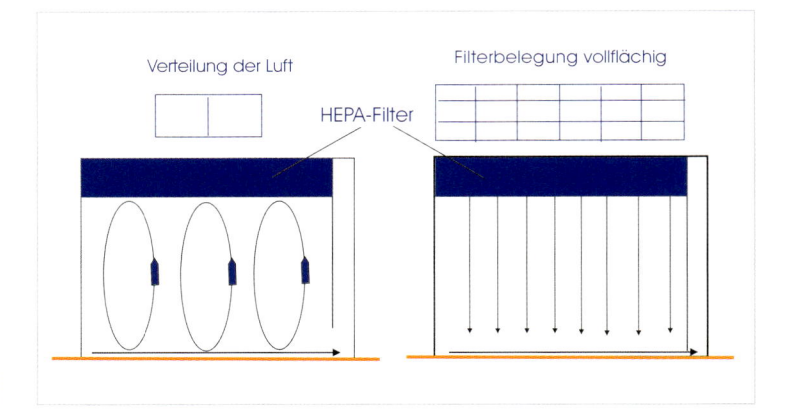

Abb. 11.2: Konzepte für Reinräume
Links: Turbulente Mischströmung
Rechts: Turbulenzarme Verdrängungsströmung (laminar)
(Birus)

Bei einem konventionellen Verfahren wird die aufbereitete Außenluft über verschiedene Umluftgeräte verteilt. Jedes Umluftgerät versorgt einen eigenen Reinheitsbereich. Bei einem anderen Konzept wird die Außenluft konditioniert, über ein Kanalsystem verteilt und dann gezielt (Durchsatz, Strömungsgeschwindigkeit) über Filterventilatoren (Filter-Fan-Units) in die einzelnen Reinheitsbereiche geblasen. Ein Außenluftgerät kann so mehrere Reinraumbereiche versorgen.

Messtechnik

Bevor die einwandfreie Funktion der Reinraum-Anlage nicht durch eine messtechnische Untersuchung bewiesen worden ist, darf nicht produziert werden. Eine fehlerhafte Reinraum-Anlage kann Kosten in Millionenhöhe verursachen! Es gibt drei Betriebszustände:

(a) Bereitstellung (as built) – In diesem Zustand wird nur die Funktion der Reinraum-Anlage überprüft. Dieser Messzustand ist die Grundlage für den Hersteller der Reinraum-Anlage.

(b) Leerlauf (at rest) – Dabei wird die Funktion der Reinraum-Anlage in Verbindung mit der stillstehenden Abfüllmaschine überprüft. Hier können Designfehler der Abfüllmaschine festgestellt werden (Turbulenzen, schlechte Durchströmung usw.).

(c) Fertigung (in operation) – Hier wird die Funktion in Verbindung mit der laufenden Abfüllmaschine überprüft. Dieser Zustand stellt den tatsächlichen Produktionszustand dar und entscheidet über Bestehen oder Nichtbestehen.

Mit Hilfe des Lecktests sollen mögliche Undichtigkeiten der Reinraum-Anlage bzw. der HEPA-Filter festgestellt werden. Dieser Test wird unmittelbar vor der ersten Inbetriebnahme der Abfüllmaschine bei dem Betreiber von autorisiertem Fachpersonal durchgeführt.

Mit einem Partikelzähler wird die tatsächlich erreichte Reinraumklasse im kritischen Bereich (Point of use), z. B. dem Dosierbereich der Abfüllmaschine gemessen. Die Messung erfolgt ohne Aerosolaufgabe an der Rohluftseite der HEPA-Filter. Auch diese Messung erfolgt vor der ersten Inbetriebnahme der Abfüllmaschine.

Der Rauchtest eignet sich ideal zur Visualisierung der laminaren Strömung. Es ist zwingend erforderlich, dass der Hersteller von Abfüllanlagen in der Lage ist, Rauchtests durchzuführen. Mit einer Videokamera kann so der Strömungsverlauf dokumentiert werden. Rauchtests zeigen deutlich den Unterschied zwischen den Betriebszuständen „Leerlauf" und „Fertigung" auf.

Beispiele für Lüftungskonzepte

Aseptische Ampullenabfüllung

Der reine Bereich hat in diesem Fall ein eigenständiges, klimatisiertes Umluftsystem. Der Außenluftanteil wird über den benachbarten Bereich angesaugt. Die Umgebung ist als Klasse D ausgeführt. Von hier werden z. B. leere Ampullen über einen Steriltunnel zugeführt. Nach Befüllen und Verschließen können die Ampullen gefahrlos wieder in diesen Bereich zurücktransportiert werden. Der reine Bereich kann nur über eine Schleuse betreten werden.

Fleischverarbeitung

Im kritischen Bereich, in dem die Ware offen vorliegt (vor der Endverpackung), wird das Produkt laminar belüftet. Hier werden mobile Filter-Ventilator-Einheiten eingesetzt. Eine Abgrenzung zur Umgebung ist in Form von transparenten Vorhängen möglich.

Backwarenindustrie

Für die Backwarenindustrie lehnt man sich an das Konzept der Fleischwarenindustrie an. Zur Kühlung des Brotes werden hohe Luftmengen gebraucht, die ohne Filtrierung eine große Menge an Keimen mit sich führen und z. B. Schnittbrot verunreinigen können. Vor allem beim und nach dem Schnitt des Brotes erfordert das „reine Arbeiten" hohe Aufmerksamkeit.

Kontaminationsquellen und –Wege im Reinraum

Dies können externe oder interne Verunreinigungen sowie Kontaminationswege beim Transport sein. Der Verunreinigung durch den Menschen, die

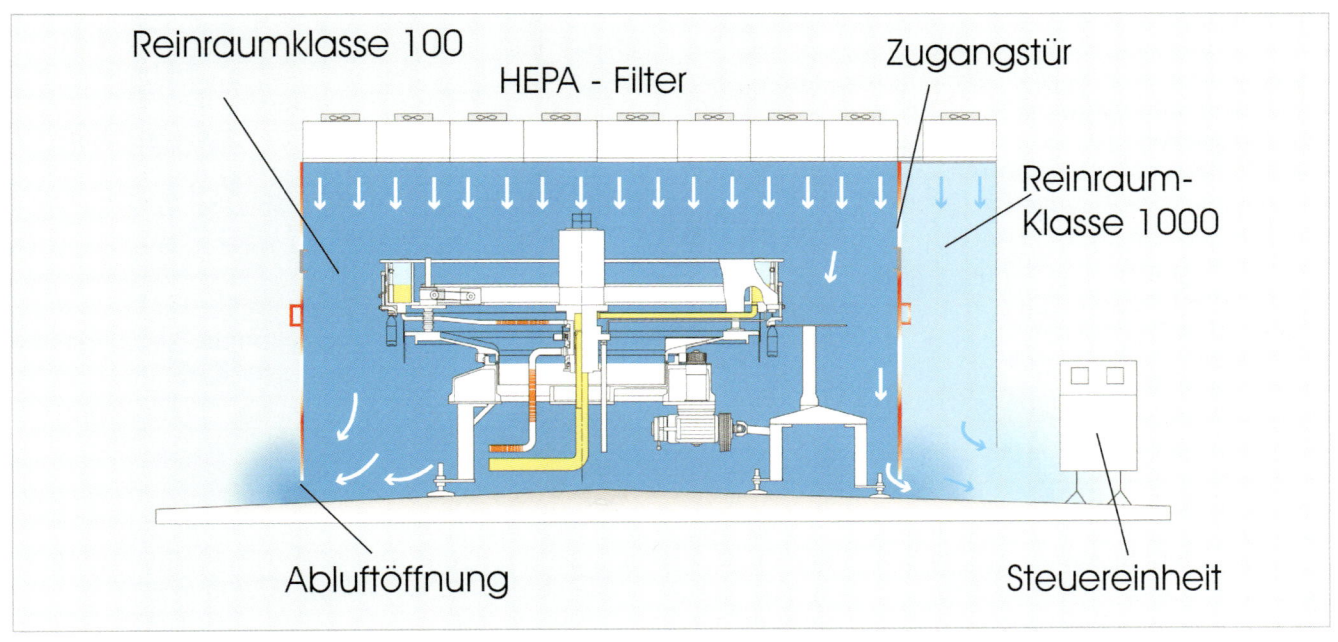

Abb. 11.3: Reinraumkonzept in der PET-Flaschenabfüllung (Krones)

REINRAUMTECHNIK

Tab. 11.2: Kontaminationsquellen im Reinraum „in operation"

Quelle	Anteil in %
Mensch	30 - 40
Fertigungsgeräte	20 - 30
Prozess	20 - 30
Prozess-Medien	5 - 10
Luft	5 - 10

immerhin etwa 30 % der gesamten Verschmutzung im Reinraum ausmacht, ist höchste Aufmerksamkeit zu schenken.

Externe Verunreinigungen treten durch die Zufuhr verunreinigter Außenluft bzw. Umluft, durch schlechte Filterqualitäten oder durch Undichtigkeiten an den Filterdichtflächen auf. Zudem gehen von den Prozessmedien, den Rohstoffen, den verwendeten Materialen oder Werkzeugen unerwünschte Substanzen auf später verkaufsfähige Ware über.

Interne Verunreinigungen werden vom Personal, Geräten oder verarbeitetem Material verursacht. Die Haut jedes gesunden Menschen ist bakteriell besiedelt und gibt durch Schuppung ständig Partikel an die Umgebung ab. Auch mechanischer Abrieb der Fertigungsgeräte, Baumaterialien oder Werkstoffe sind Kontaminanten.

Die Kontamination von reinzuhaltenden Verfahren und Produkten kann durch Berühren, Verschleppen durch Aerosole oder durch Verunreinigungen in den Prozessmedien erfolgen. Dies ergibt sich zum Beispiel dadurch, dass sich das Personal über das Produkt beugt oder Verunreinigungen beim Gehen mitgeschleppt werden.

Qualifizierung und Überwachung eines Reinraumes

Allgemein bedeutet Qualifizierung die „Dokumentierte Beweisführung, dass Ausrüstungsgegenstände einwandfrei arbeiten und tatsächlich zu den erwarteten Ergebnissen führen". Dies betrifft das Prozess-Equipment und die Hilfssysteme wie z. B. die Lüftung. Die Einhaltung der maximal zulässigen Keimbelastung im Produktionsbereich ist zu überprüfen und zu dokumentieren.

Die Design-Qualifizierung (DQ) ist der dokumentierte Nachweis, dass die erforderliche Qualität beim Design von Gebäuden, der Ausrüstung und der Versorgungssysteme berücksichtigt wurde. Die DQ wird vor der Bestellung, Fertigung oder Installation durchgeführt. Die Prüfung erfolgt mittels Layout oder Zeichnungen und Schemata.

Die Installations-Qualifizierung (IQ) zeigt, dass kritische Ausrüstungsgegenstände und Systeme in Übereinstimmung mit den genehmigten Plänen, Spezifikationen und gesetzlichen Sicherheitsvorschriften installiert wurden.

Die Funktions-Qualifizierung (OQ = Operational Qualification) bestätigt, dass kritische Systeme wie beabsichtigt funktionieren und zwar über den gesamten Arbeitsbereich der Einstellparameter. Die OQ eines Reinraums erfolgt nach der Inbetriebnahme der Anlage unter „at rest" Bedingungen.

Die Leistungsqualifizierung (PQ=Performance Qualification) dokumentiert, dass kritische Ausrüstungsgegenstände und Systeme bei Einhaltung der produktspezifischen Verfahrensbedingungen zu dem gewünschten Endprodukt führen. Die PQ eines Reinraums wird unter Produktionsbedingungen durchgeführt.

Personalschulung

Wichtig für eine einwandfreie Funktion ist eine Personalschulung mit eindeutigen Anweisungen zum Verhalten im Reinraum, zum Umkleiden und Anlegen der Reinraumkleidung und zu den Hygienemaßnahmen. Die Teilnahme an dieser Schulung ist Pflicht und zu dokumentieren. Diese Schulungsmaßnahmen sollten wiederholt und das Verständnis durch Fragebögen überprüft werden.

Verhalten im Reinraum

Der Mensch ist einer der Hauptpartikelerzeuger im Reinraum. Seine Bewegungen befördern die Partikel von der Körperoberfläche an die Umgebungsluft. Partikel können Träger von lebensfähigen Organismen sein. Mit korrekt angelegter Reinraumkleidung verringern sich die Werte der Partikelzahl und die Keimbelastung enorm.

Tab. 11.3: Partikelemissionen durch Personen bei verschiedenen Bewegungen ohne Reinraumkleidung

Partikelemission pro Minute und Person	Bewegungsart
100.000	Stehen und Sitzen – ohne Bewegung
500.000	Sitzen mit leichter Kopf-, Hand- oder Unterarmbewegung
1.000.000	Sitzen mit mittlerer Körper- und etwas Fußbewegung
2.500.000	Aufstehen mit voller Körperbewegung
5.000.000	Langsames Gehen – ca. 3,5 km/h
7.500.000	Gehen – ca. 6 km/h
15 – 30.000.000	Gymnastik und Sport

STICHWORTVERZEICHNIS

Ablaufsteuerung	125
Achsen	147
Adsorptionstrocknung	96
Armaturen	34
Betriebsdatenerfassung	128
Biosensor	115
Blindstromkompensation	141
Blockheizkraftwerk	101
Brennstoffe	81
BUS	127
Chargenrückverfolgung	130
CIP	54
CIP-Reinigungsprogramm	56
Dampfdrucktabelle	82
Dampferzeuger	84
Dehnungsmessstreifen	109
Desinfektion	67
Doppelsitzventil	35
Drehstrom	133
Drehstromasynchronmotor	140
Druckförderanlage	105
Druckgeräterichtlinie	83
Druckluft	92
Drucklufterzeugung	95
Duroplaste	12
Edelstahl	2
EHEDG	21
Einbauhinweise Pumpe	42
Elastomere	12
Elektrisches Betriebsmittel, eigensicheres	145
Elektromagnetismus	139
Email	10
Energiemanagement	103
EPDM	15
Explosionsschutz, primär	143
Explosionsschutz, sekundär	143
Farbmessung	117
FDA	21
Fehlerstrom-Schutzschalter	137
Flansch	28
Fließbilder	61
Fouling	63
Frequenzwandler	142
Gleitlager	148
Gleitringdichtung	49
H1-Schmierstoff	155
Heißwasserbereiter	85
HEPA-Filter	161
Hochdruckreiniger	70
Hygienic Design	21
IFS	131
Induktion	140
Initiator	114
Käfer	78
Kakerlaken	77
Kaltblasen eines Tanks	53
Kälteanlage Regelung	91
Kältekreislauf	88
Kältetrockner	95
Kavitation	41
Kegelsitz-Verbindung	147
Keilriemen	154
Keilwelle	147
Kettengetriebe	151
Klimatechnik	97
Kolbenpumpe	47
Kompressoren; Druckluft	94
Kompressoren; Kältemittel	88
Kondensator	110, 134
Kondensator (Verflüssiger)	90
Kondensatrückführung Dampfkessel	84
Korrosion	6
Korrosionsschutz	9
Kreiselpumpe	39
Kreiskolbenpumpe	46
Kugellager	150
Kugelventil	37
Kunststoffe	11
Kunststoffschlauch	31
Laminar	30
Leitfähigkeitsmessung	113
Linux-Steuerung	129
Lochfraß	8
Logische Funktionen	125
Luftbefeuchtung	98
Lüftungssysteme	162
Magnetisch-Induktiver Durchflussmesser	111
Magnetismus	138
Manometer	110
Maso Sine Pumpe	47
Massedurchflussmessung	112
Membranpumpe	48
Mess- und Regelstellen	122
Metalldetektor	119
Metalle	1
Mikroorganismen, Vermehrung	71
Mohnopumpe	44
Molchtechnik	59
Motten	79
Ohmsches Gesetz	133
Opferelektrode	11
Orbitalschweißen	5
Parallelschaltung	135
Passfeder	147
Personalhygiene	72
Pharaoameise	78
Pneumatische Förderung	105
Polyamid	15
Polyethylen	13
Pressverbindung	32
Prozessleittechnik	127
Pt 100	112
Pumpenkennlinie	40
PVC	13
PVDF	14
Qualifizierung	26
Raumeinrichtung	24
Regelkreis	109, 121
Regler, PID	123
Regler, stetige	123
Regler, unstetige	123
Reibung	155
Reihenschaltung	135
Reinigungsmittel; Bestandteile	64
Reinigungsparameter	63
Reinräume	161
Reinstwasser	158
Reynoldsche Zahl	30
Riementriebe	153
Rouge	4
Rüttelboden	54
Saugförderanlage	105
Schädlingsmonitoring	79
Schadnager	76
Schaumreinigung	70
Schlauchpumpe	48
Schmierfett	156
Schmierstoffe	155
Schneckengetriebe	153
Schnelldampferzeuger	85
Schutzart IP	141, 142
Schutzklassen, elektrische	137
Schweißen von Kunststoffen	17
Silo	53
SIP	54
Sprühkugeln	57
Sprungantwort	122
SPS Speicherprogrammierbare Steuerung	126
Spule	135
Stapelreinigung	55
Strom; Arbeitspreis	104
Strom; Leistungspreis	104
Stromnetz Aufbau	136
Tank; Aufbau	51
Tankreinigung	53
Tankreinigung, Fehlerquellen	58
Tanksterilisation	52
Tenside	64
Thermoöl	87
Thermoplaste	12
Tri-Clamp	29
Trinkwasserentkeimung	157
Trübungsmessung	116
Turbulent	30
Umnetzung	66
Ungeziefer	76
Vakuum	99
Validierung	26
Ventilsteuerung, pneumatische	36
Verdampfer	90
Verfahrensfließbild	61
Verknüpfungssteuerung	125
Verlorene Reinigung	55
Viton	16
Volumenstromberechnung	29
Volumenstromregelung Pumpe	40
Waage	109
Wälzlager	148
Wärmeträger	81, 83
Wasserentgasung	86
Wasserenthärtung	85
Wassergehaltsmessung	119
Wasserhärte	157
Wechselstrom	133
Wechselstrommotor	140
Wellen	147
Werkstoffoberfläche	3
WFI (water for injections)	158
Widerstände	134
WIG-Schweißen	5
Wirkungskette	125
Zahnradgetriebe	152
Zielstrahlreiniger	57
Zugspannung	1
Zündquelle	143
Zweipunktregler	124

GLOSSAR

ATEX	Atmosphère Explosive
Audit	Bewertung eines Prozesses (z.B. im Rahmen einer ISO-Zertifizierung)
Austenitisch	Gefügezustand (Kennzeichnend: nicht magnetisch)
BGN	Berufsgenossenschaft Nahrungsmittel
BHKW	Blockheiz-Kraftwerk
Biofouling	Organischer Belag auf Oberflächen
BRC	British Retail Consortium
Bypass	Umgehungsleitung in einem Rohrleitungssystem
CCP	Critical control point (Verfahrensschritt, der großen Einfluss auf die Produktsicherheit hat)
CFR	Code of Federal Regulations
CIP	cleaning in place
CIS	Chargeninformationssystem
DGR	Druckgeräterichtlinie
dH	Deutscher Härtegrad (Wasserhärte)
DIN	Deutsche Industrie-Norm
DN bzw. NW	Nennweite (von Rohrleitungen)
DVG	Deutsche Veterinärmedizinische Gesellschaft
EHEDG	European Hygienic Equipment Design Group
EMC	Electromagnetic Compatibility
EMV	Elektromagnetische Verträglichkeit
EPDM	Ethylen-Propylen-Dien-Terpolymer
EPROM	Erasable programmable Read Only Memory
EVU	Energieversorgungsunternehmen
FCKW	Fluor-Chlor-Kohlenwasserstoffe
FDA	Food and Drug Administration
FI-Schalter	Fehlerstrom-Schutzschalter
GFSI	Global Food Safety Initiative
GMP	Good Manufacturing Practice
GRD	Gleitringdichtung
GVO	Gentechnisch veränderter Organismus
H_2O_2	Wasserstoffperoxyd (Desinfektionsmittel)
HEPA-Filter	High Efficiency Particulate Air – Filter (Filter für Reinräume)
High level- bzw. low level-Sonden	Voll- und Leermelder im Tank
HPW	Highly Purified Water
Hygroskopizität	Wasseranziehungsvermögen
IFS	International Food Standard
Induktion	Spannungserzeugung
Inertisierung	Begasen mit Stickstoff oder Kohlendioxid
IP	International Protection (Schutzklasse für Elektromotoren)
Kaltblasen	Einblasen von Steriluft in einen mit Dampf sterilisierten Tank
Kavitation	Dampfblasenbildung mit Zerstörung der Werkstoffoberfläche bei Pumpen
KBE	Koloniebildende Einheiten
kWh	Kilowattstunde
KWK	Kraft-Wärme-Kopplung
Leachout	Herauslösen von Materialien aus Werkstoffen
Leckage	Abfließen eines Produkts
LED	Leuchtdiode
MHD	Mindesthaltbarkeitsdatum
MID	Magnetisch-induktiver Durchflussmesser
MO	Mikroorganismen
Molch	Passkörper zum Ausschieben von Rohrleitungen
NaOH	Natronlauge
NTU	Nephelometric Turbidity Unit (Maß für die Trübung)
ODGT	Obere Dauergebrauchstemperatur
Ootheken	Eierpakete bei Kakerlaken
PA	Polyamid
PE	Polyethylen
Pheromon	Duftlockstoff für Insekten
PID-Regler	Proportional-Integral-Differential-Regler
pitting	Lochfraß
PN	Zulässiger Betriebsüberdruck
PP	Polypropylen
ppm	parts per million
PS	Polystyrol
Pt 100	Widerstandsthermometer mit Platindraht, der bei 0 °C einen Widerstand von 100 Ohm hat
PTFE	Polytetrafluorethylen
PVC	Polyvinylchlorid
RI-Schema	Rohrleitungs- und Instrumentenfließbild
Rouge	Rotbraune Verfärbung von Edelstahl, hervorgerufen durch Reinstwasser
SIP	Sterilisation in place
Sole	Salzlösung
SPS	Speicherprogrammierbare Steuerung
Starkstrom	Dreiphasen-Wechselstrom; Drehstrom
Step 7	Programmiersprache für Speicherprogrammierbare Steuerungen
TA	Technische Anweisung
Taupunkt	Kondenswasserbildung bei 100 % Luftfeuchtigkeit
TRD	Technischen Regeln für Dampfkessel
UO	Umkehrosmose
UV-Licht	Ultraviolettes Licht
V2A	Edelstahl (Werkstoffnummer 1.4301)
VDMA	Verband der Deutschen Maschinen- und Anlagenhersteller
Viskosität	Fließverhalten eines Produkts
WFI	water for injection
WIG-Schweißen	Wolfram-Inertgas-Schweißen; für Edelstahl

LITERATURLISTE

1. Thomas Birus: Steuerungstechnik in der Milchwirtschaft; DMW 10/05

2. Thomas Birus: Grundlagen der Messtechnik; ZSW 12/2000

3. Thomas Birus: Produkt bestimmt Pumpenbauart; ZSW 3/01

4. H. G. Kessler: Lebensmittel- und Bioverfahrenstechnik; Molkereitechnologie; Eigenverlag 1998

5. Thomas Birus: Explosionsschutz in der Milchwirtschaft; DMW 17/02

6. Thomas Birus: Lebensmitteltechnik; Mensch, Natur, Technik Band 4; Brockhaus Verlag Mannheim; April 2000

7. Thomas Birus: Reinraumtechnik in der Fruchtsaftindustrie; FLÜSSIGES OBST 1/03

8. Thomas Birus: Moderne Apfelsafttechnologie; confructa medien 2002

9. Hans Träger: Prozesswasser für die Pharma- und Kosmetikindustrie; Werner GmbH, Leverkusen

10. Annette Barth: Grundlagen der Reinraumtechnik; M+W Zander Facility Engineering GmbH, Stuttgart

11. Dipl.-Ing. Olaf Ziel: Grundlagen der pharmazeutischen Reinraumtechnik; Vortrag Mai 2001

12. Thomas Friedemann: Reinigungsvalidierung; Uhde-Pharma Consult GmbH, Heidelberg

13. EDUR: Grundlagen für die Projektierung und den Betrieb von EDUR-Kreiselpumpenanlagen; Firmenschrift 2003

14. Frank: Kunststoff-Armaturen, Kunststoff-Rohrsysteme, Chemische Beständigkeit von Kunststoffen; Firmenschrift 2004

15. Dubbel: Taschenbuch für den Maschinenbau; Springer Verlag 2003

16. Günter Claus: Edelstahlbehälter für die Fruchtsaftindustrie; FLÜSSIGES OBST 9/97, Ernst Möschle Behälterbau GmbH

17. Dipl.-Ing. Wolfgang Mathes: Gestaltung moderner Abdichtsysteme von rotierenden Wellen; Firmenschrift; Burgmann Dichtungswerke, D-82515 Wolfratshausen

18. Fonds der chemischen Industrie: Korrosion/Korrosionsschutz; Frankfurt 1994

19. Dr. Eckhard Ignatowitz: Chemietechnik; Europaverlag 2003

20. Jürgen Hofmann: Von zentraler Bedeutung; Pharma + Food 4/2002

21. Thomas Birus: Biotechnologische Besonderheiten des pharmazeutischen Apparatebaus; Pharma und Food 4/01

22. Dipl. Ing. (FH) Michael Groth; Dipl. Ing. (FH) Johann Kreidl (NETZSCH Mohnopumpen GmbH Waldkraiburg): Hygienegerechte Exzenterschneckenpumpen und Drehkolbenpumpen – ein Vergleich; Firmenschrift

23. Dr. M. Müller: Kunststoffe aus Makromolekülen; Bayer AG

24. Dr.-Ing. Gerhard Hauser: Hygienic Design; aus „Handbuch der Fülltechnik" Krones AG, Neutraubling

25. D. Conrad, CSB Systems: Rückverfolgung entlang der logistischen Kette; Interface 5/2004

26. Dieter Gilbert, D. Jürgen Gutknecht: Grundlagen der CIP-Reinigung; Firmenschrift Diversey

27. H.-W. Jahn: Die Mausefalle allein reicht nicht; ZFL 46 (1995) Nr. 1/2

28. Thomas Birus: Hygiene- und Reinigungstips für Kleinbetriebe; FLÜSSIGES OBST 8/95

29. Wissenswertes über Frequenzumrichter; Danfoss 1997

30. Rietschle: Vakuumtechnik 2004; Firmenschrift

31. Hilge: Pumpenfibel 2003

32. Tetra Pak: Handbuch der Milch- und Molkereitechnik 2004

33. Klaus Tkotz: Fachkunde Elektrotechnik; Europa Verlag 2005

34. Definox: Ventiltechnik; Firmenschrift

35. Löhrke: Schaumreinigungssysteme; Prospekt

36. Loos: Fachberichte über Kesselsysteme

37. Kaeser: Handbuch der Drucklufttechnik 2003

38. Endress + Hauser: Messtechnik im Abwasserbereich 2003

39. Aprol: Visualisierung unter Linux; Prospekt

40. Stahl: Explosionsschutz; CD